嵌入式技术与应用丛书

高质量嵌入式Linux C编程（第2版）

梁庚 陈明 魏峰 编著
林新华 主审

電子工業出版社
Publishing House of Electronics Industry
北京·BEIJING

内 容 简 介

本书从嵌入式开发角度出发，以 Linux 操作系统为开发平台，将隐藏在系统开发背后的关于 C 语言、计算机组成原理、计算机操作系统等方面的机制和知识娓娓道来，不仅让读者知其然，更让读者知其所以然。本书揭开嵌入式 Linux C 系统开发背后的“秘密”，并将这些知识融入编程实践，从而帮助读者写出嵌入式 Linux C 的高质量代码。具体说来，本书主要讨论了包括嵌入式 C 语言高级编程、嵌入式 Linux 系统编程、多任务解决机制、网络编程、高性能服务器设计等多个方面的内容。

本书既可作为大专院校相关专业师生的教学参考书，也可供计算机及其相关领域的工程技术人员查阅。对于普通计算机爱好者，本书也不失为一本帮助掌握高质量嵌入式 Linux C 系统开发的深入浅出的读物。

图书在版编目（CIP）数据

高质量嵌入式 Linux C 编程 / 梁庚，陈明，魏峰编著. —2 版. —北京：电子工业出版社，2019.9
（嵌入式技术与应用丛书）
ISBN 978-7-121-37340-4

Ⅰ. ①高…　Ⅱ. ①梁…　②陈…　③魏…　Ⅲ. ①Linux 操作系统—程序设计②C 语言—程序设计　Ⅳ.①TP316.89 ②TP312.8

中国版本图书馆 CIP 数据核字（2019）第 193114 号

责任编辑：钱维扬
印　　刷：北京盛通数码印刷有限公司
装　　订：北京盛通数码印刷有限公司
出版发行：电子工业出版社
　　　　　北京市海淀区万寿路 173 信箱　邮编　100036
开　　本：787×1092　1/16　印张：26.75　字数：684.8 千字
版　　次：2015 年 1 月第 1 版
　　　　　2019 年 9 月第 2 版
印　　次：2024 年 7 月第 8 次印刷
定　　价：78.00 元

凡所购买电子工业出版社图书有缺损问题，请向购买书店调换。若书店售缺，请与本社发行部联系，联系及邮购电话：（010）88254888，88258888。

质量投诉请发邮件至 zlts@phei.com.cn，盗版侵权举报请发邮件至 dbqq@phei.com.cn。

本书咨询联系方式：qianwy@phei.com.cn。

前　　言

本书从嵌入式开发角度出发，以 Linux 操作系统为开发平台，将隐藏在系统开发背后的关于 C 语言、计算机组成原理、计算机操作系统等方面的机制和知识娓娓道来，不仅让读者知其然，更让读者知其所以然，并将这些知识融入编程实践，从而帮助读者深入了解嵌入式 Linux C 系统开发，写出高质量的嵌入式 Linux C 代码。具体说来，本书主要讨论了包括嵌入式 C 语言高级编程、嵌入式 Linux 系统编程、多任务解决机制、网络编程、高性能服务器设计等多个方面的话题。本书中的大量案例都在苏嵌课堂教学中实践过多年，既可作为大专院校相关专业师生的教学参考书，也可供计算机及其相关领域的工程技术人员查阅。对于普通计算机爱好者，本书也不失为一本帮助掌握高质量嵌入式 Linux C 系统开发的深入浅出的读物。

在这几年的项目开发和担任苏嵌教育培训讲师的过程中，我发现，一个能够写出高质量程序的程序员需要“内外兼修”。内功就是精通数据结构和算法，拥有庞大的代码量，是决定程序员写出高质量程序的根本因素；外功就是程序员是否明白计算机的组织机制和原理，写出的程序是否符合计算机系统的“口味”，是否能够最大程度地调动和运用系统的资源，是否能像一件艺术品一样供其他人欣赏。一些程序员通常认为具备内功就足以写出高质量的程序，常常忽略外功的作用，那只能说你写出的程序是“伪高效代码”，而不是一个高质量的程序。我培训过的学员大多是半路出家，没有系统化地学习过计算机的相关理论知识，写出的程序只是简单地把需求进行模拟，并不能很好地利用计算机系统资源。需要指出的是，很多计算机专业科班出身的学生也未必能够领悟“外功”的含义。

就目前中国的计算机教育来说，学校的课程设置仅仅是将各项知识独立对待，对于悟性不是非常高的学生来说，在没有被“点化”的情况下，没有办法有机地将这么多课程串接起来。一个不能形成完整系统性的知识结构是空洞和脆弱的。就拿现在畅销的《C 程序设计语言》来说，好多在校大学生在阅读后都说看不懂，觉得很难。那是因为《C 程序设计语言》并不像国内很多 C 语言教材一样单纯地去介绍 C 语言的语法，而是结合计算机操作系统、计算机组成原理和 Linux 操作系统来阐述 C 语言开发。

现在开发人员和学员间流行着这样一句话，“大学教的，企业不用，企业用的，大学不教”。其实我个人并不是很赞同这句话，毕竟大学让大学生们掌握了进行程序开发所需要的一些基础理论知识，这为以后继续学习和工作都奠定了很好的基础。现在的大学生急需去解决自己的内、外功修炼问题，本书就可以帮助到他们，让他们成为一个“内功”深厚、“外功”强大的程序员。

目　录

第 1 章 嵌入式 Linux C 语言开发工具

开发工具和操作系统之间是相互促进、相互发展的。操作系统离不开软件开发工具的支持。软件开发工具也离不开操作系统这个平台。Linux 操作系统下 Linux 开发工具的开源方式可以让大家拥有更多的资源，得到更多的信息。这对软件工具的发展起到了很大的促进作用。开发工具作为生产软件的软件，有如神兵利器一般为 Linux 的发展保驾护航。

1.1 嵌入式 Linux C 语言开发概述

在自然界中，不论多复杂的问题都是由两部分组成的：一是问题处理的对象；二是处理问题的具体方法。例如，用布匹做衣服的问题，衣服就是问题的对象，具体的剪裁工艺就是做衣服的方法。由于现实生活中的问题是无穷无尽的，所以人们发明了很多计算工具来帮助处理问题，如古老的沙漏计时器、算盘等。但直到电子计算机出现，人们才真正从繁重的计算任务中解脱出来。

电子计算机之所以具有强大的计算能力，除了运算速度快之外，其根本原因在于计算机具有自动运行程序的能力。因此，计算机能否正确高效地处理问题取决于程序能否客观正确地描述问题。而程序要把问题客观正确地描述清楚，最基本的要求是使用具有一套正确合理的语法机制的编程语言。这就说明，学习编程语言的主要内容之一就是学习其语法规则和运行机制。

在众多的编程语言中，C 语言是一门历史悠久但生命力很强的高级语言。据最新的调查数据显示，目前 C 语言的使用率依旧保持在 30%以上。C 语言之所以能够久盛不衰，主要原因有以下几点。

- C 语言具有出色的可移植性，能在多种不同体系结构的软/硬件平台上运行。
- C 语言具有简洁紧凑、使用灵活的语法机制，并能直接访问硬件。
- C 语言具有很高的运行效率。

鉴于以上原因，很多操作系统的内核、系统软件等都是使用 C 语言编写的。在嵌入式 Linux 开发领域，C 语言同样是使用最广泛的语言之一。

1.2 嵌入式 Linux C 开发环境

编辑工具：在 Linux 下编程，将不再拥有集成化环境，可以使用类似 EDIT 的工具——经典的 vi 来编辑源程序。当然，还有更高档一些的，如 joe、emacs 等。总之，编辑程序与编译工作是分开的。

编译工具：Linux 支持大量的语言，有 C、C++、Java、Pascal、Fortran、COBOL 等，本书以 C/C++语言为主。在使用这些编译工具时使用的是命令行方式，也就是说，先用编辑工具输入源程序，然后执行一长串的命令（参数比较复杂）进行编译。例如，“gcc–o hello hello.c”就是将 hello.c 编译为 hello，然后还需要为其赋予可执行的权限，这样才能完成整个工作。

调试工具：GDB 是 GNU 开源组织发布的一个强大的 UNIX 下调试工具。或许大家比较喜欢那种图形界面方式的，类似 VC、BCB 等 IDE 的调试，但如果是在 UNIX 平台下编写软件，就会发现 GDB 这个调试工具有比 VC、BCB 的图形化调试器更强大的功能。所谓“尺有所短，寸有所长”，就是这个道理。

软件工具：一个大型软件总是由多个源程序组成的，为了能够将大量的编译命令一次完成，Linux 中提供了多种 autoconf 的工具，分别用于大型软件的编译，以及编译前根据机器当前状态进行相应配置。

开发工具包：Linux 提供了优秀的 GNU C 函数库、Motif 函数库、GTK 函数库和 QT 函数库等工具包，为编程提供大量的支持。

项目管理工具：Linux 还有 CVS 这样优秀的，用于版本控制、管理的项目管理工具。

Linux 作为一个自由软件，同时提供了大量的自由软件。这些自由软件不仅可执行文件自由，而且源程序也自由。读者可以通过研习这些优秀的源码来提高自己的编程技艺。

1.3 嵌入式文本编辑器

Linux 最常用的文本编辑器是 vi 或 vim。文本编辑器是所有计算机系统中最常使用的工具。用户在使用计算机的时候，往往需要创建自己的文件，无论一般的文字文件、资料文件，还是编写源程序，都离不开文本编辑器。

vi 是 Visual Interface 的简称，在 Linux 中的地位就像 Edit 程序在 DOS 中一样。它可以执行输出、删除、查找、替换和块操作等众多文本操作。且用户可以根据自己的需要对其进行定制。这是其他编辑器所不具备的。

vi 不是一个排版程序，不像 Word 或 WPS 那样可以对字体、格式、段落等其他属性进行编排，只是一个文本编辑程序。vi 没有菜单，只有命令，命令繁多。vi 有 3 种基本工作模式：命令行模式、插入模式和底行模式。

vi 命令可以说是 UNIX/Linux 中最常用的编辑文档命令了，很多人因为 vi 有太多的命令集，所以不喜欢，但是只要掌握基本的命令，然后灵活地加以运用，就一定会喜欢 vi。

1.3.1　基本模式

vi 基本模式可以分为 3 种状态，分别是命令行模式、插入模式和底行模式，各模式的功能区分如下。

（1）命令行模式。控制屏幕光标的移动，字符、字或行的删除，移动复制某区段和进入插入模式或者底行模式。

（2）插入模式。只有在插入模式下才可以输入文字，按「ESC」键可返回命令行模式。

（3）底行模式。将文件保存或退出 vi，也可以设置编辑环境，如寻找字符串、列出行号等，一般在实际使用时把 vi 简化成两个模式，也就是将底行模式算入命令行模式。

1.3.2　基本操作

1．vi 的进入与退出

（1）在系统提示符号位置输入 vi 和文件名称后，就进入 vi 全屏幕编辑画面。

```
$ vi myfile
```

不过有一点要特别注意，就是进入 vi 之后，系统处于「命令行模式」，要切换到「插入模式」才能够输入文字。初次使用 vi 的人都会想先用上下左右键移动光标，结果计算机一直“哔哔”叫，所以进入 vi 后，先不要乱动，转换到「插入模式」再说吧！

（2）切换至插入模式编辑文件。在「命令行模式」下按一下字母「i」就可以进入「插入模式」，这时就可以开始输入文字了。

（3）插入模式的切换。系统目前处于「插入模式」，只能一直输入文字，如果发现输错了字，想用光标键往回移动，将该字删除，就需先按一下「ESC」键转到「命令行模式」，再删除文字。

（4）退出 vi 及保存文件。在「命令行模式」下按一下「:」键进入「底行模式」。例如：

```
: w filename          (输入 「w filename」将文章以指定的文件名“filename”保存)
: wq                  (输入「wq」，存盘并退出 vi)
: q!                  (输入 q!，  不存盘强制退出 vi)
```

2．vi 的删除和复制

（1）删除。

「x」：每按一次，删除光标所在位置后面的 1 个字符。

「#x」：例如，「6x」表示删除光标所在位置后面的 6 个字符。

「X」：大写的 X，每按一次，删除光标所在位置前面的 1 个字符。

「#X」：例如，「20X」表示删除光标所在位置前面的 20 个字符。

「dd」：删除光标所在行。

「#dd」：从光标所在行开始删除#行。

（2）复制。

「yw」：将光标所在位置到字尾的字符复制到缓冲区中。

「#yw」：复制#个字符到缓冲区。

「yy」：复制光标所在行到缓冲区。

「#yy」：例如，「6yy」表示复制从光标所在的该行向下 6 行文字。

「p」：将缓冲区内的字符贴到光标所在位置。注意：所有与“y”有关的复制命令都必须与“p”配合才能完成复制与粘贴功能。

（3）回到上一次操作。

「u」：如果误执行一个命令，可以马上按下「u」，回到上一个操作。按多次“u”可以执行多次命令撤回。

3．vi 的其他操作

（1）移动光标。vi 可以直接用键盘上的光标来上、下、左、右移动，但正规的 vi 用小写英文字母「h」、「j」、「k」、「l」，分别控制光标向左、向下、向上、向右移动一格。

按「Ctrl」+「b」：屏幕向后移动一页。

按「Ctrl」+「f」：屏幕向前移动一页。

按「Ctrl」+「u」：屏幕向后移动半页。

按「Ctrl」+「d」：屏幕向前移动半页。

按数字「0」：移动到文章的开头。

按「G」：移动到文章的最后。

按「$」：移动到光标所在行的行尾。

按「^」：移动到光标所在行的行首。

按「w」：光标跳到下个字的开头。

按「e」：光标跳到下个字的字尾。

按「b」：光标回到上个字的开头。

按「#l」：光标移到该行的第#个字符位置，如 5l、56l。

（2）替换。

「r」：替换光标所在处的字符。

「R」：替换光标所到之处的字符，直到按下「ESC」键为止。

（3）跳至指定的行。

「Ctrl」+「g」：列出光标所在行的行号。

「#G」：例如，「15G」，表示移动光标至文章的第 15 行行首。

4．底行模式下的命令简介

在使用底行模式之前，请记住先按「ESC」键确定已经处于命令行模式下，再按「:」键进入底行模式。

（1）列出行号。

「set nu」：输入「set nu」后，会在文件中的每一行前面列出行号。

（2）跳到文件中的某一行。

「#:」：#表示一个数字，在冒号后输入一个数字，再按回车键就会跳到该行了，如输入数字 15，再回车，就会跳到文章的第 15 行。

（3）查找字符。

「/关键字」：先按「/」键，再输入想寻找的字符，如果第一次找的关键字不是想要的，可以一直按「n」键直到向后寻找到想要的关键字为止。

「?关键字」：先按「?」键，再输入想寻找的字符，如果第一次找的关键字不是想要的，可以一直按「n」键直到向前寻找到想要的关键字为止。

1.3.3 实训操作

1．修正错误的方法之一（查找+替换）

:s/old/new	替换该行第一个"old"为"new"
:s/old/new/g	替换全行中所有的"old"为"new"
:#,#s/old/new/g	替换两行之间出现的"old"为"new"，#,#为两行的行号
:%s/old/new/g	替换全文的"old"为"new"
:%s/old/new/gc	全文替换前需确认

2．配对括号的查找（在程序试调时很有用）

用法：将光标移动到一个括号上，按下「%」键，光标跳转到其配对的括号上。

3．调用外部命令和外部文件

（1）在 vim 内部执行外部命令的方法。

```
:!ls
```

（2）保存、删除文件。

```
:w filename
:!dir
:!rm filename
```

（3）具有选择性的保存命令。

:#,# w filename	保存两行之间的文本

（4）提取、合并文件。

:r anotherfile	将 anotherfile 文件中的内容提取到当前 vim 中

4．多文件编辑

:n filename	编辑另一个文件
:N filename	编辑上一个文件
:files	列举 vim 目前打开的所有文件

5．多窗口操作

:sp [filename]	
ctrl-w-j	移到下一个窗口

ctrl-w-k	移到上一个窗口
ctrl-w-q	退出当前窗口

1.4 嵌入式编译器

在为 Linux 开发应用程序时，绝大多数情况下使用的都是 C 语言，因此几乎每一位 Linux 程序员面临的首要问题都是如何灵活运用 C 语言编译器。目前 Linux 下最常用的 C 语言编译器是 GCC（GNU Compiler Collection）编译器。它是 GNU 项目中符合 ANSI C 标准的编译系统，能够编译用 C、C++和 Object C 等语言编写的程序。GCC 编译器不仅功能非常强大，结构也异常灵活。最值得称道的一点就是它可以通过不同的前端模块来支持各种语言，如 Java、Fortran、Pascal、Modula-3 和 Ada 等。开放、自由和灵活是 Linux 的魅力所在，而这一点在 GCC 编译器上的体现就是程序员通过它能够更好地控制整个编译过程。

1.4.1 初识 GCC 编译器

在 Linux 平台上，最流行的编译系统是 GCC（GNU Compile Collection）编译器。GCC 编译器也是 GNU 发布的最著名的软件之一，功能非常强大，主要体现在以下两方面。

- GCC 编译器可以为 x86、ARM、MIPS 等不同体系结构的硬件平台编译程序。
- GCC 编译器可以编译 C、C++、Pascal、Java 等数十种高级语言。

GCC 编译器的这两项特性对嵌入式应用开发极其重要。此外，GCC 编译器的编译效率也非常高，一般要高出其他编译系统 20%～30%，因此在嵌入式 Linux 开发领域，使用的基本上都是 GCC 编译器。

1.4.2 gcc 命令常用选项和工作流程

gcc 命令的使用格式为

```
gcc [选项] [文件名] [选项] [文件名]
```

gcc 命令拥有数量庞大的编译选项，按类型可以把选项分为以下几大类。

（1）总体选项：用于控制编译的整个流程，常用选项如下。

-c:	对源文件进行编译或汇编
-E:	对源文件进行预处理
-S:	对源文件进行编译
-o file:	输出目标文件
-v:	显示编译阶段的命令

（2）语言选项：用于支持各种版本的 C 语言程序，常用选项如下。

-ansi:	支持符合 ANSI 标准的 C 语言程序

（3）警告选项：用于控制编译过程中产生的各种警告信息，常用选项如下。

-W:	屏蔽所有的警告信息
-Wall:	显示所有类型的警告信息
-Werror:	出现任何警告信息就停止编译

（4）调试选项：用于控制调试信息，常用选项如下。

-g：	产生调试信息

（5）优化选项：用于对目标文件进行优化，常用选项如下。

-O1：	对目标文件的性能进行优化
-O2：	在-O1 的基础上进一步优化，提高目标文件的运行性能
-O3：	在-O2 的基础上进一步优化，支持函数集成优化
-O0：	不进行优化

（6）连接器选项：用于控制链接过程，常用选项如下。

-static：	使用静态链接
-llibrary：	链接 library 函数库文件
-L dir：	指定连接器的搜索目录 dir
-shared：	生成共享文件

（7）目录选项：用于指定编译器的文件搜索目录，常用选项如下。

-Idir：	指定头文件的搜索目录 dir
-Ldir：	指定搜索目录 dir

此外，还有配置选项等其他选项，这里不做介绍。

编译系统本身是一种相当复杂的程序，编写甚至读懂这样的程序都是非常困难的。但是从事嵌入式 Linux 应用的开发人员都应掌握编译系统的基本原理和工作流程。

在使用 GCC 编译器编译程序时，编译过程可以被细分为 4 个阶段。

- 预处理（Pre-Processing）；
- 编译（Compiling）；
- 汇编（Assembling）；
- 链接（Linking）。

Linux 程序员可以根据自己的需要让 GCC 编译器在编译的任何阶段结束，以便检查或使用编译器在该阶段的输出信息，或者对最后生成的二进制文件进行控制，通过加入不同数量和种类的调试代码来为今后的调试做好准备。和其他常用的编译器一样，GCC 编译器也提供了灵活而强大的代码优化功能，可以生成执行效率更高的代码。

GCC 编译器提供了 30 多条警告信息和 3 个警告级别，有助于增强程序的稳定性和可移植性。此外，GCC 编译器还对标准的 C 和 C++语言进行了大量的扩展，可提高程序的执行效率，便于编译器进行代码优化，减轻编程的工作量。

在学习使用 GCC 编译器之前，下面的这个例子能够帮助用户迅速理解 GCC 编译器的工作原理，并将其立即运用到实际的项目开发中去。首先用熟悉的编辑器输入清单 1 所示的代码。

清单 1：test.c。

```
#include <stdio.h>
int main()
{
    printf("Hello world!\n");
```

```
    return 0;
}
```

1. 预处理阶段

由于在 test.c 中使用了头文件 stdio.h，所以 GCC 编译器在编译时首先要把头文件 stdio.h 中的内容加载到 test.c 中的首部。

在 shell 中输入命令“gcc -E test.c -o test.i”，其中，参数 E 告诉 gcc 命令只进行预编译，不做其他处理；参数 o 用来指明输出的文件名为“test.i”。命令运行完毕，就会产生一个名为“test.i”的文件，如下所示。

```
[root@localhost home]#gcc -E test.c -o test.i
[root@localhost home]#ls
test.c test.i
```

test.i 的代码有 100 多行， test.i 最后部分的代码如下所示。

```
extern char *ctermid (char *__s) __attribute__ ((__nothrow__));
# 820 "/usr/include/stdio.h" 3 4
extern void flockfile (FILE *__stream) __attribute__ ((__nothrow__));
extern int ftrylockfile (FILE *__stream) __attribute__ ((__nothrow__)) ;
extern void funlockfile (FILE *__stream) __attribute__ ((__nothrow__));
# 850 "/usr/include/stdio.h" 3 4

# 2 "test.c" 2
int main()
{
printf("Hello world!\n");
    return 0;
}
```

2. 编译阶段

编译阶段是整个编译过程中最复杂的一个阶段。这里拿自然语言的翻译过程做个对比，例如在把“I love China”翻译成中文前，需要依次完成以下几个步骤。

- 检查整个句子中每个单词的拼写是否正确。
- 检查整个句子的语法（比如主、谓、宾、定、状、补的结构等）是否正确。
- 检查整个句子的语义是否正确。

只有以上 3 个步骤都正常通过了，才能保证句子被正确翻译。同样，高级编程语言的编译阶段也必须实现类似的 3 个步骤。

- 词法分析，主要负责检查关键字、标识符等是否正确。
- 语法分析，主要负责检查程序中语句的语法是否正确。
- 语义分析，主要负责检查程序中语句的逻辑意义是否正确。

在 shell 中输入命令“gcc -S test.i -o test.s”，其中，参数 S 告诉 gcc 命令只进行编译，不做其他处理。命令运行完毕，就会产生一个名为“test.s”的汇编文件，如下所示。

```
[root@localhost home]#gcc -S test.i -o test.s
[root@localhost home]#ls
test.c test.i test.s
```

在学习使用汇编语言编程时，对照 C 文件及其汇编程序是很好的办法。test.s 的代码如下所示。

```
        .file   "test.c"
        .section        .rodata
.LC0:
        .string"Hello world!"
        .text
.globl main
        .type   main, @function
main:
        leal    4(%esp), %ecx
        andl    $-16, %esp
        pushl   -4(%ecx)
        pushl   %ebp
        movl    %esp, %ebp
        pushl   %ecx
        subl    $4, %esp
        movl    $.LC0, (%esp)
        call    puts
        movl    $0, %eax
        addl    $4, %esp
        popl    %ecx
        popl    %ebp
        leal    -4(%ecx), %esp
        ret
        .size       main, .-main
        .ident  "GCC: (GNU) 4.2.1"
        .section        .note.GNU-stack,"",@progbits
```

注意，上述的汇编代码是针对 x86 平台的。

3．汇编阶段

汇编阶段的任务是把汇编程序翻译成 CPU 可以识别的二进制文件。该文件又称为目标文件。

在 shell 中输入命令"gcc -c test.s -o test.o"，其中，参数 c 告诉 gcc 命令只进行汇编，不做其他处理。命令运行完毕，就会产生一个名为"test.o"的目标文件，如下所示。

```
[root@localhost home]#gcc -c test.s -o test.o
[root@localhost home]#ls
test.c test.i test.o test.s
```

在 Windows 系统中，目标文件的后缀是 obj。

4．链接阶段

目标文件虽然已经可以被 CPU 直接识别，但是单个目标文件一般是无法运行的。其原因在于一个程序往往是由多个源文件组成的，每个源文件只对应一个目标文件。也许有人会问，test 程序不就只有一个源文件 test.c 吗？为什么也不能直接运行呢？其原因是 test.c 使用了 stdio.h 对应的函数库，所以必须要把 test.o 文件和函数库文件链接在一起才能运行。

链接阶段的任务就是把程序中所有的目标文件和所需的库文件都链接在一起，最终生成一个可以直接运行的文件，称为可执行文件。

在 shell 中输入命令“gcc test.o -o test”，运行完毕，就会产生一个名为“test”的可执行文件。输入命令“./test”执行该文件，就可以得到 test 文件的运行结果“Hello world!”，如下所示。

```
[root@localhost home]#gcc test.o -o test
[root@localhost home]#./test
Hello world!
```

gcc 命令生成的可执行文件的有 3 种格式：a.out（Assembler and Link editor output）、COFF（Common Object File Format）和 ELF（Executable and Linkable Format）。其中，a.out 和 COFF 格式都是比较老的格式，现在 Linux 平台上可执行文件的主流格式是 ELF。

1.4.3　库的使用

从逻辑功能上看，程序的主体是由一系列函数组成的，所以编写程序的主要工作之一就是实现函数。为了有效降低编程的工作量，编程系统会把一些非常基本、常用的函数集中到函数库中实现，如信息的打印函数、文件的打开或关闭函数、内存空间的申请与释放函数、数学计算函数等。当程序需要使用函数库中的某个函数时，就可以直接从库中调用。就好比建造房屋，建筑队并不需要从头开始制造砖瓦和水泥，而只需要从原材料市场购买需要的建材就可以了。

每种高级编程语言都有各自的函数库，如 C 语言的 C 库、Visual C++的 MFC 和 Java 的 JFC 等。函数库中的函数都是由经验丰富的资深程序员编写的，具有出色的运行性能和工作效率，所以函数库的使用不仅可以减少编程的工作量，还能有效提高程序的性能和健壮性。在面向对象语言中，函数被封装在类中，所以函数库就演变成了类库，但其原理和机制是类似的。

函数库的使用方式分为静态链接和动态链接两种。静态链接是指编译系统在链接阶段把程序的目标文件和所需的函数库文件链接在一起，这样生成的可执行文件就可以在没有函数库的情况下运行。就好比火箭把燃料和氧料装在一起，就可以在没有空气的太空中飞行。动态链接是指编译系统在链接阶段并不把目标文件和函数库文件链接在一起，而是等到程序在运行过程中需要使用时才链接函数库。

使用静态链接方式产生的可执行文件体积较大，但运行效率较高。而使用动态链接方式产生的可执行文件由于没有库文件，所以体积较小，但由于需要动态加载函数库，所以运行效率要低一点。

在具体应用时，如果有多个源文件都需要调用函数库，那么应该选择动态链接的方式。

而当只有少数源文件需要调用函数库时，应该选择静态链接的方式。可以被静态链接的函数库称为静态库，可以被动态链接的函数库称为动态库，或者共享库。

Glibc（GNU Library C）是 GNU 推出的 C 语言函数库，符合 ISO C（International Standard for the C Programming Language）和 POSIX（Portable Operating System Interface for Computer Environments）标准。其中，ISO C 定义了 C 函数库的标准格式，POSIX 定义了不同计算平台应该遵守的 C 函数库标准，是 ISO C 标准的扩充。因此 Glibc 可以在各种不同体系结构的计算平台上使用。

Glibc 中包含了大量的函数库，其中 libc 是最基本的函数库，每个 C 语言程序都需要使用 libc 库。此外，常用的还有数学库 libm、加密库 libcrypt、POSIX 线程库 libpthread、网络服务库 libnsl、IEEE 浮点运算库 libieee 等。Glibc 库为 C 语言程序提供了大量功能强大的函数，包括输入/输出函数、字符串处理函数、数学函数、中断处理函数、错误处理函数和日期时间函数等。

C 语言程序在调用 Glibc 中的函数库时，需要引用与函数库对应的头文件，如 stdio.h、string.h、time.h 等。这些头文件都存放在/usr/include 目录下。同时，在编译命令中需要加入某些函数库的链接参数（在函数库的使用文档中会列出具体的链接库名称参数），并使用符号“-l”进行链接。例如，libm 库的链接参数为 m，libpthread 库的链接参数为 pthread 等。

```
//test.c：
#include <stdio.h>
#include <math.h>
int main()
{
    printf("%d\n", sin(0));
    return 0;
}
```

编译命令如下。

```
[root@localhost home]# gcc test.c -o test -lm
[root@localhost home]# ./test
0
```

在 Linux 系统中，Glibc 分布在/lib 和/usr/lib 目录下，其中/lib 目录中的函数库文件主要是给/bin 目录下的系统程序使用的，/usr/lib 目录中的函数库文件主要是给/usr 目录下的用户程序使用的。/usr/lib 目录下的部分 png 函数库文件如下所示。

```
libpng.a
libpng.la
libpng.so
libpng.so.3
libpng.so.3.16.0
```

其中，后缀为 a 的是静态库文件，后缀为 la 的是用来记录库文件信息的动态库文件，后缀为 so 的是动态库文件。libpng.so.3.16.0 是真正的 png 动态库文件，而 libpng.so.3 是指向 libpng.so.3.16.0 动态库文件的符号链接文件。

```
[root@localhost lib]# file libpng.so.3
libpng.so.3: symbolic link to `libpng.so.3.16.0'
[root@localhost lib]# file libpng.so.3.16.0
libpng.so.3.16.0: ELF 32-bit LSB shared object, Intel 80386, version 1 (SYSV),
stripped
```

在使用动态链接方式编译程序时，动态库的符号链接文件会写入二进制文件中。这样，程序在运行时就可以通过符号链接文件找到指定的动态库文件了。

这里以编译 test.c 为例，使用“gcc test.c -o test”命令编译生成可执行文件 test。通过 file 命令可以查看 test 文件的相关信息，如下所示。

```
[root@localhost home]# file test
test: ELF 32-bit LSB executable, Intel 80386, version 1 (SYSV), for GNU/Linux
2.6.9, dynamically linked (uses shared libs), for GNU/Linux 2.6.9, not stripped
```

其中，“dynamically linked (uses shared libs)”表明 test 文件使用了动态链接库。test 文件的大小是 5 KB 左右。

通过选项 static 可以使用静态链接方式对程序进行编译。输入命令“gcc -static test.c -o test”生成可执行文件 test，如下所示。

```
[root@localhost home]# file test
test: ELF 32-bit LSB executable, Intel 80386, version 1 (SYSV), for GNU/Linux
2.6.9, statically linked, for GNU/Linux 2.6.9, not stripped
```

其中，“statically linked”表明 test 文件使用了静态链接库。可以看到，test 文件的大小达到了 540 KB 左右。

1.5 嵌入式调试器

程序的调试工作在整个程序的开发过程中占据了相当大的比例。在使用 GCC 编译器调试 C 语言程序时，只能依靠 GCC 编译器发出的警告或错误信息来进行调试，所以调试的效率非常低。

为此，GNU 开发了 GDB 调试器（GNU Debugger）。GDB 的调试功能非常强大，甚至可以和 Visual C++、Visual Basic 和 Jbuilder 等开发工具的调试器相媲美。但 GDB 的缺点是没有图形调试界面。尽管如此，从事嵌入式 Linux 应用开发的人员还是有必要知道 GDB 的使用方法的。下面以下列代码为例介绍 GDB 的调试使用方法。

```
//test.c：
#include <stdio.h>
int cal(int n)
{
    if(n == 1)
        return 1;
    else
        return n * cal(n - 1);
```

```
}

int main()
{
    int n = 5;
    n = cal(n);
    printf("%d",n);
    return 0;
}
```

test.c 文件是一个通过递归调用来计算 5 的阶乘的程序。通过运行命令“gcc –g test.c -o test”对 test.c 进行编译，其中参数 g 的作用是把调试信息加入生成的 test 可执行文件中，否则 GDB 无法对 test 进行调试。

接下来可以使用命令“gdb test”启动 GDB 对 test 进行调试，如下所示。

```
[root@localhost home]# gdb test
GNU gdb Everest Linux (6.4-1)
Copyright 2005 Free Software Foundation, Inc.
GDB is free software, covered by the GNU General Public License, and you are
welcome to change it and/or distribute copies of it under certain conditions.
Type "show copying" to see the conditions.
There is absolutely no warranty for GDB.   Type "show warranty" for details.
This GDB was configured as "i686-pc-linux-gnu"...Using host libthread_db
library "/lib/libthread_db.so.1".
```

可以看到，GDB 首先显示了版本信息和库信息。随后 GDB 停留在符号“(gdb)”处等待用户输入调试命令。GDB 提供了大量的命令来实现各种调试功能，下面仅对一些常用的命令进行介绍。

（1）查看源文件。在调试程序时，GCC 编译器会给出产生警告或错误的代码行数。但在普通的文本环境中是无法直接获得语句行数的。在 GDB 中通过命令 l（list 的缩写）可以查看所有的代码行数，如下所示。

```
(gdb) l
2         int cal(int n)
3         {
4                 if(n == 1)
5                         return 1;
6                 else
7                         return n * cal(n - 1);
8         }
9
10        int main()
11        {
(gdb) l
12                int n = 5;
13                n = cal(n);
14                printf("%/d",n);
15                return 0;
```

```
16        }
(gdb) l
Line number 17 out of range; test.c has 16 lines.
```

可以看到，GDB 以 10 行为单位进行显示，再运行一次命令“l”就会显示下 10 行代码。这样设计方便了源代码的阅读。

（2）设置断点。断点是调试程序的重要方法，通过断点可以知道程序每一步的执行状况（如当前变量的值、函数是否调用、堆栈使用情况等）。在 GDB 中通过命令 b（breakpoint 的缩写）进行断点设置，如下所示。

```
(gdb) b 7
Breakpoint 1 at 0x8048389: file test.c, line 7.
```

可以看到，命令 b 在程序的第 7 行处设置了第一个断点，并显示了该断点在内存中的物理地址。

（3）查看断点情况。由于使用命令“b”可以设置多个断点，所以用户需要能够随时查看各个断点的情况。在 GDB 中通过命令“info b”查看所有的断点情况，如下所示。

```
(gdb) info b
Num Type           Disp Enb  Address      What
1   breakpoint     keep y    0x08048389   in cal at test.c:7
```

可以看到，GDB 在程序的第 7 行处设置了第一个断点，并显示了断点的位置信息。

（4）运行程序。在 GDB 中通过命令“r”（run 的缩写）运行程序。GDB 默认从代码的首行开始运行（也可以通过“r 行数”的方式让程序从指定行数开始运行）。如果程序中有断点，则程序会在断点行数的前一行暂停运行，结果如下所示。

```
(gdb) r
Starting program: /home/test

Breakpoint 1, cal (n=5) at test.c:7
7            return n * cal(n - 1);
```

可以看到，程序在运行到第 7 行时就暂停了，没有继续执行第 8 行的代码。

（5）查看变量值。程序暂停运行后就可以查看当前的状态了。在 GDB 中通过命令“p 变量名”（print 的缩写）查看当前变量 *n* 的值，如下所示。

```
(gdb) p n
$1 = 5
```

GDB 通过“$N”（“$1”、“$2”）来显示变量的值。这样在下次查看变量值时，就可以用“$N”代替变量名了。可以看到，当前变量 *n* 的值为 5。

（6）继续运行程序。查看完当前程序的情况后，就可以让程序继续往下运行了。在 GDB 中通过命令 c 让程序继续往下运行。在 test.c 中，由于函数 cal 是递归调用运行的，所以程序会再次在断点处暂停，如下所示。

```
(gdb) c
Continuing.
```

```
Breakpoint 1, cal (n=4) at test.c:7
7            return n * cal(n - 1);
```

程序暂停后可以再次查看当前变量 *n* 的值，如下所示。

```
(gdb) p n
$2 = 4
```

（7）单步运行。在程序逻辑比较复杂的时候往往需要程序能一步一步地往下运行，但如果每行都设置一个断点的话又会很麻烦。在 GDB 中可以通过命令“s”（step 的缩写）和“n”（next 的缩写）让程序一步一步地往下运行。其中，s 可以在发生函数调用时进入函数内部运行，而 *n* 不会进入函数内部运行。在 test.c 中，由于函数 cal 是递归调用运行的，所以只能选择 s 才能看到变量 *n* 的值，如下所示。

```
(gdb) s
cal (n=3) at test.c:4
4          if(n == 1)
(gdb) s

Breakpoint 1, cal (n=3) at test.c:7
7          return n * cal(n - 1);
(gdb) s
cal (n=2) at test.c:4
4          if(n == 1)
(gdb) s

Breakpoint 1, cal (n=2) at test.c:7
7            return n * cal(n - 1);
(gdb) s
cal (n=1) at test.c:4
4            if(n == 1)
(gdb) s
5            return 1;
```

由于在使用 s 前函数 cal 已经调用了两次，所以运行 s 后当前变量 *n* 的值为 3。可以看到，函数 cal 进行 3 次调用后返回 1。

此外，GDB 还具有很多功能，如程序环境设置、使用 shell 命令等。由于后续章节会介绍图形调试工具，所以这里就不再对 GDB 进行深入介绍了，有兴趣的读者可以查阅相关资料。

1.6　工程管理器

在实际的开发过程中，仅仅通过使用 gcc 命令对程序进行编译是非常低效的，原因主要有以下两点。

（1）程序往往是由多个源文件组成的，源文件的个数越多，gcc 命令行就会越长。此外，各种编译规则也会加大 gcc 命令行的复杂度，所以在开发调试程序的过程中，通过输入 gcc

命令行来编译程序是很麻烦的。

（2）在程序的整个开发过程中，调试的工作量占到了整体工作量的 70%以上。在调试程序的过程中，每次调试一般只会修改部分源文件。而在使用 gcc 命令行编译程序时，会把那些没有被修改的源文件一起编译，这样就会影响编译的总体效率。

为了提高编译程序的效率，很多基于 Windows 平台上的开发工具都提供了工程管理器。用户只需要单击“make”按钮就可以启动工程管理器，对整个程序进行自动编译，在整个编译的过程中是不需要人工干预的。这种工程管理器被形象地称为全自动工程管理器。

GCC 编译器提供半自动化的工程管理器 Make。所谓半自动化是指在使用工程管理器前需要人工编写程序的编译规则，所有的编译规则都保存在 Makefile 文件中。全自动化的工程管理器在编译程序前会自动生成 Makefile 文件。

Make 工程管理器的优越性具体体现在以下两个方面。

（1）使用方便。通过命令“make”就可以启动 Make 工程管理器对程序进行编译，所以不再需要每次都输入 gcc 命令行。Make 工程管理器启动后，会根据 Makefile 文件中的编译规则命令自动对源文件进行编译和链接，最终生成可执行文件。

（2）调试效率高。为了提高编译程序的效率，Make 工程管理器会检查每个源文件的修改时间（时间戳）。只有在上次编译之后，被修改的源文件才会在接下来的编译过程中被编译和链接，这样就能避免多余的编译工作量。为了保证源文件具有正确的时间戳，必须保证操作系统时间的正确性（注意 VMWare 虚拟机的 CMOS 时间是否正确）。

1.6.1 Makefile

Make 工程管理器是完全根据 Makefile 文件中的编译规则命令进行工作的。Makefile 文件由以下三项基本内容组成。

- 需要生成的目标文件（target file）。
- 生成目标文件所需要的依赖文件（dependency file）。
- 生成目标文件的编译规则命令行（command）。

这三项内容按照如下格式进行组织。

```
target file ：dependency file
command
```

其中，Makefile 规定在书写 command 命令行前必须加一个<Tab>键。

Make 工程管理器在编译程序时会检查每个依赖文件的时间戳，一旦发现某个依赖文件的时间戳比目标文件要新，就会执行目标文件的规则命令来重新生成目标文件。这个过程称为目标文件的依赖规则检查。依赖规则检查是 Make 工程管理器最核心的工作任务之一。下面以编译程序 test（由 a.c、b.c 和 b.h 组成）为例来介绍 Make 的工作过程。

```
//a.c:
#include "b.h"
int main()
{
    hello();
    return 0;
```

```
}

// b.h：
void hello();

// b.c：
#include "stdio.h"
void hello()
{
    printf("hello");
}

// Makefile：
test : a.o b.o
cc -o test a.o b.o
a.o : a.c b.h
cc -c a.c
b.o : b.c
cc -c b.c
```

Make 工程管理器编译 test 程序的过程如下。

（1）Make 工程管理器在当前目录下读取 Makefile 文件。

（2）查找 Makefile 文件中的第一个目标文件（在本例中为 test），该文件也是 Make 工程管理器本次编译任务的最终目标。

（3）把目标文件 test 的依赖文件当作目标文件进行依赖规则检查。这是一个递归的检查过程，在本例中就是依次把 a.o 和 b.o 作为目标文件来检查各自的依赖规则。Make 工程管理器会根据以下 3 种情况进行处理。

① 如果当前目录下没有或缺少依赖文件，则执行其规则命令生成依赖文件（假如缺少 a.o 文件，则执行命令“cc -c a.c”生成 a.o）。

② 如果存在依赖文件，则将其作为目标文件来检查依赖规则（假如 a.c 比 a.o 新，则执行命令“cc -c a.c”更新 a.o）。

③ 如果目标文件比所有依赖文件新，则不做处理。

（4）递归执行第三步后，就会得到目标文件 test 所有最新的依赖文件了。接着 Make 工程管理器会根据以下 3 种情况进行处理。

① 如果目标文件 test 不存在（比如第一次编译），则执行规则命令生成 test。

② 如果目标文件 test 存在，但存在比 test 要新的依赖文件，则执行规则命令更新 test。

③ 目标文件 test 存在，且比所有依赖文件新，则不做处理。

下面通过 Make 工程管理器的运行结果来印证上述流程。

（1）在第一次编译时，由于没有 test、a.o 和 b.o，Make 工程管理器会先执行命令“cc -c a.c”生成 a.o，然后执行命令“cc -c b.c”生成 b.o，最后执行命令“cc -o test a.o b.o”生成 test 文件，如下所示。

```
[root@localhost home]#make
```

```
cc –c a.c
cc –c b.c
cc –o test a.o b.o
```

（2）如果修改了 a.c 文件，Make 工程管理器会先执行命令“cc -c a.c”生成 a.o，由于 b.o 没有修改，所以 Make 工程管理器就接着执行命令“cc -o test a.o b.o”生成 test 文件，如下所示。

```
[root@localhost home]#make
cc –c a.c
cc –o test a.o b.o
```

（3）如果删除了 b.o 文件，则由于 a.o 没有修改，所以 Make 工程管理器就先执行命令“cc -c b.c”生成 b.o，然后执行命令“cc -o test a.o b.o”生成 test 文件，如下所示。

```
[root@localhost home]#make
cc –c b.c
cc –o test a.o b.o
```

（4）如果再运行一次 Make 工程管理器，因为所有的源文件都没有改动，所以 Make 工程管理器不会有任何动作，如下所示。

```
[root@localhost home]#make
make: "test"是最新的。
```

1.6.2 Makefile 特性介绍

程序的源文件数量越多，其编译规则就会越复杂，导致 Makefile 文件也越复杂。为了简化 Makefile 的编写，丰富编译程序的方法和手段，Makefile 提供了很多类似高级编程语言的语法机制。

1. 变量

Makefile 文件存在着大量的文件名，而且这些文件名都是重复出现的，所以在源文件较多的情况下，很容易发生遗漏或写错文件名的情况。一旦源文件的名称发生了变化，还容易造成与其他文件名不一致的错误。于是，Makefile 提供变量来代替文件名。变量的使用方式为

```
$（变量名）
```

例如：

```
obj = a.o b.o
test : $(obj)
cc -o test $(obj)
a.o : a.c b.h
cc -c a.c
b.o : b.c
cc -c b.c
```

该 Makefile 文件使用了变量 obj 来代替“a.o b.o”。当源文件名发生改动或增删源文件

时，只要对变量obj的值进行相应的修改就可以了，这样可以避免文件名不一致或遗漏的错误。Makefile文件中变量的命名可以使用字符、数字和下画线，但要注意变量名对大小写是敏感的。

此外，Make工程管理器提供了灵活的变量定义方式，具体有以下几种实现方式。

（1）通过“=”来实现。例如：

```
a1= $(a2)
a2= $(a3)
a3= a.o
```

在这种方式下，变量a1的值是“a.o”。也就是说，前面的变量可以通过后面的变量来定义。但在使用这种方式定义变量时，要防止出现死循环的情况。

（2）通过“:=”来实现。例如：

```
a1:= a.o
a2:= $(a1) b.o
```

在这种方式下，变量a1的值是“a.o”，变量a2的值是“a.o b.o”。例如：

```
a1:= $(a2) b.o
a2:= a.o
```

在这种方式下，变量a1的值是“b.o”，而不是“a.o b.o”。也就是说，前面的变量不能通过后面的变量来定义。

（3）通过“+=”来实现。例如：

```
a1= a.o
a1+= b.o
```

在这种方式下，变量a1的值是“a.o b.o”。也就是说，“+=”可以实现给变量追加值。例如：

```
a1= a.o
a1:= $(a1) b.o
```

可以看到，Makefile文件的“+=”和C语言中的“+=”是非常相似的。

（4）通过“?=”来实现。例如：

```
a1:= a.o
a1?=b.o
```

在这种方式下，变量a1的值是“a.o”，而不是“b.o”。也就是说，如果变量a1已经在前面定义过了，那么后面的定义就无效了。

以上所介绍的变量都是全局变量，也就是说，在整个Makefile文件中都可以访问的。

2. 自动推导

为了进一步简化Makefile文件的书写，Make工程管理器提供了自动推导功能。自动推导功能默认每个目标文件都有一个与之对应的依赖文件。例如，a.o文件有依赖文件a.c与之相对应，这样在Makefile文件中就不需要指定与目标文件对应的依赖文件名了。此外，自动推导功能还能推导出与目标文件对应的基本编译规则命令。例如，a.o 文件的规则命令为“gcc –c –o a.c”。例如：

```
obj = a.o b.o
test : $(obj)
cc -o test $(obj)
a.o : b.h
```

结果为

```
[root@localhost home]#make
cc –c –o a.o a.c
cc –c –o b.o b.c
cc –o test a.o b.o
```

可以看到，Makefile 文件分别推导出了目标文件 a.o 和 b.o 的规则命令“cc -c -o a.o a.c”与“cc-c-o b.o b.c”。

伪目标：伪目标不是真正的目标文件，所以通过伪目标可以让 Make 工程管理器只执行规则命令，而不用创建实际的目标文件。伪目标的使用方式为

```
make 伪目标名
```

由于伪目标不是真正的目标文件，只是一个符号。为了不和真实的目标文件混淆，最好使用“.PHONY”对伪目标进行标识。例如：

```
obj = a.o b.o

.PHONY : all
all : test $(obj)

test : $(obj)
        cc –o test $(obj)

.PHONY : clean
clean :
        rm –rf test $(obj)

test_dir = /home/t_d
.PHONY : install
install :
        mkdir $(test_dir)
        cp test $(test_dir)

.PHONY : uninstall
uninstall :
        rm -rf $(test_dir)
```

（1）all。运行命令“make all”后，Make 工程管理器会把 all 看成最终的目标。由于伪目标和真实目标一样都有依赖文件，所以 Make 工程管理器会更新 all 的依赖文件 test、a.o 和 b.o。

如下所示。

```
[root@localhost home]#make all
cc –c –o a.o a.c
cc –c –o b.o b.c
cc –o test a.o b.o
```

（2）clean。运行命令“make clean”后，Make 工程管理器会执行命令“rm -rf　test $(obj)”。这样 test、a.o 和 b.o 文件就全被删除了。如下所示。

```
[root@localhost home]#make clean
rm –rf test a.o b.o
```

（3）install。运行命令“make clean”后，Make 工程管理器会顺序执行命令“mkdir $(test_dir)”和“cp test $(test_dir)”，把 test 文件复制到 test_dir 变量指定的目录中去（这里只是模拟安装过程，并不是真正地实现安装方法）。如下所示。

```
[root@localhost home]#make install
mkdir /home/t_d
cp test /home/t_d
```

（4）uninstall。运行命令“make clean”后，Make 工程管理器会执行命令“rm -rf $(test_dir)”。这样就可以把变量 test_dir 指定的目录以及目录中的文件全部删除。如下所示。

```
 [root@localhost home]#make uninstall
rm -rf /home/t_d
```

在 Makefile 文件中，伪目标是非常有用的。例如，在递归编译、并行编译等场合，使用伪目标可以方便地控制编译过程。

3．文件查找

为了便于管理和组织，程序的源文件都根据功能的不同放置在不同的子目录中。但是源文件被分散存储之后，又如何才能找到这些源文件呢？Makefile 提供了以下两种方法。

（1）VPATH。VPATH 是一个特殊变量，当 Make 工程管理器在当前路径找不到源文件时，就会自动到 VPATH 指定的路径中去寻找。VPATH 的使用方法为

```
VPATH = 目录 : 目录 …
```

例如：

```
VPATH= /a : /b
```

Make 工程管理器会在按照当前路径找不到文件时按照顺序依次查找/a 和/b 目录。

（2）vpath。和 VPATH 不同的是，vpath 并不是变量而是关键字，其作用和 VPATH 类似，但使用方式更加灵活。vpath 的使用方法为

```
vpath 模式 目录: 目录 …
```

例如：

```
vpath %.c /a : /b
```

Make 工程管理器会在按照当前路径找不到文件时顺序依次查找/a 和/b 目录中所有的 C 文件。vpath 也可以对不同的路径采用不同的搜索模式。例如：

```
vpath %.c /a
vpath %.h /b
```

Make 工程管理器会在按照当前路径找不到源文件时先查找/a 目录下的 C 文件，然后查找/b 目录下的头文件。例如，首先在/home 目录下新建一个目录 b，然后把 b.c 文件放入目录 b 中。

```
VPATH = /home/b
obj = a.o b.o

.PHONY : all
all : test $(obj)

test : $(obj)
	cc –o test $(obj)
```

结果为

```
[root@localhost home]#make
cc –c –o a.o a.c
cc –c –o b.o /home/b/b.c
```

如果把“VPATH=/home/b”修改成“vpath %.c /home/b”，则运行结果是一样的。

4．嵌套执行

如果把所有源文件的编译规则命令都写在一个 Makefile 文件中，会造成 Makefile 文件过于臃肿，为编写和修改带来很大不便。解决这个问题的办法是把 Makefile 文件分解成多个子文件，并放置到程序的每个子目录中。每个子文件负责所在目录下源文件的编译工作。

Make 工程管理器会首先读取程序根目录下的 Makefile 文件（总控 Makefile），然后去读取各个目录中的子文件。这个过程就称为 Make 工程管理器的嵌套执行。嵌套执行的使用方法为

```
cd 子目录  && $(MAKE)
```

或者

```
$(MAKE) –c 子目录
```

例如，首先在/home/b 目录下新建一个 Makefile 子文件，如下所示。

```
b.o : b.c
cc -c –o b.o b.c
```

然后修改/home 目录中的总控 Makefile，如下所示。

```
VPATH = /home/b
obj = a.o b.o
```

```
.PHONY : all
all : test $(obj)

test : $(obj)
	cc –o test a.o b/b.o

b.o : b.c
	cd b && make
```

结果为

```
[root@localhost home]#make
cc –c –o a.o a.c
cd b && make
make[1] : Entering directory '/home/b'
cc –c –o b.o b.c
make[1] : Leaving directory '/home/b'
cc –o test a.o b/b.o
```

可以看到，在 Make 工程管理器产生 a.o 之后会进入/home/b 目录，读取 Makefile 子文件，编译产生 b.o 之后退出该目录。

在使用嵌套编译时，上层 Makefile 文件把编译任务下发给各个下层 Makefile 文件进行处理。就好比公司的总经理管理部门经理，再由部门经理去管理每个员工。

总控 Makefile 中的变量可以通过"export 变量"的方式传递到各级 Makefile 子文件中，但不会覆盖 Makefile 子文件中的变量。也可以通过"unexport 变量"的方式不让变量传递到各级 Makefile 子文件中。

5．条件判断

和 C 语言的条件编译类似，Make 工程管理器也可以在运行时对条件进行判断，然后进入条件分支继续编译。条件判断的书写格式为

```
条件表达式
如果真执行的文本段
endif
```

或者

```
条件表达式
如果真执行的文本段
else
如果假执行的文本段
endif
```

条件表达式有以下 4 种格式。

（1）ifeq（参数 1，参数 2）。作用：比较参数 1 和参数 2 的值是否相同，相同为真，相异为假。

（2）ifneq（参数 1，参数 2）。作用：比较参数 1 和参数 2 的值是否相同，相异为真，相同为假。

（3）ifdef（参数）。作用：参数非空为真，空为假。

（4）ifndef（参数）。作用：参数空为真，非空为假。

例如：

```
a1= a.o
a2= b.o
ifeq ($(a1), $(a2))
a1=x.o
else
a2=y.o
```

变量 a1 的值是 a.o，变量 a2 的值是 y.o。

6．函数

对于编程语言来说，函数是非常重要的，为此，Make 工程管理器也引入了函数机制，以丰富 Make 工程管理器控制编译过程的方法。和变量一样，函数也用符号“$”进行标识，其使用格式为

```
$（函数名 参数，参数…）
```

其中函数名和参数之间用空格隔开，参数与参数之间用逗号隔开。下面简单介绍一些常用的基本函数。

（1）subst。格式为

```
$（subset 参数 1，参数 2，参数 3）
```

功能：把参数 3 中的参数 1 替换成参数 2。返回值：被替换后的参数 3。例如：

```
result := $(subst China, the world, I love China)
```

result 的值为“I love the world”。

（2）patsubst。格式为

```
$（patsubset 模式参数，参数 1，参数 2）
```

功能：把参数 2 中符合模式参数的单词（单词是指参数中被空格隔开的字符串）替换成参数 1。返回值：被替换后的参数 2。例如：

```
result := $(patsubst %.c, %.o, x.c y.c)
```

result 的值为“x.o y.o”。

（3）wildcard。格式为

```
$（wildcard 模式参数）
```

功能：列出当前目录下所有符合模式参数的文件名。返回值：当前目录下所有符合模式参数的文件名。例如：

```
result := $(wildcard *.c)
```

result 的值为当前目录下所有的 C 文件名。

（4）strip 参数。格式为

```
$（strip 参数）
```

功能：去掉参数中开头和结尾的空格。返回值：被去掉空格的参数。例如：

```
result := $(strip     China        )
```

result 的值为“China”。

（5）findstring。格式为

```
$（findstring 参数 1，参数 2）
```

功能：在参数 2 中查找参数 1。返回值：如果找到则返回参数 1，如果没找到则返回空。例如：

```
result := $(findstring me, you and me)
```

result 的值为“me”。

```
result := $(findstring she, you and me)
```

result 的值为“ ”。

（6）filter。格式为

```
$（filter 模式参数，参数 1）
```

功能：从参数 1 中筛选出符合模式参数的字符串。返回值：符合参数模式的字符串。例如：

```
a := x.c y.c z.h
result := $(filter %.c, $(a))
```

result 的值为“x.c y.c”。

（7）addsuffix。格式为

```
$（addsuffix 参数 1，参数 2）
```

功能：为参数 2 中的每个单词加上后缀参数 1。返回值：加上后缀的所有单词。例如：

```
result := $(addsuffix .c, x y)
```

result 的值为“x.c y.c”。

（8）addprefix。格式为

```
$（addprefix 参数 1，参数 2）
```

功能：为参数 2 中的每个单词加上前缀参数 1。返回值：加上前缀的所有单词。例如：

```
result := $(addprefix src/, x.c y.c)
```

result 的值为“src/x.c src/y.c”。

（9）foreach。格式为

```
$（foreach 变量参数，参数 1，表达式）
```

功能：循环取出参数 1 中的单词赋给变量参数，然后运行表达式。返回值：表达式的运行结果。例如：

```
a:= x y z
result := $(foreach b, $(a), $(b).c)
```

result 的值为“x.c y.c z.c”。

注意，b 在这里是一个临时的变量。

（10）call。格式为

```
$（call 变量参数，参数…）
```

功能：循环把参数依次赋给变量参数中的$(1)、$(2)…。返回值：赋值后的变量值。例如：

```
a:= $(2) $(1)
result := $(call $(a), x y)
```

result 的值为“yx”。

（11）if。格式为

```
$（if 条件参数，执行参数）
```

功能：如果条件参数非空，运行执行参数部分。返回值：条件参数非空，返回执行参数部分。例如：

```
result := $(if China, world)
```

result 的值为“world”。

```
$（if 条件参数，执行参数 1，执行参数 2）
```

功能：如果条件参数非空，运行执行参数 1；反之运行执行参数 2。返回值：条件参数非空，返回执行参数 1；反之返回执行参数 2。例如：

```
a:=
result := $(if $(a), China, world)
```

result 的值为“world”。

（12）dir。格式为

```
$（dir 参数）
```

功能：从参数中取出目录部分。返回值：目录部分。例如：

```
result:=$(dir /home/test/a.c)
```

result 的值为“/home/test/”。

（13）error。格式为

```
$（error 参数）
```

功能：停止 Make 工程管理器运行并显示参数。返回值：参数。例如：

```
result:=$(error error occure!)
```

result 的值为“error occure!”。

（14）warning。格式为

```
$（warning 参数）
```

功能：在 Make 工程管理器运行时显示参数。返回值：参数。例如：

```
result:=$( warning warning occure!)
```

result 的值为“warning occure!”。

1.7 Eclipse 程序开发

虽然 GDB 功能强大，但文本命令的操作方式始终是应用上的一个瓶颈。那么在 Linux 平台上有没有一款类似于 Windows 平台上 Visual Studio、Borland C++这样的可视化集成开发环境呢？当然是有的，目前使用最广泛的就是 Eclipse。

2001 年，IBM 公司以源代码的方式发布了 Eclipse 平台，此后 Eclipse 得到了飞速发展。由于是采用 Java 语言进行编写的，所以 Eclipse 可以运行在包括 Linux 在内的多种操作系统上。

从内部结构来看，Eclipse 只是一个可视化的集成开发界面，而核心编译器是以插件的形式存在的。这样的好处是不管使用哪种编译器，Eclipse 都提供了统一的可视化集成开发界面，所以在 Eclipse 平台上能够很方便地进行 C、C++、Java、PHP、Perl 等多种编程语言的开发。本节将介绍在 Eclipse 中使用 GCC 编译器开发 C 语言程序的方法。

1.7.1 Eclipse 环境安装

1．安装 JDK

由于运行 Eclipse 需要 Java 虚拟机的支持，所以需要先安装 JDK。在 http://www.java.com 网站可以下载基于 Linux 平台的 JDK 版本（有 bin 和 RPM 自解压文件两种安装文件）。把 JDK 安装文件 jre-6u7-linux-i586.bin 文件下载到 Linux 系统中，接着就可以运行 jre-6u7-linux-i586.bin 文件进行 JDK 的安装（其实是解包）了，如下所示。

```
[root@localhost home]# ./jre-6u7-linux-i586.bin
Sun Microsystems, Inc. Binary Code License Agreement

for the JAVA SE DEVELOPMENT KIT (JDK), VERSION 6

SUN MICROSYSTEMS, INC. ("SUN") IS WILLING TO LICENSE THE
SOFTWARE IDENTIFIED BELOW TO YOU ONLY UPON THE CONDITION
THAT YOU ACCEPT ALL OF THE TERMS CONTAINED IN THIS BINARY
CODE LICENSE AGREEMENT AND SUPPLEMENTAL LICENSE TERMS
```

```
(COLLECTIVELY "AGREEMENT"). PLEASE READ THE AGREEMENT
CAREFULLY. BY DOWNLOADING OR INSTALLING THIS SOFTWARE, YOU
ACCEPT THE TERMS OF THE AGREEMENT. INDICATE ACCEPTANCE BY
SELECTING THE "ACCEPT" BUTTON AT THE BOTTOM OF THE
AGREEMENT. IF YOU ARE NOT WILLING TO BE BOUND BY ALL THE
TERMS, SELECT THE "DECLINE" BUTTON AT THE BOTTOM OF THE
AGREEMENT AND THE DOWNLOAD OR INSTALL PROCESS WILL NOT
CONTINUE.

1. DEFINITIONS. "Software" means the identified above in
binary form, any other machine readable materials
(including, but not limited to, libraries, source files,
header files, and data files), any updates or error
corrections provided by Sun, and any user manuals,
programming guides and other documentation provided to you
--More--
```

可以看到当前显示的是 JDK 的版本和协议信息。由于协议信息较长，所以需要按多次回车键。协议信息全部显示完毕后，系统会给出以下提示。

```
Do you agree to the above license terms? [yes or no]
```

输入 yes 表示同意以上协议后，JDK 的安装才会继续进行。解压完毕后，会在当前目录下产生一个文件夹 jre1.6.0_07。为了遵守 Linux 的文件管理规范，把文件夹 jre1.6.0_07 转移到/usr 目录下（为了方便重命名为 jdk）。

为了使 Linux 系统能够找到 JDK 的安装目录，需要设置 JDK 的环境变量。在/etc/profile 文件的末尾插入以下环境变量。

```
export JAVA_HOME=/usr/jdk
export CLASSPATH=$CLASSPATH:$JAVA_HOME/lib
export PATH=$PATH:$JAVA_HOME/bin
```

保存修改后，注销 Linux 系统使之生效。通过命令“java –version”可以查看 JDK 是否能够正常工作，如下所示。

```
[root@localhost ~]# java -version
java version "1.6.0_01"
Java(TM) SE Runtime Environment (build 1.6.0_01-b06)
Java HotSpot(TM) Client VM (build 1.6.0_01-b06, mixed mode, sharing)
```

2．安装 Eclipse

首先从 Eclipse 的官方网站 http://www.eclipse.org/downloads/中下载 Eclipse IDE for C/C++ Developers（Linux 32 位）版。这是基于 32 位 Linux 平台的，针对 C 和 C++程序开发的 Eclipse 版本，其中已经集成了 C 和 C++程序的开发插件。

对下载好的 eclipse-cpp-ganymede-linux-gtk.tar.gz 进行解压后，会在当前目录下出现一个

“eclipse”文件夹。进入“eclipse”文件夹后，双击可执行文件，就可以看到 Eclipse 的启动画面了。

Eclipse 启动时会提示输入 workspace 的路径。workspace 是 Eclipse 的工作空间，在 Eclipse 中创建的程序都放置在工作空间内。本书使用的工作空间路径是/home/workspace。Eclipse 启动完毕的工作界面（关闭欢迎页面后）如图 1-7-1 所示。

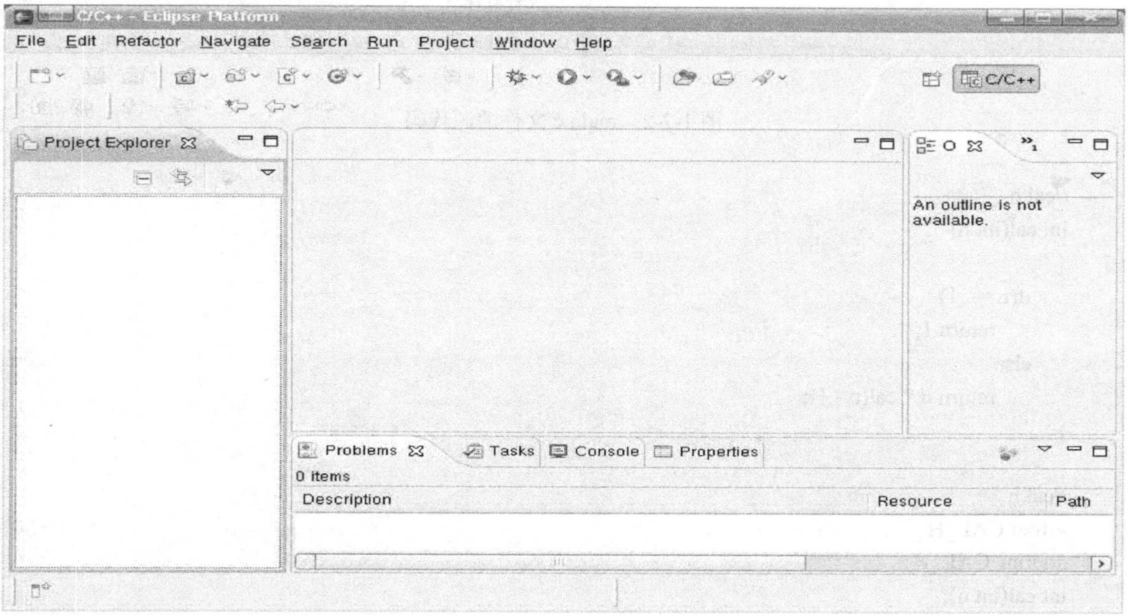

图 1-7-1　Eclipse 工作界面

1.7.2　Eclipse C 程序开发

1．创建程序

在 Eclipse 中创建程序的步骤如下。

（1）在“File”菜单中选择新建一个工程“C Project”。

（2）在弹出的对话框中输入“Project name”的值，这里输入“test”。Eclipse 默认当前工程 test 的类型是可执行文件，使用的编译器是 Linux GCC。

（3）单击“Finish”按钮后，完成 test 工程的创建。

（4）在“File”菜单中，选择新建“Source File”。

（5）在弹出的对话框中，输入“Source File”的值，这里输入“main.c”。Eclipse 会默认当前 main.c 文件采用的是 C 文件模板。

（6）单击“Finish”按钮后，就完成了 main.c 文件的创建。接着按照同样的方法创建 cal.c 文件和 cal.h 头文件（选择“Header File”）。

main.c 文件的源代码如图 1-7-2 所示。

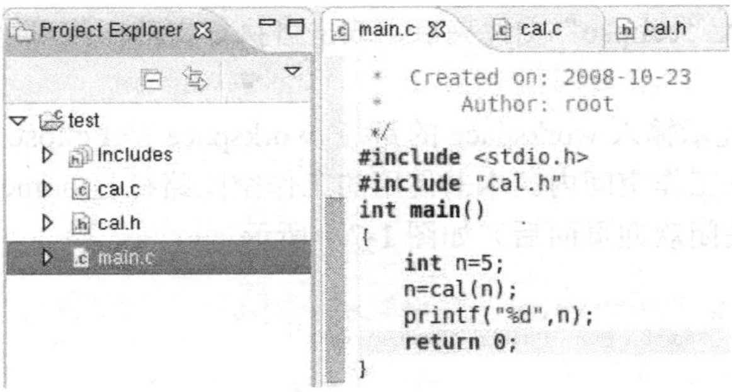

图 1-7-2　main.c 文件的源代码

```
//cal.c
int cal(int n)
{
    if(n == 1)
        return 1;
    else
        return n * cal(n - 1);
}

//cal.h
#ifdef CAL_H_
#define CAL_H_
int cal(int n);
#endif /*CAL_H_*/
```

在输入源代码的时候可以发现，Eclipse 会自动调整语句的缩进格式和括号的添加，而在文本文件中则完全是依靠手动调整的。

2．编译程序

在 Eclipse 中可以选择手动创建 Makefile 文件和自动创建 Makefile 文件两种方式，下面详细介绍这两种方式。

（1）手动创建 Makefile 文件，步骤如下。

① 在“File”菜单中选择新建“Source File”。

② 输入文件名“Makefile”。

③ 单击“Finish”按钮完成 Makefile 文件的创建。

Makefile 文件的代码如图 1-7-3 所示。

设置手动创建的 Makefile 编译程序的步骤如下。

① 在位于工作界面左侧的“Project Explorer”中选中“test”。

② 选择“Project”菜单中的“Properties”选项。在弹出的“Properties for Test_project”对话框中选中“C/C++ Build”选项。

③ 取消 Eclipse 默认勾选的“Generate Makefiles automatically”。

④ 单击“Workspace”按钮，选择工程的工作空间的位置。

⑤ 单击“Finish”按钮完成设置，如图 1-7-4 所示。

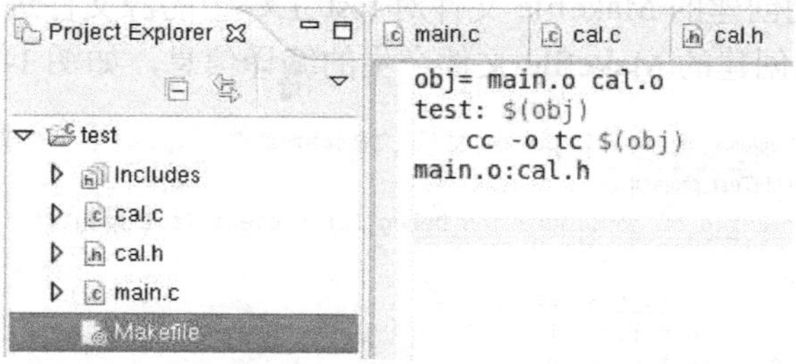

图 1-7-3　Makefile 文件的代码

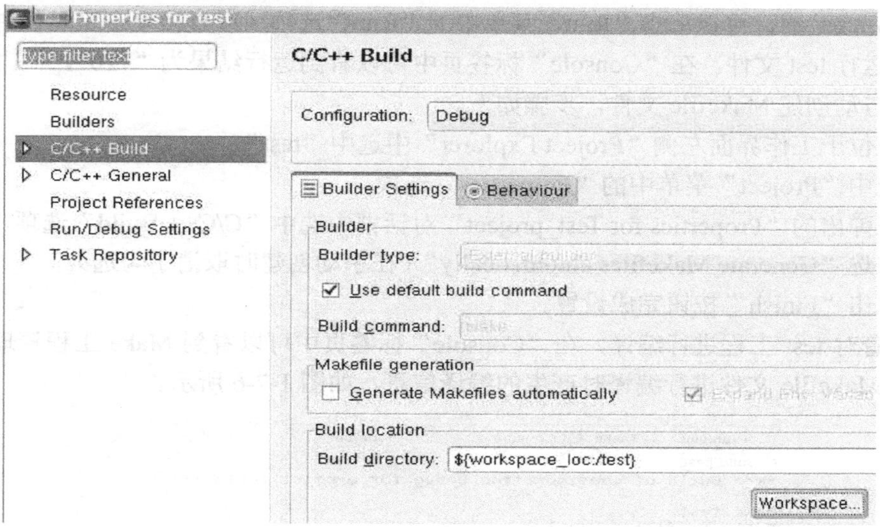

图 1-7-4　设置手动创建的 Makefile 编译程序

由于一个工程可以具有多个编译目标，所以这里还需要为当前的工程创建一个编译目标，步骤如下。

① 选择“Project”菜单中的“Make Target”。

② 单击“Create”选项。

③ 在弹出的“Create a new Make target”对话框中分别输入“Target Name”和“Make Target”的内容。其中，“Target Name”表示项目目标的名称；“Make Target”表示编译生成的目标文件名称，该名称必须和 Makefile 文件中的第一个目标文件的名称一致（这里都输入“test”）。

④ 单击“Create”按钮完成编译目标的创建。

编译任务创建完成后，就可以对 test 工程进行编译了。使用手动创建 Makefile 编译程序的步骤如下。

① 选择“Project”菜单中的“Make Target”选项。

② 单击“Build”选项。

③ 在弹出的“Make Targets”对话框中会显示当前所创建的编译目标，由于当前只有一个编译目标 test，所以 Eclipse 会默认选中 test。

④ 单击“Build”按钮后，就开始对 test 工程进行编译了。

Eclipse 会根据手动创建的 Makefile 文件对 test 工程中的源文件进行编译，在“Console”标签页中可以看到手动创建的 Makefile 文件产生的编译信息，如图 1-7-5 所示。

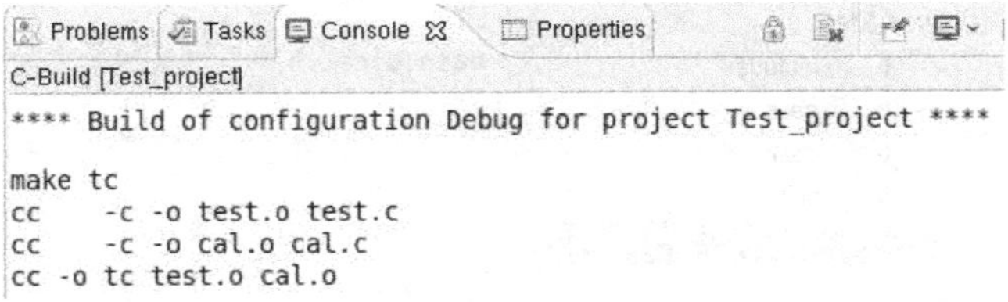

图 1-7-5　手动创建的 Makefile 文件产生的编译信息

编译完成之后，可以单击“Run”菜单中的“Run”选项（或直接单击工具栏中的绿色箭头按钮）运行 test 文件。在“Console”标签页中可以看到运行结果为“120”。

（2）自动创建 Makefile 文件，步骤如下。

① 在位于工作界面左侧“Project Explorer”中选中“test”。

② 选中“Project”菜单中的“Properties”选项。

③ 在弹出的“Properties for Test_project”对话框中选中“C/C++ Build”选项。

④ 勾选“Generate Makefiles automatically”（在手动创建时取消了勾选）。

⑤ 单击“Finish”按钮完成设置。

紧接着对 test 工程进行编译，在“Console”标签页中可以看到 Make 工程管理器使用自动创建的 Makefile 文件进行编译时产生的编译信息，如图 1-7-6 所示。

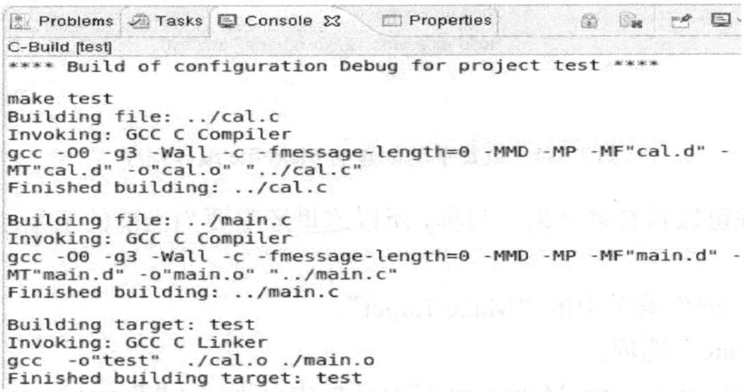

图 1-7-6　自动创建的 Makefile 文件产生的编译信息

运行生成可执行文件 test 的结果也是“120”。但是和手动创建的 Makefile 文件的编译方式不同，在使用自动创建的 Makefile 文件进行编译时，Eclipse 会默认在 Debug 目录下进行，这样便于对程序进行调试。

打开 Debug 目录，里面除了有熟悉的 main.o、cal.o、test 和 Makefile 文件外，还有一些以 d 和 mk 为后缀的文件。

① .d 文件。Make 工程管理器为每一个 C 文件产生一个描述其依赖文件的 Makefile 文件，并以 d 为后缀。例如，本例中的 main.c 就有一个 main.d 文件，其中描述了生成 main.o 所需要

的 C 文件与头文件。旧版本的 Make 工程管理器使用 depend 文件来描述目标文件的依赖文件。

② .mk 文件。.mk 文件就是 Makefile 子文件。例如，在本例中，Makefile 文件中包含了以下 3 条语句。

```
-include sources.mk
-include subdir.mk
-include objects.mk
```

说明 Makefile 文件中包含了 sources.mk、subdir.mk 和 objects.mk 这 3 个 Makefile 子文件。

3. 调试程序

可视化集成开发环境不但方便程序的编写，更为程序的调试提供了极大的便利。为了验证这个优点，下面以和 GDB 进行对比的方式介绍 Eclipse 的调试功能。

（1）查看源文件。Eclipse 默认的界面并没有显示代码的行数，打开行数显示的步骤如下。

① 单击“Window”菜单中的“Preferences”选项。

② 打开对话框左侧的“General”列表，依次单击其中的“Editors”和“Text Editors”。

③ 勾选位于对话框右侧面板中的“Show line numbers”。

④ 单击“OK”按钮后就可以看到行号显示了。

（2）运行调试器。在“Project Explorer”中选中 test 工程，单击“Run”菜单中的“Debug”选项就可以启动调试器了。在启动过程中会提示是否打开调试器界面，选择打开便于查看调试的结果。调试器启动后会自动停留在 main 函数内的第一行代码处（用蓝色箭头指向），等待具体的调试任务，如图 1-7-7 所示。

（3）设置断点。在 Eclipse 中，只要在需要设置断点的代码行旁边（左侧蓝点处）双击鼠标就可以产生一个断点，采用同样的办法可以设置多个断点。这里在 cal.c 文件中的第 12 行处设置一个断点，如图 1-7-8 所示。

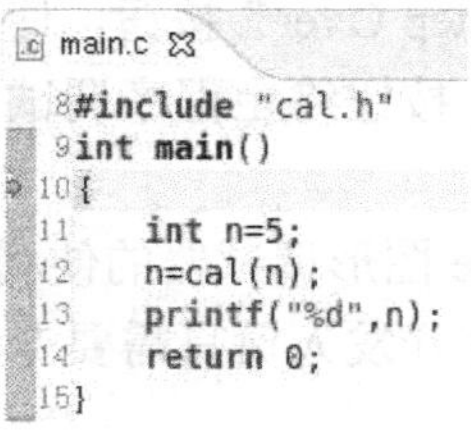

图 1-7-7　运行调试器

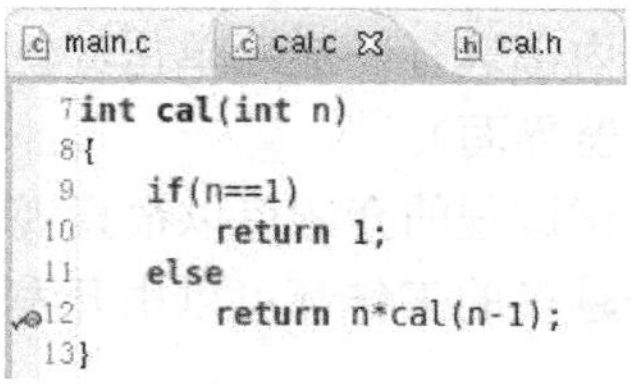

图 1-7-8　设置断点

（4）查看断点情况。在工作界面右上侧的窗口中可以看到当前设置的所有断点信息，如图 1-7-9 所示。

（5）运行程序。单击“Debug”窗口中的“Resume”绿色箭头按钮，开始运行程序。程序会自动在第一个断点处暂停运行，并用绿色显示当前暂停运行的语句，如图 1-7-10 所示。

（6）查看变量值。单击工作界面右上侧窗口中的“Variable”标签页，可以看到当前断点处变量 n 的值，如图 1-7-11 所示。

（7）继续运行程序。单击“Debug”窗口中的“Resume”按钮，可以让程序从断点处继续运行。程序依然会在 cal.c 文件中的第 12 行处暂停运行，同时可以看到“Variable”窗口中

当前变量 *n* 的值变成了 4，如图 1-7-12 所示。

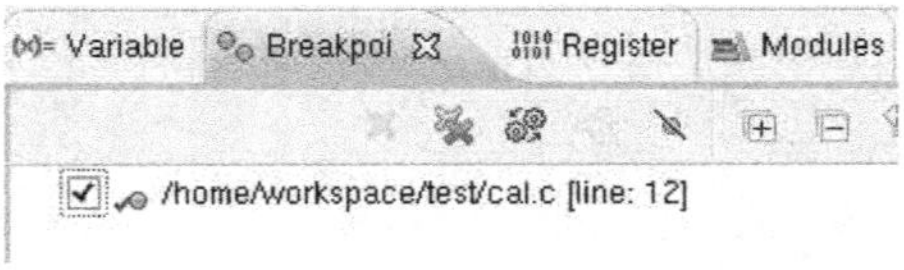

图 1-7-9　查看断点情况

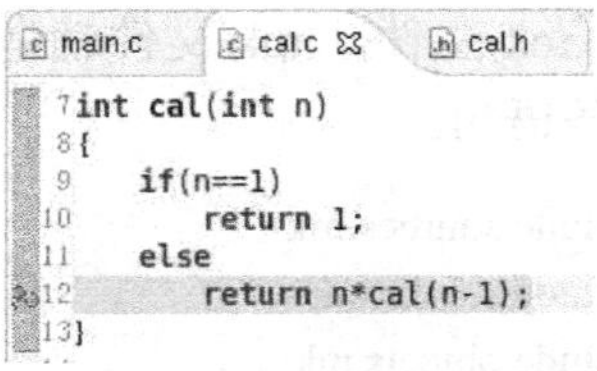

图 1-7-10　运行程序

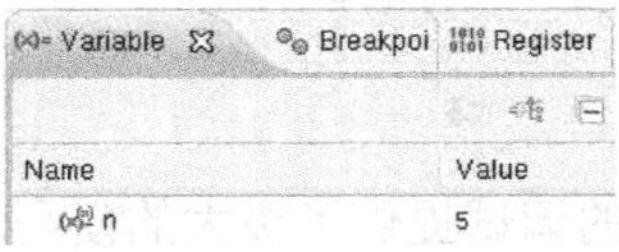

图 1-7-11　查看变量值

图 1-7-12　继续运行程序

（8）单步运行。单击“Debug”窗口中的“Step Into”黄色弯箭头按钮，可以让程序一步步地运行，分别单击一次、两次和三次“Step Into”按钮后的情况如图 1-7-13（a）、图 1-7-13（b）和图 1-7-13（c）所示。

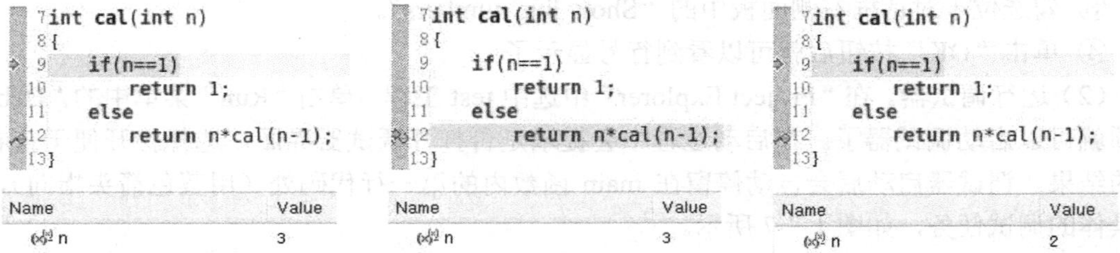

（a）单击一次“Step Into”按钮　（b）单击两次“Step Into”按钮　（c）单击三次“Step Into”按钮

图 1-7-13　单步运行

这里要注意的是，在“Step Into”按钮旁还有一个“Step Over”按钮，使用该按钮单步运行时不进入函数内部运行。最后单击红色的“Terminate”按钮终止程序调试（需返回编程界面时要关闭调试器界面）。

通过上述调试过程的介绍可以很直观地感受到 Eclipse 图形调试器的便利性。随着软件技术的发展，越来越多的工作都可以由开发环境代劳，程序开发人员只需要专注于程序逻辑功能的设计与实现。

1.8　软件版本管理

1.8.1　Git 版本管理

1．初识 Git

Git 是 Linus Torvalds 为了帮助管理 Linux 内核开发而开发的一个开放源码的版本控制软件。Git 与常用的版本控制工具 CVS、Subversion 等不同，它采用了分布式版本库的方式，不需要服务器端软件的支持。

Git 与 SVN 的区别如下。

（1）Git 是分布式的，而 SVN 不是，这是 Git 和其他非分布式的版本控制系统（如 SVN、CVS 等）最核心的区别。

（2）Git 把内容按元数据方式存储，而 SVN 是按文件存储，所有的资源控制系统都把文件的元信息隐藏在类似.svn 或.cvs 的文件夹里。

（3）Git 分支和 SVN 的分支不同，分支在 SVN 中并不特殊，就是版本库中的另外的一个目录而已。

（4）Git 没有一个全局的版本号，而 SVN 有，这是 Git 相比 SVN 缺少的最大的一个特征。

（5）Git 的内容完整性要优于 SVN，Git 的内容存储使用的是 SHA-1 哈希算法。这能确保代码内容的完整性，确保在遇到磁盘故障和网络问题时降低对版本库的破坏。

2．Git 和 GitHub 环境搭建

（1）Linux 下 Git 和 GitHub 环境的搭建。

① 安装 Git，使用命令“sudo apt-get install git”。

② 在 GitHub 上创建 GitHub 账号。

③ 生成 ssh key，使用命令“ssh-keygen -t rsa -C "your_email@youremail.com"”，其中，“your_email”是使用者的 E-mail 地址。

④ 回到 GitHub，进入账户设置界面，在左侧选择“SSH Keys”→“Add SSH Key”，随便填写“title”，粘贴“key”。“key”就是“~/.ssh/id_rsa.pub”的内容。

⑤ 测试 ssh key 是否成功，使用命令“ssh -T git@github.com”，如果出现“You've successfully authenticated, but GitHub does not provide shell access”，这就表示已成功连上 GitHub。

⑥ 按如下格式配置 Git 的配置文件、username 和 E-mail。

```
git config --global user.name "your name"          //配置用户名
git config --global user.email "your email"        //配置 email
```

（2）使用 Git 从本地上传到 GitHub。

① 进入所要上传文件的目录，输入命令“git init”。

② 创建一个本地仓库“origin”，使用命令“git remote add origin git@github.com:yourName/yourRepo.git”，其中，“yourName”是 GitHub 的用户名，“yourRepo”是要上传到 GitHub 的仓库，即在 GitHub 上添加的仓库。

③ 例如，要添加一个文件“xxx”到本地仓库，使用命令“git add xxx”，可以使用“git add.”自动判断添加哪些文件，再使用命令”git commit -m”把这个要添加的文件提交到本地的仓库，最后使用命令“git push origin master”把本地仓库“origin”提交到远程的 GitHub 仓库。

（3）从 GitHub 克隆项目到本地。

① 到 GitHub 的某个仓库，然后复制右边的“HTTPS clone url”。

② 回到要存放的目录下，使用命令“git clone https://github.com/chenguolin/ scrapy.git”。

③ 如果本地的版本不是最新的，可以使用命令 “git fetch origin”，其中，“origin”是本

地仓库。

④ 可以使用命令“git merge origin/master”把更新的内容合并到本地分支。

如果不想手动合并，那么可以使用如下命令。

```
git pull <本地仓库> master          //这个命令可以找到最新版本并自动合并
```

（4）GitHub 的分支管理。

创建：

```
git branch <新分支名字>                      //创建一个本地分支
git push <本地仓库名> <新分支名>              //将本地分支同步到 GitHub 上面
git checkout <新分支名>                      //切换到新建立的分支
git remote add <远程端名字> <地址>            //为分支加入一个新的远程端
```

查看当前仓库有几个分支：

```
git branch
```

删除：

```
git branch -d <分支名称>                     //从本地删除一个分支
git push <本地仓库名>                        //同步到 GitHub 上面删除这个分支
```

3．Git 的分支使用

（1）Git 分支简介。Git 分支是通过指针进行管理的，所以创建、切换、合并和删除分支都非常快，非常适合大型项目的开发。在分支上做开发，调试好了后再合并到主分支，那么开发的模块不会影响到其他人的模块。

（2）分支使用策略。

① 主分支（默认创建的 Master 分支）只用来分布重大版本（对于每个版本可以创建不同的标签，以便于查找）。

② 日常开发应该在另一条分支上完成，可以取名为“Develop”。

③ 使用完临时性分支后最好将其删除，以免造成分支混乱，如功能（feature）分支、预发布（release）分支和修补 bug（bug）分支等。

④ 如果是多人开发的情况，每个人还可以分出一个自己专属的分支，当阶段性工作完成后合并到上级分支。

4．常用分支命令

（1）创建切换分支。按如下命令创建并切换分支，代码界面如图 1-8-1 所示。

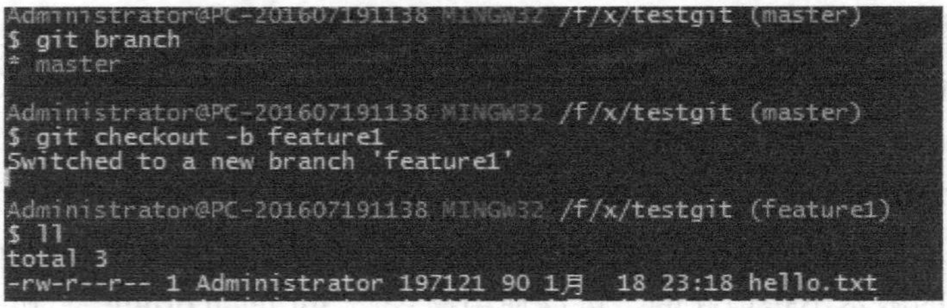
Administrator@PC-201607191138 MINGW32 /f/x/testgit (master)
$ git branch
* master
Administrator@PC-201607191138 MINGW32 /f/x/testgit (master)
$ git checkout -b feature1
Switched to a new branch 'feature1'
Administrator@PC-201607191138 MINGW32 /f/x/testgit (feature1)
$ ll
total 3
-rw-r--r-- 1 Administrator 197121 90 1月 18 23:18 hello.txt

图 1-8-1　创建并切换分支

```
git checkout -b <分支名称>
```

下面两条命令效果相同。

```
git branch <分支名称>                    //创建分支
git checkout <分支名称>                  //切换分支
```

（2）合并分支。按如下命令合并分支到当前分支，代码界面如图 1-8-2 所示。

```
git meger <分支名称>
```

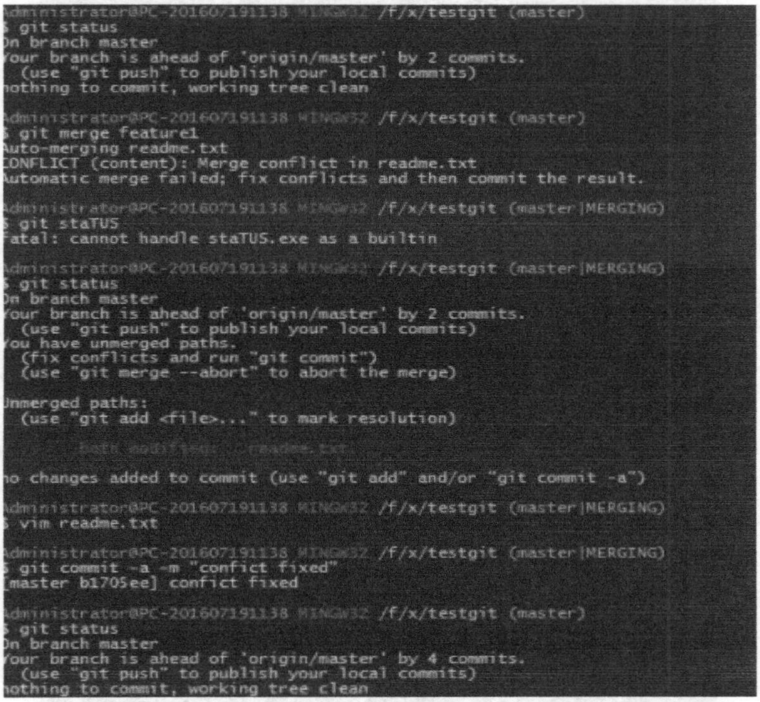

```
Administrator@PC-20160719I138 MINGW32 /f/x/testgit (master)
$ git status
On branch master
Your branch is ahead of 'origin/master' by 2 commits.
  (use "git push" to publish your local commits)
nothing to commit, working tree clean

Administrator@PC-20160719I138 MINGW32 /f/x/testgit (master)
$ git merge feature1
Auto-merging readme.txt
CONFLICT (content): Merge conflict in readme.txt
Automatic merge failed; fix conflicts and then commit the result.

Administrator@PC-20160719I138 MINGW32 /f/x/testgit (master|MERGING)
$ git staTUS
fatal: cannot handle staTUS.exe as a builtin

Administrator@PC-20160719I138 MINGW32 /f/x/testgit (master|MERGING)
$ git status
On branch master
Your branch is ahead of 'origin/master' by 2 commits.
  (use "git push" to publish your local commits)
You have unmerged paths.
  (fix conflicts and run "git commit")
  (use "git merge --abort" to abort the merge)

Unmerged paths:
  (use "git add <file>..." to mark resolution)

        both modified:   readme.txt

no changes added to commit (use "git add" and/or "git commit -a")

Administrator@PC-20160719I138 MINGW32 /f/x/testgit (master|MERGING)
$ vim readme.txt

Administrator@PC-20160719I138 MINGW32 /f/x/testgit (master|MERGING)
$ git commit -a -m "confict fixed"
[master b1705ee] confict fixed

Administrator@PC-20160719I138 MINGW32 /f/x/testgit (master)
$ git status
On branch master
Your branch is ahead of 'origin/master' by 4 commits.
  (use "git push" to publish your local commits)
nothing to commit, working tree clean
```

图 1-8-2　合并分支

当两个分支修改同一个文件后，在合并分支时会发生冲突，需要手动编辑被修改文件，解决冲突后再提交。在合并分支时，如果可能，Git 会用 Fast Forward 模式，在这种模式下，删除分支后会丢掉分支信息。

可以添加参数“－no-ff”来强制禁用 Fast Forward 模式，在普通模式下，合并后的历史有分支，能看出来曾经做过合并（在合并时还需要添加信息“-m”）。

下面看一下两者的区别。

采用 Fast Forward 模式合并分支，如图 1-8-3 所示。

采用普通模式（强制禁用 Fast Forward 模式）合并分支，如图 1-8-4 所示。

（3）删除分支。若分支已经合并到主分支，并且不再需要在该分支继续开发（后期也可以从主分支分出来），可以删除该分支。

```
git branch -d <分支名称>
```

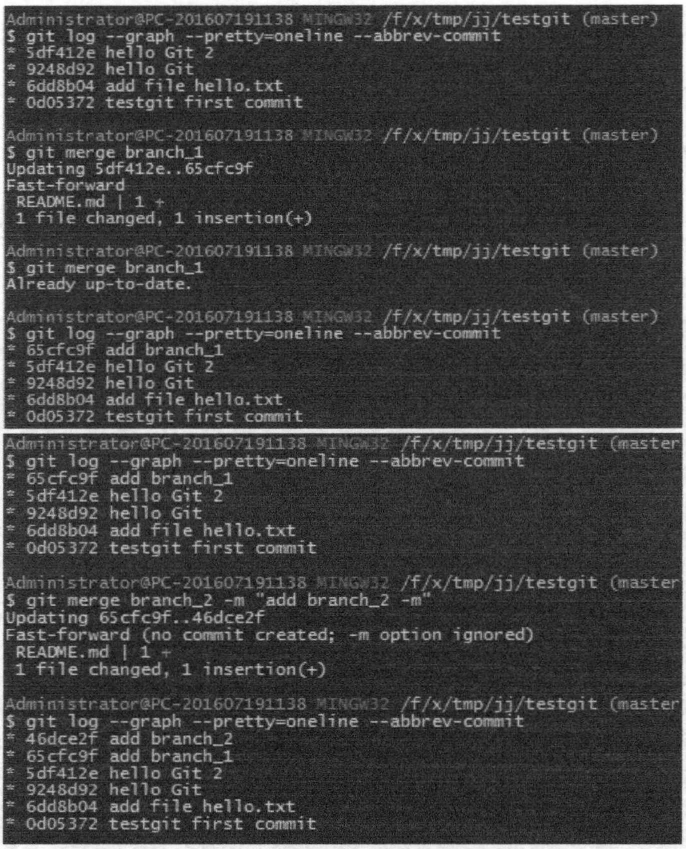

图 1-8-3　采用 Fast Forward 模式合并分支

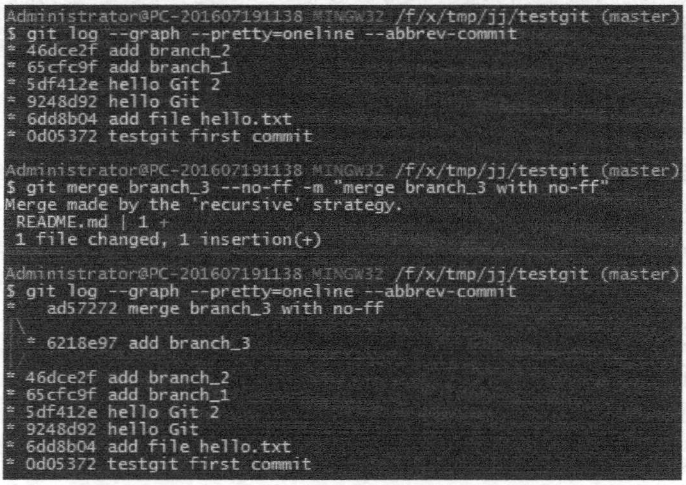

Administrator@PC-201607191138 MINGW32 /f/x/tmp/jj/testgit (master)
$ git log --graph --pretty=oneline --abbrev-commit
* 46dce2f add branch_2
* 65cfc9f add branch_1
* 5df412e hello Git 2
* 9248d92 hello Git
* 6dd8b04 add file hello.txt
* 0d05372 testgit first commit
Administrator@PC-201607191138 MINGW32 /f/x/tmp/jj/testgit (master)
$ git merge branch_3 --no-ff -m "merge branch_3 with no-ff"
Merge made by the 'recursive' strategy.
README.md | 1 +
1 file changed, 1 insertion(+)
Administrator@PC-201607191138 MINGW32 /f/x/tmp/jj/testgit (master)
$ git log --graph --pretty=oneline --abbrev-commit
* ad57272 merge branch_3 with no-ff
* 6218e97 add branch_3
* 46dce2f add branch_2
* 65cfc9f add branch_1
* 5df412e hello Git 2
* 9248d92 hello Git
* 6dd8b04 add file hello.txt
* 0d05372 testgit first commit

图 1-8-4　采用普通模式合并分支

（4）误删分支需要恢复。使用“git log”可以查出分支的提交号。

```
git branch <分支名称> <提交号>,
```

即创建提交号历史版本的一个分支，分支可随意命名。

删除和恢复分支的代码界面如图 1-8-5 所示。

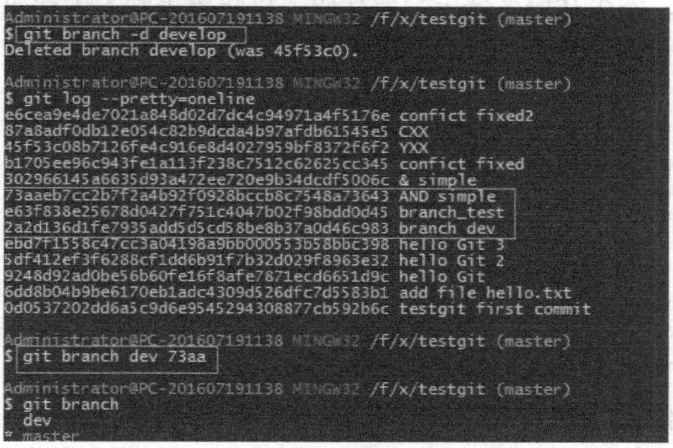

图 1-8-5　删除和恢复分支

（5）查看分支图的代码界面如图 1-8-6 所示。

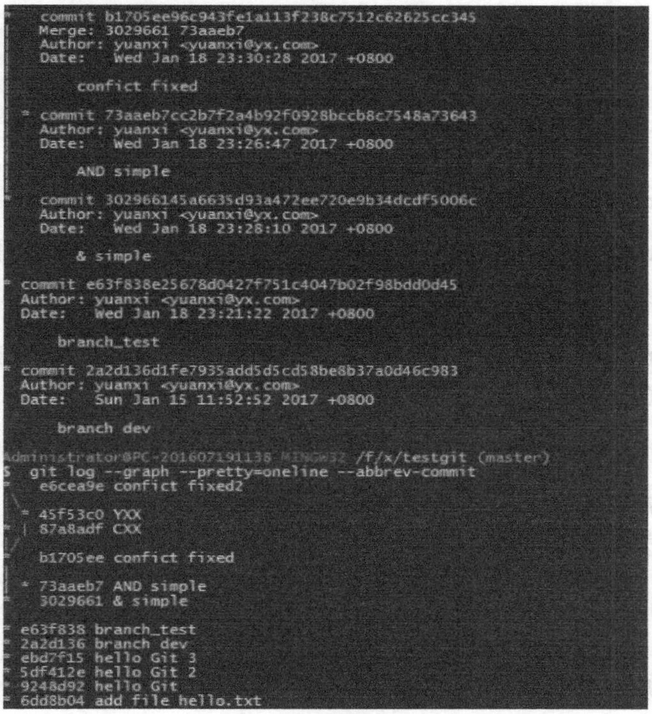

图 1-8-6　查看分支图

```
git log --graph
```

为了使分支图更加简明，可以加上一些参数。

```
git log --graph --pretty=oneline --abbrev-commit
```

5．提交 Git 代码

在提交代码之前，需先从服务器上拉取代码，以防覆盖别人的代码。

（1）拉取服务器代码。

```
git pull
```

（2）查看当前工作目录树的工作修改状态。

```
git status
```

状态如下：

- Untracked：未跟踪，此文件在文件夹中，但并没有加入到 git 库，不参与版本控制。通过“git add”命令可将状态变为“Staged”。
- Modified：文件已修改，仅仅是修改，并没有进行其他的操作。
- Deleted：文件已删除，仅在本地删除，在服务器上还没有删除。
- renamed：文件已改名。

（3）将状态改变的代码提交到缓冲中。

```
git add + 文件
git add -u + 路径                    //将修改过的被跟踪代码提交到缓冲中。
git add -A + 路径                    //将修改过的未被跟踪的代码提交到缓冲中。
```

例如：

```
git add -u vpaas-frontend/src/components
```

将“vpaas-frontend/src/components”目录下被跟踪的已修改过的代码提交到缓冲中。

```
git add -A vpaas-frontend/src/components
```

将“vpaas-frontend/src/components”目录下未被跟踪的已修改过的代码提交到缓冲中。

（4）将代码提交到本地仓库中。

```
git commit -m “注释部分 ref T3070”
```

注：T3070 为任务号。

（5）将代码推送到服务器。

```
git push
```

问题：

（1）误将代码提交到缓冲中（使用“git add”命令误将代码提交的缓冲中）。解决办法：使用“git reset”命令撤回缓冲中的代码。

（2）误将代码提交到本地仓库中（使用“git commit”命令误将代码提交到本地仓库中）。解决办法：使用“git reset -soft+版本号”命令回退到某个版本，该操作只回退了 commit 的信息，不会改变已经修改过的代码；使用“git reset -hard+版本号”命令彻底回退到某个版本，本地的代码也会改变为上一个版本的内容。

6. Redhat Git 使用实例

（1）在 Windows 上安装 Git。msysgit 是 Windows 版的 Git，需要从官网下载，进行默认安装即可。安装完成后，在开始菜单里面选择“Git→Git Bash”，如图 1-8-7 所示。

图 1-8-7　选择“Git→Git Bash”

弹出如图 1-8-8 所示的命令窗口，表明 Git 安装成功。

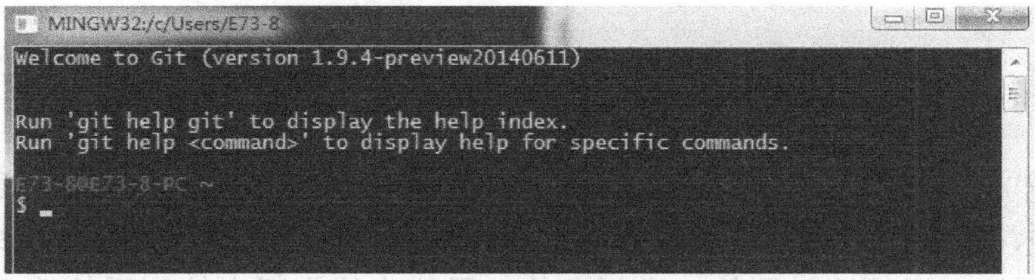

图 1-8-8　Git 安装成功后的命令窗口

安装完成后，还需要进行最后一步设置，在命令行输入图 1-8-9 中的命令。

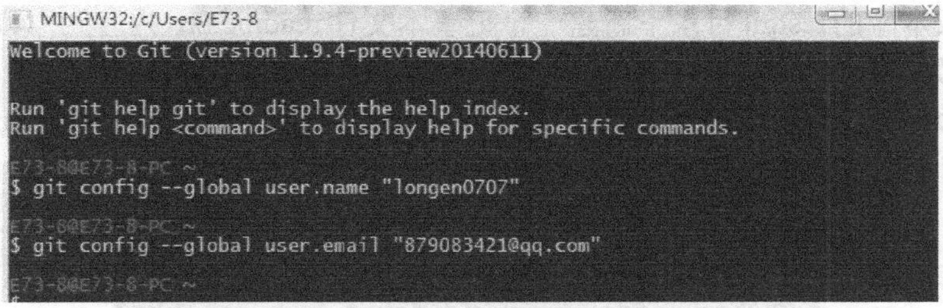

图 1-8-9　Git 安装完成后输入的命令

因为 Git 是分布式版本控制系统，所以需要填写用户名和邮箱作为标识。

注：参数“git config --global”表示计算机上所有的 Git 都会使用这个配置，当然用户也可以对某个 Git 指定不同的用户名和邮箱。

（2）创建版本库。可以简单地理解为创建一个目录，这个目录里面的所有文件都可以被 Git 管理，Git 能跟踪每个文件的修改、删除操作，以便在任何时刻都可以追踪历史，或者在将来某个时刻还可以将文件“还原”。创建一个版本库也非常简单，图 1-8-10 所示为在“d/www”目录下新建一个 testgit 版本库。pwd 命令用于显示当前的目录。

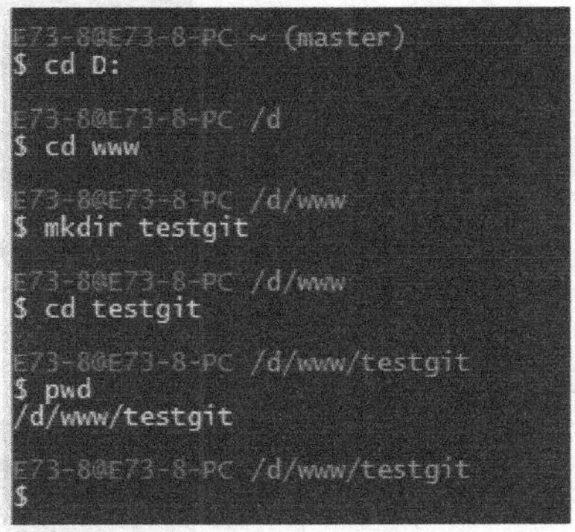

图 1-8-10　在“d/www”目录下新建一个 testgit 版本库

通过命令“git init”可以把这个目录变成 Git 管理的仓库，如图 1-8-11 所示。

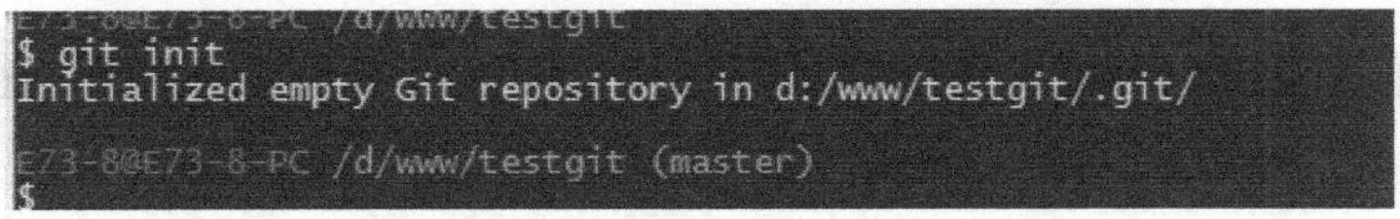

图 1-8-11　命令“git init”

这时候会发现当前 testgit 目录下多了一个.git 的目录，如图 1-8-12 所示。这个目录是供 Git 跟踪管理版本使用的，不要修改这个目录下的文件，否则会破坏 Git 仓库。

图 1-8-12 .git 目录

（3）把文件添加到版本库中。首先要明确，所有的版本控制系统只能跟踪文本文件的改动，如 txt 文件、网页、所有程序的代码等，Git 也不例外。版本控制系统可以告诉用户每次的改动，对于图片、视频等类型的二进制文件，虽能也能由版本控制系统管理，但无法跟踪文件的变化，只能把二进制文件的每次改动串起来。例如把图片的大小从 1 KB 变成 2 KB，版本控制系统并不知道具体修改的内容。

例如，在版本库的 testgit 目录下新建一个记事本文件 readme.txt，内容为"11111111111111"，具体操作步骤如下。

① 使用命令"git add readme.txt"将文件 readme.txt 添加到暂存区，如图 1-8-13 所示，没有任何提示，说明已经添加成功了。

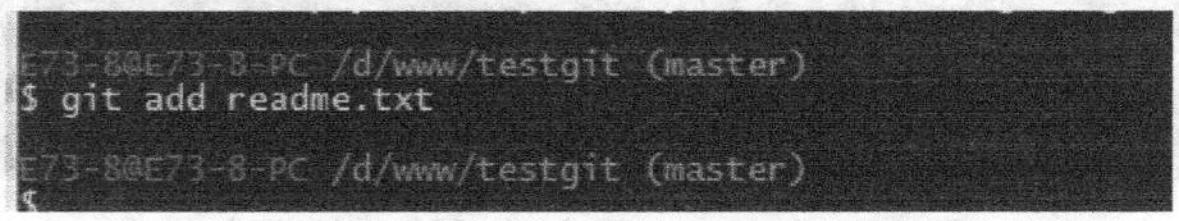

图 1-8-13 将文件 readme.txt 添加到暂存区

② 用命令"git commit"让 Git 将文件 readme.txt 提交到仓库，如图 1-8-14 所示。

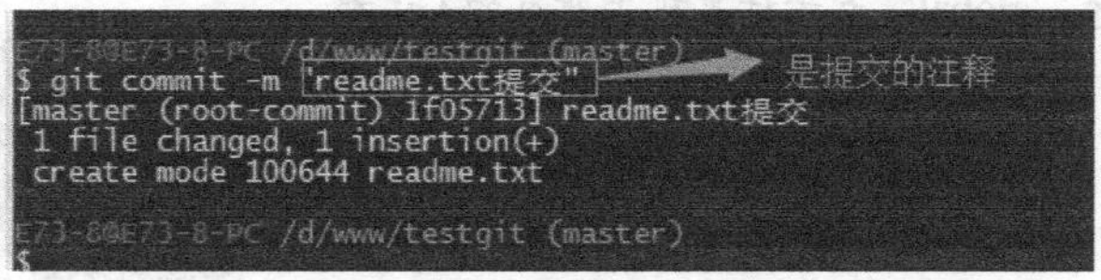

图 1-8-14 将文件 readme.txt 提交到仓库

现在已经提交了文件 readme.txt，下面通过命令"git status"来查看是否还有文件未提交，如图 1-8-15 所示。

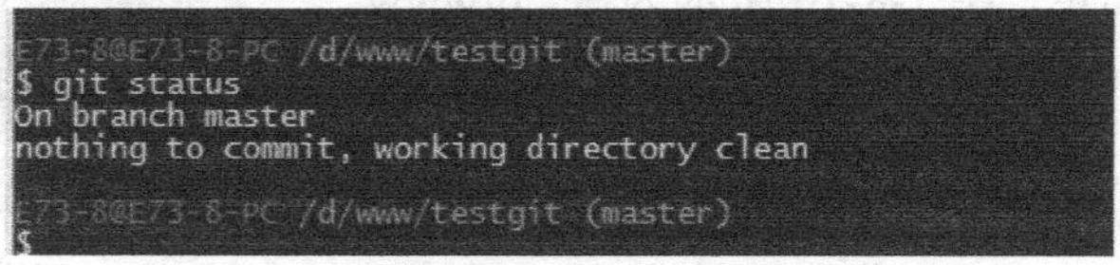

图 1-8-15 查看是否还有文件未提交

现在修改文件 readme.txt 的内容，例如添加一行"22222222222222"，继续使用命令"git status"来查看修改的内容，如图 1-8-16 所示。

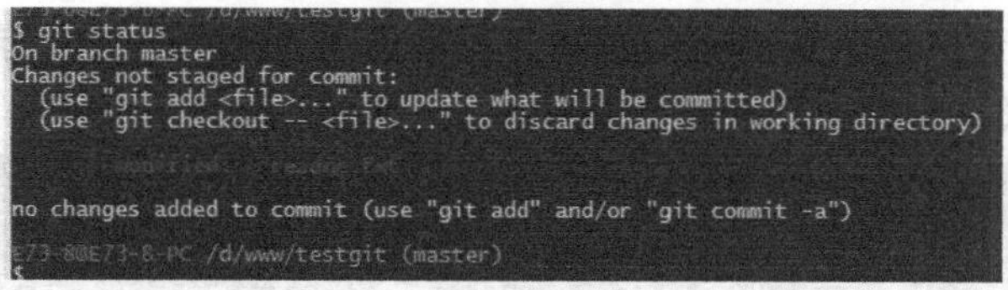

图 1-8-16　使用命令“git status”查看修改的内容

文件 readme.txt 已被修改，但是未显示修改的内容。可以使用命令“git diff readme.txt”查看文件 readme.txt 的修改内容，如图 1-8-17 所示。

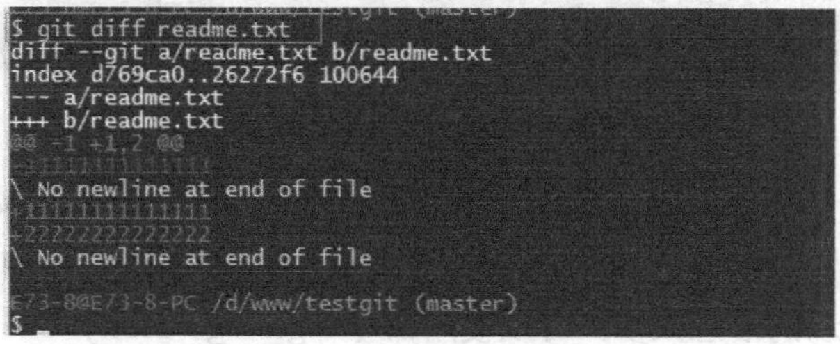

图 1-8-17　使用命令“git diff readme.txt”查看文件 readme.txt 的修改内容

可以看到，文件 readme.txt 的内容从一行“11111111111111”改成两行，即添加了一行“22222222222222”。知道了对文件 readme.txt 修改的内容后，就可以放心地将该文件提交到仓库了，提交修改内容和提交文件的步骤是一样的：①使用命令“git add”；②使用命令“git commit”。提交后的状态如图 1-8-18 所示。

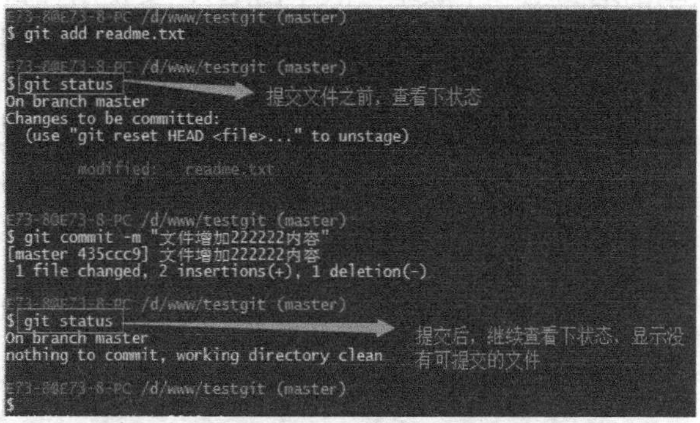

图 1-8-18　提交后的状态

（4）版本回退。现在继续对文件 readme.txt 进行修改，再增加一行，内容为“33333333333333”，如图 1-8-19 所示。

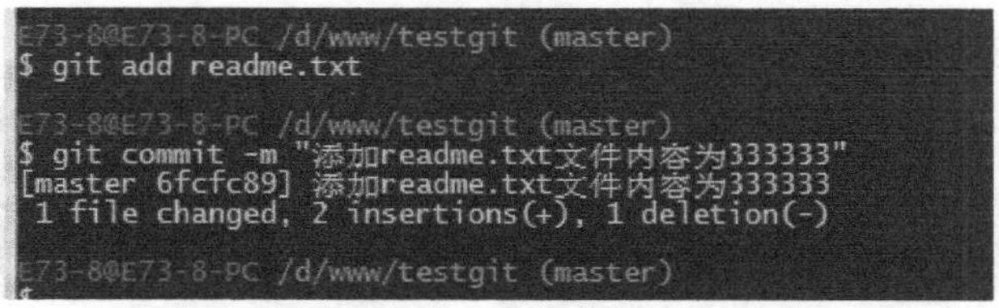

图 1-8-19　在文件 readme.txt 中再增加一行内容

现在已经对文件 readme.txt 进行了 3 次修改，如果想查看历史记录，该如何查呢？可以使用命令“git log”来查看历史记录，如图 1-8-20 所示。

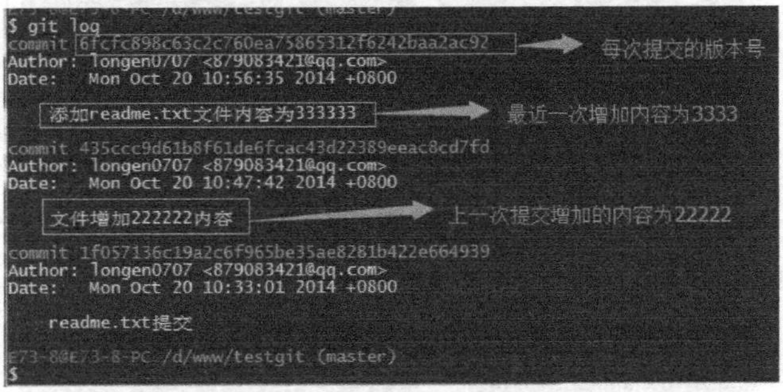

图 1-8-20　查看历史记录

命令“git log”可以显示从最近到最远的记录，可以看到最近 3 次的修改，最近的一次是增加内容“33333333333333”，上一次是增加内容“222222222222”，第一次是“111111111111”。如果觉得图 1-8-20 显示的信息太多，可以使用命令“git log --pretty=oneline”查看简明的历史记录，如图 1-8-21 所示。

图 1-8-21　查看简明的历史记录

如果想把当前的版本回退到上一个版本（版本回退），要使用什么命令呢？有两种命令：

第一种是“git reset　--hard HEAD^”。如果想要回退到上上个版本，只需把“HEAD^”改成“HEAD^^”即可，依此类推，可以回退到指定的版本。但如果要回退到前 100 个版本的话，使用这种方法肯定不方便，这时可以使用简便命令“git reset--hard HEAD~100”。未回退之前的 readme.txt 内容如图 1-8-22 所示。

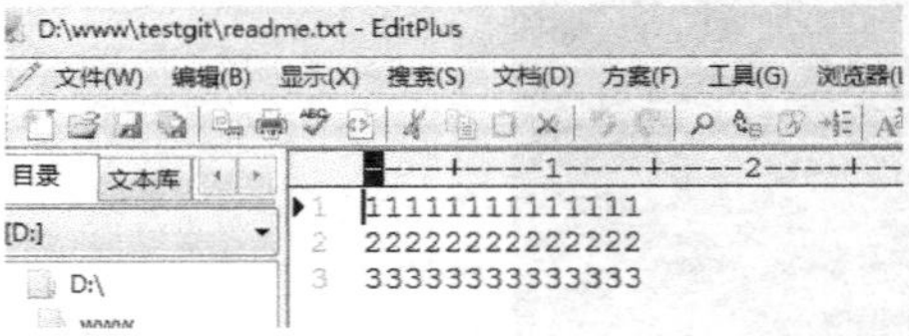

图 1-8-22　未回退之前的内容

回退到上一个版本的命令如图 1-8-23 所示。

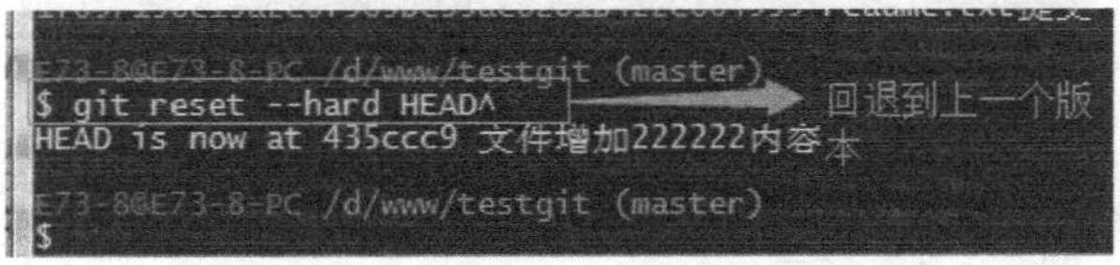

图 1-8-23　回退到上一个版本的命令

通过命令“cat readme.txt”查看结果，如图 1-8-24 所示。

图 1-8-24　通过命令“cat readme.txt”查看结果

可以看到，文件 readme.txt 的内容已经回退到上一个版本了。继续使用“git log”来查看历史记录信息，如图 1-8-25 所示。

图 1-8-25　使用“git log”来查看历史记录

可以看到文件 readme.txt 中增加的内容“33333333333333”没有了，但是现在想回退到最新的版本，即恢复内容“33333333333333”，要如何恢复呢？可以通过命令“git reset --hard 版本号”来实现，版本号可以通过命令“git reflog”来获得，如图 1-8-26 所示。

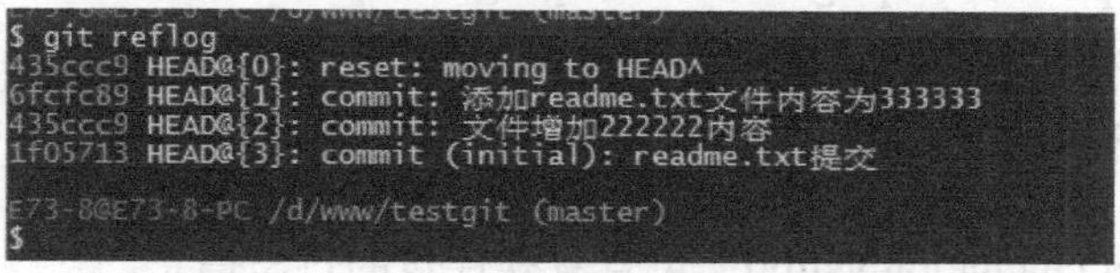

图 1-8-26　通过命令“git reflog”来获得版本号

执行上面的命令后得到的版本号是“6fcfc89”，现在可以通过命令“git reset --hard 6fcfc89”恢复文件 readme.txt 的内容，如图 1-8-27 所示。

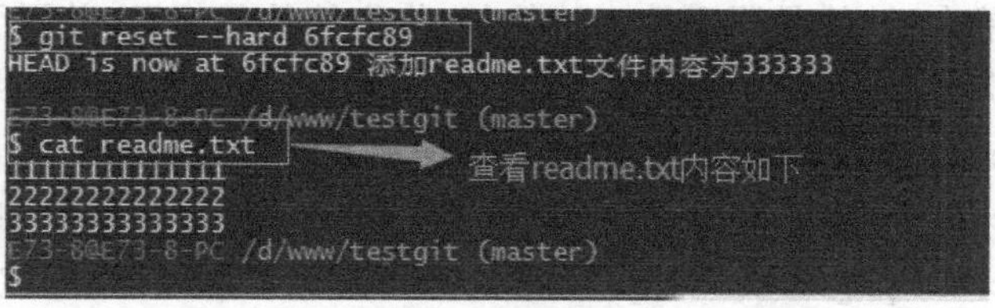

图 1-8-27　通过命令“git reset --hard 6fcfc89”恢复文件 readme.txt 的内容

1.8.2 Ubuntu 软件包管理

1. aptitude

aptitude 是更友好的高级包管理工具。它是 APT 的高级字符和命令行前端，会记住哪些包是用户安装的，哪些是为了依赖关系而安装的，在不被已安装包需要的情况下，aptitude 会自动卸载后者，它内置一套高级的包过滤器，但是比较难上手。

2. apt-get 命令

apt-get 命令是一个强大的命令行工具，与 Ubuntu 的高级打包工具（Advanced Packaging Tool，APT）一起工作，可用于安装新的软件包，升级现有的软件包，更新软件包的列表索引，甚至升级整个 Ubuntu 系统。apt-get 命令的所有动作都记录在“/var/log/dpkg.log”文件中。

（1）更新系统软件包。例如，“apt-get update”会同步“/etc/apt/sources.list”文件中的软件包的列表索引，并更新列表索引中的所有软件包。

（2）更新软件包。例如，“apt-get upgrade”会更新当前系统中所有已安装的软件包，并同时更新与已安装的软件包相关的所有软件包。

（3）安装或更新指定软件包。例如，“apt-get install netcat”可安装或更新软件包 netcat。

实例如下：

① 命令“apt-get install packageName --no-upgrade”中的子命令“--no-upgrade”会阻止已经安装过的文件进行更新操作。

② 命令“apt-get install packageName --only-upgrade”中的子命令“--only-upgrade”会更新已经安装过的文件，并不会安装新文件。

③ 命令“apt-get install vsftpd=2.3.5”可安装指定版本的包文件

④ 命令“apt-get remove vsftpd”可移除软件包，但是保留软件的相关配置文件信息；命令“apt-get purge vsftpd”或“apt-get remove --purge vsftpd”可移除软件包的所有文件。

⑤ 命令“apt-get clean”可删除所以已下载的软件包。

⑥ 命令“apt-get --download-only source vsftpd”或“apt-get source vsftpd”可只下载软件源码包。

⑦ 命令“apt-get changelog vsftpd”可查看软件包的日志信息。

3. apt-cache 命令

apt-cache 命令一般用于软件包的查找和软件包信息的显示。该命令用于在 APT 的软件包缓冲中搜索软件。简单来说，就是用于搜索软件包、收集软件包信息，并用于搜索可以在 Ubuntu 或 Debian 上安装的软件。

（1）命令“apt-cache pkgnames”可列出当前所有可用的软件包。

（2）命令“apt-cache search vsftpd”可查找软件包并列出该软件包的相关信息。

（3）命令“apt-cache pkgnames vsftp”可找出所有以 vsftpd 开头的软件包。

（4）命令“apt-cache show netcat”可查看软件包信息。

（5）命令“apt-cache stats”可查看软件包总体信息，子命令“stats”用于统计软件包的总体信息。

4. dpkg

dpkg 是 Debain 的包管理工具，Ubuntu 最早是作为 Debain 的一个分支出现的，属于 Debain 阵营，所以 Ubuntu 也支持 dpkg。dpkg 是 debian package 的缩写，可以安装、移除、构建包，但是它不能自动下载安装包或者包的依赖项。

```
sudo dpkg  – i xxx.deb        //可以用它来安装本地.deb 文件
dpkg –I                       //安装软件
dpkg –r                       //移除软件
dpkg –l                       //查看某个软件包是否已经安装
dpkg –L                       //查看某个软件包中都包含哪些文件
```

```
dpkg -S /path/to/file          //查看系统中的某个文件是由哪个软件包提供的
dpkg –C                        //查看哪些软件包未完成安装
dpkg-reconfigure               //重置软件配置文件
```

5．apt 配置

dpkg 是底层的包管理工具，不太常用，最常用的是 apt。apt 的含义是高级打包工具，能够自动处理自己的依赖文件和维护已有的配置文件。

（1）apt 的相关文件。

- /etc/apt/sources.list：设置软件包的获取来源。
- /etc/apt/apt.conf：apt 配置文件。
- /etc/apt/apt.conf.d/：apt 的零碎配置文件。
- /etc/apt/preferences：版本参数。
- /var/cache/apt/archives/：存放已经下载的软件包。
- /var/cache/apt/archives/partial：存放正在下载的软件包。
- /var/lib/apt/lists/：存放已经下载的软件包详细信息。
- /var/lib/apt/lists/partial/：存放正在下载的软件包详细信息。

（2）文件“/etc/apt/sources.list”定义了软件的来源，格式为：

```
deb(deb-src)  网络地址    主版本号    软件仓库    软件仓库
```

在软件下载或者更新时，需要选择邻近的下载源，在这个文件里面可以增加或者修改下载源，然后使用命令“sudo apt-get update”来更新软件列表。

（3）apt-get 命令的子命令。

- update：更新软件包列表。
- upgrade：升级系统中的所有软件包。
- install：安装软件包。
- remove：卸载软件包。
- autoremove：仅删除不需要再次下载的软件包。
- purge：彻底删除软件包（包括配置文件）。
- source：下载源代码。
- build-dep：自动下载安装编译某个软件所需要的软件包。
- dist-upgrade：升级整个发行版。
- dselect-upgrade：安装 dselect 的选择，进行升级。
- clean：删除本地缓冲的所有升级包。
- autoclean：删除本地缓冲中无用的软件包。
- check：检查是否存在有问题的依赖关系。

第2章

数 据 类 型

数据类型包含两方面的内容——数据的表示和对数据加工的操作。数据的全部可能表示构成数据类型的值的集合。数据全部合理的操作构成数据类型的操作集合。

在C语言中，把整型、实型和字符型称为基本数据类型，又称整型和实型为数值型。为了描述更复杂的数据结构，C 语言还有构造类型、指针类型、枚举类型和空类型。构造类型是指由若干个相关的数据组合在一起形成的一种复杂数据类型。在编程过程中，不同CPU的数据类型意义各不相同，所以一定要注意相应变量数据类型的定义和转换，否则在计算中可能会出现不确定的错误。

2.1 变量与常量

正所谓“静中有动，动中有静”，常量与变量亦是如此，它们之间相互依赖，相互影响。关于常量与变量，很多朋友可能觉得没有什么好介绍的，它实在是太简单了，单从字面上看就知道什么意思，我想说的不是关于常量与变量的概念，而是其内在的实质。

其实很多朋友在学到后面指针的时候经常会出现段错误、晕指针（我对那些指针恐惧者的症状叫法）和野指针等问题。这都是因为对常量和变量的理解不够深入，基础知识不够扎实。

2.2 变量

2.2.1 什么是变量

其值在其作用域内可以改变的量称为变量。一个变量应该有一个名字，在内存中占据一定的存储空间。变量在使用前必须要定义，每个变量都有自己的地址。变量依据其定义的类型，分为整型变量、字符型变量、浮点型变量和指针型变量等。变量的值可以发生改变，意味着可以被覆盖、被写入、被赋值。每个变量必须要有一个名字和它所在内存空间绑定，如图2-2-1所示

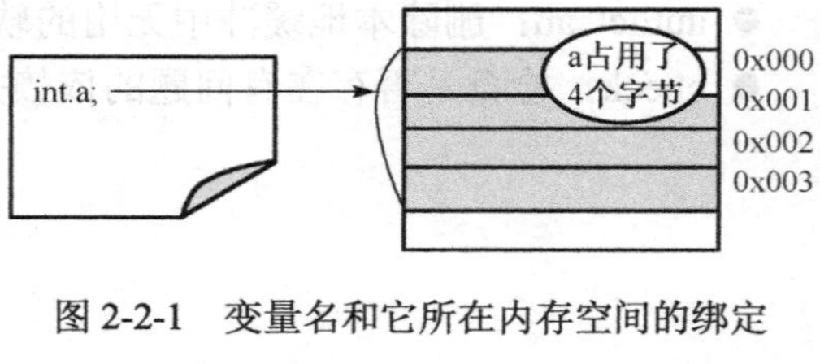

图 2-2-1　变量名和它所在内存空间的绑定

假设代码中声明整型变量 a，类型已经决定，大小为 4 字节（32 位机上），那么在内存中就有连续的 4 个字节与之对应，a 变量名就代表了这 4 字节的空间，a 变量的地址就是连续 4 字节的开始的地址 0x000。就好像是饭店里每个房间都有一个地址，如 201 室代表二楼某一个房间，叫 201 不太雅观，我们起个名字叫牡丹厅。那么，我们人为地将“牡丹厅”这个名字和 201 房间绑定在了一起。当我们说到牡丹厅，就知道是 201 房间，同样当我们说 201 房间我们也知道指的是牡丹厅。

同样的道理，当我们说 a 变量，就知道是从 0x000 这个地址开始的 4 字节，当我们说地址 0x000 就知道这是 a 变量的空间。既然 a 是变量，也就是说它所代表的空间里的数据是可以修改的，同样地址 0x000 处的数据也是可以修改的。

2.2.2 变量名和变量值

变量名在变量声明的时候，就和内存中的一块地址绑定在一起了。可以通过变量名直接找到对应的内存区域，也可以通过地址找到内存区域。

变量的值是变量所对应的内存区域内存放的二进制序列。变量的值不会因为变量的类型发生了改变而改变，当变量被转换为对应类型时，内存区域的二进制序列以该类型的形式翻译出来。这也是强制类型转换能够成立的原因。例如：

```
int a = 97;
char ch1 = 'a';
char ch2 = (char)a;
char *p = (char*)a;
```

第一行代码：整型变量 a 在内存中是以 97 的二进制形式存放的，使用时，会以十进制的形式表现出来。

第二行代码：字符变量 ch1 的 ASCII 码是 97，也是以 97 的二进制形式存放的，在使用时，会以字符“a”的形式表现出来。

第三行代码：将整型变量 a 强制类型转换成字符型，a 变量里的值没有变，变的是它的类型，它里面的值还是 97 的二进制，其类型变成了 char，97 的二进制变成 char 型，表现出来就是字符“a”。

第四行代码：声明一个字符型指针变量 p，p 是一个变量，它里面的值可变，它的值是整型变量 a 的值强制类型转换成了字符指针类型。这个时候 p 里的值还是 97 的二进制，只不过这个 97 的意义已经代表了一个字符型指针，也就是一个指向字符的地址了。

由此可见，变量在内存中存放和它的值没有关系，而是和它的类型相关。同样我们也可以得出，一个二进制序列对于计算机本身而言没有任何意义，计算机根本不知道这个二进制数据是干什么的，只有具体到它的类型时或出现在合适的场合时，才能代表具体的意义。如果一串二进制数据出现在地址总线上，它代表的是一个地址，如果相同的数据出现在数据总线上，它代表的是一个数据。所以，当我们看到一个数据时，如 3.1415926，不能把它戴上定向思维的帽子，认为它就是 PI，而是要看清它的本质，它只是一串二进制代码。

我们来看看下面的例子。

（1）text1.c。

```
char ch = 'a';
int a = (int)ch;
printf("%d %c\n", a, ch);
```

ch 是什么？ch 里装的是什么？a 是什么？a 里面装的是什么？打印结果是什么？

（2）text2.c。

```
int add = 0x12345678;
int *p = (int*)add;
```

add 是什么？add 里装的是什么？p 是什么？p 里装的是什么？*p 又是什么？&p 又是什么？

（3）text3.c。

```
#define PI 3.14
int a = PI;
printf("%d\n", a);
```

上面的代码有没有问题？

（4）text4.c。

```
#define PI 3.14
printf("%d\n", PI);
```

代码有没有问题？

（5）text5.c。

```
#define PI 3.14
int a = PI;
PI = 3.1415926;
int b = PI;
printf("%d %d\n", a, b);
```

代码有没有问题？

（6）text6.c。

```
char *str = "hello world";
printf("%s\n", str);
*str = "goodbye world";
printf("%s\n", str);
```

代码有没有问题？

上述例子的答案如下。

（1）测试对变量类型的理解和类型转换。ch 是字符型变量，ch 里是字符“a”的二进制数，a 是整型变量，a 里面是字符“a”的二进制数的整型表示方式，以十进制数表示出来 97。打印结果为 97 和 a。

（2）测试对整型和地址类型转换。add 是一个整型变量，add 里是 0x12345678 的二进制数，以十进制表现出来，p 是一个整型指针变量名，p 里面是 0x12345678 的二进制数，以地址的方式表现出来，代表地址 0x12345678。*p 是通过*去访问地址 0x12345678 处的数据（如果你试图去打印它，会出错，因为这个地址你不一定有权限去访问）。&p 是取出整型指针变量 p 的地址，因为 p 是一个变量，它也有自己的地址，所以可以取出它的地址来（见上面变量的定义）。

（3）宏定义一个常量 PI，PI 这个符号代表了 3.14，在代码执行前的预处理阶段第二行“int a = PI”，已经被替换为了“int a = 3.14”，将 3.14 赋值给整型，会舍弃掉小数点后面部分，仅保留整数部分，打印结果为 3。

（4）和例子（3）一样，在预处理阶段被替换成了“printf(“%d\n”, 3.14)”，结果为 1374389535，这是因为浮点型的 3.14 在内存中的数据是以整型来表现的。

（5）第三行“PI = 3.1415926”会出错，PI 是个常量，它被替换成了“3.14 = 3.1415926”，3.14 是个字面常量，不能被赋值。错误信息为“向无效左值赋值出错”（关于常见错误信息，见 C 语言常见错误详解章节）。

（6）第三行“*str = “goodbye world””出错，第一行中将字符串常量“hello world”的首地址给了字符指针变量 str，第三行试图将“goodbye world”的首地址，通过*str 的访问方式覆盖 str 指向的字符串常量“hello world”。这句话理解起来都比较费劲，因为这里有两个错误：

① 试图向常量里写数据。“hello world”是字符串常量，那么这个字符串空间里的内容不能改变。

② 指针变量里应该放地址，字符串都是以首地址为地址。向一个地址里写入字符串应该使用 strcpy。*str 只是代表了 str 指向的字符串中的第一个字符，将字符串地址写入到一个字符里肯定是不行的。

2.2.3 局部变量和全局变量

函数形参变量只有在被调用期间才能分配内存单元，调用结束立即释放。这一点表明形参变量只有在函数内才是有效的，离开该函数就不能再使用了。这种变量有效性的范围称为变量的作用域。不仅对于形参变量，C 语言中所有的量都有自己的作用域。变量说明的方式不同，其作用域也不同。C 语言中的变量，按作用域范围可分为两种，即局部变量和全局变量。

1. 局部变量

局部变量也称为内部变量，局部变量是在函数内进行定义说明的，其作用域仅限于函数内，离开该函数后再使用这种变量是非法的。例如：

```
int f1(int a)            /*函数 f1*/
{
    int b,c;
    ……
}
```

a、b、c 有效。

```
int f2(int x)            /*函数 f2*/
```

```
{
    int y,z;
    ……
}
```

x、y、z 有效。

```
int main()
{
    int m,n;
    ……
}
```

m、n 有效。

在函数 f1 内定义了 3 个变量，a 为形参变量，b、c 为一般变量。在 f1 的范围内 a、b、c 有效，或者说 a、b、c 变量的作用域限于 f1 内。同理，x、y、z 的作用域限于 f2 内；m、n 的作用域限于主函数（main）内。

关于局部变量的作用域还要说明以下几点。

（1）在主函数中定义的变量也只能在主函数中使用，不能在其他函数中使用。同时，主函数中也不能使用其他函数中定义的变量。因为主函数也是一个函数，它与其他函数是平行关系。这一点是与其他语言不同的，应予以注意。

（2）形参变量是属于被调函数的局部变量，实参变量是属于主调函数的局部变量。

（3）允许在不同的函数中使用相同的变量名，它们代表不同的对象，分配不同的单元，互不干扰，也不会发生混淆。例如，在前例中，形参和实参的变量名都为 n，这是完全允许的。

（4）在复合语句中也可定义变量，其作用域只在复合语句范围内。

例如：

```
int main()
{
    int s,a;
    ……
    {
        int b;
        s=a+b;
        ……                                  /*b 作用域*/
    }
    ……                                      /*s,a 作用域*/
}
```

或者

```
int main()
{
    int i=2,j=3,k;
    k=i+j;
    {
```

```
        int k=8;
        printf("%d\n",k);
    }
    printf("%d\n",k);
}
```

本程序在主函数中定义了i、j、k这3个变量，其中k未赋初值。而在复合语句内又定义了一个变量k，并赋初值8。应该注意这两个k不是同一个变量。在复合语句外由在主函数中定义的k起作用，在复合语句内则由在复合语句内定义的k起作用。因此程序第4行的k为在主函数所定义的，其值应为5。第7行输出k值，该行在复合语句内，由在复合语句内定义的k起作用，其初值为8，故输出值为8，第9行输出i、k值。而第9行已在复合语句之外，输出的k应为在主函数中所定义的k，此k值由第4行已获得为5，故输出也为5。

2．全局变量

全局变量也称为外部变量，它是在函数外部定义的变量，它不属于哪一个函数，它属于一个源程序文件，其作用域是整个源程序。在函数中使用全局变量，一般应做全局变量说明，只有在函数内经过说明的全局变量才能被使用。全局变量的说明符为 extern，但在一个函数之前定义的全局变量，在该函数内使用时可不再加以说明。例如：

```
int a,b;                    /*外部变量*/
void f1()                   /*函数 f1*/
{
    ……
}
float x,y;                  /*外部变量*/
int fz()                    /*函数 fz*/
{
    ……
}
int main()                  /*主函数*/
{
    ……
}
```

从上例可以看出，a、b、x、y都是在函数外部定义的外部变量，都是全局变量。但x、y定义在函数f1之后，而在f1内又无对x、y的说明，所以它们在f1内无效。a、b定义在源程序最前面，因此在f1、f2和主函数内不加说明也可使用。

如果在同一个源文件中，外部变量与局部变量同名，则在局部变量的作用范围内，外部变量被“屏蔽”，即它不起作用。

2.3 常量

其值不会发生改变的量称为常量，常量可以和数据类型结合起来进行分类，如整型常量、浮点型常量、字符常量等。常量是可以不经过定义和初始化而直接引用的，常量又可分为直接常量和符号常量，直接常量又称为字面常量，如 12，0，4.6，'a'，"abcd"；例如宏定义的“#define PI 3.14”就是符号常量。

常量的值在其作用域内不会发生改变，也不能再被赋值，在其出现时就被当作一个立即数来使用。也就是说，它只能被访问、被读取，而不能被写、被赋值。

其实，你一旦声明了一个常量，那么常量所在的内存空间就被加上了只读的属性，这点类似于 const 关键字。

2.4 基本内置类型

在 C 语言中，把整型、实型和字符型称为基本数据类型，又称为整型和实型数值型。为了描述更复杂的数据结构，C 语言还有构造类型、指针类型、枚举类型和空类型。构造类型是指由若干个相关的数据组合在一起形成的一种复杂的数据类型。

1．整型

整型数据按其存储在内存中的二进位信息的最高位是当作数值信息位还是当作数据的符号位，可以将整型数据分成带符号整型和无符号整型两种。每种整型又按所需的字节个数的多少分成 3 种，所以整型共有 6 种：带符号整型（int）、带符号短整型（short int）、带符号长整型（long int 或 long）、无符号整型（unsigned int）、无符号短整型（unsigned short int）和无符号长整型（unsigned long）。

2．实型

实型数据有表示范围和精度两个不同的特征，为了适应数的范围和精度的不同要求，实型数据分 3 种类型：单精度型（float，也称为浮点型）、双精度型（double）和长双精度型（long double）。

3．构造类型

构造类型是指由若干个相关的数据组合在一起形成的一种复杂数据类型，构造类型的成分数据可以是基本数据类型的，也可以是别的构造类型的。按构造方式和构造要求区分，构造类型主要分为数组类型、结构类型和共用类型。数组类型是由相同类型的数据组成；结构类型可以由不同类型的数据组成；当不同数据类型不会同时使用时，为节约内存，让不同数据占用同一区域，这就是共用类型。

4．指针类型

指针类型是取程序对象（如变量）在内存中占据的地址为值的一种特殊的数据类型。

5．枚举类型

当变量只取很少几种可能的值，并分别用标识符对值命名时，这种变量的数据类型可用枚举类型来表示。如变量表示一个星期中的某一天，就可用枚举类型描述该变量的类型，并以星期几的英文名对日期命名，对应的变量取某日的星期名称为其值。

6．void 类型

用保留字 void 表示的数据类型有两种完全相反的意思，可以表示没有数据（没有结果、没有形式参数），也可以表示某种任意类型的数据（例如与指针结合，用 void *标记）。void 表示空类型，void *表示任意数据的指针类型，程序如要使用 void *类型的数据，应该将它强制转换成某种具体的指针类型。

2.4.1　数据类型及其大小

数据类型及其大小见表 2-4-1。

表 2-4-1　数据类型及其大小

类型说明符	数 的 范 围	字　节　数
int	即 $-2^{31}\sim(2^{31}-1)$	4
unsigned int	0～65 535，即 $0\sim(2^{16}-1)$	4
short int	−32 768～32 767，即 $-2^{15}\sim(2^{15}-1)$	2
unsigned short int	0～65 535，即 $0\sim(2^{16}-1)$	2
long int	−2 147 483 648～2 147 483 647，即 $-2^{31}\sim(2^{31}-1)$	4
unsigned long	0～4 294 967 295，即 $0\sim(2^{32}-1)$	4
char	−128～127，即 $-2^{7}\sim(2^{7}-1)$	1
unsigned char	0～255，即 $0\sim(2^{8}-1)$	1

2.4.2　陷阱——有符号与无符号

我们知道计算机底层只认识 0 和 1，任何数据到了底层都会转换成 0 和 1，那负数怎么存储呢？肯定这个“-”号是无法存入内存的，怎么办？很好办，做个标记。把基本数据类型的最高位腾出来，用来存符号，同时约定如下：如果最高位是 1，表明这个数是负数，其值为除最高位以外的剩余位的值添上这个“-”号；如果最高位是 0，表明这个数是正数，其值为除最高位以外的剩余位的值。

这样的话，一个 32 位的 signed int 类型整数，其值表示范围为 $-2^{31}\sim2^{31}-1$；8 位的 char 类型数，其值表示的范围为 $-2^{7}\sim2^{7}-1$。一个 32 位的 unsigned int 类型整数的范围为 $0\sim2^{32}-1$；8 位的 char 类型数的范围为 $0\sim2^{8}-1$。同样 signed 关键字也很“宽宏大量”，我们也可以完全当它不存在，编译器默认情况下的数据为 signed 类型的。

上面的解释很容易理解，下面就考虑一下这个问题。

```
int main()
{
    char a[1000];
    int i;
    for(i=0; i<1000; i++)
```

```
    {
        a[i] = -1-i;
    }
    printf("%d",strlen(a));
    return 0;
}
```

此题看上去真的很简单，但是却鲜有人答对。答案是 255。别惊讶，我们先分析分析。在 for 循环内，当 i 的值为 0 时，a[0]的值为−1。关键就是−1 在内存里面如何存储。我们知道在计算机系统中，数值一律用补码来表示（存储）。主要原因是使用补码，可以将符号位和其他位统一处理；同时，减法也可按加法来处理。另外，在两个用补码表示的数相加时，如果最高位（符号位）有进位，则进位被舍弃。正数的补码与其原码一致；负数补码的符号位为 1，其余位为该数绝对值的原码按位取反，然后整个数加 1。按照负数补码的规则，可以知道−1 的补码为 0xff，−2 的补码为 0xfe……当 i 的值为 127 时，a[127]的值为−128，而−128 是 char 类型数据能表示的最小的负数。若 i 继续增加，a[128]的值肯定不能是−129。因为这时候发生了溢出，−129 需要 9 位才能存储下来，而 char 类型数据只有 8 位，所以最高位被丢弃。剩下的 8 位是原来 9 位补码的低 8 位的值，即 0x7f。当 i 继续增加到 255 的时候，−256 的补码的低 8 位为 0。然后当 i 增加到 256 时，−257 的补码的低 8 位全为 1，即低 8 位的补码为 0xff，如此又开始一轮新的循环……按照上面的分析，a[0]到 a[254]里面的值都不为 0，而 a[255]的值为 0。strlen 函数是用来计算字符串长度的，并不包含字符串最后的“\0”。而判断一个字符串是否结束的标志就是看是否遇到“\0”。如果遇到“\0”，则认为本字符串结束。分析到这里，strlen(a)的值为 255 应该完全能理解了。这个问题的关键就是要明白 char 类型数据在默认情况下是有符号的，其表示的值的范围为−128～127，超出这个范围的值会产生溢出；另外还要清楚的就是负数的补码怎么表示。弄明白了这两点，这个问题其实就很简单了。

2.5 定义与声明

什么是定义？什么是声明？它们有何区别?举个例子：

```
A)int i;
B)extern int i;                    （关于 extern，在后面章节解释）
```

哪个是定义？哪个是声明？都是定义或者都是声明？我所教过的学生几乎没有一人能回答上述问题。这个十分重要的概念在大学里从来没有被提起过！

2.5.1 定义

什么是定义？所谓的定义就是（编译器）创建一个对象，为这个对象分配一块内存并给它取上一个名字，这个名字就是我们经常所说的变量名或对象名。但注意，这个名字一旦和这块内存匹配起来（可以想象将这个名字嫁给了这块空间，没有要彩礼啊），它们就同生共死，终生不离不弃，并且这块内存的位置也不能被改变。一个变量或对象在一定的区域内（如函数、全局等）只能被定义一次，如果定义多次，编译器会提示你重复定义同一个变量或对象。

2.5.2 声明

什么是声明？有两重含义，如下所述。

第一重含义：告诉编译器，这个名字已经被匹配到一块内存上了，上面第 2 行代码用到变量或对象上是在别的地方定义的。声明可以出现多次。

第二重含义：告诉编译器，这个名字已被预定了，别的地方再也不能用它来作为变量名或对象名。例如，你在图书馆自习室的某个座位上放了一本书，表明这个座位已经有人预定，别人再也不允许使用这个座位。其实这个时候你本人并没有坐在这个座位上。这种声明最典型的例子就是函数参数的声明，如“void fun(int i, char c);”。

好，这样一解释，我们可以很清楚地判断本节开始处代码的第 1 行是定义，第 2 行是声明，它们的区别也很清晰了。

2.6 static 与 extern

在 C 语言程序世界里，不同代码以.c 文件为界分隔开来，在单个 C 源文件里有不同的函数“占山为王”，每个 C 语言程序里只有一个 main 和 main 函数体，main 通过参数调用各种函数来控制整个 C 语言程序的有序运行。若函数“心怀叵测”，不想单纯听从于 main 的指挥与调度，树立了自己的 static。static 不用听从 main 的调度，自己拥有空间。而 main 对此却很无奈，因为相对 static 来说，extern 更是让它难以掌控。不同的.c 文件之间通过 extern 相互传递信息，让编程者逻辑混淆。当然，如果编程者没有将所有代码写到一个.c 文件里的经历，就不能够上升到一个宏观的角度，了解 C 语言程序的全貌。

2.6.1 static

简单来说用 static 修饰变量，就是指该变量空间独立于函数中的 auto 变量或者栈变量（请查看 auto 关键字章节），static 变量空间在内存中的静态区内分配。

1. 修饰局部变量

在一般情况下，局部变量是存放在栈区的，并且局部变量的生命周期在该语句块执行结束时便结束了。但是如果用 static 进行修饰的话，该变量便存放在静态数据区，其生命周期一直持续到整个程序执行结束为止。但是在这里要注意的是，虽然用 static 对局部变量进行修饰过后，其生命周期和存储空间发生了变化，但是其作用域并没有改变，它仍然是一个局部变量，作用域仅限于该语句块。

在用 static 修饰局部变量后，该变量只在初次运行时进行初始化工作，且只进行一次。

```
#include<stdio.h>
void fun()
{
    static int a=1; a++;
```

```
        printf("%d\n",a);
}
int main(void)
{
        fun();
        fun();
        return 0;
}
```

程序执行结果为

```
2  3
```

说明在第二次调用 fun()函数时，a 的值为 2，并且没有进行初始化赋值，直接进行自增运算，所以得到的结果为 3。

如果静态局部变量没有进行初始化的话，整型变量系统会自动对其赋值为 0，对于字符数组，会自动赋值为“\0”。

2．修饰全局变量

对于一个全局变量，它既可以在本源文件中被访问，也可以在同一个工程的其他源文件中被访问（只需用 extern 进行声明即可）。

（1）file1.c。

```
int a=1;
```

（2）file2.c。

```
#include<stdio.h>
extern int a;
int main(void)
{
        printf("%d\",a);
        return 0;
}
```

则执行结果为

```
1
```

但是如果在 file1.c 中把“int a=1”改为“static int a=1;”，那么在 file2.c 是无法访问到变量 a 的。原因在于用 static 对全局变量进行修饰改变了其作用域的范围，由原来的整个工程可见变为本源文件可见。

3．修饰函数

用 static 修饰函数，其情况与修饰全局变量大同小异，就是改变了函数的作用域。

2.6.2　extern

extern 是指当前变量或函数不是在本源文件内声明的，它是外部变量或外部函数，正所谓"外来的和尚会念经"，能很好地体现 extern 的价值。当我们在本文件里试图引用一个外部声明的全局变量或函数时，可以在其前面加上 extern，表示它是外来"和尚"。

extern 可以修饰变量和函数，表示该变量或者函数在其他地方被定义（本源文件或其他源文件内），在这里声明使用它，这样多个源文件共享变量和函数；多个 c 源文件的编译是独立的，所以编译器无法判断多个源文件共享的变量的类型是否一致（只判断变量名或函数名是否一致）；等到链接的时候（这个阶段已经不再进行语法检查了），多个源文件编译后的.o 文件链接成一个目标文件，如果有一个以上的源文件对同一个变量进行了初始化，则报错（至少 GCC 编译器是这样的）。

注：extern 声明的变量可以在本源文件也可以在其他源文件中出现过；在其他源文件出现过的情况就不细述了；这里主要考虑在本源文件中出现的情况，假设在一个.h 中声明了一个变量 a，而在包含了该.h 的.c 中定义了 a，这种情况大量出现，例如，C 标准库中的 ctype.h 和 ctype.c，在 ctype.h 中声明了"extern char _ctmp"，在 ctype.c 包含 ctype.h 且定义了 "char _ctmp"，那么在预处理后就会出现同一源文件中一个定义多个声明的情况。

1．extern 变量名

在任何函数体外声明或定义变量时，不加 extern 可能是定义也可能是声明，编译器选择初始化的那个（最多一个地方对它进行了初始化），如果没有初始化则任选其中一个作为定义，其他为声明，但是加 extern 肯定是声明；如果不想让其他源文件链接到，则需要使用 static 关键字。

在函数体内声明（注意是声明，在函数体内部不能定义外部变量）使用其他源文件中定义的变量时，必须使用 extern 关键字，因为在函数体内默认为局部变量。

2．extern 函数

函数默认是外部的（在函数体内或函数体外声明一个外部函数，extern 关键字均可省略），如果不想让其他源文件链接到，则需要在函数前加 static 关键字。

注：虽然在很多情况下 extern 关键字是可省的，但是为了提高程序的可读性，还是加上它比较好。

前面提到过，编译器并不检查多个源文件共享的变量的类型是否一致，那么下面的代码是合法的。

```
char a[]="hello";
int main()
{
    extern int a;
    printf("%x\n",a);
    return 0;
}
```

同样，若多个源文件共享函数，编译器也不会对外部函数的参数类型、参数个数和返回值类型进行检查，只要函数名相同即可（也就是说在用 extern 声明变量时，可以不指定类型）。

```
int echo(int x)
{
    return x;
}
int main()
{
    extern int echo(char);
    printf("%d\n",echo(255));
    return 0;
}
```

注意输出值！

所以在写程序时，一定要注意外部函数的参数类型、参数个数和返回值类型，最好保持一致，否则会出现意想不到的问题。

通过上面的分析来看，在 C 语言程序中，通过函数将功能区分开来，每个函数完成一个功能（这也是为什么函数的英文叫 function），而又将一片相关联的功能集合在一个源文件里，这些功能和相关联的功能之间通常就是通过 static 和 extern 联系起来的，当然这里面还要有头文件的功劳，关于头文件的解释，后面会单独进行介绍。

2.7 const

相传 C 语言的世界中出现了一件极品装备 const，它的出现，让天下所有的黑客都失业了，在它的保护下，所有的变量都可以保持完好无损。

const 是 constant 的简写，表示海枯石烂，恒定不变，一旦相伴，永不变“心”。只要一个变量前面用 const 来修辞，就意味着该变量里的数据可以被访问，不能被修改。我们其实还可以给它起个更雅的名字——readonly。

虽然 const 相对比较容易理解，但是 const 不仅仅可以用来修辞基本类型，它还经常用来修辞一些构造类型和指针及其参合体，如数组、指针、指针数组、结构体数组、结构体指针数组等。一旦和这些复杂类型结合起来，还是有一定的迷惑性的，下面我们一一进行分析。

```
(1) const int a = 10;
(2) int const a = 10;
(3) const int a[10] = {1,2,3,4,5,6,7,8,9,10};
(4) const int *p;
(5) int * const p;
(6) const struct devices dev[5];
(7) struct devices const * dev[5];
```

看到上面列出的例子，我相信很多朋友都会倒吸一口冷气：“想说爱你，不是一件容易的事”。不过，我这有两招用于辨别的技巧：

- 将类型去掉；
- 看 const 修辞谁，谁的值就是不能修改的，是“readonly”的。

（1）去掉类型 int 变成“const a = 10”，a 的值不变。

（2）去掉类型 int 变成“const a = 10”，a 的值不变，与（1）效果一样。

（3）去掉类型 int 变成“const a[10]”，a 数组里的值不变。

（4）const 修辞*p，去掉类型 int 变成“const *p”（见图 2-7-1 中空间 2），p 所指向的空间里的值不变。

（5）const 修辞 p，去掉类型 int*变成“const p”（见图 2-7-1 中空间 1），指针变量 p 里的值不变，也就是说 p 不能再指向其他地址，但是 p 所指向的空间里的值可变。

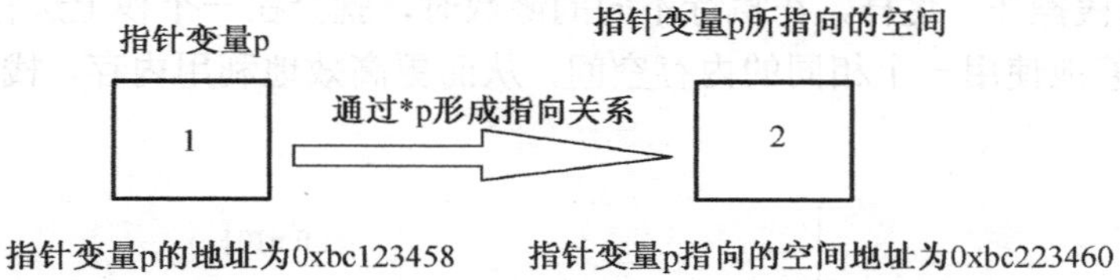

图 2-7-1 p 所指向的空间里的值

（6）去掉类型 struct devices 变成“const dev[5]”，dev[5]数组里的值不变。

（7）这是一个 devices 结构体类型的指针数组，它拥有 5 个 devices 结构体类型指针，每个指针指向一个 devices 结构体，const 修辞*dev[5]，去掉类型 struct devices 变成“const *dev[5]”，指针数组 dev 中每个元素指向的空间里的值不变。

2.8 auto

auto 关键字在我们写的代码里几乎看不到，但它又是无处不在的，它是如此重要，又是如此地与世无争，默默地履行着自己的义务，却又隐姓埋名。C 语言程序是面向过程的，在 C 语言代码中会出现大量的函数模块，每个函数都有其生命周期（也称作用域），在函数生命周期中声明的变量通常叫作局部变量，也叫作自动变量。例如：

```
int fun()
{
    int a = 10;                         //auto int a = 10;
    //do something
    return 0;
}
```

整型变量 a 在 fun 函数内声明，其作用域为 fun 函数内，离开 fun 函数就不能被引用，a 变量为自动变量。也就是说编译器会在“int a = 10”之前会加上 auto 的关键字。auto 的出现意味着当前变量的作用域为当前函数或代码段的局部变量，意味着当前变量会在内存栈上进行分配。

如果大家学过数据结构，应该知道，栈就是先进后出的数据结构，它类似于我们用箱子打包书本，第一本扔进去大学英语，第二本扔进去高等数学，第三本扔进去小说，那么在取书的时候，先取出来第一本是小说，第二本是高等数学，第三本是大学英语。

栈的操作为入栈和出栈，入栈就类似于向箱子里扔书，出栈就类似于从箱子里取书。那么这和我们的 auto 变量分配空间有什么关系呢？

由于在一个程序中可能会有大量的变量声明，每个变量都会占有一定的内存空间，而内存空间对于计算机来说是宝贵的硬件资源，因此合理地利用内存是编译器的一个主要任务。有的变量是一次性使用的，如局部变量；有的变量要伴随着整个程序来使用，如全局变量。为了节省内存空间，优化性能，编译器通常会将一次性使用的变量分配在栈上。也就是说，代码中每声明一个一次性变量，就在栈上进行一次入栈操作，当该变量使用完了（生命周期结束），就进行出栈操作。这样，在执行不同的函数时，就会在一个栈上进行出入栈操作，也就是说它们在频繁地使用一个相同的内存空间，从而更高效地利用内存，栈的操作如图 2-8-1 所示。

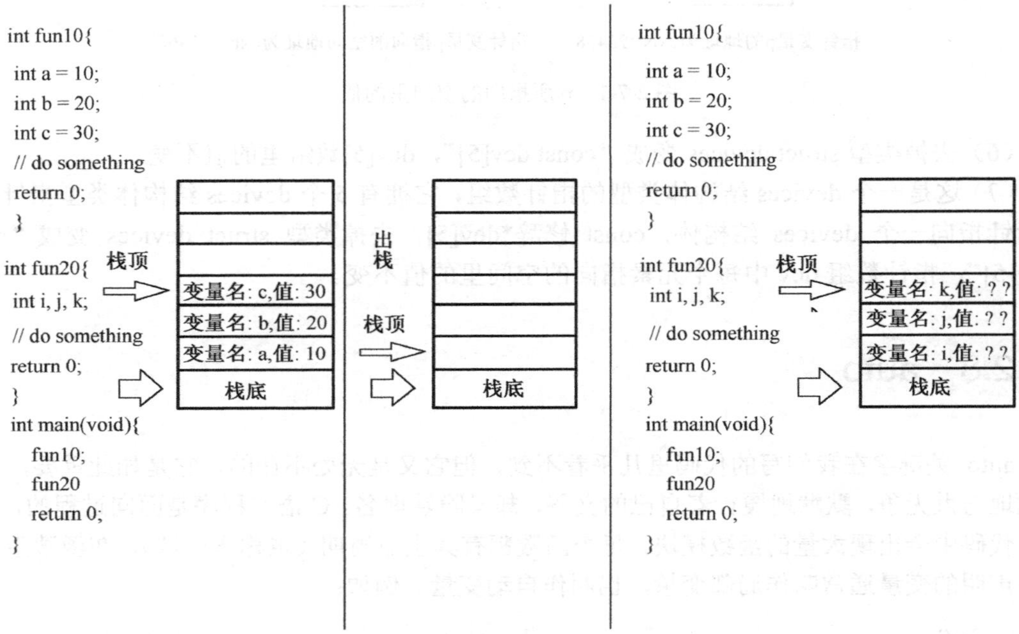

图 2-8-1　栈的操作

注：有的编译器为了提高效率，在出栈时不会清空数据，这也就意味着，下个函数里的变量在入栈使用该空间时，里面的数据是上一次变量操作的结果。

2.9　register

register 就和它的名字一样，很少出现在代码世界中，通常只会在一些特定场合才能出现。它是如此地快，以至于 CPU 都对它刮目相看，但是它有一个致命的缺点，它的速度“看心情”而定，并不是每一次都能让人满意。

1．作用

如果一个变量用 register 来修辞，则意味着该变量会作为一个寄存器变量，让该变量的访问速度达到最快。例如，一个程序逻辑中有一个很大的循环，循环中有几个变量要频繁进行操作，这些变量可以声明为 register 类型。

2．寄存器变量

寄存器变量是指一个变量直接引用寄存器，也就是对变量名的操作的结果是直接对寄存器进行访问。寄存器是 CPU 的“亲信”，CPU 操作的每个操作数和操作结果，都由寄存器来暂时保存，最后才写入到内存或从内存中读出。也就是说，变量的值通常保存在内存中，CPU 对变量进行读取是先将变量的值从内存中读取到寄存器中，再进行运算，运算完后将结果写回内存中。为什么要这么设计，不直接对变量的值在内存中进行运算，而要再借助于寄存器呢？这是由于考虑到性能的问题才这么设计的。在计算机系统中，包含有很多种不同类型的存储器，见表 2-9-1。

表 2-9-1　不同类型的存储器

名　称	速　度	特　点	用　途
静态存储器	最快	造价高，体积大，适合小容量的缓冲	寄存器、缓冲
动态存储器	较快	造价较低，体积较小，适合大容量保存数据	内存

在计算机中，CPU 的运算速度最快，现在常用的 CPU 都已达到 3 GHz 左右，而相对应的存储器速度却相对慢得多，访问速度最快的寄存器和缓冲，由于其体积较大，不适合大容量的缓冲使用，所以只能通过将二者结合的方式来提高效率。程序代码保存在内存中，当使用数据时，将其送到寄存器，让 CPU 来访问，使用完毕后，再送回内存保存。C 语言允许使用寄存器来保存变量的值，很明显这样能大大提高程序的执行速度。但是，寄存器的个数是有限的，X86 也就是十几个，ARM 最多才 37 个，我们不可能将全部的变量都声明为寄存器变量，因为其他代码也要使用寄存器，同样，我们声明的寄存器变量也不一定直接保存在寄存器中，因为寄存器可能全部都在被其他代码占用。编译器只能尽量把变量安排在寄存器中。

在使用寄存器变量时，请注意：

（1）待声明为寄存器变量的类型应该是 CPU 寄存器所能接收的类型，寄存器变量是单个变量，变量长度应该小于等于寄存器长度。

（2）不能对寄存器变量使用取地址符“&”，因为该变量没有内存地址。

（3）尽量在大量、频繁操作时使用寄存器变量，且声明的变量个数应该尽量少。

2.10　volatile

变量和它的名字一样很善变，有时候它的善变是“发自内心”的，有时是由外部因素决定的，只有 volatile 变量才会表里如一。

Volatile 的字面意思是易挥发、易变化的意思，它修饰的变量表示该变量的值很容易由于外部因素而发生改变，强烈请求编译器在每次对变量进行访问时要老老实实地去内存里读取。可能上面说得还不是很清楚，我们换个例子来说明，假设明天一个朋友过生日，今天你就把要送的礼物打包好了，在一般情况下，我们明天起来不需要再打开验证一下礼物是否存在，因为我们知道，只要礼物的外包装没有动过，里面的东西应该不会被动过。其实编译器和人一样聪明，为了提高效率也会玩“省事”，例如下面的代码。

```
1 int a = 10;
2 int b = a;
3 int c = a;
```

编译器扫描了代码后容易发现，第一行代码在将 10 赋给了整型变量 a，之后变量 a 的值没有再发生改变。在第二行中，将变量 a 里的值取出来赋给变量 b。在第三行代码里将变量 a 的值赋给变量 c 的时候，因为 CPU 访问内存速度较慢（看 register 关键字介绍），编译器为了提高效率，玩“省事”，直接将 10 赋给了变量 c。

单从上述代码来看是没有问题的，就如同从外包装看生日礼物完好一样。但是，上述代码如果运行在多线程中，在一个线程的上下文中没有改变它的值，但是我们不能保证变量的值没有被其他线程改变。就好比是，生日礼物放到其他人那里保存，我们不敢 100%保证它里面的东西还完好。当然这种数据不一致的机制不仅仅出现在多线程中，同样在设备的状态寄存器里也会存在。例如，网卡里的某状态寄存器里的值是否为 1 表示是否有网络数据到达，在当前时刻其值为 1，不能代表着下一时刻其值还为 1，它的值是由外界条件决定的，编译器肯定不能在这种情况下玩“省事”，为了防止在类似的情况下编译器玩“省事”，可以将这些变量声明为 volatile 变量，这样，不管它的值有没有变化，在每次对其值进行访问时，都会从内存里、寄存器里读取，从而保证数据的一致性，做到表里如一。

2.11 typedef 详解

typedef 为 C 语言的关键字，其作用是为一种数据类型定义一个新名字。这里的数据类型包括内部数据类型（如 int、char 等）和自定义的数据类型（如 struct 等）。

在编程中使用 typedef 的目的一般有两个：①给变量一个易记且意义明确的新名字。②简化一些比较复杂的类型声明。

2.11.1 typedef 与结构的问题

当用下面的代码定义一个结构时，编译器报了一个错误，为什么呢？莫非 C 语言不允许在结构中包含指向它自己的指针吗？请你先猜想一下，然后看下文说明。

```
typedef struct tag_node
{
    char *p_item;
    p_node p_next;
} *p_node;
```

（1）typedef 的最简单使用。

```
typedef long byte_4;
```

上述代码的含义是给已知数据类型 long 起个新名字，叫作 byte_4。

（2）typedef 与结构结合使用。

```
typedef struct tag_my_struct
{
    int i_num;
    long l_length;
} my_struct;
```

上述代码实际上完成了两个操作：

① 定义一个新的结构类型。

```
struct tagMyStruct
{
    int i_num;
    long l_length;
};
```

tagMyStruct 称为 tag，即标签，实际上是一个临时名字，struct 关键字和 tag_my_struct 一起，构成了这个结构类型，不论是否有 typedef，这个结构都存在。

我们可以用 struct tag_my_struct varName 来定义变量，但要注意，使用 tag_my_struct varName 来定义变量是不对的，因为 struct 和 tag_my_struct 合在一起才能表示一个结构类型。

② typedef 为这个新的结构起了一个名字，叫作 my_struct。

```
typedef struct tag_my_struct my_struct;
```

因此，my_struct 实际上相当于 struct tag_my_struct，我们可以使用 my_struct varName 来定义变量。

C 语言当然允许在结构中包含指向它自己的指针，我们可以在建立链表等数据结构的实现上看到无数这样的例子，本节一开始代码的根本问题在于 typedef 的应用。

根据上面的阐述可以知道：新结构建立的过程中遇到了 p_next 域的声明，类型是 p_node，p_node 表示的是类型的新名字，在类型本身还没有建立完成时，这个类型的新名字也还不存在，也就是说这个时候编译器根本不认识 p_node。

解决这个问题的方法有多种，本节列举下面 3 种解决方法。

（1）方法一。

```
typedef struct tag_node
{
    char *p_item;
    struct tag_node *p_next;
} *p_node;
```

（2）方法二。

```
typedef struct tag_node *p_node;
struct tag_node
```

```
{
    char *p_item;
    pNode p_next;
};
```

注：这个例子用 typedef 给一个还未完全声明的类型起新名字。C 语言编译器支持这种做法。

（3）方法三：规范做法。

```
struct tag_node
{
    char *p_item;
    struct tag_node *p_next;
};
typedef struct tag_node *p_node;
```

2.11.2 typedef 与#define 的问题

p_str 数据类型有下面两种定义方法，两者有什么不同？哪一种更好一点呢？

```
typedef char *p_str;
#define p_str char *;
```

通常来讲，typedef 要比#define 要好，特别是在有指针的场合。例如：

```
typedef char * p_str1;
#define p_str2 char *;
p_str1 s1, s2;
p_str2 s3, s4;
```

在上述的变量定义中，s1、s2、s3 都被定义为 char *，而 s4 则被定义成了 char，不是我们所预期的指针变量，其根本原因就在于#define 只是简单的文本替换，而 typedef 则是为一个类型起新名字。

#define 的用法举例：

```
#define f(x) x*x
int main( )
{
    int a=6，b=2，c;
    c=f(a) / f(b);
    printf("%d \n"，c);
}
```

以上程序的输出结果是：36。

因为上述原因，在许多 C 语言编程规范中提到使用#define 定义时，如果定义中包含表达式，必须使用括号，则上述定义应该按如下方式进行定义才对。

```
#define f(x) (x*x)
```

当然，如果使用 typedef 就没有这样的问题。

2.11.3 typedef 与#define 的另一例

编译器运行下面的代码会报一个错误，知道是哪个语句错了吗？

```
typedef char * p_str;
char string[4] = "abc";
const char *p1 = string;
const p_str p2 = string;
p1++;
p2++;
```

是 p2++出错了。这个问题再一次提醒我们：typedef 和#define 不同，它不是简单的文本替换。在上述代码中，“const p_str p2”并不等于“const char * p2”。“const p_str p2”和“const long x”在本质上没有区别，都是对变量进行只读限制，只不过此处变量 p2 的数据类型是我们自己定义的而不是系统固有类型。因此，“const p_str p2”的含义是：限定数据类型为 char * 的变量 p2 为只读，因此 p2++错误。

#define 宏定义有一个特别的长处：可以使用#ifdef、#ifndef 等来进行逻辑判断，还可以使用#undef 来取消定义。

typedef 也有一个特别的长处：它符合范围规则，使用 typedef 定义的变量类型，其作用范围限制在所定义的函数或者文件内（取决于此变量定义的位置），而宏定义则没有这种特性。

2.11.4 typedef 与复杂的变量声明

在编程实践中，尤其是看别人的代码时，常常会遇到比较复杂的变量声明，使用 typedef 进行简化很有现实价值。例如，下面是 3 个变量的声明，想使用 typdef 分别给它们定义一个别名，该如何做？

```
int *(*a[5])(int, char*);
void (*b[10]) (void (*)());
doube(*)() (*pa)[9];
```

对复杂变量建立一个类型别名的方法很简单，只要在传统的变量声明表达式里用类型名替代变量名，然后把关键字 typedef 加在该语句的开头就行了。

```
//1：
int *(*a[5])(int, char*);
//pFun 是我们建的一个类型别名
typedef int *(*p_fun)(int, char*);
//使用定义的新类型来声明对象，等价于 int* (*a[5])(int, char*);
p_fun a[5];

//2：
void (*b[10]) (void (*)());
//首先为上面表达式声明一个新类型
typedef void (*p_fun_param)();
//整体声明一个新类型
typedef void (*p_fun)(p_fun_param);
```

```
//使用定义的新类型来声明对象，等价于 void (*b[10]) (void (*)());
P_fun b[10];

//3：
doube(*)() (*pa)[9];
//首先为上面表达式声明一个新类型
typedef double(*p_fun)();
//整体声明一个新类型
typedef pFun (*p_fun_param)[9];
//使用定义的新类型来声明对象，等价于 doube(*)() (*pa)[9];
P_fun_param pa;
```

2.12 枚举（enum）

很多初学者对枚举感到迷惑，或者认为没什么用，其实枚举是个很有用的数据类型。

2.12.1 枚举类型的使用方法

一般的定义方式如下：

```
enum enum_type_name
{
    ENUM_CONST_1,
    ENUM_CONST_2,
    …
    ENUM_CONST_n
} enum_variable_name;
```

注：enum_type_name 是自定义的一种数据类型名，而 enum_variable_name 为 enum_type_name 类型的一个变量，也就是我们平时常说的枚举变量。实际上 enum_type_name 类型是对一个变量取值范围的限定，而“{}”内是它的取值范围，即 enum_type_name 类型的变量 enum_variable_name 只能取值为“{}”内的任何一个值，如果赋给该类型变量的值不在列表中，则会报错或者警告。ENUM_CONST_1，ENUM_CONST_2，…，ENUM_CONST_n，这些成员都是常量，也就是我们平时所说的枚举常量（常量一般用大写）。

enum 变量类型还可以给其中的常量符号赋值，如果不赋值则会从被赋初值的那个常量开始依次加 1，如果都没有赋值，它们的值从 0 开始依次递增 1。例如，分别用一个常数表示一种颜色。

```
enum Color
{
    GREEN = 1,
    RED,
    BLUE,
    GREEN_RED = 10,
```

```
    GREEN_BLUE
}ColorVal;
```

其中各常量名代表的数值分别为

```
GREEN = 1
RED = 2
BLUE = 3
GREEN_RED = 10
GREEN_BLUE = 11
```

2.12.2 枚举与#define宏的区别

枚举与#define 宏的区别如下。

（1）#define 宏常量是在预编译阶段进行简单替换，枚举常量则是在编译的时候确定其值。

（2）一般在编译器里，可以调试枚举常量，但是不能调试宏常量。

（3）枚举可以一次定义大量相关的常量，而#define 宏一次只能定义一个。

留两个问题：

（1）枚举能做到的事，#define 宏能不能都做到？如果能，那为什么还需要枚举？

（2）sizeof(ColorVal)的值为多少？为什么？

2.13 联合体

联合体与结构有一些相似之处，但两者有本质上的不同。在结构中各成员有各自的内存空间，一个结构变量的总长度是各成员长度之和；而在联合体中，各成员共享一段内存空间，一个联合变量的长度等于各成员中最长的长度（同样遵循对齐）。应该说明的是，这里所谓的共享不是指把多个成员同时装入一个联合变量内，而是指该联合变量可被赋予任一成员值，但每次只能赋一种值，赋入新值则删去旧值。

2.13.1 联合体的定义

定义一个联合变量的一般形式为

```
union 联合名
{
    成员表
};
```

成员表中含有若干成员，成员的一般形式为

```
类型说明符 成员名
```

成员名的命名应符合标识符的规定。例如：

```
union perdata
{
    int class;
```

```
    char office[10];
};
```

上述代码定义了一个名为 perdata 的联合类型，它含有两个成员，一个为整型，成员名为 class；另一个为字符数组，数组名为 office。联合定义之后，即可进行联合变量说明，被声明为 perdata 类型的变量可以存放整型量 class 或存放字符数组 office。

联合体成员变量的应用和结构成员变量的引用很相近，格式为

```
联合体变量.成员变量名
```

2.13.2　从两道经典试题谈联合体（union）的使用

试题一：编写一段程序判断系统中的 CPU 是 Little endian 模式还是 Big endian 模式？

分析：作为一个计算机相关专业的人，我们应该在计算机组成中都学习过什么叫 Little endian 和 Big endian。Little endian 和 Big endian 是 CPU 存放数据的两种不同顺序。对于整型、长整型等数据类型，Big endian 认为第一个字节是最高位字节（按照从低地址到高地址的顺序存放数据的高位字节到低位字节）；而 Little endian 则相反，它认为第一个字节是最低位字节（按照从低地址到高地址的顺序存放数据的低位字节到高位字节）。

例如，假设从内存地址 0x0000 开始有以下数据。

0x0000	0x0001	0x0002	0x0003
0x12	0x34	0xab	0xcd

如果我们去读取一个地址为 0x0000 的 4 字节变量，若字节序为 Big endian，则读出结果为 0x1234abcd；若字节序为 Little endian，则读出结果为 0xcdab3412。如果我们将 0x1234abcd 写入到以 0x0000 开始的内存中，则以 Little endian 模式和 Big endian 模式存放的结果如下。

地　址	0x0000	0x0001	0x0002	0x0003
Big endian	0x12	0x34	0xab	0xcd
Little endian	0xcd	0xab	0x34	0x12

一般来说，x86 系列的 CPU 都是 Little endian 的字节序，而 PowerPC 通常是 Big endian 的字节序，还有的 CPU 能通过跳线来设置 CPU 工作于 Little endian 模式或者 Big endian 模式。

解答：显然，解答这个问题的方法只能是将一个字节（CHAR/BYTE 类型）的数据和一个整型数据存放于同样的内存开始地址，通过读取整型数据，分析 CHAR/BYTE 数据在整型数据的高位还是低位来判断 CPU 工作于 Little endian 模式还是 Big endian 模式，得出如下的答案。

```
typedef unsigned char BYTE;
int main(int argc, char* argv[])
{
    unsigned int num,*p;
    p = &num;
    num = 0;
```

```
        *(BYTE *)p = 0xff;
        if(num == 0xff)
        {
            printf("The endian of cpu is little\n");
        }
        else                    //num == 0xff000000
        {
            printf("The endian of cpu is big\n");
        }
        return 0;
    }
```

除了上述方法（通过指针类型强制转换并对整型数据首字节赋值，判断该赋值赋给了高位还是低位）外，还有没有更好的办法呢？我们知道，联合体的成员本身就被存放在相同的内存空间（共享内存，正是联合体发挥作用、做贡献的去处），因此，我们可以将一个 CHAR/BYTE 数据和一个整型数据同时作为一个联合体的成员，得出如下答案。

```
    int checkCPU()
    {
        union w
        {
            int a;
            char b;
        } c;
        c.a = 1;
        return (c.b == 1);
    }
```

试题二：假设网络节点 A 和网络节点 B 中的通信协议涉及 4 类报文，报文格式为“报文类型字段+报文内容的结构体”，4 个报文内容的结构体类型分别为 STRUCTTYPE1～STRUCTTYPE4，请编写程序以最简单的方式组织一个统一的报文数据结构。

分析：报文的格式为“报文类型+报文内容的结构体”，在真实的通信中，每次只能发 4 类报文中的一种，我们可以将 4 类报文的结构体组织为一个联合体（共享一段内存，但每次有效的只是一种），然后和报文类型字段统一组织成一个报文数据结构。

解答：根据上述分析，我们很自然地得出如下答案。

```
    typedef unsigned char BYTE;
    //报文内容联合体
    typedef union tag_packet_content
    {
        STRUCTTYPE1 pkt1;
        STRUCTTYPE2 pkt2;
        STRUCTTYPE3 pkt1;
        STRUCTTYPE4 pkt2;
    }packet_content;
    //统一的报文数据结构
    typedef struct tag_packet
```

```
{
    BYTE pktType;
    packet_content pktContent;
}packet;
```

总结：在 C/C++语言程序的编写中，当多个基本数据类型或复合数据结构要占用同一片内存时，我们要使用联合体（试题一是这样的例证）；当多种类型、多个对象、多个事物只取其一时（我们姑且通俗地称其为“*n* 选 1”），我们也可以使用联合体来发挥其长处（试题二是这样的例证）。

第 3 章 运算符和表达式

C 语言中运算符和表达式数量之多，在高级语言中是少见的。正是丰富的运算符和表达式使 C 语言功能十分完善，这也是 C 语言的主要特点之一。C 语言的运算符不仅具有不同的优先级，而且还有一个特点，就是它的结合性。在表达式中，各运算量参与运算的先后顺序不仅要遵守运算符优先级别的规定，还要受运算符结合性的制约，以便确定是自左向右进行运算还是自右向左进行运算。这种结合性是其他高级语言的运算符所没有的，因此也增加了 C 语言的复杂性。

3.1 运算符简介

C 语言的运算符可分为以下几类。

（1）算术运算符：用于各类数值运算，包括加（+）、减（−）、乘（*）、除（/）、求余（或称模运算，%）、自增（++）、自减（−−），共 7 种。

（2）关系运算符：用于比较运算，包括大于（>）、小于（<）、等于（==）、 大于等于（>=）、小于等于（<=）和不等于（!=），共 6 种。

（3）逻辑运算符：用于逻辑运算，包括与（&&）、或（||）、非（!），共 3 种。

（4）位操作运算符：参与运算的量，按二进制位进行运算，包括位与（&）、位或（|）、位非（~）、位异或（^）、左移（<<）、右移（>>），共 6 种。

（5）赋值运算符：用于赋值运算，分为简单赋值（=）、复合算术赋值（+=、－ =、*=、/=、%=）和复合位运算赋值（&=、|=、^=、>>=、<<=），3 类共 11 种。

（6）条件运算符：这是一个三目运算符，用于条件求值（?:）。

（7）逗号运算符：用于把若干表达式组合成一个表达式（,）。

（8）指针运算符：用于取内容（*）和取地址（&）两种运算。

（9）求字节数运算符：用于计算数据类型所占的字节数（sizeof）。

（10）特殊运算符：有括号()、数组下标[]、成员选择（->、.）等几种。

3.1.1 运算符优先级

运算符优先级见表 3-1-1。

表 3-1-1　运算符优先级

优先级	运算符	名称或含义	使用形式	结合方向	说明
1	[]	数组下标	数组名[常量表达式]	左到右	
	()	圆括号	（表达式）/函数名(形参表)		
	.	成员选择（对象）	对象.成员名		
	->	成员选择（指针）	对象指针->成员名		
2	-	负号	-表达式	右到左	单目运算符
	(类型)	强制类型转换	(数据类型)表达式		
	++	自增	++变量名/变量名++		单目运算符
	--	自减	--变量名/变量名--		单目运算符
	*	取内容	*指针变量		单目运算符
	&	取地址	&变量名		单目运算符
	!	逻辑非	!表达式		单目运算符
	~	位非	~表达式		单目运算符
	sizeof	长度	sizeof(表达式)		
3	/	除	表达式/表达式	左到右	双目运算符
	*	乘	表达式*表达式		双目运算符
	%	余数（取模）	整型表达式/整型表达式		双目运算符
4	+	加	表达式+表达式	左到右	双目运算符
	-	减	表达式-表达式		双目运算符
5	<<	左移	变量<<表达式	左到右	双目运算符
	>>	右移	变量>>表达式		双目运算符
6	>	大于	表达式>表达式	左到右	双目运算符
	>=	大于等于	表达式>=表达式		双目运算符
	<	小于	表达式<表达式		双目运算符
	<=	小于等于	表达式<=表达式		双目运算符
7	==	等于	表达式==表达式	左到右	双目运算符
	!=	不等于	表达式!= 表达式		双目运算符
8	&	位与	表达式&表达式	左到右	双目运算符
9	^	位异或	表达式^表达式	左到右	双目运算符
10	|	位或	表达式|表达式	左到右	双目运算符
11	&&	逻辑与	表达式&&表达式	左到右	双目运算符
12	||	逻辑或	表达式||表达式	左到右	双目运算符
13	?:	条件运算符	表达式 1? 表达式 2: 表达式 3	右到左	三目运算符
14	=	赋值运算符	变量=表达式	右到左	
	/=	除后赋值	变量/=表达式		
	*=	乘后赋值	变量*=表达式		

续表

优先级	运算符	名称或含义	使用形式	结合方向	说明
14	%=	取模后赋值	变量%=表达式		
	+=	加后赋值	变量+=表达式	右到左	
	-=	减后赋值	变量-=表达式		
	<<=	左移后赋值	变量<<=表达式		
	>>=	右移后赋值	变量>>=表达式		
	&=	位与后赋值	变量&=表达式		
	^=	位异或后赋值	变量^=表达式		
	|=	位或后赋值	变量|=表达式		
15	,	逗号运算符	表达式,表达式,…	左到右	从左向右顺序运算

注：同一优先级的运算符，运算次序由结合方向所决定。简单记就是：！>算术运算符>关系运算符>&&>||>赋值运算符。

表 3-1-1 不容易记住。其实也用不着死记，用得多了、看得多了，自然就记住了。也有人说不用记这些东西，只要记住乘除法的优先级比加减法高就行了，别的地方一律加上括号。这在自己写代码的时候，确实可以，但如果是去阅读和理解别人的代码呢？别人不一定都加上括号了吧？所以，记住这个表，笔者认为还是很有必要的。

3.1.2 一些容易出错的优先级问题

表 3-1-1 中，优先级同为 1 的几种运算符如果同时出现，那怎么确定表达式的优先级呢？这是很多初学者容易犯迷糊的地方。表 3-1-2 就整理了这些容易出错的情况。

表 3-1-2 容易出错的运算符优先级

优先级问题	表达式	经常被误认为的结果	实际结果
.的优先级高于*，->操作符用于消除这个问题	*p.f	p 所指对象的字段 f (*p).f	对 p 取 f 偏移，作为指针，然后进行接触引用操作。 *(p.f)
[]高于*	int *ap[]	ap 是个指向 int 数组的指针 int (*ap)[]	ap 是个元素为 int 指针的数组 int *(ap[])
函数()高于*	int *fp()	fp 是个函数指针，所指函数返回 int int (*fp)()	fp 是个函数，返回 int * int *(fp())
==和!=高于位操作	(val & mask !=0)	(val & mask) !=0	val & (mask !=0)
==和!=高于赋值运算符	c=getchar() != EOF	(c=getchar())!= EOF	c= （getchar()!= EOF)
算术运算符高于移位运算符	msb<<4+lsb	(msb<<4)+lsb	msb<<(4+lsb)
逗号运算符在所有运算符中优先级最低	I=1,2	i=(1,2)	(i=1),2

这些容易出错的情况，希望读者好好在编译器上调试调试，这样印象会深一些。一定要多调试，光靠看代码，是很难提高水平的。

3.1.3 逻辑运算符

||和&&是我们经常用到的逻辑运算符，与按位运算符|和&是两码事。逻辑运算符虽然简单，但容易犯错。例如：

```
int i=0;
int j=0;
if((++i>0)||(++j>0))
{
    //打印出 i 和 j 的值。
}
```

上述代码的结果为 i=1；j=0。

不要惊讶。逻辑运算符||两边的条件只要有一个为真，其结果就为真；只要有一个结果为假，其结果就为假。在“if((++i>0)||(++j>0))”语句中，先计算（++i>0），发现其结果为真，后面的（++j>0）便不再计算。同样&&运算符也要注意这种情况。这是很容易出错的地方，希望读者注意。

3.2 条件运算符和条件表达式

如果在条件语句中，只执行单个的赋值语句，可使用条件表达式来实现，不但能使程序简洁，也可提高运行效率。

条件运算符为“?”和“:”，它是一个三目运算符，即有 3 个参与运算的量。由条件运算符组成条件表达式的一般形式为

```
表达式 1?  表达式 2:  表达式 3
```

其求值规则为：如果表达式 1 的值为真，则以表达式 2 的值作为条件表达式的值，否则以表达式 2 的值作为整个条件表达式的值。

条件表达式通常用于赋值语句之中。例如，条件语句：

```
if(a>b)
{
    max=a;
}
else
{
    max=b;
}
```

可用条件表达式写为

```
max=(a>b)?a:b;
```

执行该语句的语义是：若 a>b 为真，则把 a 赋予 max；否则把 b 赋予 max。

在使用条件表达式时，还应注意以下几点：

（1）条件运算符的运算优先级低于关系运算符和算术运算符，但高于赋值运算符。因此

```
max=(a>b)?a:b
```

可以去掉括号而写为

```
max=a>b?a:b
```

（2）条件运算符“?”和“:”是一对运算符，不能分开单独使用。
（3）条件运算符的结合方向是自右至左。例如：

```
a>b?a:c>d?c:d
```

上述语句应理解为

```
a>b?a:(c>d?c:d)
```

这也就是条件表达式嵌套的情形，即其中的表达式 3 又是一个条件表达式。

3.3 ++、--操作符

++和--绝对是一对让人头疼的兄弟。先来点简单的：

```
int i = 3;
(++i)+(++i)+(++i);
```

表达式的值为多少？15？16？18？其实对于这种情况，C 语言标准并没有做出规定。有的编译器计算出来为 18，因为 i 经过 3 次自加后变为 6，然后 3 个 6 相加得 18；而有的编译器计算出来为 16（如 Visual C++6.0），其计算步骤为先计算前两个 i 的和，这时候 i 自加两次，2 个 i 的和为 10，然后再加上第三次自加的 i 得 16。其实这些没有必要辩论，用到哪个编译器写一句测试代码就行了。但计算结果 15 肯定是错误的。

++和--作为前缀，需要先自加或自减，然后再做别的运算；但是作为后缀时，到底什么时候自加、自减？这是很多初学者犯迷糊的地方。以下面的逗号表达式为例。

```
//例 A
j =(i++,i++,i++);

//例 B
for（i=0;i<10;i++）
{
    //code
}

//例 C
k= （i++）+ （i++）+ （i++）；
```

假设 i=0，可以试着计算上述语句的结果。i 在遇到每个逗号后，认为本计算单位已经结束，i 自加。关于逗号表达式与“++”或“--”的连用，还有一个比较好的例子：

```
int x;
int i = 3;
x = (++i, i++, i+10);
```

x 的值为多少？i 的值为多少？

按照上面的讲解，可以很清楚地知道，在逗号表达式中，i 在遇到每个逗号后，认为本计算单位已经结束，i 自加，所以，在本例计算完后，i 的值为 5，x 的值为 15。

在上例中，i 与 10 进行比较之后，认为本计算单位已经结束，i 自加；i 遇到分号才认为本计算单位已经结束，i 自加。

也就是说，后缀运算是在本计算单位计算结束之后再自加或自减。

留一个问题：

```
for (i=0, printf ("First=%d", i) ; i<10, printf ("Second=%d", i) ; i++, printf ("Third=%d", i) )
{
    printf (“Fourth=%d”, i) ;
}
```

上述代码打印的结果是什么？

3.4 位运算

在计算机程序中，数据的位是可以操作的最小单位，理论上可以用“位运算”来完成所有的运算和操作。一般的位操作是用来控制硬件或者进行数据变换使用的，但是，灵活的位操作可以有效地提高程序运行的效率。C 语言提供了位运算的功能，这使得 C 语言也能像汇编语言一样用来编写系统程序。

C 语言提供了 6 种位运算符——按位与（&）、按位或（|）、按位异或（^）、取反（~）、左移（<<）、右移（>>）。

3.4.1 按位与运算及应用

按位与运算符“&”是双目运算符。其功能是将参与运算的两个数字对应的二进制位相与。只有对应的两个二进位均为 1 时，结果位才为 1，否则为 0。参与运算的数以补码形式出现。

例如，9&5 可写算式如下：

```
00001001 (9 的二进制补码) &00000101 (5 的二进制补码)
00000001 (1 的二进制补码)
```

可见 9&5=1。

按位与运算通常用来对某些位清 0 或保留某些位。例如，把 a 的高 8 位清 0，保留低 8 位，可做 a&255 运算（255 的二进制数为 0000000011111111）。

应用：

（1）特定位清 0（mask 中特定位置为 0，其他位为 1，s=s&mask）。

（2）取某数中的指定位（mask 中特定位置为 1，其他位为 0，s=s&mask）。

3.4.2 按位或运算及应用

按位或运算符“|”是双目运算符。其功能是将参与运算的两个数字对应的二进制位相或。只要对应的两个二进位有一个为 1 时，结果位就为 1。参与运算的两个数均以补码形式出现。

例如，9|5 可写算式如下：

```
00001001|00000101
00001101 (十进制为 13)
```

可见 9|5=13

应用：常用来将源操作数某些位置 1，其他位不变（mask 中特定位置为 1，其他位为 0，s=s|mask）。

3.4.3 按位异或运算及应用

按位异或运算符“^”是双目运算符，其功能是将参与运算的两个数字对应的二进制位相异或，当两对应的二进位相异时，结果为 1。参与运算数仍以补码形式出现。

例如，9^5 可写算式如下：

```
0001001^00000101 00001100 (十进制为 12)
```

应用：

（1）使特定位的值取反（mask 中特定位置为 1，其他位为 0，s=s^mask）。

（2）不引入第三变量，交换两个变量的值（设 a=a1，b=b1）。

目　标	操　作	操作后状态
a=a1^b1	a=a^b	a=a1^b1,b=b1
b=a1^b1^b1	b=a^b	a=a1^b1,b=a1
a=b1^a1^a1	a=a^b	a=b1,b=a1

3.4.4 左移和右移

下面讨论一下左移和右移。左移运算符“<<”是双目运算符，其功能把“<<”左边的运算数的各二进制位全部左移若干位，由“<<”右边的数指定移动的位数，高位丢弃，低位补 0。

右移运算符“>>”是双目运算符，其功能是把“>>”左边的运算数的各二进制位全部右移若干位，由“>>”右边的数指定移动的位数。但注意：对于有符号数，在右移时，符号位将随之移动，当为正数时，最高位补 0；而为负数时，符号位为 1，最高位是补 0 或是补 1 取决于编译系统的规定。

3.5 C 语言性能优化：使用位操作

使用位操作可以减少除法和取模的运算。在计算机程序中数据的位是可以操作的最小数据单位，理论上可以用“位运算”来完成所有的运算和操作。一般的位操作是用来控制硬件或者进行数据变换的，但是，灵活的位操作可以有效地提高程序运行的效率。例如：

```
//方法 G
int I,J;
I = 257 /8;
J = 456 % 32;

//方法 H
int I,J;
I = 257 >>3;
J = 456 - (456 >> 4 << 4);
```

表面上好像方法 H 比方法 G 麻烦了很多，但是，仔细查看产生的汇编代码就会明白，方法 G 调用了基本的取模函数和除法函数，既有函数调用，还有很多汇编代码和寄存器参与运算；而方法 H 则仅仅是几句相关的汇编，代码更简洁，效率更高。当然，由于编译器的不同，可能效率的差距不大，但是，以目前遇到的 MS C 和 ARM C 来看，效率的差距还是不小的。

对于以 2 的指数次方为“*”、“/”或“%”因子的数学运算，转化为移位运算“<<”、“>>”通常可以提高算法效率，因为乘除运算指令周期通常比移位运算大。

C 语言的位运算除了可以提高运算效率外，在嵌入式系统的编程中，它的另一个最典型的且使用十分广泛的应用是位间的与（&）、或（|）、非（~）操作。这和嵌入式系统的编程特点有很大关系，我们通常要对硬件寄存器进行位设置，假设，我们要将 AM186ER 型 80186 处理器的中断屏蔽控制寄存器的低 6 位设置为 0（开中断 2），最通用的做法是：

```
#define INT_I2_MASK 0x0040
wTemp = inword(INT_MASK);
outword(INT_MASK, wTemp &~INT_I2_MASK);
```

而将该位设置为 1 的做法是：

```
#define INT_I2_MASK 0x0040
wTemp = inword(INT_MASK);
outword(INT_MASK, wTemp | INT_I2_MASK);
```

判断该位是否为 1 的做法是：

```
#define INT_I2_MASK 0x0040
wTemp = inword(INT_MASK);
if(wTemp & INT_I2_MASK)
{
    /*该位为 1*/
}
```

运用该方法招需要注意的是由于 CPU 的不同而产生的问题。例如，在 PC 上用该方法编写程序，并在 PC 上调试通过，但在移植到一个 16 位机平台上时，可能会产生代码隐患，所以只有在一定技术进阶的基础上才可以使用该方法。

第 4 章

语　　句

从程序流程的角度来看，程序可以分为 3 种基本结构，即顺序结构、分支结构和循环结构，这 3 种基本结构可以组成所有的复杂程序。C 语言提供了多种语句来实现这些程序结构，例如，通过 if、switch、for、while、do-while、continue、break、return 语句来实现。不同的控制语句有各自的规则，在不同的情境下要选择最适合的语句来进行流程控制。

4.1　空语句

只有分号“;”组成的语句称为空语句。 空语句是什么也不执行的语句。在程序中空语句可用作空循环体。例如：

```
while(getchar()!='\n');
```

本条语句的功能是，只要从键盘输入的字符不是回车则重新输入，这里的循环体为空语句。空语句一般有以下几个用途：

（1）消耗 CPU 时间，起到延时的作用。

（2）使程序的结构清楚，可读性好，扩充新功能方便。有些公司的编码规范要求，对于 if/else 语句等，如果分支不配对的话，需要用空语句进行配对，一般日企这么要求的比较多。

例如，正常可写为

```
if(XXX)
{
    XXXXX
}
```

但是根据某些编码规范要求，必须写为

```
if(XXX)
{
    XXXXX
}
else
{
    ;
}
```

对于某些大型的软件项目，特别是一些嵌入式项目，出于自动化测试的需要，要求必须进行语句（如 if/else 语句）的配对。

在进行代码静态解析，单体测试 case 抽出的时候，为了保证全路径覆盖，很多专业的高端自动测试工具，会建议进行语句（如 if/else 语句）的配对。此时对于一些不完备的分支，就会用空语句补全。

4.2 基础语句

4.2.1 表达式语句

表达式语句由表达式加上分号“;”组成，其一般形式为

```
表达式;
```

执行表达式语句就是计算表达式的值。例如：

```
x=y+z;a=520;                    //赋值语句
y+z;                            //加法运算语句，但计算结果不能保留，无实际意义
i++;                            //自增 1 语句，i 值增 1
```

4.2.2 函数调用语句

函数调用语句由函数名、实际参数加上分号“;”组成，其一般形式为

```
函数名(实际参数表);
```

执行函数语句就是调用函数体并把实际参数赋予函数定义中的形式参数，然后执行被调函数体中的语句，求取函数值，调用库函数，输出字符串。

4.3 if 语句

目前我们写的简单函数中可以有多条语句，但这些语句总是从前到后顺序执行的。除了顺序执行之外，有时候我们需要检查一个条件，再根据检查的结果执行不同的后续代码，在 C 语言中可以用分支语句（Selection Statement）实现。例如：

```
if (x != 0)
{
    printf("x is nonzero.\n");
}
```

其中，“x!=0”表示 x 不等于 0 的条件，这个表达式称为控制表达式（Controlling Expression），如果条件成立，则执行“{}”中的语句，否则不执行“{}”中的语句，直接跳到“{}”后面。if 和控制表达式改变了程序的控制流程（Control Flow），不再按从前到后顺序执行，而是根据不同的条件执行不同的语句，这种控制流程称为分支（Branch）。

以下程序段编译能通过，执行也不出错，但是执行结果不正确，请分析一下哪里错了。还有，既然错了为什么编译能通过呢？

```
int x = -1;
if (x > 0);
{
    printf("x is positive.\n");
}
```

4.3.1 布尔变量与零值的比较

不可将布尔变量直接与 TRUE、FALSE 或者 1、0 进行比较。

根据布尔类型的语义，零值为“假”（记为 FALSE），任何非零值都是“真”（记为 TRUE）。TRUE 的值究竟是什么并没有统一的标准。例如，Visual C++将 TRUE 定义为 1，而 Visual Basic 则将 TRUE 定义为-1。

假设布尔变量的名字为 flag，它与零值比较的标准 if 语句为

```
if (flag)                //表示 flag 为真
if (!flag)               //表示 flag 为假
```

其他的用法都属于不良风格，例如：

```
if (flag == TRUE)
if (flag == 1 )
if (flag == FALSE)
if (flag == 0)
```

4.3.2 整型变量与零值比较

应当将整型变量用“==”或“！=”直接与 0 比较。

假设整型变量的名字为 value，它与零值比较的标准 if 语句为

```
if (value == 0)
if (value != 0)
```

不可模仿布尔变量的风格而写成

```
if (value)                    //会让人误解 value 是布尔变量
if (!value)
```

4.3.3 浮点变量与零值的比较

不可将浮点变量用“==”或“！=”与任何数字比较。

千万要留意，无论是 float 还是 double 类型的变量，都有精度限制，所以一定要避免将浮点变量用“==”或“！=”与数字比较，应该设法转化成“>=”或“<=”的形式。

假设浮点变量的名字为 x，应当将

```
if (x == 0.0)                 //隐含错误的比较
```

转化为

```
if ((x>=-EPSINON) && (x<=EPSINON))
```

其中，EPSINON 是允许的误差（即精度）。

4.3.4 指针变量与零值的比较

应当将指针变量用“==”或“! =”与 NULL 比较。

指针变量的零值是“空”(记为 NULL)。尽管 NULL 的值与 0 相同，但是两者意义不同。假设指针变量的名字为 p，它与零值比较的标准 if 语句为

```
if (p == NULL)          //p 与 NULL 显式比较，强调 p 是指针变量
if (p != NULL)
```

不要写成

```
if (p == 0)             //容易让人误解 p 是整型变量
if (p != 0)
```

或者

```
if (p)                  //容易让人误解 p 是布尔变量
if (!p)
```

4.3.5 对 if 语句的补充说明

有时候可能会看到“if (NULL == p)”这样古怪的格式。不是程序写错了，是程序员为了防止将“if (p == NULL)”误写成“if (p = NULL)”，而有意把 p 和 NULL 颠倒。编译器认为“if (p = NULL)”是合法的，但是会指出“if (NULL = p)”是错误的，因为 NULL 不能被赋值。

程序中有时会遇到 if、else、return 的组合，应该将以下不良风格的程序

```
if (condition)
return x;
return y;
```

改写为

```
if (condition)
{
    return x;
}
else
{
    return y;
}
```

或者改写成更加简练的形式，例如：

```
return (condition ? x : y);
```

4.4 跳转语句：goto

goto 语句是一种无条件转移语句，与 BASIC 中的 goto 语句相似。goto 语句的使用格式为

```
goto  语句标号;
```

其中语句标号是一个有效的标识符，这个标识符加上“:”一起出现在函数内某处，在执行 goto 语句后，程序将跳转到该标号处并执行其后的语句。另外语句标号必须与 goto 语句同处于一个函数中，但可以不在一个循环层中。通常 goto 语句与 if 条件语句连用，当满足某一条件时，程序跳到语句标号处运行。

自从提倡结构化设计以来，goto 就成了有争议的语句。首先，由于 goto 语句可以灵活跳转，如果不加以限制，它的确会破坏结构化设计风格；其次，goto 语句经常带来错误或隐患，它可能跳过了某些对象的构造、变量的初始化和重要的计算等语句。例如：

```
goto state;
char s1, s2;          //被 goto 跳过
int sum = 0;          //被 goto 跳过
state:
```

如果编译器不能发觉此类错误，每用一次 goto 语句都可能留下隐患。

很多人建议废除 C/C++语言的 goto 语句，以绝后患。但实事求是地说，错误是程序员自己造成的，不是 goto 语句的过错。goto 语句至少有一处可显神通，它能从多重循环体中一下子跳到外面，用不着写很多次的 break 语句。例如：

```
{
    {
        {
            goto error;
        }
    }
}
error;
```

所以我们主张少用、慎用 goto 语句，而不是禁用。

4.5 循环语句

循环结构是程序中一种很重要的结构。其特点是：在给定条件成立时，反复执行某程序段，直到条件不成立为止。给定的条件称为循环条件，反复执行的程序段称为循环体。C 语言提供了多种循环语句，可以组成各种不同形式的循环结构。

- 用 goto 语句和 if 语句构成循环；
- 用 while 语句构成循环；
- 用 do-while 语句构成循环；

- 用 for 语句构成循环。

while 语句的一般形式为

```
while(表达式)语句
```

其中“表达式”是循环条件，“语句”为循环体。

while 语句的语义是：计算表达式的值，当值为真（非 0）时，执行循环体语句。其执行过程如图 4-5-1 所示。

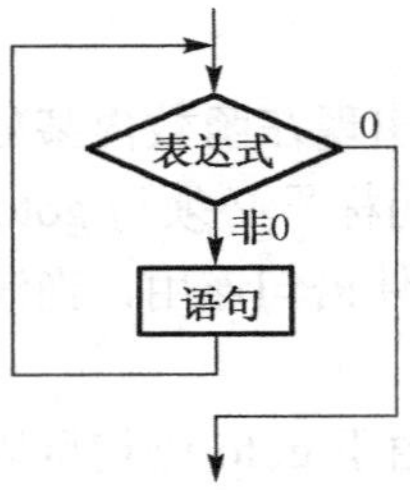

图 4-5-1　while 语句的执行过程

4.5.1　do-while 语句

do-while 语句的一般形式为

```
do
    语句
while(表达式);
```

do-While 语句循环与 while 语句的不同在于：它先执行循环体中的语句，然后判断表达式是否为真，如果为真则继续循环，如果为假则终止循环。因此，do-while 语句至少要执行一次循环语句。其执行过程如图 4-5-2 所示。

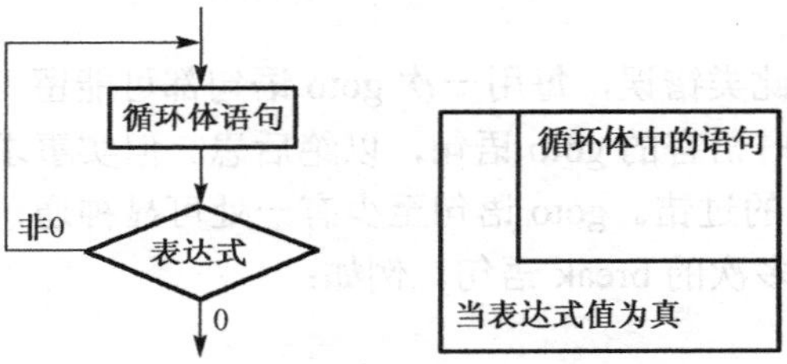

图 4-5-2　do-while 语句的执行过程

4.5.2　for 语句

在 C 语言中，for 语句的使用最为灵活，它完全可以取代 while 语句。其一般形式为

```
for(表达式 1；表达式 2；表达式 3) 语句
```

它的执行过程如下：

（1）先求解表达式 1。

（2）求解表达式 2，若其值为真（非 0），则执行 for 语句中指定的内嵌语句，然后执行步骤（3）；若其值为假（0），则结束循环，转到步骤（5）。

（3）求解表达式 3。

（4）转回步骤（2）继续执行。

（5）循环结束，执行 for 语句下面的一个语句。

for 语句的执行过程如图 4-5-3 所示。需要注意下列事项。

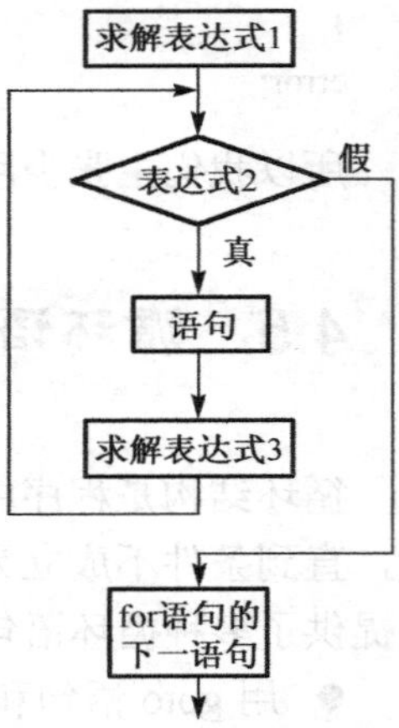

图 4-5-3　for 语句的执行过程

（1）for 循环中的“表达式 1（循环变量赋初值）”、“表达式 2（循环条件）”和“表达式 3（循环变量增量）”都是选择项，即可以默认，但“；”不能默认。

（2）省略了“表达式 1（循环变量赋初值）”，表示不对循环控制变量赋初值。

（3）省略了“表达式 2（循环条件）”，则不做其他处理时便成为死循环。例如：

```
for(i=1;;i++)
{
    sum=sum+i;
}
```

相当于

```
i=1;
while(1)
{
    sum=sum+i;
    i++;
}
```

（4）省略了“表达式 3（循环变量增量）”，则不对循环控制变量进行操作，这时可在语句体中加入修改循环控制变量的语句。例如：

```
for(i=1;i<=100;)
{
    sum=sum+i;
    i++;
}
```

（5）省略了“表达式 1（循环变量赋初值）”和“表达式 3（循环变量增量）”。例如：

```
for(;i<=100;)
{
    sum=sum+i;
    i++;
}
```

相当于

```
while(i<=100)
{
    sum=sum+i;
    i++;
}
```

（6）3 个表达式都可以省略。例如：

```
for(;;)语句
```

相当于

```
while(1)语句
```

（7）表达式 1 可以是设置循环变量的初值的赋值表达式，也可以是其他表达式。例如：

```
for(sum=0;i<=100;i++)
{
    sum=sum+i;
}
```

（8）表达式 1 和表达式 3 可以是一个简单表达式也可以是逗号表达式。例如：

```
for(sum=0,i=1;i<=100;i++)
{
    sum=sum+i;
}
```

或

```
for(i=0,j=100;i<=100;i++,j--)
{
    k=i+j;
}
```

（9）表达式 2 一般是关系表达式或逻辑表达式，但也可是数值表达式或字符表达式，只要其值非零，就执行循环体。例如：

```
for(i=0;(c=getchar())!='\n';i+=c);
```

又如：

```
for(;(c=getchar())!='\n';)
{
    printf("%c",c);
}
```

4.5.3 循环语句的效率

在 C 语言循环语句中，for 语句的使用频率最高，while 语句其次，do 语句很少用。本节重点论述循环体的效率。提高循环体效率的基本办法是降低循环体的复杂性。

在多重循环中，如果有可能，应当将最长的循环放在最内层，将最短的循环放在最外层，以减少 CPU 跨切循环层的次数。

例 1 低效率：长循环在最外层。

```
for (row=0; row<100; row++)
{
    for ( col=0; col<5; col++ )
    {
        sum = sum + a[row][col];
    }
}
```

例 2 高效率：长循环在最内层。

```
for (col=0; col<5; col++ )
{
    for (row=0; row<100; row++)
    {
        sum = sum + a[row][col];
    }
}
```

如果循环体内存在逻辑判断，并且循环次数很大，宜将逻辑判断移到循环体的外面。例 3 的程序比例 4 多执行了 N–1 次逻辑判断；并且由于前者总要进行逻辑判断，打断了循环“流水线”作业，使得编译器不能对循环进行优化处理，降低了效率。如果 N 非常大，最好采用例 4 的写法，可以提高效率。如果 N 非常小，两者效率差别并不明显，采用例 3 的写法比较好，因为程序更加简洁。

例 3 效率低但程序简洁。

```
for (i=0; i<N; i++)
{
    if (condition)
        DoSomething();
    else
        DoOtherthing();
}
```

例 4 效率高但程序不简洁。

```
if (condition)
{
    for (i=0; i<N; i++)
        DoSomething();
}
else
{
    for (i=0; i<N; i++)
        DoOtherthing();
}
```

4.6 break 和 continue

4.6.1 break 语句

break 语句通常用在循环语句和开关语句中。当 break 语句用于开关语句 switch 中时，可使程序跳出 switch 而执行 switch 以后的语句；如果没有 break 语句，则将成为一个死循环而无法退出。break 语句在 switch 中的用法已在前面介绍开关语句时的例子中碰到，这里不再举例。

当 break 语句用于 do-while、for、while 循环语句中时，可使程序中止循环而执行循环后面的语句，通常 break 语句总是与 if 语句结合使用，即满足条件时便跳出循环。

注：

- break 语句对 if-else 的条件语句不起作用；
- 在多层循环中，一个 break 语句只向外跳一层。

4.6.2 continue 语句

continue 语句的作用是跳过循环体中剩余的语句而强行执行下一次循环。continue 语句只用在 for、while、do-while 等循环体中，常与 if 条件语句一起使用，用来加速循环，其执行过程如图 4-6-1 所示。

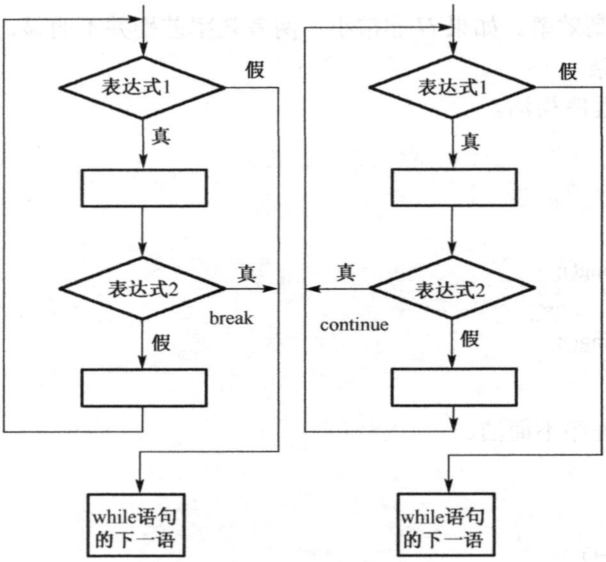

图 4-6-1　continue 语句的执行过程

```
//实例 1
while(表达式 1)
{……
    if(表达式 2)
    {
        break;
    }
    ……
}

//实例 2
while(表达式 1)
{……
    if(表达式 2)
    {
```

```
            continue;
        }
        ……
}
int main()
{
    char c;
    while(c!=13)                /*不是回车符则循环*/
    {
        c=getch();
        if(c==0X1B)
        {
            continue;           /*若按 Esc 键不输出便进行下次循环*/
        }
        printf("%c\n", c);
    }
}
```

4.7 switch 语句

有了 if 语句为什么还要 switch 语句？

switch 是多分支选择语句，而 if 语句只有两个分支可供选择。虽然可以用嵌套的 if 语句来实现多分支选择，但那样的程序冗长难读，这就是 switch 语句存在的意义。switch 语句的基本格式为

```
switch (variable)
{
    case value1 :
    {
        break;
    }
    case value2 :
    {
        break;
    }
    default :
    {
        break;
    }
}
```

（1）每个 case 语句的结尾都不要忘了加“break”，否则将导致多个分支重叠（除非有意使多个分支重叠）。

（2）不要忘记最后的 default 分支。即使程序真的不需要缺省处理，也应该保留语句“default:break;”，这样做并非多此一举，而是为了防止别人误以为你忘了缺省处理。

第 5 章

数组与指针

变量在内存中存放是有地址的，数组在内存中存放也同样具有地址。对于数组来说，数组名就是数组在内存中存放的数组首元素地址。指针变量是用于存放变量的地址，可以指向变量，当然也可存放数组的首地址或数组元素的地址，这就是说，指针变量可以指向数组或数组元素，对数组而言，数组和数组元素的引用，也同样可以使用指针变量。

5.1 数组认知

C 语言处理数组的方式是它广受欢迎的原因之一。C 语言对数组的处理是非常有效的，其原因有以下 3 点。

（1）除少数编译器出于谨慎会做一些烦琐的规定外，C 语言的数组下标是在一个很低的层次上处理的。但这个优点也有一个反作用，即在程序运行时无法知道一个数组到底有多大或者一个数组下标是否有效。ANSI/ISO C 标准没有对使用越界下标的行为做出定义，因此，一个越界下标有可能导致以下几种后果。

- 程序仍能正确运行；
- 程序会异常中止或崩溃；
- 程序能继续运行，但无法得到正确的结果；
- 其他情况。

换句话说，我们无法知道程序此后会做出什么反应，这会带来很大的麻烦。有些人就是抓住这一点来批评 C 语言的，认为 C 语言只不过是一种高级的汇编语言。然而，尽管 C 语言程序出错时的表现有些可怕，但谁也不能否认一个经过仔细编写和调试的 C 语言程序运行起来是非常快捷的。

（2）数组和指针能非常和谐地在一起工作。当数组出现在一个表达式中时，它和指向数组中第一个元素的指针是等价的，因此数组和指针几乎可以互换使用。此外，使用指针要比使用数组下标快两倍。

将数组作为参数传递给函数和将指向数组中第一个元素的指针传递给函数是完全等价的。将数组作为参数传递给函数时可以采用值传递和地址传递两种方式，前者需要完整地复制初始数组，但比较安全；后者的速度则要快得多。

数组和指针之间的这种联系会引起一些混乱，例如，以下两种定义是完全相同的。

```
void func(chara[MAX])
{
    /*. . . */
}

void func(char *a)
{
    /*. . . */
}
```

注：MAX 是一个编译时可知的值，例如，用#define 预处理指令定义的值。

（3）这种情况正是 C 语言处理数组的第三个优点，也是大多数 C 语言程序员所熟知的。这也是唯一一种数组和指针完全相同的情况，在其他情况下，数组和指针并不完全相同。例如，当进行如下定义（可以出现在函数说明以外的任何地方）时：

```
char a[MAX];
```

系统将分配 MAX 个字符的内存空间。当进行如下说明时：

```
char *a;
```

系统将分配一个字符指针所需的内存空间，可能只能容纳 2 个或 4 个字符。假如在源文件中进行如下定义：

```
char a[MAX];
```

但在头文件中说明：

```
extern char *a;
```

就会导致可怕的后果。为了避免出现这种情况，最好的办法是保证上述说明和定义的一致性，例如，假如在源文件中进行如下定义：

```
char a[MAX];
```

那么应当在相应的头文件中说明：

```
extern char a[];
```

上述说明告诉头文件，a 是一个数组，不是一个指针，但它并不指示数组 a 中有多少个元素，这样说明的类型称为不完整类型。在程序中适当地说明一些不完整类型是很常见的，也是一种很好的编程习惯。

5.2　使用数组的常见问题

5.2.1　数组的下标总是从 0 开始吗

是的，对数组 a[MAX]（MAX 是一个编译时可知的值）来说，它的第一个和最后一个元素分别是 a[0]和 a[MAX−1]。在其他一些语言中，情况可能有所不同，例如，在 BASIC 语言中，数组 a[MAX]的元素是从 a[1]到 a[MAX]，在 Pascal 语言中则两种方式都可行。

注：a[MAX]是一个有效的地址，但该地址中的值并不是数组 a 的一个元素。

上述这种差别有时会引起混乱，因为当我们说“数组中的第一个元素”时，实际上是指“数组中下标为 0 的元素”，这里的“第一个”的意思和“最后一个”相反。

尽管可以假造一个下标从 1 开始的数组，但在实际编程中不应该这样做。下文将介绍这种技巧，并说明为什么不应该这样做。

因为指针和数组几乎是相同的，因此可以定义一个指针，使它可以像一个数组一样引用另一个数组中的所有元素，但引用时前者的下标是从 1 开始的。

```
/*don't do this!!*/
int a0[MAX],
int *a1=a0-1;
```

现在，a0[0]和 a1[1]是相同的，而 a0[MAX-1]和 a1[MAX]是相同的。然而，在实际编程中不应该这样做，其原因有以下两点。

（1）这种方法可能行不通。这种行为是 ANSI/ISO C 标准没有定义的（并且是应该避免的），而&a0[-1]完全有可能不是一个有效的地址（见 9.3 节）。对于某些编译程序，我们的程序可能根本不会出问题；在有些情况下，对于任何编译程序，我们的程序可能都不会出问题，但是，谁能保证我们的程序永远不会出问题呢?

（2）这种方式背离了 C 语言的常规风格。人们已经习惯了 C 语言中数组下标的工作方式，假如我们的程序使用了另外一种方式，别人就很难读懂，而经过一段时间以后，连我们自己都可能很难读懂自己的程序了。

5.2.2　可以使用数组后面第一个元素的地址吗

我们可以使用数组后面第一个元素的地址，但不可以查看该地址中的值。对大多数编译程序来说，假如写如下语句：

```
int  i, a[MAX], j;
```

那么 i 和 j 都有可能存放在数组 a 最后一个元素后面的地址中。为了判定跟在数组 a 后面的是 i 还是 j，可以把 i 或 j 的地址和数组 a 后面第一个元素的地址进行比较，即判定“&i==&a[MAX]”或“&j==&a[MAX]”是否为真。这种方法通常可行，但不能绝对保证。

问题的要害是：假如将某些数据存入 a[MAX]中，往往就会破坏原来紧跟在数组 a 后面的数据。即使查看 a[MAX]的值也是应该避免的，尽管这样做一般不会出现什么问题。

为什么在 C 语言程序中有时要用到&a[MAX]呢?因为很多 C 语言程序员习惯通过指针遍历一个数组中的所有元素，即用

```
for(i=0;i<MAX; ++i)
{
    /*do something*/
}
```

代替

```
for(p=a; p<&a[MAX]; ++p)
{
```

```
    /*do something*/
}
```

这种方式在现有的 C 语言程序中是随处可见的，因此 ANSI C 标准规定这种方式是可行的。

5.2.3 为什么要小心对待位于数组后面的那些元素的地址呢

假如程序是在计算机上运行的，即它的取址范围是 00000000～FFFFFFFF，那么大可以放心，但是，实际情况往往不会这么简单。

在有些计算机上，地址是由两部分组成的：第一部分是一个指向某一块内存的起始点的指针（即基地址），第二部分是相对于这块内存的起始点的地址偏移量。这种地址结构被称为段地址结构，子程序的调用通常就是通过在栈指针上加上一个地址偏移量来实现的。采用段地址结构的最典型的例子是基于 Intel 8086 的计算机，所有的 MS-DOS 程序都在这种计算机上运行（在基于 Pentium 芯片的计算机上，大多数 MS-DOS 程序也在与 8086 兼容的模式下运行）。即使是性能优越的，具有线性地址空间的 RISC 芯片，也提供了寄存器变址寻址方式，即用一个寄存器保存指向某一块内存的起始点的指针，用另一个寄存器保存地址偏移量。

假如程序使用段地址结构，而在基地址处刚好存放着数组 a0（即基地址指针和&a0[0]相同），这会引发什么问题呢?既然基地址无法（有效地）改变，而偏移量也不可能是负值，因此“位于 a0[0]前面的元素”这种说法就没有意义了，ANSI C 标准明确规定引用这个元素的行为是没有定义的，这也就是 5.1 节中所提到的方法可能行不通的原因。

同样，假如数组 a（其元素个数为 MAX）刚好存放在某段内存的尾部，那么地址&a[MAX]就是没有意义的，假如程序中使用了&a[MAX]，而编译程序又要检查&a[MAX]是否有效，那么编译程序必然就会报告没有足够的内存来存放数组 a。

尽管在编写基于 Windows、UNIX 或 Macintosh 的程序时不会碰到上述问题，但是 C 语言不仅仅是为这几种环境设计的，C 语言必须适应各种各样的环境，例如用微处理器控制的烤面包炉、防抱死刹车系统和 MS-DOS 等。严格按 C 语言标准编写的程序能被顺利地编译并能服务于任何目的，但是，有时程序员也可以适度地背离 C 语言的标准，这要视程序员、编译程序和程序用户三者的具体要求而定。

5.2.4 当数组作为参数传递给函数时，可以通过 sizeof 得到数组的大小吗

答案是不可以。当把数组作为函数的参数时，我们无法在程序运行时通过数组参数本身告诉函数该数组的大小，因为函数的数组参数相当于指向该数组第一个元素的指针。这意味着把数组传递给函数的效率非常高，也意味着程序员必须通过某种机制告诉函数数组参数的大小。

为了告诉函数数组参数的大小，通常采用以下两种方法。

（1）将数组和表示数组大小的值一起传递给函数，例如，memcpy 函数就是这样做的。

```
char   source[MAX], dest[MAX];
/*……*/
memcpy(dest, source, MAX);
```

（2）引入某种规则来结束一个数组，例如，在 C 语言中字符串总是以 ASCII 字符 NUL('\0')

结束的，而一个指针数组总是以空指针结束的。下列函数的参数是一个以空指针结束的字符指针数组，这个空指针告诉该函数什么时候停止工作。

```
void printMany(char *strings[])
{
    int  i;
    i=0;
    while(strings[i]!=NULL)
    {
        puts(strings[i]);
        ++i;
    }
}
```

C 语言程序员经常用指针来代替数组下标，因此，大多数 C 语言程序员通常会将上述函数编写得更隐蔽一些。

```
void printMany(char *strings[])
{
    while(*strings)
    {
        puts(*strings++);
    }
}
```

尽管我们不能改变一个数组名的值，但是 strings 是一个数组参数，相当于一个指针，因此可以对它进行自增运算，并且可以在调用 puts()时对 strings 进行自增运算。在上例中，“while(*strings)”就相当于“while(*strings !=NULL)”。

在写函数文档（例如在函数前面加上注释，或者写一份备忘录，或者写一份设计文档）时，函数是如何知道数组参数的大小是非常重要的。例如，我们可以非常简略地写上“以空指针结束”或“数组 elephants 中有 numElephants 个元素”（假如在程序中用数字 13 表示数组的大小，则可以写成“数组 arr 中有 13 个元素”这样的描述，然而用确切的数字表示数组的大小不是一种好的编程习惯）。

5.2.5 使用指针或带下标的数组名都可以访问元素，哪一种更好呢

与使用下标相比，使用指针能使 C 编译程序更轻易地产生优质的代码。假设程序中有这样一段代码：

```
/*X la some type*/
X       a[MAX];
X       *p;                         /*pointer*/
X       x;                          /*element*/
int     i;                          /*index*/
```

为了遍历数组 a 中的所有元素，可以采用这样一种循环方式（方式 a）：

```
//方式 a
for (i = 0; i<MAX;   ++i)
{
    x=a[i];
    /*do something with x*/
}
```

也可以采用另一种循环方式（方式 b）：

```
//方式 b
for (p = a; p<&a[MAX];   ++p   )
{
    x=*p;
    /*do aomething with x*/
}
```

这两种方式有什么区别呢?两种方式中的初始情况和递增运算是相同的，作为循环条件的比较表达式也是相同的（下文中将进一步讨论这一点），区别在于“x=a[]”和“x=*p”，前者要确定 a[i]的地址，因此需要将 i 和类型 x 的大小相乘后再与数组 a 中第一个元素的地址相加；后者只需间接引用指针 p。间接引用快，而乘法运算比较慢。

这是一种“微效率”现象，它可能对程序的总体效率有影响，也可能没有影响。对方式 a 来说，假如循环体中的操作是将数组中的元素相加，或者只是移动数组中的元素，那么每次循环中大部分时间就消耗在使用数组下标上；假如循环体中的操作是某种 I/O 操作，或者是函数调用，那么使用数组下标所消耗的时间是微不足道的。

在有些情况下，乘法运算的开销会降低。例如，当类型 x 的大小为 1 时，经过优化就可以将乘法运算省去（一个值乘以 1 仍然等于这个值）；当类型 x 的大小是 2 的幂时（此时类型 x 通常是系统固有类型），乘法运算就可以被优化为左移位运算（就像一个十进制的数乘以 10 一样）。

在方式 b 中，每次循环都要计算&a[MAX]，这需要多大代价呢?这和每次计算 a[i]的代价相同吗?答案是不同的，因为在循环过程中&a[MAX]是不变的。任何一种合格的编译程序都只会在循环开始时计算一次&a[MAX]，而在以后的每次循环中重复使用这次计算所得的值。

在编译程序确认在循环过程中 a 和 MAX 都不变的前提下，方式 b 和以下代码的效果是相同的。

```
/*how the compiler implements version (b)*/
X *temp =   a[MAX];                    /*optimization*/
for (p = a; p< temp; ++p   )
{
    x =*p;
    /*do something with x*/
}
```

遍历数组元素还可以有另外两种方式，即通过下标或指针以递减而不是递增的顺序遍历数组元素，见方式 c 和方式 d。

对按顺序打印数组元素这样的任务来说，后两种方式没有什么优势，但是对数组元素相加这样的任务来说，后两种方式比前两种方式更好。通过下标并且以递减顺序遍历数组元素的方式（方式 c）如下（人们通常认为将一个值和零值比较的代价要比将一个值和一个非零值比较的代价小）。

```
//方式 c
for (i = MAX - 1; i>=0; --i)
{
        x=a[i];
        /*do aomcthing with x*/
}
```

通过指针并以递减顺序遍历数组元素的方式（方式 d）如下，其中作为循环条件的比较表达式显得很简洁。

```
//方式 d
for (p = &a[MAX - 1]; p>=a; --p )
{
      x =*P;
      /*do something with x*/
}
```

与方式 d 类似的代码是很常见的，但不是绝对正确的，因为循环结束的条件是 p 小于 a，而这有时是不可能的。

通常人们会认为“任何合格的能优化代码的编译程序都会为这 4 种方式产生相同的代码”，但实际上许多编译程序都没能做到这一点。笔者曾编写过一个测试程序（其中类型 x 的大小不是 2 的幂，循环体中的操作是一些无关紧要的操作），并用 4 种差别很大的编译程序编译这个程序，结果发现方式 b 总是比方式 a 快得多，有时要快两倍，可见使用指针和使用下标的效果是有很大差别的（有一点是一致的，即 4 种编译程序都对&a[MAX]进行了前文提到过的优化）。

那么在遍历数组元素时，以递减顺序进行和以递增顺序进行有什么不同呢？对于 4 种编译程序中的其中两种编译程序，方式 c 和方式 d 的速度基本上和方式 a 相同，而方式 b 明显是最快的。可能是因为其比较操作的代价较小，但是否可以认为以递减顺序进行要比以递增顺序进行慢一些呢？

对于另外两种编译程序，方式 c 的速度和方式 a 基本相同（使用下标要慢一些），但方式 d 的速度比方式 b 要稍快一些。

总而言之，在编写一个可移植性好、效率高的程序时，为了遍历数组元素，使用指针比使用下标能使程序获得更快的速度；在使用指针时，应该采用方式 b，尽管方式 d 一般也能工作，但编译程序为方式 d 产生的代码可能会慢一些。

需要补充说明的是，上述技巧只是一种细微的优化，因为通常都是循环体中的操作消耗了大部分运行时间，许多 C 语言程序员往往会舍本求末，忽视这种实际情况，希望你不要犯相同的错误。

5.2.6 可以把另外一个地址赋给一个数组名吗

答案是不可以，尽管在一个很常见的特例中好像可以这样做。

数组名不能被放在赋值运算符的左边（它不是一个左值，更不是一个可修改的左值）。一个数组是一个对象，而它的数组名就是指向这个对象的第一个元素的指针。

假如一个数组是用 extern 或 static 说明的，则它的数组名是在链接时可知的一个常量，不能修改这样一个数组名的值，就像不能修改 7 的值一样。

给数组名赋值是毫无根据的。一个指针的含义是“这里有一个元素，它的前后可能还有其他元素”，一个数组名的含义是“这里是一个数组中的第一个元素，它的前面没有数组元素，并且只有通过数组下标才能引用它后面的数组元素”。因此，假如可以使用指针，就应该使用指针。

有一个很常见的特例，在这个特例中，好像可以修改一个数组名的值。

```
void f(char a[12])
{
    ++a;                    /*legal!*/
}
```

秘密在于函数的数组参数并不是真正的数组，而是实实在在的指针，因此，上述函数和下述函数是等价的。

```
void f(char *a)
{
    ++a;                    /*certainlylegal*/
}
```

假如希望上述函数中的数组名不能被修改，可以将上述函数写成如下形式，但必须使用指针句法。

```
void{(char *const a)
{
    ++a;                    /*illegal*/
}
```

在上述函数中，参数 a 是一个左值，但它前面的 const 关键字说明了它是不能被修改的。

5.2.7　array_name 和&array_name 有什么不同

array_name 是指向数组中第一个元素的指针，&array_name 是指向整个数组的指针。

注：笔者建议读者读到这里时暂时放下本书，写一下指向一个含 MAX 个元素的字符数组的指针变量的说明。提示：使用括号。希望您不要敷衍了事，因为只有这样才能真正了解 C 语言表示复杂指针句法的奥秘。下文将介绍如何获得指向整个数组的指针。

数组是一种类型，它有 3 个要素，即基本类型（数组元素的类型）、大小（当数组被说明为不完整类型时除外）和数组的值（整个数组的值）。可以用一个指针指向整个数组的值。

```
char  a[MAX];            /*arrayOfMAXcharacters*/
char     *p;             /*pointer to one character*/
/*pa is declared below*/
pa=&al
p=a;                          /*=&a[0]*/
```

在运行了上述这段代码后，容易发现 p 和 pa 的打印结果是一个相同的值，即 p 和 pa 指向同一个地址。但是，p 和 pa 指向的对象是不同的。

以下这种定义并不能获得一个指向整个数组的值的指针。

```
char *(ap[MAX]);
```

上述定义和以下定义是相同的，它们的含义都是 ap 是一个含 MAX 个字符指针的数组。

```
char *ap[MAX];
```

5.2.8 为什么用 const 说明的常量不能用来定义一个数组的初始大小

并不是所有的常量都可以用来定义一个数组的初始大小，在 C 语言程序中，只有 C 语言的常量表达式才能用来定义一个数组的初始大小。然而，在 C++中，情况有所不同。

一个常量表达式的值在程序运行期间是不变的，并且是编译程序能计算出来的一个值。在定义数组的大小时，必须使用常量表达式，例如，可以使用数字：

```
char    a[512];
```

或者使用一个预定义的常量标识符：

```
#define MAX       512
/*……*/
char    a[MAX];
```

或者使用一个 sizeof 表达式：

```
char    a[sizeof(structcacheObject)];
```

或者使用一个由常量表达式组成的表达式：

```
char    buf[sizeof(struct cacheObject) *MAX];
```

或者使用枚举常量。

在 C 语言中，一个初始化了的 const int 变量并不是一个常量表达式：

```
int     max=512;                    /*not a constant expression in C*/
char    buffer[max];                /*notvalid C*/
```

然而，在 C++中，用 const int 变量定义数组的大小是完全合法的，并且是 C++所推荐的。尽管这会增加 C++编译程序的负担（即跟踪 const int 变量的值），而 C 编译程序没有这种负担，但这也使 C++程序摆脱了对 C 预处理程序的依靠。

5.2.9 字符串和数组有什么不同

数组的元素可以是任意一种类型，而字符串是一种特别的数组，它使用了一种众所周知的、确定长度的规则。

根据处理字符串的不同，语言可分为两种，一种是简单地将字符串看作一个字符数组，另一种是将字符串看作一种特别的类型。C 语言属于前一种，但有一点补充，即 C 字符串是以一个 NUL 字符结束的。数组的值和数组中第一个元素的地址（或指向该元素的指针）是相同的，因此通常一个 C 语言字符串和一个字符指针是等价的。

一个数组的长度可以是任意的，当数组名用作函数的参数时，函数无法通过数组名本身知道数组的大小，因此必须引入某种规则。对字符串来说，这种规则就是字符串的最后一个字符是 ASCII 字符 "NUL('\0')"。

在 C 语言中，int 类型值的字面值可以是 42 这样的值，字符的字面值可以是 "*" 这样的值，浮点型值的字面值可以是 4.2el 这样的单精度值或双精度值。

注：实际上，一个 char 类型字面值是一个 int 类型字面值的另一种表示方式，只不过使用了一种有趣的句法。例如，当 42 和 "*" 都表示 char 类型的值时，它们是两个完全相同的值。然而，在 C++中情况有所不同，C++有真正的 char 类型字面值和 char 类型函数参数，并且通常会更仔细地区分 char 类型和 int 类型。整数数组和字符数组没有字面值，然而，假如没有字符串字面值，程序编写起来就会很困难，因此 C 语言提供了字符串字面值。需要注重的是，按照惯例 C 语言字符串总是以 NUL 字符结束的，因此 C 语言字符串的字面值也以 NUL 字符结束，例如，"six times nine"的长度是 15 个字符（包括 NUL 字符），而不是看得见的 14 个字符。

关于字符串字面值还有一条鲜为人知但非常有用的规则，假如程序中有两条紧挨着的字符串字面值，编译程序会将它们当作一条长的字符串字面值来对待，并且只使用一个 NUL 字符。也就是说，"Hello，"world "和 "Hello，world" 是相同的，而以下这段代码中的几条字符串字面值也可以任意分割组合。

```
char    message[]= "This is an extremely long prompt\n"
"How long is it?\n"
"It's so long，\n"
"It wouldn't fit On one line\n";
```

在定义一个字符串变量时，需要有一个足以容纳该字符串的数组或者指针，并且要保证为 NUL 字符留出空间，例如：

```
char greeting[12];
strcpy(greeting，"Hello，world");
```

在上例中，greeting 只有容纳 12 个字符的空间，而"Hello，world"的长度为 13 个字符（包括 NUL 字符），因此 NUL 字符会被复制到 greeting 以外的某个位置，这可能会毁掉 greeting 四周内存空间中的某些数据。再请看下例。

```
char    greeting[12]="Hello，world";
```

上例是没有问题的，但此时 greeting 是一个字符数组，而不是一个字符串。因为上例没有为 NUL 字符留出空间，所以 greeting 不包含 NUL 字符。更好一些的方法是：

```
char    greeting[]="Hello，world";
```

这样编译程序就会计算出需要多少空间来容纳所有内容，包括 NUL 字符。

字符串字面值是字符（char 类型）数组，而不是字符常量（const char 类型）数组。尽管 ANSI C 委员会可以将字符串字面值重新定义为字符常量数组，但这会使已有的数百万行代码忽然无法通过编译，从而引起巨大的混乱。假如试图修改字符串字面值中的内容，编译程序是不会阻止的，但不应该这样做。编译程序可能会选择禁止修改的内存区域来存放字符串字面值，例如 ROM 或者由内存映射寄存器禁止写操作的内存区域。但是，即使字符串字面值被存放在答应修改的内存区域中，编译程序还可能会使它们被共享。例如，假如写了以下代码（并且字符串字面值是允许修改的）：

```
char     *p="message";
char     *q="message";
p[4]='\0'; /*p now points to"mess"*/
```

编译程序就会做出两种可能的反应，一种是为 p 和 q 创建两个独立的字符串，在这种情况下，q 仍然是“message”；另一种是只创建一个字符串（p 和 q 都指向它），在这种情况下，q 将变成“mess”。

注：有人称这种现象为“C 的幽默”，正是因为这种幽默，绝大多数 C 语言程序员才会整天被自己编写的程序所困扰，难得忙里偷闲一次。

5.3 指针

指针为 C 语言编程提供了强大的支持——假如你能正确而灵活地利用指针，你就可以直接切入问题的核心，或者将程序分割成一个个片断。一个很好地利用了指针的程序会非常高效、简洁和精致。

利用指针你可以将数据写入内存中的任意位置，但是，一旦程序中有一个野指针（Wild Pointer），即指向一个错误位置的指针，数据就危险了——存放在堆中的数据可能会被破坏，用来处理堆的数据结构也可能会被破坏，甚至操作系统的数据也可能会被修改，甚至有时上述 3 种破坏情况会同时发生。

此后可能发生的事情取决于两点：①内存中的数据被破坏的程度有多大；②内存中被破坏的部分还要被使用多少次。在有些情况下，一些函数（可能是内存分配函数、自定义函数或标准库函数）将立即（也可能稍晚一点）无法正常工作；在另外一些情况下，程序可能会中止运行并报告一条出错消息，或者程序可能会被挂起，或者程序可能会陷入死循环，或者程序可能会产生错误的结果，或者程序看上去仍在正常运行，因为程序没有遭到本质的破坏。

值得注意的是，即使程序中已经发生了根本性的错误，程序有可能还会运行很长一段时间，然后才有明显的失常表现；或者在调试时，程序的运行完全正常，只有在用户使用时它才会失常。

在 C 语言程序中，任何野指针或越界的数组下标（out-of-bounds array subscript）都可能使系统崩溃。两次释放内存的操作也会导致这种结果。你可能见过一些 C 语言程序员编写的程序中出现严重的错误，现在你能知道其中的部分原因了。

有些内存分配工具能帮助发现内存分配中存在的问题，如内存空洞、两次释放一个指针、野指针、越界下标等，但这些工具是不通用的，它们只能在特定的操作系统中使用，甚至只能在特定版本的编译程序中使用。假如你找到了这样一种工具，最好试试看能不能用，因为它能为你节省许多时间，并能提高软件的质量。

指针的算术运算是 C 语言（及其衍生体，如 C++）独有的功能，汇编语言可以对地址进行运算，但这种运算不涉及数据类型。大多数高级语言根本就不可以对指针进行任何操作，只能看一看指针指向哪里。

C 指针的算术运算类似于街道地址的运算。假设你生活在一个城市中，那里的每一个街区的每一条街道都有地址。街道的一侧用连续的偶数作为地址，另一侧用连续的奇数作为地址。假如你想知道 River Rd. 街道 158 号北边第 5 家的地址，你不会把 158 和 5 相加，去找 163 号；你会先将 5（你要往前数 5 家）乘以 2（每家之间的地址间距），再和 158 相加，去找 River Rd. 街道的 168 号。同样，假如一个指针指向地址 158（十进制数）中的一个两字节短整型值，将该指针加 3，结果将是一个指向地址 168（十进制数）中的短整型值的指针。街道地址的运算只能在一个特定的街区中进行，同样，指针的算术运算也只能在一个特定的数组中进行。实际上，这并不是一种限制，因为指针的算术运算只有在一个特定的数组中进行才有意义。对指针的算术运算来说，一个数组并不必须是一个数组变量，例如函数 malloc( )或 calloc( )的返回值是一个指针，它指向一个在堆中申请到的数组。

指针的说明看起来有些使人感到费解，请看下例：

```
char *p;
```

其中，p 是一个字符，符号“*”是指针运算符，也称为间接引用运算符。当程序间接引用一个指针时，实际上是引用指针所指向的数据。

在大多数计算机中，指针只有一种，但在有些计算机中，指向数据和指向函数的指针可以是不同的，或者指向字节（如 char、指针和 void *指针）和指向字的指针可以是不同的。这一点对 sizeof 运算符没有什么影响。但是，有些 C 语言程序或程序员认为任何指针都会被存为一个 int 型的值，或者至少会被存为一个 long 型的值，这就无法保证了，尤其是在 IBM PC 兼容机上。

5.3.1 指针是变量

从现在开始，每个人都应该这样理解指针，首先要在回答指针是什么时一定要说指针是变量，这样的话，指针就有了变量的特性。

- 系统为指针分配内存空间；
- 指针有自己的地址；
- 指针能够存值，但这个值比较特殊——地址。

5.3.2 指针的类型和指针所指向的类型

先声明几个指针用作例子。

```
(1)int *ptr;
(2)char *ptr;
(3)int **ptr;
(4)int (*ptr)[3];
(5)int *(*ptr)[4];
```

1．指针的类型

从语法的角度看，只要把指针声明语句里的指针名字去掉，剩下的部分就是这个指针的类型，这是指针本身所具有的类型。让我们看看上面给出的例子中各个指针的类型。

```
(1)int *ptr;          //指针的类型是 int*
(2)char *ptr;         //指针的类型是 char*
(3)int **ptr;         //指针的类型是 int**
(4)int (*ptr)[3];     //指针的类型是 int(*)[3]
(5)int *(*ptr)[4];    //指针的类型是 int*(*)[4]
```

怎么样，找出指针类型的方法是不是很简单？

2．指针所指向的类型

当通过指针来访问指针所指向的内存区时，指针所指向的类型决定了编译器将把内存区里的内容当作什么来看待。

从语法上看，只需把指针声明语句中的指针名字和名字左边的指针声明符“*”去掉，剩下的就是指针所指向的类型。例如：

```
(1)int*ptr;           //指针所指向的类型是 int
(2)char*ptr;          //指针所指向的的类型是 char
(3)int**ptr;          //指针所指向的的类型是 int*
(4)int(*ptr)[3];      //指针所指向的的类型是 int()[3]
(5)int*(*ptr)[4];     //指针所指向的的类型是 int*()[4]
```

在指针的算术运算中，指针所指向的类型有很大的作用。

指针的类型（即指针本身的类型）和指针所指向的类型是两个概念。当你对 C 语言越来越熟悉时，就会发现，把指针的“类型”这个概念分成“指针的类型”和“指针所指向的类型”两个概念，是精通指针的关键点之一。笔者看了不少书，发现在有些写得差的书中，就把指针的这两个概念混淆在一起了，所以看起书来前后矛盾，越看越糊涂。

5.3.3 指针的值

指针的值也叫作指针所指向的内存区或地址。指针的值是指针本身存储的数值，这个值将被编译器当作一个地址，而不是一个一般的数值。在 32 位程序里，所有类型的指针的值都是一个 32 位整数，因为 32 位程序里内存地址全都是 32 位长。指针所指向的内存区就是从指针的值所代表的那个内存地址开始，长度为 sizeof（指针所指向的类型）的一片内存区。在实际应用中，我们说一个指针的值是 XX，就相当于说该指针指向了以 XX 为首地址的一片内存区；我们说一个指针指向了某块内存区，就相当于说该指针的值是这块内存区的首地址。

指针所指向的内存区和指针所指向的类型是两个完全不同的概念。在 5.3.2 节给出的例子中，指针所指向的类型已经有了，但由于指针还未初始化，所以它所指向的内存区是不存在的，或者说是无意义的。

在编程过程中，每遇到一个指针，都应该问问：这个指针的类型是什么？指针指向的类型是什么？该指针指向了哪里？

5.3.4 指针本身所占据的内存

指针本身占了多大的内存？只要用 sizeof 函数（指针的类型）测一下就知道了。在 32 位的平台里，指针本身占据了 4 个字节的长度。

指针本身所占据的内存这个概念在判断一个指针表达式是否是左值时很有用。

5.4 指针的运算

指针加上一个整数的结果是另一个指针。问题是：它指向哪里？如果将一个字符指针加 1，运算结果产生的指针指向内存中的下一个字符。float 型数据占据的内存空间不止 1 个字节，如果将一个指向 float 型数据的指针加 1，将会发生什么？它会不会指向该 float 型数据内部的某个字节呢？

幸运的是，答案是否定的。当一个指针和一个整数量执行算法进行运算时，整数在执行加法运算之前始终会根据合适的大小进行调整。这个“合适的大小”就是指针所指向类型的大小，“调整”就是把整数值和“合适的大小”相乘。例如，在某台机器上，float 型数据占 4 个字节，在运算 float 型指针加 3 的表达式时，这个 3 将根据 float 型数据的大小（此例中为 4）进行调整（相乘）。这样实际加到指针上的整数值为 12。把 3 与指针相加使指针的值增加 3 个 float 型数据的大小，而不是 3 个字节。

5.4.1 指针的算术运算

第 1 种形式是：

```
指针 ± 整数
```

标准定义这种形式只能用于指向数组中某个元素的指针，这类表达式的结果类型也是指针。

数组中的元素存储于连续的内存位置中，后面元素的地址大于前面元素的地址，因此，对一个指针加 1 使它指向数组中下一个元素，加 5 使它向右移动 5 个元素的位置，类似地，把一个指针减去 3 就是使它向左移动 3 个元素的位置。

要注意的是，如果进行完加法或者减法运算后，指针指向的位置不在数组的范围内，则会发生数组越界，对这个指针执行间接访问，即引用操作可能会失败。

第 2 种形式是：

```
指针 - 指针
```

只有当两个指针都指向同一个数组中的元素时，才允许从一个指针减去另一个指针。两个指针相减的结果的类型是 ptrdiff_t，它是一种有符号的整数类型。减法运算的值是两个指针在内存中的距离（以数组元素的长度为单位，而不是以字节为单位），因为减法运算的结果将除以数组元素类型的长度。

如果两个指针所指向的不是同一个数组中的元素，那么它们之间相减的结果是未定义的。

5.4.2 指针的关系运算

对指针执行关系运算也是有限制的，用下列关系操作符对两个指针值进行比较是有可能的，不过前提是它们都指向同一个数组中的元素。

```
<    <=    >    >=
```

当然，也可以在两个任意的指针间执行相等或者不相等测试，因为这类比较的结果和编译器选择在何处存储数据并无关系——指针要么指向同一个地址，要么指向不同的地址。

5.4.3 间接引用

对于已说明的变量来说，变量名就是对变量值的直接引用。对于指向变量或内存中的任何对象的指针来说，指针就是对对象值的间接引用。假如 p 是一个指针，p 的值就是其对象的地址；*p 表示使间接引用运算符作用于 p，*p 的值就是 p 所指向的对象的值。

*p 是一个左值，和变量一样，只要在*p 的右边加上赋值运算符，就可改变*p 的值。假如 p 是一个指向常量的指针，*p 就是一个不能修改的左值，即它不能被放到赋值运算符的左边，请看下例。

```
/*一个间接引用的例子*/
#include <stdio.h>
int main()
{
    int i;
    int   * p ;
    i = 5;
    p = & i;                          /*now    *p = = i*/
    printf("i=%d, p=%p, * p= %d\n" , i, P, *p);
    *p = 6;                           /*same as i = 6*/
    printf("i=%d, p=%P, * p= %d\n" , i, P,*P);
    return 0;                         /*see FAQ XVI. 4*/}
}
```

上例说明，假如 p 是一个指向变量 i 的指针，那么在 i 能出现的任何一个地方，都可以用*p 代替 i。在上例中，使 p 指向“i(p=&i)”后，打印 i 或*p 的结果是相同的；甚至可以给*p 赋值，其结果就像给 i 赋值一样。

5.4.4 最多可以使用几层指针

对这个问题的回答与指针的层数所指的意思有关。

假如指针的层数是指在说明一个指针时最多可以包含几层间接引用，答案是至少可以有 12 层。请看下例。

```
int    i = 0;
int    * ip0l = &d;
int    ** ip02 = &ip01;
int    ***ip03 = &ip02;
```

```
int    **** ip04 = &dp03;
int    ***** ip05 = &ip04;
int    ****** ip06 = &ip05;
int    ******* ip07 = &ip06;
int    ******** ip08 = &ip07;
int    ********* ip09 = &ip08;
int    **********ip10 = &ip09;
int    ***********ipll = &ip10;
int    ************ ip12 = &ipll;
```

注：ANSI C 标准要求所有的编译程序都必须能处理至少 12 层间接引用，而我们常用的编译程序可能支持更多的层数。

假如指针的层数是指"最多可以使用多少层指针而不会使程序变得难读"，答案是这与个人的习惯有关，但显然层数不会太多。一个包含两层间接引用的指针（即指向指针的指针）是很常见的，但超过两层后程序读起来就不那么容易了，因此，除非需要，不要使用两层以上的指针。

假如指针的层数是指"程序运行时最多可以有几层指针"，答案是无限层。这一点对循环链表来说是非常重要的，因为循环链表的每一个节点都指向下一个节点，而程序能一直跟住这些指针。请看下例。

```
/*Would run forever if you didn't limit it to MAX*/
# include <stdio. h>
struct circ_list
{
    char    value[ 3 ];                    /*e.g.,"st" (incl '\0')*/
    struct circ_list   *   next;
};
struct circ_list    suffixes[ ] =   {
    "th" , &.suffixes[ 1 ],           /*0th*/
    "st" , &.suffixes[ 2 ],           /*1st*/
    "nd" , & suffixes[ 3 ],           /*2nd*/
    "rd" , & suffixes[ 4 ],           /*3rd*/
    "th" ,   &.suffixes[ 5 ],              /*4th*/
    "th" , &.suffixes[ 6 ],           /*5th*/
    "th" , & suffixes[ 7 ],           /*6th*/
    "th" , & suffixes[ 8 ],           /*7th*/
    "th" ,   & suffixes[ 9 ],              /*8th*/
    "th" , & suffixes[ 0 ],           /*9th*/
};
# define   MAX   20
int main()
{
    int i = 0;
    struct circ_list   *p = suffixes;
    while (i <=MAX)
    {
```

```
        printf("%ds%\n", i, p->value);
        + +i;
        p = p->next;
    }
}
```

在上例中，结构体数组 suffixes 的每一个元素都包含一个表示词尾的字符串（两个字符加上末尾的 NULL 字符）和一个指向下一个元素的指针，因此它有点像一个循环链表；“next”是一个指针，它指向另一个 circ_list 结构体，而这个结构体中的“next”成员又指向另一个 circ_list 结构体，可以如此一直进行下去。

实际上，上例相当呆板，因为结构体数组 suffixes 中的元素个数是固定的，完全可以用类似的数组代替它，并在 while 循环语句中指定打印数组中的第“i%10”个元素。循环链表中的元素一般是可以随意增减的，在这一点上，它比上例中的结构体数组 suffixes 要灵活一些。

5.5 常量指针和指针常量

常量指针与指针常量是 C 语言中两个比较容易混淆的概念。

```
(1) const char* p;
(2) char* const p=a;
(3) char* p="abc";
```

语句（1）定义了一个常量指针，即指向一个常量的指针，指向的内容是常量，不可修改，但指针本身可以修改，即“*p='b'”是非法的，*p 是 p 指向的常量的第一个字符，是一个常量，不能改变。“p=&q”是合法的，指针可以指向不同的地址。

语句（2）定义了一个指针常量，即指针本身是个常量，不可修改，但指针指向的内容可以修改，在语句（2）的定义中让它指向数组 a，“*p='b'”是合法的，但“p=&b”是非法的。

常量指针和指针常量可以通过 const 和*的先后顺序来判断，若“const”在“*”之前，就是常量指针；而若“const”在“*”之后，就是指针常量。例如，“const char*p”即 char *p 是一个常量，所以内容是常量；“char* const p;”即指针 p 是个常量。

在语句（3）中，“char *p”定义的是一个指针变量 p，指向字符串 abc 的首地址。这里特别要注意，在 C 语言中，（3）定义的是一个常量字符串，它被放在静态存储区的常量区存储，而 p 是一个指针变量，放在栈上。如果“*p='b'”在编译时能通过，但在运行时出现错误，那是因为它试图去改变常量区的内容。

5.5.1 常量指针与指针常量的实例

```
#include <stdio.h>
#include <string.h>
#include <stdlib.h>
#include <fcntl.h>
int main()
{
```

```
    char a[]="ABCDE";
    char b[]="abcde";
    char* p1="abcde";
    const char* p2="abcde";
    char* const p3=p1;
    *p1='A';              //编译能通过，运行时发生错误，那是因为它试图去改变常量区内容
    *p2='A';              //编译不能通过，p2 指向字符串常量，内容不能改变
    p2=a;                 //可以，修改的是指针 p2 的值
    *p3='A';              //若 p3 指向数组 a,那么编译运行都能通过，如果 p3 指向字符指针变量 p1,
                          //那么编译能通过，运行不能通过，那是因为它试图去改变常量区的内容
    p3=a;                 //不可以，p3 指针本身不能被修改，是一个常量
    p1=a;
    printf("%s/n",p3);    //abcde, p3 指向指针变量 p1,p1 在一开始指向常量区
                          //此时 p1 指向 a,但 p3 仍然指向 p1 原来的地址
    return 0;
}
```

总之，常量指针指向的内容不可改变，但地址可以改变，即指针可以指向别的地址；而指针常量是指指针本身不可改变，而内容可以修改。在这里，要注意两点：

（1）如果指针常量指向的是字符指针变量，那么当修改*p 时，原则上能够修改，在编译时能通过，但在运行时不能通过，因为它试图去修改常量区的内容，显示是非法的。

（2）当指针常量指向另外一个指针时，当这个指针指向别的内容时，指针常量还是指向原先的内容。例如：

```
char * q="123";
char *q1="456";
char* const p=q;    q=q1;
```

p 所指向的内容还是 123，指针本身是常量，不可变。可以这么理解：p 里面原先放的是 q 的地址，内容是 123，后来 q 里面放的是 q1 的地址，内容是 456。此时 p 里面放的仍然是原来的地址，与现在的 q 无关。

5.5.2　常量指针的应用

在常量指针中，字符串的值不可修改，这在求字符串长度时是很方便的。指针可以操作，但保证了字符串不被修改。

```
int strlen1(const char* b)
{
    int i=0;
    while(*b!='/0')
    {
        i++;
        b++;
    }
    return i;
}
```

```
char* strcpy1(char*p,const char* q)
{
    char* des=p;
    while((*p=*q)!='/0')
    {
        //不能试图通过改变形参的值来改变实参（即不能试图通过改变地址来改变实参），
        //指针传递传的是地址，改变其地址内的内容，也就改变了原来实参的值
        p++;
        q++;
    }
    *p='/0';
    return des;
}
```

在求字符串的长度与字符串复制时特别有用。

5.6 空指针及其使用

有时，在程序中需要使用这样一种指针，它并不指向任何对象，这种指针被称为空指针。空指针的值是 NULL，NULL 是在“stddef.h”中定义的一个宏，它的值和任何有效指针的值都不同。NULL 是一个纯粹的 0，它可能会被强制转换成“void*”或“char*”类型，即 NULL 可能是 0、0L 或“(void*)0“等。有些程序员，尤其是 C++语言程序员，更喜欢用 0 来代替 NULL。

指针的值不能是整型值，但空指针是个例外，即空指针的值可以是一个纯粹的 0（空指针的值并不必须是一个纯粹的 0，但这个值是唯一有用的值。在编译时产生的任意一个表达式，只要它是 0，就可以作为空指针的值。在程序运行时，最好不要出现一个为 0 的整型变量。

注：绝对不能间接引用一个空指针，否则，程序可能会得到毫无意义的结果，或者得到一个全部是 0 的值，或者会忽然停止运行。

5.6.1 NULL 总是被定义为 0 吗

NULL 不是被定义为 0，就是被定义为“(void *)0”，这两种值几乎是相同的。当程序中需要一个指针时（尽管编译程序并不是总能指示什么时候需要一个指针），一个纯粹的 0 或者一个 void 指针都能自动被转换成所需的任何类型的指针。

5.6.2 NULL 总是等于 0 吗

对这个问题的回答与“等于”所指的意思有关。

假如是指“与比较的结果相等”，例如：

```
if(/*. . . */)
{
    P=NULL;
}
```

```
else
{
    p=/*something else*/;
}
/*. . . */
if(p==0)
```

那么 NULL 确实总是等于 0，这也就是空指针定义的本质所在。

假如“等于”是指“其存储方式和整型值相同”，那么答案是不。NULL 并不必须被存为一个整型值 0，尽管这是 NULL 最常见的存储方式。在有些计算机中，NULL 会被存成另外一些形式。

假如是想知道 NULL 是否被存为一个整型值 0，可以（并且只能）通过调试程序来查看空指针的值，或者通过程序直接将空指针的值打印出来（假如将一个空指针强制转换成整型，那么所看到的很可能就是一个非零值）。

5.6.3　空指针的使用

空指针有以下 3 种用法。

（1）用空指针终止对递归数据结构的间接引用。递归是指一个事物由这个事物本身来定义。例如：

```
/*Dumb implementation；should use a loop*/
unsigned factorial(unsinged i)
{
    if(i=0 || i==1)
    {
        return 1；
    }
    else
    {
        return i * factorial(i-1);
    }
}
```

在上例中，阶乘函数 factorial 调用了它本身，因此，它是递归的，一个递归数据结构同样由它本身来定义。最简单和最常见的递归数据结构是（单向）链表，链表中的每一个元素都包含一个值和一个指向链表中下一个元素的指针。例如：

```
struct string_list
{
    char    *str;                    /*string(in this case)*/
    struct string_list    *next;
};
```

此外还有双向链表（每个元素还包含一个指向链表中前一个元素的指针）、键树和哈希表等许多整洁的数据结构。

可以通过指向链表中第一个元素的指针开始引用一个链表，并通过每一个元素中指向下一个元素的指针不断地引用下一个元素；在链表中的最后一个元素，指向下一个元素的指针被赋值为 NULL，当碰到该空指针时，就可以终止对链表的引用了。

```
while(p!=NULL)
{
    /*do something with p->str*/
    p=p->next;
}
```

注：即使 p 一开始就是一个空指针，上例仍然能正常工作。

（2）用空指针作为进行函数调用失败时的返回值。许多 C 库函数的返回值是一个指针，在函数调用成功时，函数返回一个指向某一对象的指针；反之，则返回一个空指针。例如：

```
if(setlocale(cat，loc_p)==NULL)
{
    /*setlocale()failed；do something*/
    /*...*/
}
```

返回值为一指针的函数在调用成功时几乎总是返回一个有效指针（其值不等于零），在调用失败时则总是返回一个空指针（其值等于零）；而返回值为一整型值的函数在调用成功时几乎总是返回一个零值，在调用失败时则总是返回一个非零值。例如：

```
if(raise(sig)!=0)
{
    /*raise()failed；do something*/
    /*……*/
}
```

对于上述两类函数来说，调用成功或失败时的返回值含义都是不同的。另外一些函数在调用成功时可能会返回一个正值，在调用失败时可能会返回一个零值或负值。因此，在使用一个函数之前，应该先看一下其返回值是哪种类型，这样才能判定函数返回值的含义。

（3）用空指针作为警戒值。警戒值是标志事物结尾的一个特定值，例如，main 函数的预定义参数 argv 是一个指针数组，它的最后一个元素“argv[argc]”永远是一个空指针，因此，可以用下述方法快速地引用 argv 中的每一个元素。

```
/*
    A simple program that prints all its arguments.
    It doesn't use argc ("argument count"); instread.
    it takes advantage of the fact that the last
    value in argv ("argument vector") is a null pointer.
*/
# include <stdio. h>
# include <assert. h>
intmain ( int argc, char   * * argv)
{
    int i;
    printf ("program name = \"%s\"\n", argv[0]);
```

```
        for (i=l; argv[i] !=NULL; ++i)
        {
            printf ("argv[%d] = \"%s\"\n", i, argv[f]);
            assert (i = = argc) ;               /*see FAQ XI. 5*/
        }
        return 0;
}
```

5.7　void 指针：万能指针

void 指针一般被称为通用指针或泛指针，它是 C 语言关于“纯粹地址（Raw Address）”的一种约定。void 指针指向某个对象，但该对象不属于任何类型。例如：

```
int     *ip;
void    *p;
```

在上例中，ip 指向一个整型值，而 p 指向的对象不属于任何类型。

在 C 语言中，任何时候都可以用其他类型的指针来代替 void 指针（在 C++语言中同样可以），或者用 void 指针来代替其他类型的指针（在 C++语言中需要进行强制转换），并且不需要进行强制转换。例如，可以把 char *类型的指针传递给需要 void 指针的函数。

当进行纯粹的内存操作时，或者传递一个指向未定类型的指针时，可以使用 void 指针。void 指针也经常被用作函数指针。

有些 C 语言代码只进行纯粹的内存操作。在较早版本的 C 语言程序中，这一点是通过字符指针“char *”实现的，但是这容易产生混淆，因为人们不容易判定一个字符指针究竟是指向一个字符串，还是指向一个字符数组，或者仅仅是指向内存中的某个地址。

例如，strcpy 函数将一个字符串复制到另一个字符串中，strncpy 函数将一个字符串中的部分内容复制到另一个字符串中。

```
char    *strcpy(char'strl，const char *str2);
char    *strncpy(char *strl，const char *str2，size_t n);
```

memcpy 函数将内存中的数据从一个位置复制到另一个位置。

```
void    *memcpy(void *addrl，void *addr2，size_t n);
```

memcpy 函数使用了 void 指针，以说明该函数只进行纯粹的内存复制，包括 NULL 字符（零字节）在内的任何内容都将被复制。

```
#include "thingie.h"                        /*defines struct thingie*/
struct   thingie *p_src，*p_dest;
/*...*/
memcpy(p_dest，p_src，sizeof(struct thingie) * numThingies);
```

在上例中，memcpy 函数要复制的是存放在 struct thingie 结构体中的某种对象，op_dest 和 p_src 都是指向 struct thingie 结构体的指针，memcpy 函数将把从 p_src 指向的位置开始的“sizeof(stuct thingie) *numThingies”个字节的内容复制到从 p_dest 指向的位置开始的一块内存区中。对 memcpy 函数来说，p_dest 和 p_src 都仅仅是指向内存中的某个地址的指针。

5.8 指针数组与数组指针

指针数组“typename *p[n]”定义了一个数组，数组包含了 *n* 个指针变量 p[0]、p[1]、…、p[*n*−1]。例如：

```
*p[3] = {"abc", "defg"};   //sizeof(p) = 3*4 =12   (p 为数组名，代表整个数组)
*p[1] = "abc";
p = &p[0]   (p+1)=&p[1];
```

指针数组符合一般数组的特性，除了数组中的元素是指针以外，和一般的数组没什么区别。数组名 p 是个指针常量，不能直接进行指针运算，不过可以传递给函数来进行。可以通过“p[x](0<=x<n)”来对指针数组进行赋值，如“p[2] = "hijklm";”，否则，对数组中的每个指针进行初始化，必须先分配 p[x]所指向的内存空间，必须对分配结果进行判断“if (p[x]=(typename *)malloc(n * sizeof(typename)) == NULL)”。

指向数组的指针（以二维数组为例）“typename (*p)[n]”定义了一个指向含 *n* 个数据元素的二维数组的指针。二维数组“int num[2][4]”可以看作由两个 num[4]的数组构成，数组名 num 指向第一个元素，num[0]指向“{num[0][0],num[0][1],num[0][2],num[0][3]}”，num[1]同理。“num = num[0] = &num[0][0];num+1 = num[1] = &num[1][0];”，二维数组名可以看作一个指向指针数组的指针，“num-> { num[0], num[1]} ->{ num[0][0]....};”。

```
int (*p)[4] ;
```

“p = num; -> p = num[0], p+1 = num[1]; sizeof(p) = 4; sizeof(*p) = 4*4”，这里*p 是不是和上面的“sizeof(p)”（定义“int *p[4]“）很像？“sizeof(*(p+1)) = 16; sizeof(num) = 2*4*4=32;”中 p 所指向的是“4*sizeof(int) bytes”的空间的整体，因为数组是顺序存储结构，所以 p+1 就指向第二列的第一个元素（跨过了 4 个整型的地址空间）。

因为 p 是指向一个数组一行元素的整体的指针，如果要对数组每个元素进行读写，需要用强制转换，把指向 4 个整型的指针转换为一个指向 1 个整型的指针，（实际上就是把 p 所指向的第一个地址传递给一个“int *q”指针，因为数组是顺序存储结构，所以只需要知道首地址和长度就可以了），然后用该指针来遍历数组。可以把指向数组的指针或数组名传递给函数来对二维数组进行操作。

5.9 字符串函数详解

```
void *memset(void *dest, int c, size_t count);
```

功能：将 dest 前面 count 个字符置为字符 c。返回 dest 的值。

```
void *memmove(void *dest, const void *src, size_t count);
```

功能：从 src 复制 count 字节的字符到 dest，如果 src 和 dest 出现重叠，函数会自动处理。

返回 dest 的值。

```
void *memcpy(void *dest, const void *src, size_t count);
```

功能：从 src 复制 count 字节的字符到 dest，与 memmove 函数一样，只是不能处理 src 和 dest 出现重叠的情况。返回 dest 的值。

```
void *memchr(const void *buf, int c, size_t count);
```

功能：在 buf 前面 count 字节中查找首次出现字符 c 的位置，找到了字符 c 或者已经搜寻了 count 个字节后，查找即停止。操作成功则返回 buf 中首次出现 c 的位置指针，否则返回 NULL。

```
void *_memccpy(void *dest, const void *src, int c, size_t count);
```

功能：从 src 复制 0 个或多个字节的字符到 dest，当字符 c 被复制或 count 个字符被复制时，复制停止。如果字符 c 被复制，函数返回这个字符后面紧挨一个字符位置的指针，否则返回 NULL。

```
int memcmp(const void *buf1, const void *buf2, size_t count);
```

功能：比较 buf1 和 buf2 前面 count 个字节的大小。

- 返回值<0，表示 buf1 小于 buf2；
- 返回值=0，表示 buf1 等于 buf;
- 返回值> 0，表示 buf1 大于 buf2。

```
int memicmp(const void *buf1, const void *buf2, size_t count);
```

功能：比较 buf1 和 buf2 前面 count 个字节，与 memcmp 函数不同的是，它不区分大小写。返回值同上。

```
size_t strlen(const char *string);
```

功能：获取字符串长度，字符串结束符 NULL 不计算在内。没有返回值表示操作错误。

```
char *strrev(char *string);
```

功能：将字符串 string 中的字符顺序颠倒过来，结束符 NULL 位置不变。返回调整后的字符串的指针。

```
char *_strupr(char *string);
```

功能：将 string 中所有小写字母替换成相应的大写字母，其他字符保持不变。返回调整后的字符串的指针。

```
char *_strlwr(char *string);
```

功能：将 string 中所有大写字母替换成相应的小写字母，其他字符保持不变。返回调整后的字符串的指针。

```
char *strchr(const char *string, int c);
```

功能：查找字符 c 在字符串 string 中首次出现的位置，结束符 NULL 也包含在查找中。

如果成功找到，返回一个指针，指向字符 c 在字符串 string 中首次出现的位置；如果没有找到，则返回 NULL。

```
char *strrchr(const char *string, int c);
```

功能：查找字符 c 在字符串 string 中最后一次出现的位置，也就是对 string 进行反序搜索，包含结束符 NULL。如果成功找到，则返回一个指针，指向字符 c 在字符串 string 中最后一次出现的位置；如果没有找到，则返回 NULL。

```
char *strstr(const char *string, const char *strSearch);
```

功能：在字符串 string 中查找 strSearch 子串。如果成功找到，则返回子串 strSearch 在 string 中首次出现位置的指针；如果没有找到子串 strSearch，则返回 NULL；如果子串 strSearch 为空串，函数返回 string 值。

```
char *strdup(const char *strSource);
```

功能：函数运行中会自己调用 malloc 函数为复制 strSource 字符串分配存储空间，再将 strSource 复制到分配到的空间中，注意要及时释放这个分配的空间。如果分配空间成功，则返回一个指针，指向为复制字符串分配的空间；如果分配空间失败，则返回 NULL。

```
char *strcat(char *strDestination, const char *strSource);
```

功能：将源串 strSource 添加到目标串 strDestination 后面，并在得到的新串后面加上结束符 NULL。源串 strSource 的字符会覆盖目标串 strDestination 后面的结束符 NULL。在字符串的复制或添加过程中没有溢出检查，所以要保证目标串空间足够大。不能处理源串与目标串重叠的情况，函数返回 strDestination 值。

```
char *strncat(char *strDestination, const char *strSource, size_t count);
```

功能：将源串 strSource 开始的 count 个字符添加到目标串 strDest 后，源串 strSource 的字符会覆盖目标串 strDestination 后面的结束符 NULL。如果 count 大于源串长度，则会用源串的长度值替换 count 的值，得到的新串后面会自动加上结束符 NULL。与 strcat 函数一样，本函数不能处理源串与目标串重叠的情况，函数返回 strDestination 值。

```
char *strcpy(char *strDestination, const char *strSource);
```

功能：复制源串 strSource 到目标串 strDestination 所指定的位置，包含结束符 NULL，不能处理源串与目标串重叠的情况，函数返回 strDestination 值。

```
char *strncpy(char *strDestination, const char *strSource, size_t count);
```

功能：将源串 strSource 开始的 count 个字符复制到目标串 strDestination 所指定的位置，如果 count 的值小于或等于 strSource 的长度，不会自动添加结束符 NULL 到目标串中；而如果 count 的值大于 strSource 的长度，则用结束符 NULL 将 strSource 填充，补齐 count 个字符，复制到目标串中，不能处理源串与目标串重叠的情况，函数返回 strDestination 值。

```
char *strset(char *string, int c);
```

功能：将字符串 string 的所有字符设置为字符 c，遇到结束符 NULL 停止。函数返回内容调整后的 string 指针。

```
char *strnset(char *string, int c, size_t count);
```

功能：将字符串 string 开始 count 个字符设置为字符 c，如果 count 的值大于 string 的长度，将用 string 的长度替换 count 的值。函数返回内容调整后的 string 指针。

```
size_t strspn(const char *string, const char *strCharSet);
```

功能：查找任何一个不包含在字符串 strCharSet 中的字符（字符串结束符 NULL 除外）在字符串 string 中首次出现的位置序号。函数返回一个整数值，指定在 string 中全部由 characters 中的字符组成的子串的长度；如果 string 以一个不包含在 strCharSet 中的字符开头，函数将返回 0 值。

```
size_t strcspn(const char *string, const char *strCharSet);
```

功能：查找字符串 strCharSet 中任何一个字符在字符串 string 中首次出现的位置序号，包含字符串结束符 NULL。函数返回一个整数值，指定在 string 中全部由非 characters 中的字符组成的子串的长度；如果 string 以一个包含在 strCharSet 中的字符开头，函数将返回 0 值。

```
char *strspnp(const char *string, const char *strCharSet);
```

功能：查找任何一个不包含在字符串 strCharSet 中的字符（字符串结束符 NULL 除外）在字符串 string 中首次出现的位置指针。函数返回一个指针，指向非 strCharSet 中的字符在 string 中首次出现的位置。

```
char *strpbrk(const char *string, const char *strCharSet);
```

功能：查找字符串 strCharSet 中任何一个字符在字符串 string 中首次出现的位置，不包含字符串结束符 NULL。函数返回一个指针，指向 strCharSet 中任一字符在 string 中首次出现的位置；如果两个字符串参数不含相同字符，则返回 NULL。

```
int strcmp(const char *string1, const char *string2);
```

功能：比较字符串 string1 和 string2 的大小。

- 返回值<0，表示 string1 小于 string2；
- 返回值=0，表示 string1 等于 string2；
- 返回值> 0，表示 string1 大于 string2。

```
int stricmp(const char *string1, const char *string2);
```

功能：比较字符串 string1 和 string2 的大小，与 strcmp 函数不同，stricmp 函数比较的是它们的小写字母版本。返回值与 strcmp 函数相同。

```
int strncmp(const char *string1, const char *string2, size_t count);
```

功能：比较字符串 string1 和 string2 的大小，只比较前面 count 个字符。在比较过程中，若任何一个字符串的长度小于 count 的值，则 count 的值将被较短的字符串的长度取代。此时如果两字符串前面的字符都相等，则较短的字符串较小。

- 返回值<0，表示 string1 的子串小于 string2 的子串；

- 返回值=0，表示 string1 的子串等于 string2 的子串；
- 返回值>0，表示 string1 的子串大于 string2 的子串。

```
int strnicmp(const char *string1, const char *string2, size_t count);
```

功能：比较字符串 string1 和 string2 的大小，只比较前面 count 个字符。与 strncmp 函数不同的是，stmicmp 函数比较的是它们的小写字母版本。返回值与 strncmp 函数相同。

```
char *strtok(char *strToken, const char *strDelimit);
```

功能：在字符串 strToken 中查找下一个标记，strDelimit 字符集则指定了在当前查找调用中可能遇到的分界符。函数返回一个指针，指向在 strToken 中找到的下一个标记。如果找不到标记，则返回 NULL。每次调用都会修改 strToken 的内容，用 NULL 替换遇到的每个分界符。

sizeof 与 strlen 是有着本质的区别，sizeof 是求数据类型所占的空间大小，而 strlen 是求字符串的长度，字符串以“/0”结尾。区别如下：

（1）sizeof 是 C 语言中的一个单目运算符，而 strlen 是一个函数，用来计算字符串的长度。

（2）sizeof 用来求数据类型所占空间的大小，而 strlen 是求字符串的长度。

例 1：

```
printf("char=%d/n",sizeof(char));           //1
printf("char*=%d/n",sizeof(char*));         //4
printf("int=%d/n",sizeof(int));             //4
printf("int*=%d/n",sizeof(int*));           //4
printf("long=%d/n",sizeof(long));           //4
printf("long*=%d/n",sizeof(long*));         //4
printf("double=%d/n",sizeof(double));       //8
printf("double*=%d/n",sizeof(double*));     //4
```

可以看到，char 占 1 字节，int 占 4 字节，long 占 4 字节，而 double 占 8 字节。但 char*、int*、long*、double*都占 4 字节的空间。这是为什么呢？

在 C 语言中，char、int、long、double 这些基本数据类型的长度是由编译器本身决定的，而 char*、int*、long*、double*都是指针，回想一下，指针就是地址呀，所以里面放的都是地址，而地址的长度是由地址总线的位数决定的，现在的计算机一般都是 32 位的地址总线，也就是占 4 字节。

例 2：

```
char a[]="hello";
char b[]={'h','e','l','l','o'};
```

strlen(a)和 strlen(b)的值分别是多少？

前面分析过，strlen 是求字符串的长度，字符串有个默认的结束符“/0”，这个结束符是在定义字符串的时候系统自动加上去的。就像定义数组 a 一样，数组 a 定义了一个字符串，数组 b 定义了一个字符数组，因此，strlen(a)=5，而 strlen(b)的长度就不确定了，因为 strlen 找不到结束符。

下面是一个比较经典的例子，让我们一起分析一下。

```
char *c="abcdef";
char d[]="abcdef";
char e[]={'a','b','c','d','e','f'};
printf("%d%d/n",sizeof(c),strlen(c));
printf("%d%d/n",sizeof(d),strlen(d));
printf("%d%d/n",sizeof(e),strlen(e));
```

输出的结果是：

```
4 6
7 6
6 14
```

代码的第一行定义 c 为一个字符指针变量，指向常量字符串，c 里面存放的是字符串的首地址；第二行定义 d 为一个字符数组，以字符串的形式给这个字符数组赋值；第三行定义的也是一个字符数组，以单个元素的形式赋值。

当以字符串赋值时，“abcdef”结尾自动加一个“/0”。strlen(c)遇到“/0”就会结束，求的是字符串的长度，为 6。

sizeof(c)求的是类型空间大小，指针型所占的空间大小是 4 字节，当系统地址总线长度为 32 位时，strlen(d)也是以字符串赋值，自动添加“/0”，字符串的长度是 6；sizeof(d)是求这个数组所占空间的大小，即数组所占内存空间的字节数，应该为 7；sizeof(e)，数组 e 以单个元素赋值，没有结束符“/0”，所以所占空间的大小为 6 字节；strlen(e)去找“/0”结尾的字符串的长度，由于找不到“/0”，所以返回的值是一个不确定的值。

5.10 函数指针与指针函数

函数是任何一门语言中必不可少的部分，正是由这些函数组成了程序。本节先介绍 C 语言中的函数指针与指针函数，再介绍函数参数传递的原理。

1. 函数指针与指针函数

（1）函数指针：即指向这个函数的指针，定义为“数据类型 (*fun)(参数列表);”，()的优先级比*高，所以*fun 加括号，例如，“void (*fun)(int*,int*);”。

（2）指针函数：即返回值是指针的函数，定义为“数据类型 * fun(参数列表);”，例如，“char* fun(int*,int*);”，即返回值为 char*型。

在 C 语言中，变量有它的地址，同理函数也是有地址的，那么把函数的地址赋给函数指针，再通过函数指针调用这个函数就可以了，具体操作步骤如下。

① 定义函数指针，如“int (*pfun)(int*,int*);”。

② 定义函数，如“int fun(int*,int*);”。

③ 把函数的地址赋给函数指针，即“pfun=fun;”。

④ 通过函数指针去调用函数“(*pfun)(p,q);”，pfun 是函数的地址，那么*pfun 当然就是函数本身了。

2．函数参数传递的原理

在 C 语言中，有两种参数传递的方式，一种是值传递，另一种是指针传递。值传递很好理解，即把实参的值传递给形参。而指针传递传的是地址，在 C 语言中，形参的值的改变并不能改变实参的值，但形参所指向内容的值的改变却能改变实参，这一点非常的重要，是指针传递的精华所在。

3．指针函数

当函数的返回值为指针类型时，应该尽量不要返回局部变量的指针，因为局部变量是定义在函数内部的，当这个函数调用结束了，局部变量的栈内存也被释放了，因此不能够正确地得到返回值。实际上，在内存被释放后，这个指针的地址已经返回，该地址已经是无效的，此时，对这个指针的使用是很危险的。

5.11 复杂指针声明：“int * (* (*fp1) (int)) [10];”

大家曾经碰到过让人迷惑不解、类似于“int * (* (*fp1) (int)) [10];”这样的变量声明吗？

我们将从每天都能碰到的较简单的声明入手，逐步加入 const 修饰符和 typedef，还有函数指针，最后介绍一个能够准确理解任何 C/C++声明的“右左法则”。需要强调的是，复杂的 C/C++声明并不是好的编程风格，这里仅仅介绍如何去理解这些声明。

5.11.1 基础

让我们从一个非常简单的例子开始，例如：

```
int n;
```

该语句应该被理解为“declare n as an int”（n 是一个 int 型的变量），接下去来看一下指针变量，例如：

```
int *p;
```

该语句应该被理解为“declare p as an int *”（p 是一个 int *型的变量），或者说 p 是一个指向一个 int 型变量的指针。在这里展开讨论一下：笔者觉得，在声明一个指针（或引用）类型的变量时，最好将*（或&）写在紧靠变量之前，而不是紧跟基本类型之后，这样可以避免一些理解上的误区，例如：

```
int*    p,q;
```

第一眼看去，好像是 p 和 q 都是 int*类型的，但事实上，只有 p 是一个指针，而 q 是一个最简单的 int 型变量。我们还是继续前面的话题，再来看一个指针的指针的例子：

```
char **argv;
```

从理论上讲，对于指针的级数没有限制，可以定义一个浮点类型变量的指针的指针的指针的指针。再来看如下的声明。

```
int RollNum[30][4];
int (*p)[4]=RollNum;
int *q[5];
```

这里，p 被声明为一个指向一个 4 元素（int 型）数组的指针，而 q 被声明为一个包含 5 个元素（int 型的指针）的数组。另外，我们还可以在同一个声明中混合使用*和&，例如：

```
int **p1;           //p1 is a pointer   to a pointer   to an int.
int *&p2;           //p2 is a reference to a pointer   to an int.
int &*p3;           //ERROR: Pointer   to a reference is illegal.
int &&p4;           //ERROR: Reference to a reference is illegal.
```

注：p1 是一个 int 型的指针的指针，p2 是一个 int 型的指针的引用，p3 是一个 int 型引用的指针（不合法），p4 是一个 int 型引用的引用（不合法）。

5.11.2　const 修饰符

如果想阻止一个变量被改变，可能会用到 const 修饰符。在给一个变量加上 const 修饰符的同时，通常需要对它进行初始化，因为在以后的任何时候都将没有机会再去改变它。例如：

```
const int n=5;
int const m=10;
```

上述两个变量 *n* 和 *m* 其实是同一种类型，都是整型恒量（const int）。因为 C++标准规定，const 放在类型或变量名之前是等价的。笔者更喜欢第一种声明方式，因为它更突出了 const 修饰符的作用。当 const 与指针一起使用时，容易让人感到迷惑。例如，我们来看一下下面的 p 和 q 的声明。

```
const int *p;
int const *q;
```

它们当中哪一个代表 const int 型的指针（const 直接修饰 int），哪一个代表 int 型的 const 指针（const 直接修饰指针）呢？实际上，p 和 q 都被声明为 const int 型的指针。而 int 型的 const 指针应该这样声明：

```
int * const r= &n;                    //n has been declared as an int
```

这里，p 和 q 都是指向 const int 型的指针，也就是说，在以后的程序里不能改变*p 的值。而 r 是一个 const 指针，它在声明的时候被初始化指向变量 *n*（即 r=&n;）之后，r 的值将不再允许被改变（但*r 的值可以改变）。组合上述两种 const 修饰符的使用情况，我们来声明一个指向 const int 型的 const 指针：

```
const int * const p=&n                //n has been declared as const int
```

下面给出的一些关于 const 的声明，将帮助我们彻底理清 const 的用法。不过请注意，下面的一些声明是不能被编译通过的，因为它们需要在声明的同时进行初始化。为了简洁起见，我们忽略了初始化部分。

```
char ** p1;                           //pointer to      pointer to      char
```

```
const char **p2;             //pointer to     pointer to const char
char * const * p3;           //pointer to const pointer to     char
const char * const * p4;     //pointer to const pointer to const char
char ** const p5;            //const pointer to     pointer to     char
const char ** const p6;      //const pointer to     pointer to const char
char * const * const p7;     //const pointer to const pointer to     char
const char * const * const p8;  //const pointer to const pointer to const char
```

注：p1 是指向 char 型的指针的指针，p2 是指向 const char 型的指针的指针，p3 是指向 char 型的 const 指针，p4 是指向 const char 型的 const 指针，p5 是指向 char 型的指针的 const 指针，p6 是指向 const char 型的指针的 const 指针，p7 是指向 char 型的 const 指针的 const 指针，p8 是指向 const char 型的 const 指针的 const 指针。

5.11.3 typedef 的妙用

typedef 提供了一种方式来克服“*只适合于变量而不适合于类型”的弊端。可以按以下方式使用 typedef。

```
typedef char * PCHAR;
PCHAR p,q;
```

这里的 p 和 q 都被声明为指针（如果不使用 typedef，q 将被声明为一个 char 变量，这跟我们的第一眼感觉不太一致！），下面有一些使用 typedef 的声明，并且给出了解释。

```
typedef char * a;       //a is a pointer to a char
typedef a b();          //b is a function that returns
                        //a pointer to a char
typedef b *c;           //c is a pointer to a function
                        //that returns a pointer to a char
typedef c d();          //d is a function returning
                        //a pointer to a function
                        //that returns a pointer to a char
typedef d *e;           //e is a pointer to a function
                        //returning a pointer to a   function that returns
                        //a pointer to a char
e var[10];              //var is an array of 10 pointers to
                        //functions returning pointers to
                        //functions returning pointers to chars.
```

typedef 经常用在一个结构声明之前，如下所示。这样，在创建结构变量时，允许不使用关键字 struct（在 C 语言中创建结构变量时要求使用关键字 struct，如 struct tagPOINT a；而在 C++语言中，struct 可以忽略，如 tagPOINT b）。

```
typedef struct tagPOINT
{
    int x;
    int y;
}POINT;
POINT p;                /*Valid C code*/
```

5.11.4　函数指针

函数指针可能是最容易引起理解上的困惑的声明了，函数指针在 DOS 时代写 TSR 程序时用得最多；在 Win32 和 X-Windows 时代，被用在需要回调函数的场合。当然，还有其他很多地方需要用到函数指针，如虚函数表、STL 中的一些模板和 Win NT/2000/XP 系统服务等。让我们来看一个函数指针的简单例子。

```
int (*p)(char);
```

这里 p 被声明为一个函数指针，这个函数带一个 char 型的参数，并且有一个 int 型的返回值。另外，带有两个 float 型参数、返回值是 char 型的指针的指针的函数指针可以被声明为

```
char ** (*p)(float, float);
```

那么，带两个 char 型的 const 指针参数、无返回值的函数指针又该如何声明呢？参考如下。

```
void * (*a[5])(char * const, char * const);
```

5.11.5　右左法则

The right-left rule: Start reading the declaration from the innermost parentheses,go right, and then go left. When you encounter parentheses,the directionshould be reversed. Once everything in the parentheses has been parsed,jump out of it. Continue till the whole declaration has been parsed.

这是一个简单的法则，但能帮助我们准确理解所有的声明。这个法则的运用方法如下：从最内部的括号开始阅读声明，向右看，然后向左看。当碰到一个括号时就调转阅读的方向。括号内的所有内容都分析完毕就跳出括号的范围。依此继续，直到整个声明都被分析完毕。

对上述右左法则做一个小小的修正：在第一次开始阅读声明时，必须从变量名开始，而不是从最内部的括号开始。下面结合例子来演示一下右左法则的使用。

```
int * (* (*fp1) (int) ) [10];
```

阅读步骤：

① 从变量名开始——fp1。
② 往右看，什么也没有，碰到了)，因此往左看，碰到一个*——一个指针。
③ 跳出括号，碰到了(int)——一个带一个 int 参数的函数。
④ 向左看，发现一个*——（函数）返回一个指针。
⑤ 跳出括号，向右看，碰到[10]——一个 10 元素的数组。
⑥ 向左看，发现一个*——指针。
⑦ 向左看，发现 int——int 型参数。

总结：fp1 被声明成为一个函数的指针，该函数返回指向指针数组的指针。

再来看一个例子：

```
int *( *( *arr[5])())();
```

阅读步骤：

① 从变量名开始——arr。
② 往右看，发现是一个数组——一个 5 元素的数组。
③ 向左看，发现一个*——指针。
④ 跳出括号，向右看，发现()——不带参数的函数。
⑤ 向左看，碰到*——（函数）返回一个指针。
⑥ 跳出括号，向右发现()——不带参数的函数。
⑦ 向左，发现*——（函数）返回一个指针。
⑧ 继续向左，发现 int——int 型参数。

总结：arr 被声明成为一个函数的数组指针，该函数返回指向函数指针的指针。

还有更多的例子，例如：

```
float ( * ( *b()) [] )();
                    //b is a function that returns a
                    //pointer to an array of pointers
                    //to functions returning floats.
void * ( *c) ( char, int (*)());
                    //c is a pointer to a function that takes
                    //two parameters:
                    //a char and a pointer to a
                    //function that takes no
                    //parameters and returns
                    //an int
                    //and returns a pointer to void.
void ** (*d) (int &,    char **(*)(char *, char **));
                    //d is a pointer to a function that takes
                    //two parameters:
                    //a reference to an int and a pointer
                    //to a function that takes two parameters:
                    //a pointer to a char and a pointer
                    //to a pointer to a char
                    //and returns a pointer to a pointer
                    //to a char
                    //and returns a pointer to a pointer to void
float ( * ( * e[10]) (int &) ) [5];
                    //e is an array of 10 pointers to
                    //functions that take a single
                    //reference to an int as an argument
                    //and return pointers to
                    //an array of 5 floats.
```

第 6 章

内存管理

伟大的 Bill Gates 曾经失言："640K ought to be enough for everybody"。

程序员们经常编写内存管理程序，往往提心吊胆。如果不想触雷，唯一的解决办法就是发现所有潜伏的地雷并且排除它们，躲是躲不了的。本章的内容比一般教科书的要深入得多，读者需细心阅读，做到真正地通晓内存管理。

6.1 数据放在哪里

内存管理是计算机编程最为基本的领域之一。虽然在很多脚本语言中，我们不必担心内存是如何管理的，但这并不能使得内存管理的重要性有一点点降低。在实际编程中，理解内存管理器的能力与局限性至关重要。在大部分系统语言中，例如 C 和 C++，必须进行内存管理。

追溯到在 Apple II 上进行汇编语言编程的时代，那时内存管理还不是个大问题。实际上在运行整个系统时，系统有多少内存，就可用多少内存，甚至不必费心思去弄明白有多少内存，因为每一台机器的内存数量都相同，所以，如果内存需要是固定的，那么只需要选择一个内存范围并使用它即可。

不过，即使是在一个简单的计算机中，也会出现问题，尤其是当不知道程序的每个部分将需要多少内存时，如果空间有限，而内存需求是变化的，那么就需要用一些方法来满足这些需求，掌握这些方法的前提是必须知道数据放在哪里！

6.1.1 未初始化的全局变量（.bss 段）

通俗地说，.bss 段用来存放那些没有初始化和初始化为 0 的全局变量。它有什么特点呢？让我们来看看一个小程序的表现。

```
int bss_array[1024 * 1024];
int main(int argc, char* argv[])
{
    return 0;
}
# gcc -g bss.c -o bss.exe
# ls -l bss.exe
-rwxrwxr-x 1 root root 5975 Nov 16 09:32 bss.exe
```

```
# objdump -h bss.exe |grep bss
24 .bss 00400020 080495e0 080495e0 000005e0 2**5
```

变量 bss_array 的大小为 4 MB，而可执行文件的大小只有 5 KB。由此可见，bss 类型的全局变量只占运行时的内存空间，而不占用文件空间。

现代大多数操作系统在加载程序时，会把所有的 bss 全局变量清 0。但为保证程序的可移植性，手动把这些变量初始化为 0 也是一个好习惯，这样一来这些变量都有个确定的初始值。当然作为全局变量，在整个程序的运行周期内，bss 数据是一直存在的。

6.1.2 初始化过的全局变量（.data 段）

与.bss 段相比，.data 段就容易理解多了，它的名字就暗示着里面存放着数据。如果数据全是零，为了优化考虑，编译器把它当作.bss 段来处理。通俗地说，.data 段用来存放那些初始化为非零的全局变量。它有什么特点呢？我们还是来看看一个小程序的表现吧。

```
int data_array[1024 * 1024] = {1};
int main(int argc, char* argv[])
{
    return 0;
}
# ls -l data.exe
-rwxrwxr-x 1 root root 4200313 Nov 16 09:34 data.exe
# objdump -h data.exe |grep \\.data
23 .data 00400020 080495e0 080495e0 000005e0 2**5
```

上述小程序仅仅是把初始化的值改为非零了，文件就变为 4 MB 多。由此可见，data 类型的全局变量既占文件空间，又占用运行时的内存空间。同样作为全局变量，在整个程序的运行周期内，data 数据是一直存在的。

6.1.3 常量数据（.rodata 段）

.rodata 段的意义同样明显，ro 代表 read only，.rodata 段就是用来存放常量数据的。关于 rodata 类型的数据，要注意以下几点。

- 常量不一定就放在 rodata 里，有的立即数直接和指令编码在一起，存放在代码段（.text）中。
- 对于字符串常量，编译器会自动去掉重复的字符串，保证一个字符串在一个可执行文件（EXE/SO）中只存在一份复制。
- rodata 在多个进程间是共享的，这样可以提高运行空间的利用率。
- 在有的嵌入式系统中，rodata 放在 ROM（或者 NOR Flash）里，运行时直接读取，无须加载到 RAM 内存中。
- 在嵌入式 Linux 系统中，也可以通过一种叫作 XIP（就地执行）的技术，直接读取，而无须加载到 RAM 内存中。
- 常量是不能修改的，修改常量在 Linux 下会出现段错误。

由此可见，把在运行过程中不会改变的数据设为 rodata 类型是有好处的。在多个进程间共享，可以大大提高空间利用率，甚至不占用 RAM 空间。同时由于 rodata 在只读的内存页面（page）中是受保护的，任何试图对它的修改都会被及时发现，这可以提高程序的稳定性。字符串会被编译器自动放到.rodata 段中，其他数据要放到.rodata 段中，只需要加关键字 const 修饰就好了。

6.1.4　代码（.text 段）

.text 段用于存放代码（如函数）和部分整数常量，它与.rodata 段很相似，相同的特性我们就不重复了，主要不同在于这个段是可以执行的。

6.1.5　栈（stack）

栈用于存放临时变量和函数参数。栈作为一种基本数据结构，可以用来实现函数的调用，起初笔者并不感到惊讶，因为这也是司空见惯的做法。直到笔者试图找到另外一种方式实现递归操作时，才感叹于它的巧妙。要实现递归操作，不用栈不是不可能，只是找不出比它更优雅的方式。尽管大多数编译器在优化时，会把常用的参数或者局部变量放入寄存器中。但用栈来管理函数调用时的临时变量（局部变量和参数）是通用做法，前者只是辅助手段，且只在当前函数中使用，一旦调用下一层函数，这些值仍然要存入栈中才行。

在通常情况下，栈向下（低地址）增长，每向栈中 PUSH 一个元素，栈顶就向低地址扩展，每从栈中 POP 一个元素，栈顶就向高地址回退。这里给出一个有趣的问题：在 x86 平台上，栈顶寄存器为 ESP，那么 ESP 的值在是在 PUSH 操作之前修改呢，还是在 PUSH 操作之后修改呢？PUSH ESP 这条指令会向栈中存入什么数据呢？在 x86 系列 CPU 中，除了 286 外，都是先修改 ESP 再压栈的。由于 286 没有 CPUID 指令，有的 OS 用这种方法检查 286 的型号。要注意的是，存放在栈中的数据只在当前函数和下一层函数中有效，一旦函数返回，这些数据也被自动释放，继续访问这些变量会造成意想不到的错误。

6.1.6　堆（heap）

堆是最灵活的一种内存，它的生命周期完全由使用者控制。标准的 C 语言提供以下几个函数。

- malloc：用来分配一块指定大小的内存。
- realloc：用来调整/重分配一块存在的内存。
- free：用来释放不再使用的内存。

使用堆时请注意两个问题。

（1）malloc/free 要配对使用。内存分配之后不释放称为内存泄漏（Memory Leak），内存泄漏多了迟早会出现“Out of memory”的错误，再分配内存就会失败。当然释放时也只能释放分配出来的内存，释放无效的内存或者重复 free 指令都是不行的，会造成程序崩溃（crash）。分配多少内存就用多少内存，分配了 100B 就只能用 100B，不管是读还是写，都只能在这个范围内，读多了会读到随机的数据，写多了会造成随机的破坏，这种情况我们称为缓冲区溢出（Buffer Overflow），这是非常严重的，大部分安全问题都是由缓冲区溢出引起的。手动检查有没有内存泄漏或者缓冲区溢出是很困难的，幸好有些工具可以使用，例如 Linux 下的 valgrind，它的使用方法很简单，大家可以试用一下，以后每次写完程序都应该用 valgrind 跑一遍。

最后，我们来看看在 Linux 下，程序运行时的空间分配情况。

```
# cat /proc/self/maps
00110000-00111000 r-xp 00110000 00:00 0 [vdso]
009ba000-009d6000 r-xp 00000000 08:01 768759 /lib/ld-2.8.so
009d6000-009d7000 r--p 0001c000 08:01 768759 /lib/ld-2.8.so
009d7000-009d8000 rw-p 0001d000 08:01 768759 /lib/ld-2.8.so
009da000-00b3d000 r-xp 00000000 08:01 768760 /lib/libc-2.8.so
00b3d000-00b3f000 r--p 00163000 08:01 768760 /lib/libc-2.8.so
00b3f000-00b40000 rw-p 00165000 08:01 768760 /lib/libc-2.8.so
00b40000-00b43000 rw-p 00b40000 00:00 0
08048000-08050000 r-xp 00000000 08:01 993652 /bin/cat
08050000-08051000 rw-p 00007000 08:01 993652 /bin/cat
0805f000-08080000 rw-p 0805f000 00:00 0 [heap]
b7fe8000-b7fea000 rw-p b7fe8000 00:00 0
bfee7000-bfefc000 rw-p bffeb000 00:00 0 [stack]
```

（2）每个区间都有 4 个属性。

- r 表示可以读取。
- w 表示可以修改。
- x 表示可以执行。
- p/s 表示是否为共享内存。

对于有文件名的内存区间，属性为 r-p 表示存放的是 rodata，属性为 rw-p 表示存放的是 bss 和 data，属性为 r-xp 表示存放的是 text 数据；对于没有文件名的内存区间，表示用 mmap 映射的匿名空间；文件名为[stack]的内存区间表示是栈；文件名为[heap]的内存区间表示是堆。

6.2 内存分配方式

内存分配方式有 3 种。

（1）从静态存储区域分配。内存在程序编译时就已经分配好，这块内存在程序的整个运行期间都存在，如全局变量、static 变量等。

（2）在栈上创建。在执行函数时，函数内局部变量的存储单元都可以在栈上创建，函数执行结束时这些存储单元自动被释放。栈内存分配运算使用内置于处理器的指令集，效率很高，但分配的内存容量有限。

（3）从堆上分配，也称动态内存分配。程序在运行时用 malloc 或 new 申请所需要的内存，程序员自己负责在何时用 free 或 delete 指令释放内存。动态内存的生存期由程序员决定，使用非常灵活，但问题也最多。

全局变量和 static 变量是整个程序需要用到的，要单独分出一块存储区进行保存，在程序的整个运行期间该存储区存储的数据不清空；局部变量在函数退出时自动清空，放在栈（stack）里进行临时存储。用指令 new 和 malloc 分配的内存需要自己在堆（heap）中手动申请并用 free 和 delete 指令手动释放。

6.3　野指针

野指针不是 NULL 指针，是指向“垃圾”内存的指针。一般不会错用 NULL 指针，因为用 if 语句很容易判断。但是野指针是很危险的，if 语句对它不起作用。

野指针的成因主要有两种。

（1）指针变量没有被初始化。任何指针变量在刚被创建时不会自动成为 NULL 指针，它的默认值是随机的，会乱指一气。所以，指针变量在创建的同时应当被初始化，要么将指针设置为 NULL，要么让它指向合法的内存。例如：

```
char *p = NULL;
char *str = (char *) malloc(100);
```

（2）指针 p 被 free 或者 delete 之后，没有置为 NULL，让人误以为 p 是个合法的指针。别看 free 和 delete 的名字“恶狠狠的”（尤其是 delete），它们只是把指针所指的内存给释放掉，但并没有把指针本身删除掉。用调试器进行跟踪，容易发现指针 p 被 free 以后其地址仍然不变（非 NULL），只是该地址对应的内存是“垃圾”，p 成了“野指针”。如果此时不把 p 设置为 NULL，会让人误以为 p 是个合法的指针。

如果程序比较长，我们有时记不住 p 所指的内存是否已经被释放，在继续使用 p 之前，通常会用语句“if (p != NULL)”进行防错处理。很遗憾，此时 if 语句起不到防错作用，因为即便 p 不是 NULL 指针，它也不指向合法的内存块。

```
char *p = (char *) malloc(100);
strcpy(p, “hello”);
free(p);                         //p 所指的内存被释放，但是 p 所指的地址仍然不变
……
if(p != NULL)                    //没有起到防错作用
{
    strcpy(p, “world”);          //出错
}
```

6.4　常见的内存错误及对策

发生内存错误是件非常麻烦的事情。编译器不能自动发现这些错误，通常是在程序运行时才能捕捉到，而这些错误大多没有明显的症状，时隐时现，增加了改错的难度。有时用户怒气冲冲地把你找来，程序却没有发生任何问题，你一走，错误又发作了。常见的内存错误及其对策如下。

（1）内存分配未成功，却使用了它。编程新手常犯这种错误，因为他们没有意识到内存分配会不成功。常用解决办法是，在使用内存之前检查指针是否为 NULL。如果指针 p 是函数的参数，那么在函数的入口处用“assert(p!=NULL)”进行检查；如果是用 malloc 或 new 来申请内存，应该用“if(p==NULL)”或“if(p!=NULL)”进行防错处理。

（2）内存分配虽然成功，但是尚未初始化就引用它。犯这种错误主要有两个原因：一是没有初始化的观念；二是误以为内存的默认初值全为零，导致引用初值错误（如数组）。内存的默认初值究竟是什么并没有统一的标准，所以无论用何种方式创建数组，都别忘了赋初值，即便是赋零值也不可省略，不要嫌麻烦。

（3）内存分配成功并且已经初始化，但操作越过了内存的边界。例如，在使用数组时经常发生下标“多 1”或者“少 1”的情况，特别是在 for 循环语句中，循环次数很容易搞错，导致数组操作越界。

（4）忘记了释放内存，造成内存泄漏。含有这种错误的函数每被调用一次就丢失一块内存。刚开始时系统的内存充足，不容易看到错误，总有一次程序会突然死掉，系统出现内存耗尽的提示。动态内存的申请与释放必须配对，程序中 malloc 与 free 的使用次数一定要相同，否则肯定会发生错误（new 与 delete 同理）。

（5）释放了内存却继续使用它，包括以下 3 种情况。

- 程序中的对象调用关系过于复杂，实在难以搞清楚某个对象究竟是否已经释放了内存，此时应该重新设计数据结构，从根本上解决对象管理的混乱局面。
- 函数的 return 语句写错了，注意不要返回指向“栈内存”的“指针”或者“引用”，因为该内存在函数体结束时被自动销毁。
- 使用 free 或 delete 释放了内存后，没有将指针设置为 NULL，导致产生野指针。

6.5 段错误及其调试方法

简而言之，产生段错误就是访问了错误的内存段，一般是没有权限，或者根本就不存在对应的物理内存，尤其常见的是访问 0 地址。

一般来说，段错误就是指访问的内存超出了系统所给这个程序的内存空间，通常这个值是由 gdtr 来保存的，它是一个 48 位的寄存器，其中的 32 位用于保存由它指向的 gdt 表；后 13 位用于保存相对应的 gdt 的下标；最后 3 位包括了程序是否在内存中，以及程序在 CPU 中的运行级别。指向的 gdt 是一个以 64 位为单位的表，在这张表中保存着程序运行的代码段、数据段的起始地址，以及与此相对应的段限和页面交换还有程序运行级别，以及内存粒度等的信息。一旦一个程序发生了越界访问，CPU 就会产生相应的异常保护，于是 segmentation fault 就出现了。

我们在用 C/C++语言编写程序时，内存管理的绝大部分工作都是需要我们来做的。实际上，内存管理是一个比较烦琐的工作，无论你多高明，经验多丰富，难免会在此处犯些小错误，而通常这些错误又是那么的浅显而易于消除。但是手动“除虫”（debug）往往是效率低且让人厌烦的，本节就“段错误”这个内存访问越界的错误谈谈如何快速定位这些“段错误”的语句。

下面就以下的一个存在段错误的程序为例介绍几种调试方法。

```
dummy_function (void)
{
    unsigned char *ptr = 0x00;
```

```
        *ptr = 0x00;
}
int main (void)
{
        dummy_function ();
        return 0;
}
```

作为一个熟练的 C/C++语言程序员，以上代码的 bug 应该是很清楚的，因为它尝试操作地址为 0 的内存区域，而这个内存区域通常是不可访问的禁区，当然就会出错了。我们尝试编译运行它。

```
jsetc@liang test $ ./a.out
段错误
```

6.5.1 方法一：利用 gdb 逐步查找段错误

这种方法也是被大众所熟知并广泛采用的方法，首先我们需要一个带有调试信息的可执行程序，所以我们加上“-g -rdynamic”的参数进行编译，然后用 gdb 调试运行这个新编译的程序，具体步骤如下。

```
jsetc@liang test $ gcc -g -rdynamic d.c
jsetc@liang test $ gdb ./a.out
GNU gdb 6.5
Copyright (C) 2006 Free Software Foundation, Inc.
GDB is free software, covered by the GNU General Public License, and you are
welcome to change it and/or distribute copies of it under certain conditions.
Type "show copying" to see the conditions.
There is absolutely no warranty for GDB.   Type "show warranty" for details.
This GDB was configured as "i686-pc-linux-gnu"...Using host libthread_db library "/lib/libthread_db.so.1".
(gdb) rStarting program: /home/xiaosuo/test/a.out
Program received signal SIGSEGV, Segmentation fault.
 0x08048524 in dummy_function () at d.c:4

(gdb)
```

哦？！好像不用一步步调试我们就找到了出错位置，在 d.c 文件的第 4 行，其实就是如此的简单。

从这段程序我们还发现进程是由于收到了 SIGSEGV 信号而结束的。通过进一步的查阅文档（man 7 signal），我们知道 SIGSEGV 默认 handler 的动作是打印“段错误”的出错信息，并产生 core 文件，由此我们又产生了方法二。

6.5.2 方法二：分析 core 文件

core 文件是什么呢？

```
The default action of certain signals is to cause a process to terminate and produce a core dump file, a disk file containing an image of the process's memory  at the time of termination.  A list of the signals which cause a process to dump core can be found in signal(7).
```

以上资料摘自 man page（man 5 core）。不过奇怪了，在我的系统上并没有找到 core 文件。后来想起是为了减少系统上的垃圾文件的数量（笔者有些洁癖，这也是笔者喜欢 Gentoo 的原因之一）而禁止了 core 文件的生成，查看了一下果真如此，将系统的 core 文件的大小限制为 512 KB，再试试以下代码。

```
jsetc@liang test $ ulimit -c
0
jsetc@liang test $ ulimit -c 1000
jsetc@liang test $ ulimit -c
1000
jsetc@liang test $ ./a.out
段错误 (core dumped)
jsetc@liang test $ ls
a.out   core   d.c   f.c   g.c   pango.c   test_iconv.c   test_regex.c
```

core 文件终于产生了，用 gdb 调试一下看看吧。

```
jsetc@liang test $ gdb ./a.out core
GNU gdb 6.5
Copyright (C) 2006 Free Software Foundation, Inc.
GDB is free software, covered by the GNU General Public License, and you are
welcome to change it and/or distribute copies of it under certain conditions.
Type "show copying" to see the conditions.
There is absolutely no warranty for GDB.  Type "show warranty" for details.
This GDB was configured as "i686-pc-linux-gnu"...Using host libthread_db library "/lib/libthread_db.so.1".
warning: Can't read pathname for load map: 输入/输出错误.
Reading symbols from /lib/libc.so.6...done.
Loaded symbols for /lib/libc.so.6
Reading symbols from /lib/ld-linux.so.2...done.
Loaded symbols for /lib/ld-linux.so.2
Core was generated by `./a.out'.
Program terminated with signal 11, Segmentation fault.
#0  0x08048524 in dummy_function () at d.c:4
4                   *ptr = 0x00;
```

通过分析 core 文件，一步就定位到了错误所在地，不得不佩服 Linux/UNIX 系统的此类设计。

以前在用 Windows 系统下的 IE 浏览器时，有时打开某些网页，会出现“运行时错误”的情况，如果这时恰好你的机器上又装有 Windows 的编译器的话，会弹出来一个对话框，询问是否进行调试，如果选择是，编译器将被打开，并进入调试状态，开始调试。

Linux 下是如何做到这些呢？我的大脑飞速地旋转着，有了，让它在 SIGSEGV 的 handler 中调用 gdb，于是第三个方法又诞生了！

6.5.3 方法三：在发生段错误时启动调试

```
#include <stdio.h>
#include <stdlib.h>
```

```
#include <signal.h>
#include <string.h>
void dump(int signo)
{
    char buf[1024];
    char cmd[1024];
    FILE *fh;

    snprintf(buf, sizeof(buf), "/proc/%d/cmdline", getpid());
    if(!(fh = fopen(buf, "r")))
    {
        exit(0);
    }
    if(!fgets(buf, sizeof(buf), fh))
    {
        exit(0);
    }
    fclose(fh);
    if(buf[strlen(buf) - 1] == '\n')
    {
        buf[strlen(buf) - 1] = '\0';
    }
    snprintf(cmd, sizeof(cmd), "gdb %s %d", buf, getpid());
    system(cmd);
    exit(0);
}
void dummy_function (void)
{
    unsigned char *ptr = 0x00;
    *ptr = 0x00;
}
int main (void)
{
    signal(SIGSEGV, &dump);
    dummy_function ();
    return 0;
}
```

编译运行效果如下。

```
jsetc@liang test $ gcc -g -rdynamic f.c
jsetc@liang test $ ./a.out
GNU gdb 6.5
Copyright (C) 2006 Free Software Foundation, Inc.
GDB is free software, covered by the GNU General Public License, and you are
welcome to change it and/or distribute copies of it under certain conditions.
Type "show copying" to see the conditions.
```

```
There is absolutely no warranty for GDB.  Type "show warranty" for details.
This GDB was configured as "i686-pc-linux-gnu"...Using host libthread_db library "/lib/libthread_db.so.1".

Attaching to program: /home/xiaosuo/test/a.out, process 9563
Reading symbols from /lib/libc.so.6...done.
Loaded symbols for /lib/libc.so.6
Reading symbols from /lib/ld-linux.so.2...done.
Loaded symbols for /lib/ld-linux.so.2
0xffffe410 in __kernel_vsyscall ()
(gdb) bt
#0  0xffffe410 in __kernel_vsyscall ()
#1  0xb7ee4b53 in waitpid () from /lib/libc.so.6
#2  0xb7e925c9 in strtold_l () from /lib/libc.so.6
#3  0x08048830 in dump (signo=11) at f.c:22
#4  <signal handler called>
#5  0x0804884c in dummy_function () at f.c:31
#6  0x08048886 in main () at f.c:38
```

以上方法都是在系统上有 gdb 的前提下进行的。其实 glibc 为我们提供了此类能够 dump 栈内容的函数簇，详见/usr/include/execinfo.h（这些函数都没有提供 man page，难怪我们找不到），另外也可以通过 GNU 的手册进行学习。

6.5.4 方法四：利用 backtrace 和 objdump 进行分析

重写的代码如下。

```
#include <execinfo.h>
#include <stdio.h>
#include <stdlib.h>
#include <signal.h>

/*A dummy function to make the backtrace more interesting.*/
Void dummy_function (void)
{
    unsigned char *ptr = 0x00;
    *ptr = 0x00;
}

void dump(int signo)
{
    void *array[10];
    size_t size;
    char **strings;
    size_t i;
    size = backtrace (array, 10);
    strings = backtrace_symbols (array, size);
    printf ("Obtained %zd stack frames.\n", size);
```

```
        for (i = 0; i < size; i++)
        {
            printf ("%s\n", strings[i]);
        }
        free (strings);
        exit(0);
    }
    int main (void)
    {
        signal(SIGSEGV, &dump);
        dummy_function ();
        return 0;
    }
```

编译运行结果如下。

```
jsetc@liang test $ gcc -g -rdynamic g.c
jsetc@liang test $ ./a.out
Obtained 5 stack frames.
./a.out(dump+0x19) [0x80486c2]
[0xffffe420]
./a.out(main+0x35) [0x804876f]
/lib/libc.so.6(__libc_start_main+0xe6) [0xb7e02866]
./a.out [0x8048601]
```

这次的结果可能有些令人失望，似乎没能给出足够的信息来标示错误。不急，先看看能分析出来什么吧。用 objdump 反汇编程序，找到地址 0x804876f 对应的代码位置。

```
jsetc@liang test $ objdump -d a.out
 8048765:        e8 02 fe ff ff        call    804856c <signal@plt>
 804876a:        e8 25 ff ff ff        call    8048694 <dummy_function>
 804876f:        b8 00 00 00 00        mov     $0x0,%eax
 8048774:        c9
```

我们还是找到了是在哪个函数（dummy_function）中出错的，信息虽然不是很完整，不过总比没有好啊！

6.6　指针与数组的对比

在 C/C++语言程序中，指针和数组在不少地方可以相互替换着用，让人产生一种错觉，以为两者是等价的。

数组要么在静态存储区被创建（如全局数组），要么在栈上被创建。数组名对应着（而不是指向）一块内存，其地址与容量在生命期内保持不变，只有数组的内容可以改变。

指针可以随时指向任意类型的内存块，它的特征是“可变”，所以常用指针来操作动态内存。指针远比数组灵活，但也更“危险”。

下面以字符串为例比较指针与数组的特性。

1．修改内容

假设字符数组 a 的容量是 6 个字符，其内容为“hello”，a 的内容可以改变，如“a[0]= 'x'”。指针 p 指向常量字符串“world”（位于静态存储区，内容为“world”），常量字符串的内容是不可以被修改的。从语法上看，编译器并不觉得语句“p[0]= 'x'”有什么不妥，但是该语句企图修改常量字符串的内容而导致运行错误。

```
#include<iostream.h>
void main()
{
    char a[] = "hello";
    a[0] = 'x';
    printf("%s\n",a);
    char *p = "world";                    //注意 p 指向常量字符串
    p[0] = 'x';                           //编译器不能发现该错误
    printf("%s\n",p);
}
```

2．内容复制与比较

不能对数组名进行直接复制与比较。若想把数组 a 的内容复制给数组 b，不能用语句“b = a”，否则将产生编译错误，应该用标准库函数 strcpy 进行复制。同理，比较 b 和 a 的内容是否相同，不能用“if(b==a)”来判断，应该用标准库函数 strcmp 进行比较。

语句“p = a”并不能把 a 的内容复制到指针 p，而是把 a 的地址赋给了 p。要想复制 a 的内容，可以先用库函数 malloc 为 p 申请一块容量为 strlen(a)+1 个字符的内存，再用 strcpy 进行字符串复制。同理，语句“if(p==a)”比较的不是内容而是地址，应该用库函数 strcmp 来比较。

```
//数组
char a[] = "hello";
char b[10];
strcpy(b, a);                           //不能用  b = a;
if(strcmp(b, a) == 0)                   //不能用  if (b == a)
...
//指针
int len = strlen(a);
char *p = (char *)malloc(sizeof(char)*(len+1));
strcpy(p,a);                            //不能用  p = a;
if(strcmp(p, a) == 0)                   //不能用  if (p == a)
```

3．计算内存容量

用运算符 sizeof 可以计算出数组的容量（字节数）。在示例 a 中，sizeof(a)的值是 12。指针 p 指向 a，但是 sizeof(p)的值却是 4，这是因为 sizeof(p)得到的是一个指针变量的字节数，相当于 sizeof(char*)，而不是 p 所指的内存容量。C/C++语言没有办法知道指针所指的内存容量，除非在申请内存时记住它。

注：当数组作为函数的参数进行传递时，该数组自动退化为同类型的指针。

在示例 b 中，不论数组 a 的容量是多少，sizeof(a)始终等于 sizeof(char *)。

```
//示例 a
char a[] = "hello world";
char *p = a;
printf("%d\n",sizeof(a));        //12 字节
printf("%d\n",sizeof(p));        //4 字节

//示例 b
void Func(char a[100])
{
    printf("%d",sizeof(a));      //是 4 字节，不是 100 字节
}
```

第 7 章

预处理和结构体

所谓预处理是指在进行编译的第一遍扫描（词法扫描和语法分析）之前所做的工作。预处理是 C 语言的一个重要功能，它由预处理程序负责完成。当对一个源文件进行编译时，系统将自动引用预处理程序对源程序中的预处理部分进行处理，处理完毕自动进入对源程序的编译。

C 语言提供了多种预处理功能，如宏定义、文件包含和条件编译等，合理地使用预处理功能编写的程序便于阅读、修改、移植和调试，也有利于进行模块化程序的设计。本章介绍常用的几种预处理功能。

面对一个人编写的大型 C/C++语言程序时，只看其使用结构体（struct）的情况就可以对该编写者的编程经验进行评估。因为一个大型的 C/C++语言程序，势必要涉及一些（甚至大量）进行数据组合的结构体，这些结构体可以将原本意义属于一个整体的数据组合在一起。从某种程度上来说，会不会用 struct、怎样用 struct 是判定一个开发人员是否具备丰富开发经验的标志。

在网络协议、通信控制和嵌入式系统的 C/C++编程中，我们经常要传送的不是简单的字节流（char 型数组），而是多种数据组合起来的一个整体，其表现形式是一个结构体。

经验不足的开发人员往往将所有需要传送的内容依顺序保存在 char 型数组中，通过指针偏移的方法传送网络报文等信息。这样做编程复杂，易出错，而且一旦控制方式和通信协议有所变化，程序就要进行非常细致的修改。

7.1 宏定义：#define

宏定义是由源程序中的宏定义命令完成的。宏代换是由预处理程序自动完成的，在 C 语言中，宏分为无参宏和带参宏两种。下面分别讨论这两种宏的定义和调用。

7.1.1 无参宏定义

无参宏的宏名后不带参数，其定义的一般形式为

```
#define 标识符 字符串
```

其中，“#”表示这是一条预处理命令，凡是以“#”开头的均为预处理命令；“define”为宏定义命令；“标识符”为所定义的宏名；“字符串”可以是常数、表达式或格式串等。

通常对程序中反复使用的表达式进行宏定义，例如：

```
#define M (y*y+3*y)
```

该定义的作用是指定标识符 M 来代替表达式(y*y+3*y)。在编写源程序时，所有的(y*y+3*y)都可由 M 代替，而在对源程序进行编译时，将先由预处理程序进行宏代换，即用(y*y+3*y)表达式去置换所有的宏名 M，然后进行编译。

```
#define M (y*y+3*y)
int main()
{
    int s,y;
    printf("input a number: ");
    scanf("%d",&y);
    s=3*M+4*M+5*M;
    printf("s=%d\n",s);
}
```

上述程序首先进行宏定义，定义 M 来替代表达式(y*y+3*y)，然后在 s=3*M+4*M+5*M 中进行了宏调用。在预处理时经宏展开后该语句变为

```
s=3*(y*y+3*y)+4*(y*y+3*y)+5*(y*y+3*y);
```

但要注意的是，在宏定义中表达式(y*y+3*y)两边的括号不能少。否则会发生错误。例如当进行以下定义后：

```
#difine M y*y+3*y
```

在宏展开时将得到下述语句：

```
s=3*y*y+3*y+4*y*y+3*y+5*y*y+3*y;
```

这相当于

```
3y2+3y+4y2+3y+5y2+3y;
```

显然与原题意要求不符，计算结果当然是错误的，因此在进行宏定义时必须十分小心，应保证在宏代换之后不发生错误。

对于宏定义还要说明以下几点：

（1）宏定义是用宏名来表示一个字符串，在宏展开时又以该字符串取代宏名，这只是一种简单的代换，字符串中可以含任何字符，可以是常数，也可以是表达式，预处理程序对它不做任何检查。如有错误，只能在编译已进行过宏展开的源程序时发现。

（2）宏定义不是说明或语句，在行末不必加分号，如加上分号则连分号一起置换。

（3）宏定义必须写在函数之外，其作用域为从宏定义命令起，到源程序结束。如要终止其作用域，可使用“# undef”命令。

```
#define PI 3.14159
int main()
{
    ...
```

```
}
#undef PI
f1()
{
    ...
}
```

（4）在源程序中若用引号括起来宏名，则预处理程序不对其进行宏代换。

```
#define OK 100
int main()
{
    printf("OK");
    printf("\n");
}
```

在上面的程序中定义宏名 OK 表示 100，但在 printf 语句中 OK 被引号括起来，因此不进行宏代换。程序的运行结果为“OK”，这表示把“OK”当字符串处理。

（5）宏定义允许嵌套，在宏定义的字符串中可以使用已经定义的宏名。在宏展开时由预处理程序层层代换。

```
#define PI 3.1415926
#define S PI*y*y                    /*PI 是已定义的宏名*/
```

对于语句

```
printf("%f",S);
```

在宏代换后变为

```
printf("%f",3.1415926*y*y);
```

（6）对“输出格式”进行宏定义，可以减少书写麻烦。

```
#define P printf
#define D "%d\n"
#define F "%f\n"
int main()
{
    int a=5, c=8, e=11;
    float b=3.8, d=9.7, f=21.08;
        P(D F,a,b);
        P(D F,c,d);
        P(D F,e,f);
}
```

7.1.2 带参宏定义

C 语言允许宏带有参数。在宏定义中的参数被称为形式参数（简称“形参”），在宏调用中的参数被称为实际参数（简称“实参”）。对于带参数的宏，在调用中，不仅要进行宏展开，

而且要用实参去代换形参。带参宏定义的一般形式为

```
#define  宏名(形参表)  字符串
```

在字符串中含有各个形参。带参宏调用的一般形式为

```
宏名(实参表);
```

例如：

```
#define M(y) y*y+3*y          /*宏定义*/
...
k=M(5);                       /*宏调用*/
...
```

在宏调用时，用实参 5 去代换形参 y，经预处理宏展开后的语句为

```
k=5*5+3*5
```

在带参宏的定义中，宏名和形参表之间不能有空格出现。例如，把

```
#define MAX(a,b) (a>b)?a:b
```

写为

```
#define MAX   (a,b)   (a>b)?a:b
```

该宏定义将被认为是无参宏定义，宏名 MAX 代表字符串“(a,b) (a>b)?a:b”。在进行宏展开时，宏调用语句

```
max=MAX(x,y);
```

将变为

```
max=(a,b)(a>b)?a:b(x,y);
```

这显然是错误的。

带参宏定义与自定义函数的区别如下。

（1）在带参宏定义中，形参不分配内存单元，因此不必进行类型说明；而宏调用中的实参有具体的值，要用它们去代换形参，因此必须进行类型说明。这与函数中的情况是不同的。在函数中，形参和实参是两个不同的量，各有自己的作用域，在调用时要把实参值赋予形参，进行“值传递”。而在带参宏中，只是符号代换，不存在值传递的问题。

（2）宏定义中的形参是标识符，而宏调用中的实参可以是表达式。

注：在宏定义中，字符串内的形参通常要用括号括起来，以避免出错。

7.2 文件包含

文件包含是 C 语言预处理程序的另一个重要功能。文件包含命令行的一般形式为

```
#include "文件名"
```

在前面我们已多次用此命令包含过库函数的头文件，例如：

```
#include "stdio.h"
#include "math.h"
```

文件包含命令的功能是把指定的文件插入该命令行位置取代该命令行，从而把指定的文件和当前的源程序文件连成一个源文件。在程序设计中，文件包含是很有用的。一个大的程序可以分为多个模块，由多个程序员分别编程。有些公用的符号常量或宏定义等可单独组成一个文件，在其他文件的开头用包含命令包含该文件即可使用。这样可避免在每个文件开头都去书写那些公用量，从而节省时间，并减少出错。

对文件包含命令还要说明以下几点。

（1）包含命令中的文件名可以用双引号括起来，也可以用尖括号括起来。例如，以下写法都是允许的。

```
#include "stdio.h"
#include <math.h>
```

但是这两种形式是有区别的：使用尖括号表示在包含文件目录中去查找（包含文件目录是由用户在设置环境时设置的），而不在源文件目录中去查找；使用双引号则表示首先在当前的源文件目录中查找，若未找到才到包含文件目录中去查找。用户在编程时可根据自己文件所在的目录选择一种命令形式。

（2）一个 include 命令只能指定一个被包含文件，若有多个文件要包含，则需用多个 include 命令。

（3）文件包含允许嵌套，即在一个被包含的文件中又可以包含另一个文件。

7.3 条件编译

预处理程序提供了条件编译的功能，可以按不同的条件去编译不同的程序部分，因而产生不同的目标代码文件。这对于程序的移植和调试是很有用的。条件编译有 3 种形式，下面分别介绍。

1. 第 1 种形式

```
#ifdef 标识符
    程序段 1
#else
    程序段 2
#endif
```

它的功能是，如果标识符已被#define 命令定义过，则对程序段 1 进行编译；否则对程序段 2 进行编译。如果没有程序段 2（为空），本格式中的#else 可以没有，即可以写为

```
#ifdef 标识符
    程序段
#endif
```

```
#define NUM ok
int main()
{
    struct stu
    {
        int num;
        char *name;
        char sex;
        float score;
    } *ps;
    ps=(struct stu*)malloc(sizeof(struct stu));
    ps->num=102;
    ps->name="Zhang ping";
    ps->sex='M';
    ps->score=62.5;
    #ifdef NUM
        printf("Number=%d\nScore=%f\n",ps->num,ps->score);
    #else
        printf("Name=%s\nSex=%c\n",ps->name,ps->sex);
    #endif
    free(ps);
}
```

由于在程序的第 19 行插入了条件编译预处理命令，因此要根据 NUM 是否被定义过来决定编译哪一个 printf 语句。而在程序的第 1 行已对 NUM 进行过宏定义，因此应对第一个 printf 语句进行编译，故运行结果是输出学号和成绩。在程序的第 1 行宏定义中，定义 NUM 表示字符串“ok”，其实也可以表示任何字符串，甚至不给出任何字符串，写为“#define NUM”也具有同样的意义。只有取消程序的第 1 行才会去编译第二个 printf 语句。

2．第 2 种形式

```
#ifndef 标识符
    程序段 1
#else
    程序段 2
#endif
```

与第 1 种形式的区别是将“ifdef”改为“ifndef”。它的功能是，如果标识符未被#define 命令定义过，则对程序段 1 进行编译，否则对程序段 2 进行编译。这与第 1 种形式的功能正相反。

3．第 3 种形式

```
#if 常量表达式
    程序段 1
#else
    程序段 2
#endif
```

它的功能是，如果常量表达式的值为真（非 0），则对程序段 1 进行编译，否则对程序段 2 进行编译。因此可以使程序在不同条件下，完成不同的功能。

```
#define R 1
int main()
{
    float c,r,s;
    printf ("input a number: ");
    scanf("%f",&c);
    #if R
        r=3.14159*c*c;
        printf("area of round is: %f\n",r);
    #else
        s=c*c;
        printf("area of square is: %f\n",s);
    #endif
}
```

本例中采用了第 3 种形式的条件编译。在程序第 1 行的宏定义中，定义 R 为 1，因此在进行条件编译时，常量表达式的值为真，故计算并输出圆面积。

上面介绍的条件编译当然也可以用条件语句来实现，但是用条件语句需要对整个源程序进行编译，生成的目标程序很长，而采用条件编译，则根据条件只编译其中的程序段 1 或程序段 2，生成的目标程序较短。如果条件选择的程序段很长，采用条件编译的方法是十分必要的。

7.4 宏定义的使用技巧

写好 C 语言程序，漂亮的宏定义很重要。使用宏定义可以防止程序出错，提高可移植性、可读性和方便性等。下面列举一些成熟软件中常用的宏定义。

1. 防止一个头文件被重复包含

```
#ifndef COMDEF_H
#define COMDEF_H
//头文件内容
#endif
```

2. 得到指定地址上的一个字节或字

```
#define MEM_B( x ) ( *( (byte *) (x) ) )
#define MEM_W( x ) ( *( (word *) (x) ) )
```

3. 求最大值和最小值

```
#define MAX( x, y ) ( ((x) > (y)) ? (x) : (y) )
#define MIN( x, y ) ( ((x) < (y)) ? (x) : (y) )
```

4．得到一个 field 在结构体（struct）中的偏移量

```
#define FPOS( type, field )
/*lint -e545*/ ( (dword) &(( type *) 0)-> field ) /*lint +e545*/
```

5．得到一个结构体中 field 所占用的字节数

```
#define FSIZ( type, field ) sizeof( ((type *) 0)->field )
```

6．按照 LSB 格式把两个字节转化为一个字

```
#define FLIPW( ray ) ( (((word) (ray)[0]) * 256) + (ray)[1] )
```

7．按照 LSB 格式把一个字转化为两个字节

```
#define flopw( ray, val )
(ray)[0] = ((val) / 256);
(ray)[1] = ((val) & 0xff)
```

8．得到一个变量的地址（word 宽度）

```
#define B_PTR( var ) ( (byte *) (void *) &(var) )
#define W_PTR( var ) ( (word *) (void *) &(var) )
```

9．得到一个字的高位和低位字节

```
#define WORD_LO(***) ((byte) ((word)(***) & 255))
#define WORD_HI(***) ((byte) ((word)(***) >> 8))
```

10．防止溢出的一个方法

```
#define INC_SAT( val ) (val = ((val)+1 > (val)) ? (val)+1 : (val))
```

11．对于 I/O 空间映射在存储空间的结构，进行输入输出处理

```
#define inp(port) (*((volatile byte *) (port)))
#define inpw(port) (*((volatile word *) (port)))
#define inpdw(port) (*((volatile dword *)(port)))
#define outp(port, val) (*((volatile byte *) (port)) = ((byte) (val)))
#define outpw(port, val) (*((volatile word *) (port)) = ((word) (val)))
#define outpdw(port, val) (*((volatile dword *) (port)) = ((dword) (val)))
```

12．使用一些宏跟踪调试

ANSI 标准说明了 5 个预定义的宏名，它们分别是_LINE_、_FILE_、_DATE_、_TIME_和_STDC_。如果编译不是标准的，则可能仅支持以上宏名中的几个，或根本不支持。记住编译程序也许还提供其他预定义的宏名。

宏_LINE_和_FILE_用于打印所在行数和函数名。宏_DATE_含有形式为月/日/年的字符串，表示源代码被编译到目标代码时的日期。源代码被编译到目标代码的时间作为字符串被包含在_TIME_中，字符串的形式为“时:分:秒”。如果实现是标准的，则宏_STDC_含有十进

制常量 1；如果它含有任何其他数，则实现是非标准的。可以定义宏，例如，若定义了宏_DEBUG，则输出数据信息和所在文件所在行，实现代码如下。

```
#ifdef _DEBUG
#define DEBUGMSG(msg,date) printf(msg);
      printf("%d%d%d",date,_LINE_,_FILE_)
#else
#define DEBUGMSG(msg,date)
#endif
```

7.5 关于#和##

在 C 语言的宏中，#的功能是将其后面的宏参数进行字符串化操作（Stringfication），简单说，就是将它所引用的宏变量左右各加上一个双引号，例如下面代码中的宏。

```
#define WARN_IF(EXP)
do{ if (EXP)
     fprintf(stderr, "Warning: " #EXP "\n"); }
while(0)
```

那么在实际使用中会出现的替换过程如下。

```
WARN_IF (divider == 0);
```

被替换为

```
do {
      if (divider == 0)
      fprintf(stderr, "Warning" "divider == 0" "\n");
} while(0);
```

这样每次当 divider（除数）为 0 的时候便会在标准错误流上输出一个提示信息。

而“##”被称为连接符，用来将两个 Token 连接为一个 Token。注意这里连接的对象是 Token，而不一定是宏的变量。例如，要做一个由菜单项命令名和函数指针组成的结构体的数组，并且希望在函数名和菜单项命令名之间有直观的、名字上的关系，那么下面的代码就非常实用。

```
struct command
{
      char * name;
      void (*function) (void);
};
#define COMMAND(NAME) { NAME, NAME ## _command }
```

然后用一些预先定义好的命令来方便地初始化一个 command 结构的数组。

```
struct command commands[] =
{
```

```
    COMMAND(quit),
    COMMAND(help),
    ...
} COMMAND
```

宏在这里充当一个代码生成器，这样可以在一定程度上降低代码密度，间接地也可以减少因为不留心而造成的错误。我们还可以用 *n* 个##符号连接 *n*+1 个 Token，这个特性也是#符号所不具备的。例如：

```
#define LINK_MULTIPLE(a,b,c,d) a##_##b##_##c##_##d
typedef struct _record_type LINK_MULTIPLE(name,company,position,salary);
```

这个语句将展开为

```
typedef struct _record_type name_company_position_salary;
```

7.6　结构体

什么是结构体（struct）？struct 是个神奇的关键字，它将一些相关联的数据打包成一个整体，方便使用。在网络协议、通信控制、嵌入式系统和驱动开发等领域，我们经常要传送的不是简单的字节流（char 型数组），而是多种数据组合起来的一个整体，其表现形式是一个结构体。

经验不足的开发人员往往将所有需要传送的内容依顺序保存在 char 型数组中，通过指针偏移的方法传送网络报文等信息。这样做编程复杂，易出错，而且一旦控制方式和通信协议有所变化，程序就要进行非常细致的修改，非常容易出错。这个时候只需要一个结构体就能搞定。平时我们要求函数的参数尽量不多于 4 个，如果函数的参数多于 4 个，使用起来非常容易出错（包括每个参数的意义和顺序都容易弄错），运行效率也会降低（与具体 CPU 有关，ARM 芯片对于超过 4 个参数的处理就有讲究，具体请参考相关资料）。这时，可以用结构体压缩参数个数。

结构体与数组的比较：

- 都由多个元素组成；
- 各个元素在内存中的存储空间都是连续的；
- 数组中各个元素的数据类型相同，而结构体中的各个元素的数据类型可以不相同。

结构体的定义和使用如下。

（1）一般形式。

```
struct  结构体名
{
    类型名 1  成员名 1;
    类型名 2  成员名 2;
    类型名 n  成员名 n;
};
struct student
{
```

```
        char name[10];
        char sex;
        int age;
        float score;
};
```

（2）定义结构体类型的变量、指针变量和数组。

方法一：在定义结构体类型时，同时定义该类型的变量。

```
struct [student]                    /*[ ]表示结构体名是可选的*/
{
        char name[10];
        char sex;
        int age;
        float score;
}stu1, *ps, stu[5];                 /*定义结构体类型的普通变量、指针变量和数组*/
```

方法二：先定义结构体类型，再定义该类型的变量。

```
struct student
{
        char name[10];
        char sex;
        int age;
        float score;
};
struct student stu1, *ps, stu[5];   /*定义结构体类型的普通变量、指针变量和数组*/
```

方法三：用类型定义符 typedef 先给结构体类型命别名，再用别名定义变量。

```
typedef struct [student]
{
        char name[10];
        char sex;
        int age;
        float score;
}STU;
STU stu1, *ps, stu[5];              /*用别名定义结构体类型的普通变量、指针变量和数组*/
```

（3）为结构体变量赋初值。

```
struct [student]
{
        char name[10];
        char sex;
        int age;
        float score;
}stu[2]={{"Li", 'F', 22, 90.5}, {"Su", 'M', 20, 88.5}};
```

（4）引用结构体变量中的成员。

结构体变量中成员的引用有如下 4 种形式。

- 结构体变量名.成员名，如“stu1.name”。
- 结构体指针变量->成员名，如“ps->name”。
- (*结构体指针变量).成员名，如“(*ps).name”。
- 结构体变量数组名.成员名，如“stu[0].name”。

7.6.1　内存字节对齐

不光结构体存在内存对齐的概念，类（对象）也如此，甚至所有变量在内存中的存储都有对齐的概念（只是这些对程序员是透明的，不需要关心）。实际上，这种对齐是为了在空间与复杂度上达到平衡的一种技术手段，简单地讲，是为了在可接受的空间浪费的前提下，尽可能地实现相同运算过程的最少（快）处理。先举个例子：假设机器字长是 32 位的（即 4 字节，下面的示例均按此字长），也就是说处理任何内存中的数据，其实都是按 32 位的单位进行的。现在有两个变量：

```
char A;
int B;
```

假设这两个变量是从内存地址 0 开始分配的，如果不考虑对齐，其变量内存分配如图 7-6-1 所示（以 Intel 上的 Little Endian 为例，为了形象，每 16 个字节分作一行，余同）。

	0x0	0x1	0x2	0x3	0x4	0x5	0x6	0x7	0x8	0x9	0xA	0xB	0xC	0xD	0xE	0xF
0x10	A		B													
0x20																
0x30																
0x40																

图 7-6-1　不考虑对齐时的变量内存分配

因为计算机的字长是 4 字节，所以在处理变量 A 与 B 时的过程分为如下两种。

（a）将 0x00～0x03 共 32 位读入寄存器，先通过左移 24 位再右移 24 位运算得到 A 的值（或与 0x000000FF 做与运算）。

（b）将 0x00～0x03 这 32 位读入寄存器，通过位运算得到低 24 位的值；再将 0x04～0x07 这 32 位读入寄存器，通过位运算得到高 8 位的值；最后与最先得到的 24 位做位运算，才可得到整个 32 位的 B 的值。

由上面叙述可知，（a）的处理方法是最简处理；（b）的处理方法，由于变量本身是个 32 位数，在处理时被拆成两部分，之后再合并，效率较低。

想解决这个问题，就需要付出浪费几个字节的代价，改为如图 7-6-2 所示的分配方式。

	0x0	0x1	0x2	0x3	0x4	0x5	0x6	0x7	0x8	0x9	0xA	0xB	0xC	0xD	0xE	0xF
0x10	A		padding			B										
0x20																
0x30																
0x40																

图 7-6-2　修改后的分配方式

按上面的分配方式，（a）的处理过程不变；（b）却简单得多了，只需将 0x04～0x07 这 32 位读入寄存器就可以了。

结构体在被编译成机器代码后，其实就没有本身的集合概念了。类实际上是个加强版的结构体，类的对象在实例化时，其在内存中申请的就是一些变量的空间集合（类似于结构体，同时也不包含函数指针）。这些集合中的每个变量，在使用中都需要涉及上述的加工原则，自然也就需要在效率与空间之间做出权衡。

为了便捷加工连续多个相同类型的原始变量，同时简化原始变量寻址，再遵循最少处理原则，通常可以将原始变量的长度作为针对此变量的分配单位。例如内存可用 64 个单元，如果某原始变量的长度为 8 字节，即使机器字长为 4 字节，在分配时也以 8 字节对齐（看似 I/O 次数是相同的），这样在寻址和分配时，均可以按每 8 字节为单位进行，从而简化操作，并提高运行效率。

系统默认的对齐规则追求的至少有两点：①变量的最高效加工；②达到①的最少空间。以下面的结构体为例。

```
typedef struct T
{
    char c;                         //本身长度为 1 字节
    __int64 d;                      //本身长度为 8 字节
    int e;                          //本身长度为 4 字节
    short f;                        //本身长度为 2 字节
    char g;                         //本身长度为 1 字节
    short h;                        //本身长度为 2 字节
};
```

假设定义了一个结构体变量 C，在内存中分配到了 0x00 的位置，容易得出下列结论。

- 对于成员 C.c，无论如何，也是一次寄存器读入，所以先占 1 字节。
- 成员 C.d 是个 64 位的变量，如果紧跟着 C.c 存储，则至少需要读入寄存器 3 次，为了实现最少的 2 次读入，至少需要以 4 字节对齐；同时对于 8 字节的原始变量，为了在寻址单位上统一，则需要按 8 字节对齐，所以，应该分配到 0x08～0xF 的位置。
- 成员 C.e 是个 32 位的变量，自然只需满足分配起始为整数个 32 位即可，所以分配至 0x10～0x13。
- 成员 C.f 是个 16 位的变量，直接分配在 0x14～0x16 上，只需一次读入寄存器后加工，边界也与 16 位对齐。
- 成员 C.g 是个 8 位的变量，本身也得一次读入寄存器后加工，同时对于 1 个字节的变量，存储在任何字节开始都是对齐的，所以分配到 0x17 的位置。
- 成员 C.h 是个 16 位的变量，为了保证与 16 位边界对齐，所以分配到 0x18～0x1A 的位置。

使用结构体的分配方式如图 7-6-3 所示。

	0x0	0x1	0x2	0x3	0x4	0x5	0x6	0x7	0x8	0x9	0xA	0xB	0xC	0xD	0xE	0xF
0x10	c	padding							d							
0x20	e				f		g	pad.	h							
0x30																
0x40																

图 7-6-3　使用结构体的分配方式

结构体 C 的占用空间到 h 结束就可以了吗？这里举个例子：假设定义一个结构体数组 CA[2]，按变量分配的原则，这 2 个结构体应该是在内存中连续存储的，分配方式应该如图 7-6-4 所示。

<table>
<tr><th></th><th>0x0</th><th>0x1</th><th>0x2</th><th>0x3</th><th>0x4</th><th>0x5</th><th>0x6</th><th>0x7</th><th>0x8</th><th>0x9</th><th>0xA</th><th>0xB</th><th>0xC</th><th>0xD</th><th>0xE</th><th>0xF</th></tr>
<tr><td>0x10</td><td>c</td><td colspan="7">padding</td><td colspan="8">d</td></tr>
<tr><td>0x20</td><td colspan="4">e</td><td colspan="2">f</td><td>g</td><td>pad.</td><td colspan="2">h</td><td>c</td><td colspan="5">padding(1).</td></tr>
<tr><td>0x30</td><td colspan="2">padding(2)</td><td colspan="8">d</td><td colspan="4">e</td><td colspan="2">f</td></tr>
<tr><td>0x40</td><td>g</td><td>pad.</td><td colspan="2">h</td><td></td><td></td><td></td><td></td><td></td><td></td><td></td><td></td><td></td><td></td><td></td><td></td></tr>
</table>

图 7-6-4　两个结构体在内存中连续存储的分配方式

分析一下图 7-6-4 可知，CA[1]的很多成员都不再对齐了，究其原因，是结构体的开始边界不对齐。

结构体的开始偏移满足什么条件才可以使其成员全部对齐呢？很简单，保证结构体长度是原始成员最长分配的整数倍即可。

上述结构体应该按最长的成员 d 对齐，即与 8 字节对齐，正确的分配如图 7-6-5 所示。

<table>
<tr><th></th><th>0x0</th><th>0x1</th><th>0x2</th><th>0x3</th><th>0x4</th><th>0x5</th><th>0x6</th><th>0x7</th><th>0x8</th><th>0x9</th><th>0xA</th><th>0xB</th><th>0xC</th><th>0xD</th><th>0xE</th><th>0xF</th></tr>
<tr><td>0x10</td><td>c</td><td colspan="7">padding</td><td colspan="8">d</td></tr>
<tr><td>0x20</td><td colspan="4">e</td><td colspan="2">f</td><td>g</td><td>pad.</td><td colspan="2">h</td><td colspan="6">结构体padding</td></tr>
<tr><td>0x30</td><td>c</td><td colspan="7">padding</td><td colspan="8">d</td></tr>
<tr><td>0x40</td><td colspan="4">e</td><td colspan="2">f</td><td>g</td><td>pad.</td><td colspan="2">h</td><td colspan="6">结构体padding</td></tr>
</table>

图 7-6-5　按照最长成员对齐的分配方式

结构体 T 的长度“sizeof(T)==0x20;”。再举个例子，看看在默认对齐规则下，各结构体成员的对齐规则。

```
typedef struct A
{
    char c;         //1 字节
    int d;          //4 字节，要与 4 字节对齐，所以分配至第 4 字节处
    short e;        //2 字节，上述两个成员本身就是与 2 字节对齐的，所以之前无填充
};                  //整个结构体，最长的成员为 4 字节，需要总长度与 4 字节对齐，所以 sizeof(A)==12
typedef struct B
{
    char c;         //1 字节
    __int64 d;      //8 字节，位置要与 8 字节对齐，所以分配到 8 字节处
    int e;          //4 字节，成员 d 结束于 15 字节，紧跟的 16 字节对齐于 4 字节，分配到 16～19 字节
    short f;        //2 字节，成员 e 结束于 19 字节，紧跟的 20 字节对齐于 2 字节，分配到 20～21 字节
    A g;            //结构体长为 12 字节，最长成员为 4 字节，需按 4 字节对齐，
                    //前面跳过 2 个字节，分配到 24～35 字节
    char h;         //1 字节，分配到 36 字节处
    int i;          //4 字节，要对齐于 4 字节，跳过 3 字节，分配到 40～43 字节
};                  //整个结构体的最长成员为 8 字节，所以在结构体后面加 5 字节填充，分配到 48 字节，
                    //故 sizeof(B)==48;
```

默认对齐规则下结构体的分配方式如图 7-6-6 所示。

<table>
<tr><th></th><th>0x0</th><th>0x1</th><th>0x2</th><th>0x3</th><th>0x4</th><th>0x5</th><th>0x6</th><th>0x7</th><th>0x8</th><th>0x9</th><th>0xA</th><th>0xB</th><th>0xC</th><th>0xD</th><th>0xE</th><th>0xF</th></tr>
<tr><td>0x10</td><td>c</td><td colspan="7">padding</td><td colspan="8"></td></tr>
<tr><td>0x20</td><td colspan="4">e</td><td colspan="2">f</td><td></td><td></td><td colspan="2">g.c</td><td colspan="2">g.padding</td><td colspan="4">g.d</td></tr>
<tr><td>0x30</td><td colspan="2">g.e</td><td colspan="2">g.padding</td><td>h</td><td></td><td></td><td></td><td colspan="4">i</td><td colspan="4">padding</td></tr>
<tr><td>0x40</td><td></td><td></td><td></td><td></td><td></td><td></td><td></td><td></td><td></td><td></td><td></td><td></td><td></td><td></td><td></td><td></td></tr>
</table>

图 7-6-6　默认对齐规则下结构体的分配方式

7.6.2　内存对齐的正式原则

内存对齐的正式原则如下。

- 数据类型自身的对齐值：基本数据类型的自身对齐值，等于 sizeof（基本数据类型）。
- 指定对齐值："#pragma pack(value)"时的指定对齐值 value。
- 结构体或者类的自身对齐值：其成员中自身对齐值最大的那个值。
- 数据成员、结构体和类的有效对齐值：自身对齐值和指定对齐值中较小的那个值。

有效对齐值 N 是最终用来决定数据存放地址方式的值，最为重要。有效对齐值 N 表示"对齐在 N 上"，也就是说该数据的"存放起始地址%N=0"，而数据结构中的数据变量都是按定义的先后顺序来排放的，第一个数据变量的起始地址就是数据结构的起始地址。结构体的成员变量要对齐排放，结构体本身也要根据自身的有效对齐值圆整（结构体成员变量占用总长度需要是结构体有效对齐值的整数倍）。

"#pragma pack (value)"用于告诉编译器，使用指定的对齐值来取代默认的对齐值。例如：

```
#pragma pack (1)                /*指定按 2 字节对齐*/
#pragma pack ()                 /*取消指定对齐值，恢复默认对齐值*/
```

7.7　#define 和 typedef 的区别

从前面介绍的概念也能知道，typedef 只是为了增加可读性而为标识符另起的新名称（仅仅只是个别名），而#define 原本在 C 语言中是为了定义常量。到了 C++语言中，const、enum 和 inline 的出现使它也渐渐成为了起别名的工具，有时很容易搞不清楚#define 与 typedef 两者到底该用哪个好。例如"#define INT int"这样的语句，用 typedef 一样可以完成。用哪个好呢？笔者建议用 typedef，因为在早期的许多 C 编译器中这条语句是非法的，只是现今的编译器又做了扩充。为了尽可能地兼容，一般都遵循用#define 定义"可读"的常量和一些宏语句，而 typedef 则常用来定义关键字和冗长的类型的别名。宏定义只是简单的字符串代换（原地扩展），而 typedef 则不是原地扩展，它的新名字具有一定的封装性，以使新命名的标识符具有更易定义变量的功能。

```
typedef     (int*)     pINT;
```

与

```
#define     pINT2     int*
```

这两行代码效果相同吗？实则不同！"pINT a,b;"的效果同"int *a; int *b;"一样，表示定义了两个整型指针变量；而“pINT2 a,b;”的效果同“int *a, b;”一样，表示定义了一个整型指针变量 a 和整型变量 b。

7.8 结构体和联合体的区别

结构体（struct）和联合体（union）都是由多个不同的数据类型成员组成的，但在任何同一时刻，union 中只存放了一个被选中的成员，而 struct 的所有成员都存在。在 struct 中，各成员都占有自己的内存空间，它们是同时存在的，一个 struct 变量的总长度等于所有成员长度之和；在 union 中，所有成员不能同时占用它的内存空间，成员不能同时存在，union 变量的长度等于最长的成员的长度。

对 union 的不同成员赋值，将会重写其他成员，成员原来的值就不存在了，而对 struct 的不同成员赋值是互不影响的。

7.9 浅谈 C 语言中的位段

位段（bit-field）是以位为单位来定义结构体（或联合体）中的成员变量所占的空间的，含有位段的结构体（联合体）称为位段结构。采用位段结构既能够节省空间，又方便操作。位段的定义格式为

```
type    [var]: digits
```

其中 type 只能为 int、unsigned int 和 signed int 3 种类型（int 型能不能表示负数视编译器而定，如在 VC 中，int 就默认是 signed int，能够表示负数）。位段名称 var 是可选参数，即可以省略。digits 表示该位段所占的二进制位数。

可用下面这段代码来定义一个位段结构。

```
struct node
{
    unsigned int a:4;           //位段 a，占 4 位
    unsigned int    :0;         //无名位段，占 0 位
    unsigned int b:4;           //位段 b，占 4 位
    int c:32;                   //位段 c，占 32 位
    int    :6;                  //无名位段，占 6 位
};
```

7.9.1 位段的使用

使用位段需注意以下几点：

- 位段的类型只能是 int、unsigned int 和 signed int 这 3 种类型，不能是 char 型或者浮点型。
- 位段占的二进制位数不能超过该基本类型所能表示的最大位数。例如在 VC 中，int 占 4 个字节，那么最多只能是 32 位。

- 无名位段不能被访问，但是会占据空间。
- 不能对位段进行取地址操作。
- 若位段占的二进制位数为 0，则这个位段必须是无名位段，下一个位段从下一个位段存储单元（这里的位段存储单元经测试在 VC 环境下是 4 个字节）开始存放。
- 若位段出现在表达式中，则会自动进行整型升级，自动转换为 int 型或者 unsigned int 型。
- 对位段赋值时，最好不要超过位段所能表示的最大范围，否则可能会造成意想不到的结果。
- 位段不能出现数组的形式。

7.9.2　位段结构在内存中的存储方式

对于位段结构，编译器会自动进行存储空间的优化，主要的原则如下。

（1）如果一个位段存储单元能够存储位段结构中的所有成员，那么位段结构中的所有成员只能放在一个位段存储单元中，不能放在两个位段存储单元中；如果一个位段存储单元不能容纳位段结构中的所有成员，那么从剩余的位段的下一个位段存储单元开始存放（在 VC 中位段存储单元的大小是 4 字节）。

（2）如果一个位段结构中只有一个占有 0 位的无名位段，则只占 1 或 0 字节的空间（在 C 语言中占 0 字节，而在 C++中占 1 字节）；在其他任何情况下，一个位段结构所占的空间至少是一个位段存储单元的大小。

第8章

函　　数

C 语言源程序是由函数组成的，虽然在前面各章的程序中大都只有一个主函数 main，但实用程序往往由多个函数组成。函数是 C 语言源程序的基本模块，通过对函数模块的调用可以实现特定的功能。C 语言中的函数相当于其他高级语言的子程序。C 语言不仅提供了极为丰富的库函数（如 Turbo C、MS C 都提供了 300 多个库函数），还允许用户建立自己定义的函数。用户可把自己的算法编成一个个相对独立的函数模块，然后用调用的方法来使用这些函数。可以说C语言程序的全部工作都是由各式各样的函数完成的，所以也把C语言称为函数式语言。

由于采用了函数模块式的结构，C 语言易于实现结构化程序设计，使得程序的层次结构更加清晰，便于程序的编写、阅读、调试。

main 函数是主函数，它可以调用其他函数，而不允许被其他函数调用。因此 C 语言程序的执行总是从 main 函数开始的，完成对其他函数的调用后再返回到 main 函数，最后由 main 函数结束整个程序。一个 C 语言源程序必须有、也只能有一个主函数 main。

8.1　函数声明与定义

8.1.1　定义

1．无参函数的定义形式

```
类型标识符 函数名()
{
    语句
}
```

其中，类型标识符和函数名为函数头。类型标识符指明了本函数的类型，函数的类型实际上是函数返回值的类型，该类型标识符与前面介绍的各种说明符相同。函数名是由用户定义的标识符，函数名后有一个空括号，其中无参数，但括号不可少。{}中的内容称为函数体。在很多情况下都不要求无参函数有返回值，此时函数类型符可以写为 void。

我们可以改写一个函数定义：

```
void Hello()
{
```

```
    printf ("Hello,world \n");
}
```

这里，只把 main 改为 Hello 作为函数名，其余不变。Hello 函数是一个无参函数，当被其他函数调用时，输出“Hello, world”字符串。

2. 有参函数的定义形式

```
类型标识符 函数名(形式参数列表)
{
    声明部分
    语句
}
```

有参函数比无参函数多了一个内容，即形式参数（形参）列表。在形参表列中给出的参数称为形式参数，它们可以是各种类型的变量，各参数之间用逗号间隔。在进行函数调用时，主调函数将赋予这些形参实际的值。形参既然是变量，因此必须在形参列表中给出类型说明。

例如，定义一个函数，用于求两个数中的大数，可写为

```
int max(int a, int b)
{
    if (a>b) return a;
    else return b;
}
```

第一行说明 max 函数是一个整型函数，其返回的函数值是一个整数。形参 a、b 均为整型量，具体值是由主调函数在调用该函数时传送过来的。在{}中的函数体内，除形参外没有使用其他变量，因此只有语句而没有声明部分。在 max 函数体中的 return 语句是把 a（或 b）的值作为函数的值返回给主调函数。有返回值的函数中至少应有一个 return 语句。

在 C 语言程序中，一个函数的定义可以放在任意位置，既可放在主函数 main 之前，也可放在 main 之后。

8.1.2 声明与定义不同

函数的声明就是声称一个函数的名字，只是说明函数的名字，不涉及函数的实现，即没有函数体，所以函数的声明只包括前三个部分。

函数的定义就是确定一个函数的意义，即让函数具有某项功能，但是这里可不是只有函数体，需要指明函数体属于哪个函数，所以函数的定义包含了一个函数的所有部分。

下面以一个名为 fun 的函数为例来说明函数的声明与定义。fun 函数的声明如下。

```
int fun(int i);
```

fun 函数的定义如下。

```
int fun(int i)
{
    i=i+1;
    return i;
}
```

在一般情况下，通过函数名就可以体现函数的功能，这样在头文件中，通过函数的声明，就可以了解程序的大体结构和函数的功能，并且通过函数的声明，还可以使那些“只想使用某个函数”，而不关心函数的具体实现的用户，可以单凭声明中的“函数参数列表”就可以知道要使用该函数时需要提供的值，这样就可以使用这个函数了。当然在文件中，必须包含要使用的“函数所在的文件”。

8.2 形式参数和实际参数

函数在调用时会把一些表达式作为参数传递给函数。函数定义中的参数是形式参数（形参），函数的调用者提供给函数的参数是实际参数（实参）。在调用函数时，实际参数的值将被复制到这些形式参数中。

8.3 参数传递

在 C 语言中发生有参函数调用时，实参变量与形参变量之间的数据都是单向的“值传递”方式，包括指针变量和数组名作参数的情况。

C 语言要求函数的实参有确定的值，在调用函数时给形参分配相应的内存单元，同时将实参的“值”赋（复制）给形参，实现数据从实参到形参的传递（值传递方式）。因为是复制，所以在操作副本（形参）过程中不会影响到原本（实参）内容。

首先，函数实参变量包括常量、变量和表达式，其中变量又包括简单变量、数组元素、数组名和指针变量等。不同类型变量作为参数实现的数据传递方式相同，效果不同。所谓方式相同即都是参数间数据单向的“值传递”，效果不同是指被调函数能否改变主调函数中变量的值。

8.3.1 简单变量或数组元素作为函数参数

数组元素本身属于简单变量，在向形参传递数据时，根据前述规则只需将变量中的“值”复制一份放到形参变量中去操作，此时在被调函数中操作的对象（形参）与实参并不在同一内存单元中，并且在调用结束后形参所占内存单元被释放，因此调用函数不会影响到实参变量的值，同时被调函数也不会影响到主调函数中其他变量的值。

例 1：

```
#include<stdio.h>
int main()
{
    int a=1;
    int fun(int a);
    printf("%d%d",a,f(a));
}
int fun(int a)
```

```
{
    return(++a);
}
```

例 2：

```
#include<stdio.h>
int main()
{
    int a[3]={1,2,3};
    int f(int a);
    printf("%d%d",a[0],f(a[0]));
}
int f(int a)
{
    return(++a);
}
```

8.3.2 指针变量或数组名作为函数参数

指针变量作为实参在调用时仍然符合前述“值传递”的规则，将其“值”赋给形参，相当于复制。此时数据在实参与形参间传递仍是单向的，调用函数不会影响实参的“值”（即指针变量中所存地址）。而与简单变量不同的是，指针变量复制给形参的“值”本身是一个地址，这个地址为形参访问其所指变量创造了可靠条件。笔者的理解是，实参是一个抽屉的钥匙，在传递参数时，实参复制了一把钥匙传给形参，而被调函数拿到钥匙副本后，进行的操作可以分为以下两类：

（1）对钥匙本身做了一些操作（对指针本身进行操作）。

（2）通过钥匙对抽屉里的内容进行了一些操作（对指针所指的变量进行操作）。

两种操作都不可能影响实参的值（即原本的钥匙），却有可能改变实参所指向变量的值（即抽屉里的内容）。

例 3：

```
#include<stdio.h>
int main()
{
    void swap(int*p1,int*p2);
    int a,b;
    int *pointer1,int*pointer2;
    scanf("%d,%d",&a,&b);
    pointer1=&a; pointer2=&b;
    if(a<b) swap(pointer1,pointer2);
        printf("%d,%d",a,b);
}
void swap(int*p1,int*p2)
{
    int temp;
```

```
        temp=*p1;
        *p1=*p2;
        *p2=temp;
    }
```

例 4：

```
#include<stdio,h>
int main()
{
    void swap(int*p1,int*p2);
    int a,b;
    int *pointer1,int*pointer2;
    scanf("%d,%d",&a,&b);
    pointer1=&a; pointer2=&b;
    if(a<b)
        swap(pointer1,pointer2);
    printf("%d,%d",a,b);
}
void swap(int*p1,int*p2)
{
    int temp;
    temp=p1;
    p1=p2;
    p2=temp;
}
```

8.3.3 数组名作为函数参数

数组名本身是一个特殊的指针变量，其值是数组的首地址，因此若作为实参，其传给形参的是内存中某指定单元的地址。在调用过程中，形参数组与实参数组占用同一段内存单元，因此对形参数组的操作也就是对实参数组的操作，对实参数组与形参数组来说数据传递表现为“双向”的，而对实参变量与形参变量而言数据的传递仍然是单向的。例如：

```
#include<stdio,h>
int main()
{
    int a[3]={1,2,3};
    void f(int a[]);
    fun(a);
    for(i=0;i<3;i++)
    {
        printf("%d",a[i]);
    }
}
void fun(int a[])
{
```

```
        for(i=0;i<3;i++)
        {
            a[i]++;
        }
}
```

8.3.4 结构体数组作为函数参数

用结构体数组作为函数参数包含两类情况：结构体数组元素作为实参和结构体数组名作为实参。两类情况仍然服从数据的单向“值传递”原则，只不过前者传给形参的是某些变量的值，后者传给形参的是结构体数组的首地址。

1．结构体数组元素作为实参

此方式符合结构体变量作为实参的规则，采取单向“值传递”的方式将结构体变量所占内存单元的内容全部顺序复制给形参（函数调用期间形参也要占用内存单元）。注意，当实参的成员中包含数组时，形参相应的成员接收到的是一个地址。

2．结构体数组名作为实参

与整型数组的数组名作为实参一样，此方式传递给形参的是内存中已指定单元的地址，在调用过程中形参数组与实参数组占用同一段内存单元，因此对形参数组的操作也就是对实参数组的操作，对数组的操作表现为“双向”的。

综上所述，在进行有参函数调用时，实参变量与形参变量之间的数据都是单向“值传递”的方式。至于调用过程中是否会改变主调函数中变量的值，则只需根据具体算法看被调函数是否会找到主调函数中变量所在内存单元并对其原值进行操作。

8.4 如何编写有多个返回值的 C 语言函数

笔者从事 C 语言教学多年，在教学中学生们常常会问到如何编写具有多个返回值的 C 语言函数。编写有多个返回值的函数是大多数 C 语言教材里均没有提到的知识点，但在实际教学与应用的过程中我们都有可能会遇到这样的问题。有的学生也尝试了不少方法，例如，把多个需要返回的值进行处理后变成一个可以用 return 语句返回的数据，再在主调函数中拆开返回的数据使之变成几个值；或者把需要返回多个值的一个函数分成几个函数去实现多个值的返回。这些方法虽然最终都能实现返回多个值的要求，但从程序算法的合理性与最优化方面来考虑，显然不理想。我们知道 C 语言函数的返回值是通过函数中的 return 语句来实现的，可是每调用一次函数，return 语句只能返回一个值。那么当我们希望从一个函数中返回多个值时，用什么方法去实现比较合理呢？在教学过程中，笔者建议学生跳出对 return 语句的定势思维，一步步引导学生通过几种间接方式实现有多个返回值的 C 语言函数。以下是笔者在教学过程中引导学生采用的编写有多个返回值的 C 语言函数的 3 种方法。

8.4.1 利用全局变量

分析：全局变量作为 C 语言的一个知识点，虽然我们都了解它的特点，但在实际教学过程中应用得并不是很多。由于全局变量的作用域是从定义变量开始直到程序结束，而对于编写有多个返回值的 C 语言函数，我们可以考虑把要返回的多个值定义成全局变量。当函数被调用时，全局变量被更改，我们再把更改后的全局变量值应用于主调函数中。在函数被调用后，被更改的全局变量值即为函数的数个返回值。下面以一个实例演示该方法的应用。

例如，编写函数求 3 个数中的最大值与最小值。

方法：把最大值和最小值分别定义成 2 个全局变量 max 和 min，在用户自定义函数中把求出来的最大值与最小值分别赋给全局变量 max 和 min。在函数调用完毕后全局变量的 max 和 min 值即函数要求返回的值。程序参考代码如下。

```
#include <stdio.h>
#include "conio.h"
int max,min;                              /*定义两个全局变量，用于保存函数返回值*/
void max_min(int a,int b,int c)           /*定义求最大值和最小值的函数*/
{
    max=a;
    min=a;                                /*初始化最大值和最小值*/
    if(max >b)
    {
        if(max>c)
        {
            max = a;
            if(c > b)
            {
                min = b;
            }
            else
            {
                min= c;
            }
        }
        else
        {
            max = c;
            min = b;
        }
    }
    else if(b > c)
    {
        max = b;
        if(c > a)
        {
            min = a;
        }
```

```
        else
        {
            min =   c;
        }
    }
    else
    {
        max = c;
        min = a;
    }
}
int main()
{
    int x,y,z;
    printf("请输入 3 个整数：\n");
    scanf("%d,%d,%d",&x,&y,&z);
    max_min(x,y,z) ;                                    /*调用求最大值与最小值的函数*/
    printf("3 个数中的最大值为:%d;最小值为:%d",max,min);     /*输出最大值与最小值*/
    return 0;
}
```

注：该方法虽然可以实现有多个返回值的函数，但由于全局变量不能保证值的正确性（因为其作用域是全局，所以在程序范围内都可以修改它的值，如果出现错误将非常难以发现），并且全局变量增加了程序间模块的耦合，所以该方法要慎用。

8.4.2 传递数组指针

分析：在教学过程中，我们知道 C 语言函数参数的传递方式分为值传递与地址传递。当进行值传递时，主调函数把实参的值复制给形参，形参获得从主调函数传递过来的值并运行函数。在值传递过程中，被调函数参数值的更改不能导致实参值的更改。而如果是地址传递，由于传递过程中从实参传递过来的是地址，所以被调函数中形参值的更改会直接导致实参值的更改。因此，我们可以考虑把多个返回值作为数组元素定义成一个数组的形式，并将该数组的地址作为函数的形参，以传址方式传递数组参数。在函数被调用后，形参数组元素改变导致实参改变，我们再从改变后的实参数组元素中获得函数的多个返回值。以下实例演示该方法的应用。

例如，编写函数求一维整型数组的最大值与最小值，并把最大值与最小值返回给主调函数。

方法：以指针方式传递该一维数组的地址，然后把数组的最大值与数组的第一个元素交换，把数组的最小值与最后一个元素交换。在函数被调用完毕后，实参数组中的第一元素为数组的最大值，实参数组中最后一个元素为数组的最小值，从而实现返回数组的最大值与最小值的功能。

8.4.3 传递结构体指针

分析：结构体作为教学中的一个难点，很多教材对它的介绍内容并不多，应用的实例更是少之又少，所以学生对于结构体的掌握情况普遍不理想。其实，编写有多个返回值的 C 语言函数，也可以考虑采用结构体的方式去实现。我们知道，如果返回的数个数值的数据类型不一致，可以通过定义全局变量实现有多个返回值的C语言函数，也可以考虑把要求返回的数个值定义成一个结构体，然后同样以传递结构体指针的方式把结构体的指针传递给形参结构体指针，那么函数中对形参结构体的修改也是对实参结构体的修改，函数被调用后获取的实参结构体成员即函数的多个返回值，下面以实例演示该方法的应用。

例如，编写一个用户自定义函数，允许用户录入学生的基本信息（包括学号、姓名、所属班级和总评成绩等），并返回这些基本信息给主调函数。

方法：把学生基本信息定义成一个结构体，在用户自定义函数中传递该结构体的指针，则自定义函数中对结构体成员的录入操作即对实参结构体成员的录入操作，从而实现多个返回值。

8.5 回调函数

对指针的应用是C语言编程的精髓所在，而回调函数就是C语言里面对函数指针的高级应用。简而言之，回调函数是一个通过函数指针调用的函数。如果把函数指针（函数的入口地址）传递给另一个函数，当这个函数指针被用来调用它所指向的函数时，我们就说这个函数是回调函数。

为什么要使用回调函数呢？我们先看一个小例子。

```
Node * Search_List (Node * node, const int value)
{
    while (node != NULL)
    {
        if(node -> value == value)
        {
            break;
        }
        node = node -> next;
    }
    return node;
}
```

上面的函数用于在一个单向链表中查找一个指定的值，返回保存这个值的节点。它的参数是指向这个链表第一个节点的指针和要查找的值。这个函数看上去很简单，但是我们考虑一个问题：它只能适用于值为整数的链表，如果查找一个字符串链表，我们不得不再写一个函数，其实大部分代码和现在这个函数相同，只是第二个参数的类型和比较的方法不同。

其实我们更希望令查找的函数与类型无关，这样一个函数就能用于查找存放任何类型值的链表了，因此必须改变比较的方式，而借助回调函数就可以达到这个目的。我们编写一个函数（回调函数），用于比较两个同类型的值，然后把一个指向这个函数的指针作为参数传递给查找函数，查找函数调用这个比较函数来执行比较。采用这个方法，任何类型的值得都可以进行比较。

我们还必须给查找函数传递一个指向待比较的值的指针而不是值本身，也就是一个“void *”类型的形参，这个指针会传递给回调函数，进行最终的比较。这样的修改可以让我们传递指向任何类型的指针到查找函数，从而完成对任何类型的值的比较，这就是指针的好处。我们无法将字符串、数组或者结构体作为参数传递给函数，但是指向它们的指针却可以。

现在，我们的查找函数就可以这样实现：

```
NODE *Search_List(NODE *node, int (*compare)(void const *, void const *) ,
                    void const *desired_value)
{
    while (node != NULL)
    {
        if (compare((node->value_address), desired_value) == 0)
        {
            break;
        }
        node = node->next;
    }
    return node;
}
```

可以看到，用户将一个函数指针传递给查找函数，后者将回调这个函数。注意，这里的链表节点是这样定义的：

```
typedef struct list
{
    void *value_address;
    struct list *next;
}NODE;
```

这样定义可以让“NODE *”类型的指针指向存储任何类型数据的链表节点，而“value_address”就是指向具体数据的指针。我们把它定义为“void *”，表示一个指向未知类型的指针，这样链表就可以存储任何类型的数据了，而我们传递给查找函数“Search_List”的第一个参数就可以统一表示为“NODE *”，否则，还是要分别写查找函数以适应存储不同数据类型的链表。

现在，查找函数与类型无关，因为它不进行实际的比较，因此，我们必须编写针对不同类型的比较函数。这是很容易实现的，因为调用者知道链表中所包含的值的类型，如果创建几个分别包含不同类型值的链表，为每种类型编写一个比较函数，就可以允许单个查找函数作用于所有类型的链表。

下面是一个比较函数，用于在一个整型链表中进行查找。注意强制类型转换，比较函数的参数必须被声明为“void *”以匹配查找函数的原型，再强制转换为“(int *)”类型用于比较整型。

```
int int_compare(void const *a, void const *b)
{
    if (*(int *)a == *(int *)b)
```

```
        {
            return 0;
        }
        else
        {
            return -1;
        }
}
```

这个函数可以这样使用：

```
desired_node = Search_List(root, int_compare, &desired_int_value);
```

如果希望在一个字符串链表中进行查找，下面的代码就可以完成任务：

```
desired_node = Search_List(root, strcmp, "abcdefg");
```

库函数 strcmp 所执行的比较和我们需要的一样，不过 GCC 编译器会发出警告信息，这是因为 strcmp 的参数被声明为“const char *”而不是“void const *”。

上面的例子展示了回调函数的基本原理和用法。回调函数的应用是非常广泛的。通常，当我们想通过一个统一接口实现不同功能的时候，用回调函数来实现就非常合适。在任何时候，如果希望所编写的函数必须能够在不同的时刻执行不同类型的工作，或者执行只能由函数调用者定义的工作，都可以用回调函数来实现。许多窗口型操作系统就是使用回调函数连接多个动作的，例如通过拖曳鼠标和单击按钮来指定调用用户程序中的某个特定函数。

8.6　变参函数详解：printf 函数的实现

在 C 语言编程中有时会遇到一些参数个数可变的函数，例如，printf 函数的原型为

```
int printf( const char* format, ...);
```

它除了有一个参数 format 固定以外，后面的参数的个数和类型都是可变的（用“…”作为参数占位符），在实际调用时可以有以下的形式。

```
printf("%d",i);
printf("%s",s);
printf("the number is %d ,string is:%s", i, s);
```

以一个简单的可变参数的 C 函数为例，该函数至少有一个整数参数，其后是占位符“…”，表示后面参数的个数不定。在这个函数里，所有的输入参数必须都是整数，函数的功能只是打印所有参数的值。函数代码如下。

```
#include <stdio.h>
#include <stdarg.h>
void simple_va_fun(int start, ...)
{
    va_list arg_ptr;
```

```
    int nArgValue =start;
    int nArgCout="0";                     //可变参数的数目
    va_start(arg_ptr,start);              //以固定参数的地址为起点确定变参的内存起始地址
    do
    {
        ++nArgCout;
        printf("the %d th arg: %d",nArgCout,nArgValue);     //输出各参数的值
        nArgValue = va_arg(arg_ptr,int);                     //得到下一个可变参数的值
    } while(nArgValue != -1);
    return;
}
int main(int argc, char* argv[])
{
    simple_va_fun(100,-1);
    simple_va_fun(100,200,-1);
    return 0;
}
```

从这个函数的实现可以看到，我们使用可变参数应该包括以下步骤。

（1）在程序中将用到以下这些宏。

```
void va_start( va_list arg_ptr, prev_param );
type va_arg( va_list arg_ptr, type );
void va_end( va_list arg_ptr );
```

其中，“va”是可变参数（variable-argument）的意思。这些宏定义在 stdarg.h 中，所以用到可变参数的程序应该包含这个头文件。

（2）在函数中定义一个 va_list 型的变量，此处为 arg_ptr。这个变量是存储参数地址的指针，因为在得到参数的地址之后，再结合参数的类型，才能得到参数的值。

（3）用 va_start 宏初始化（2）中定义的变量 arg_ptr，这个宏的第二个参数是可变参数列表的前一个参数，即最后一个固定参数。

（4）依次用 va_arg 宏使 arg_ptr 返回可变参数的地址，在得到这个地址后，结合参数的类型，就可以得到参数的值。

（5）设定结束条件，本例的条件就是判断参数值是否为-1。注意，函数在被调用时是不知道可变参数的正确数目的，程序员必须自己在代码中指明结束条件。至于为什么被调函数不知道参数的数目，在看完这几个宏的内部实现机制后，自然就会明白。

8.7 可变参数的相关问题

在 C 语言中有一种长度不确定的参数，形如“…”，它主要用在参数个数不确定的函数中。我们最容易想到的例子是 printf 函数，其函数原型为

```
int printf( const char *format [, argument]... );
```

使用示例如下：

```
printf("Enjoy yourself everyday!\n");
printf("The value is %d!\n", value);
```

这种可变参数可以说是 C 语言中一个比较难理解的部分，这里会由几个问题引发一些对它的分析。

注：C++中的函数重载（Overload）可以用来区别不同函数参数的调用，但还是不能表示任意数量的函数参数。

问题：请问，如何自己实现 printf 函数，如何处理其中的可变参数问题？

答案与分析：在标准 C 语言中定义了一个头文件专门用来对付可变参数列表，它包含了一组宏和一个 va_list 的 typedef 声明。典型的实现代码如下。

```
typedef char* va_list;
#define va_start(list) list = (char*)&va_alist
#define va_end(list)
#define va_arg(list, mode)\
((mode*) (list += sizeof(mode)))[-1]
```

自己实现 printf 函数的代码如下。

```
#include <stdio.h>
int printf(char* format, …)
{
    va_list ap;
    va_start(ap, format);
    int n = vprintf(format, ap);
    va_end(ap);
    return n;
}
```

问题：有没有办法写一个函数，使这个函数参数的具体形式在运行时才确定？

答案与分析：目前没有“正规”的解决办法，不过“独门偏方”倒是有一个，因为有一个函数已经给我们做出了这方面的“榜样”，那就是 main()，它的原型是

```
int main(int argc,char *argv[]);
```

上述函数的参数是 argc 和 argv。深入想一下，“只能在运行时确定参数形式”，也就是说没有办法从声明中看到所接收的参数，也即参数根本就没有固定的形式。常用的办法是通过定义一个“void *”类型的参数，用它来指向实际的参数区，然后在函数中根据需要任意解释它们的含义。这就是 main 函数中 argv 的含义，而 argc 则用来表明实际的参数个数，这为我们提供了进一步的方便，当然，这个参数不是必需的。

虽然参数没有固定形式，但我们必然要在函数中解析参数的意义，因此，理所当然会有一个要求，就是调用者和被调用者之间要对参数区内容的格式、大小、有效性等所有方面达成一致。

问题：如何编写一个函数，将它的可变长参数直接传递给另外的函数？

答案与分析：目前，尚无办法直接做到这一点，但是我们可以“曲线救国”。首先，我们定义被调用函数的参数为 va_list 类型，然后，在调用函数中将可变长参数列表转换为 va_list，

这样就可以进行变长参数的传递了，实现代码如下。

```
void subfunc (char *fmt, va_list argp)
{
    ...
    arg = va_arg (fmt, argp);           /*从 argp 中逐一取出所要的参数*/
    ...
}
void mainfunc (char *fmt, ...)
{
    va_list argp;
    va_start (argp, fmt);               /*将可变长参数转换为 va_list*/
    subfunc (fmt, argp);                /*将 va_list 传递给子函数*/
    va_end (argp);
    ...
}
```

问题：使用 va_arg 来提取出可变长参数中类型为函数指针的参数，结果却总是不正确，为什么？

答案与分析：这个问题与 va_arg 的实现有关。一个简单的、演示版的 va_arg 实现如下。

```
#define va_arg(argp, type) \
    (*(type *)(((argp) += sizeof(type)) - sizeof(type)))
```

其中，argp 的类型是 char *。如果想用 va_arg 从可变参数列表中提取出函数指针类型的参数，例如，提取“int (*)()”，则“va_arg(argp, int (*)())”被扩展为

```
(*(int (*)() *)(((argp) += sizeof (int (*)())) -sizeof (int (*)())))
```

显然，“(int (*)() *)”是无意义的。解决这个问题的办法是将函数指针用 typedef 函数定义成一个独立的数据类型，例如：

```
typedef int (*funcptr)();
```

这时候再调用“va_arg(argp, funcptr)”，将被扩展为

```
(* (funcptr *)(((argp) += sizeof (funcptr)) - sizeof (funcptr)))
```

这样就可以通过编译检查了。

问题：假设有这样一个具有可变长参数的函数，可以通过如下代码获取类型为 float 的实参吗？

```
va_arg (argp, float);
```

答案与分析：不可以。在可变长参数中，应用的是“加宽”原则，也就是说 float 型被扩展成 double 型，char 型和 short 型被扩展成 int 型。因此，如果要获取可变长参数列表中原来为 float 型的参数，需要调用“va_arg(argp, double)”，对于 char 型和 short 型的参数则需要调用“va_arg(argp, int)”。

问题：为什么编译器不允许定义如下的函数，即没有任何固定参数的可变长参数？

```
int f (...)
{
    ...
}
```

答案与分析：不可以。这是 ANSI C 所要求的，可变长参数至少得定义一个固定参数。这个参数将被传递给 va_start( )，然后用 va_arg()和 va_end()来确定所有实际调用的可变长参数的类型和值。

第 9 章 编码规范

9.1 排版

（1）程序块要采用缩进风格编写，缩进的空格数为 4 个（对于由开发工具自动生成的代码可以不一致）。

（2）相对独立的程序块之间、变量说明之后必须加空行。例如，下面的例子不符合规范。

```
if (!valid_ni(ni))
{
    ...//program code
}
repssn_ind = ssn_data[index].repssn_index;
repssn_ni   = ssn_data[index].ni;
```

应书写如下：

```
if (!valid_ni(ni))
{
    ...//program code
}

repssn_ind = ssn_data[index].repssn_index;
repssn_ni   = ssn_data[index].ni;
```

（3）较长的语句（>80 字符）要分成多行书写，长表达式要在低优先级操作符处划分新行，操作符放在新行之首，划分出的新行要进行适当缩进，使排版整齐、语句易读。例如：

```
perm_count_msg.head.len = NO7_TO_STAT_PERM_COUNT_LEN
                          + STAT_SIZE_PER_FRAM * sizeof( _UL );

act_task_table[frame_id * STAT_TASK_CHECK_NUMBER + index].occupied
                          = stat_poi[index].occupied;

act_task_table[taskno].duration_true_or_false
                          = SYS_get_sccp_statistic_state( stat_item );
```

```
report_or_not_flag = ((taskno < MAX_ACT_TASK_NUMBER)
                                    && (n7stat_stat_item_valid (stat_item))
                                    && (act_task_table[taskno].result_data != 0));
```

（4）循环、判断等语句中若有较长的表达式或语句，则要进行适当的划分，长表达式要在低优先级操作符处划分新行，操作符放在新行之首。例如：

```
if ((taskno < max_act_task_number) && (n7stat_stat_item_valid (stat_item)))
{
    ... //program code
}

for (i = 0, j = 0; (i < BufferKeyword[word_index].word_length)
                        && (j < NewKeyword.word_length); i++, j++)
{
    ...//program code
}

for (i = 0, j = 0;
    (i < first_word_length) && (j < second_word_length);
    i++, j++)
{
    ...//program code
}
```

（5）若函数或过程中的参数较长，则要进行适当的划分。例如：

```
n7stat_str_compare((BYTE *) & stat_object,
                        (BYTE *) & (act_task_table[taskno].stat_object),
                        sizeof (_STAT_OBJECT));

n7stat_flash_act_duration( stat_item, frame_id *STAT_TASK_CHECK_NUMBER
                                + index, stat_object );
```

（6）不允许把多个短语句写在一行中，即一行只写一条语句。例如，下面的例子不符合规范。

```
rect.length = 0;    rect.width = 0;
```

应书写如下：

```
rect.length = 0;
rect.width  = 0;
```

（7）if、for、do、while、case、switch、default 等语句自占一行，且 if、for、do、while 等语句的执行部分无论多长都要加括号{}。例如，下面的例子不符合规范。

```
if (pUserCR == NULL) return;
```

应书写如下：

```
if (pUserCR == NULL)
{
    return;
}
```

（8）对齐只使用空格键，不使用 TAB 键。说明：以免在用不同的编辑器阅读程序时，因对 TAB 键所设置的空格数目不同而造成程序布局不整齐。不要使用 BC 作为编辑器进行版本合并，因为 BC 会自动将 8 个空格变为一个 TAB 键，因此使用 BC 合入的版本大多会将程序的缩进格式变乱。

（9）函数或过程的开始、结构的定义及循环、判断等语句中的代码都要采用缩进风格，case 语句下的情况处理语句也要遵从语句缩进要求。

（10）程序块的分界符（如 C/C++语言的“{”和“}”）应各独占一行并且位于同一列，同时与引用它们的语句左对齐。在函数体的开始、类的定义、结构的定义、枚举的定义，以及 if、for、do、while、switch、case 语句中的程序都要采用上述缩进方式。例如，下面的例子不符合规范。

```
for (...){
    ...//program code
}

if (...)
    {
    ...//program code
    }

void example_fun( void )
    {
    ...//program code
    }
```

应书写如下：

```
for (...)
{
    ...//program code
}

if (...)
{
    ...//program code
}
void example_fun( void )
{
    ...//program code
}
```

（11）在两个以上的关键字、变量、常量进行对等操作时，它们之间的操作符前后要加空格；在进行非对等操作时，如果是关系密切的立即操作符（如“->”），后面不应加空格。说明：采用这种松散方式编写程序的目的是使结构更加清晰。

由于加空格所产生的清晰性是相对的，所以，在已经非常清晰的语句中没有必要再加空格。如果语句已足够清晰，则括号内侧（即左括号后面和右括号前面）不需要加空格，多重括号间不必加空格，因为在 C/C++语言中括号已经是最清晰的标志了。

在长语句中，如果需要加的空格非常多，那么应该保持整体清晰，而在局部不加空格。在操作符前后加空格时不要连续加两个以上空格。例如：

① 对于逗号、分号，只在后面加空格。

```
int a, b, c;
```

② 对于比较操作符、赋值操作符（“=”“+=”）、算术操作符（“+”“%”）、逻辑操作符（“&&”“&”）、位域操作符（“<<”“^”）等双目操作符，在前后加空格。

```
if (current_time >= MAX_TIME_VALUE)
a = b + c;
a *= 2;
a = b ^ 2;
```

③ “!”、“~”、“++”、“--”、“&”（地址操作符）等单目操作符前后不加空格。

```
*p = 'a';                //内容操作符“*”与内容之间
flag = !isEmpty;         //非操作符“!”与内容之间
p = &mem;                //地址操作符“&”与内容之间
i++;                     //“++”“--”与内容之间
```

④ “->”“.”前后不加空格。

```
p->id = pid;             //“->”前后不加空格
```

⑤ if、for、while、switch 等与后面的括号间应加空格，使 if 等关键字更为突出、明显。

```
if (a >= b && c > d)
```

（12）一行程序以小于 80 字符为宜，不要写得过长。

9.2 注释

（1）在一般情况下，源程序的有效注释量必须在 20%以上。说明：注释的原则是有助于对程序的阅读理解，在该加的地方都要加，注释不宜太多也不能太少，注释语言必须准确、易懂、简洁。

（2）说明性文件（如头文件.h 文件、.inc 文件、.def 文件和编译说明文件.cfg 等）的头部应进行注释，注释必须列出：版权说明、版本号、生成日期、作者、内容、功能、与其他文件的关系、修改日志等，头文件的注释中还应有函数功能简要说明。例如，下面这段说明性文件的头部注释比较标准，当然，并不局限于此格式，但上述信息建议包含在内。

```
/*************************************************************************************
Copyright (C), 1988-1999, Huawei Tech. Co., Ltd.
File name:        //文件名
Author:        Version:        Date:        //作者、版本及完成日期
Description:      //用于详细说明此程序文件完成的主要功能，与其他模块或函数的接口，
                  //输出值、取值范围、含义和参数间的控制、顺序、独立或依赖等关系
Others:           //其他内容的说明
Function List:    //主要函数列表，每条记录应包括函数名和功能简要说明
1. ....
History:          //修改历史记录列表，每条修改记录应包括修改日期、修改者和修改内容简述
1. Date:
Author:
Modification:
2. ...
*************************************************************************************/
```

（3）源文件的头部应进行注释，必须列出：版权说明、版本号、生成日期、作者、模块目的/功能、主要函数及其功能、修改日志等。例如，下面这段源文件的头部注释比较标准，当然，并不局限于此格式，但上述信息建议包含在内。

```
/*************************************************************************************
Copyright (C), 1988-1999, Huawei Tech. Co., Ltd.
FileName: test.cpp
Author:          Version :          Date:
Description:              //模块描述
Version:                  //版本信息
Function List:            //主要函数及其功能
1. -------
History:                  //历史修改记录
<author>    <time>    <version >    <desc>
David     96/10/12      1.0      build this moudle
*************************************************************************************/
```

说明：“Description”一项描述本文件的内容、功能、内部各部分之间的关系，以及本文件与其他文件的关系等。“History”是修改历史记录列表，每条修改记录应包括修改日期、修改者和修改内容简述。

（4）函数的头部应进行注释，必须列出：函数的目的/功能、输入参数、输出参数、返回值、调用关系（函数、表）等。例如，下面这段函数的头部注释比较标准，当然，并不局限于此格式，但上述信息建议包含在内。

```
/*************************************************************************************
Function:                 //函数名称
Description:              //函数功能、性能等的描述
Calls:                    //被本函数调用的函数清单
Called By:                //调用本函数的函数清单
Table Accessed:           //被访问的表（此项仅用于涉及数据库操作的程序）
Table Updated:            //被修改的表（此项仅用于涉及数据库操作的程序）
```

```
Input:                  //输入参数说明，包括每个参数的作用、取值说明及参数间关系
Output:                 //对输出参数的说明
Return:                 //函数返回值的说明
Others:                 //其他说明
****************************************************************************************/
```

（5）边写代码边加注释，在修改代码的同时修改相应的注释，以保证注释与代码的一致性。不再有用的注释要删除。

（6）注释的内容要清楚、明了，含义准确，防止出现二义性。说明：错误的注释不但无益反而有害。

（7）避免在注释中使用缩写，特别是非常用的缩写。说明：在使用缩写时或之前，应对缩写进行必要的说明。

（8）注释应与其描述的代码相近，对代码的注释应放在其上方或右方（对单条语句的注释）相邻位置，不可放在下面，如放于上方则需与其上面的代码用空行隔开。例如，下面的例子不符合规范。

例 1：

```
/*get replicate sub system index and net indicator*/
repssn_ind = ssn_data[index].repssn_index;
repssn_ni = ssn_data[index].ni;
```

例 2：

```
repssn_ind = ssn_data[index].repssn_index;
repssn_ni = ssn_data[index].ni;
/*get replicate sub system index and net indicator*/
```

应书写如下：

```
/*get replicate sub system index and net indicator*/

repssn_ind = ssn_data[index].repssn_index;
repssn_ni = ssn_data[index].ni;
```

（9）对于有物理含义的变量、常量，如果其命名不是充分自注释的，在声明时都必须加以注释，说明其物理含义。变量、常量、宏的注释应放在其上方或右方相邻位置。例如：

```
/*active statistic task number*/
#define MAX_ACT_TASK_NUMBER 1000
#define MAX_ACT_TASK_NUMBER 1000 /*active statistic task number*/
```

（10）数据结构声明（包括数组、结构、类、枚举等），如果其命名不是充分自注释的，必须加以注释。对数据结构的注释应放在其上方相邻位置，不可放在下面；对结构中的每个域的注释放在此域的右方。例如，可按如下形式说明枚举、数据和联合结构。

```
/*sccp interface with sccp user primitive message name*/
enum    SCCP_USER_PRIMITIVE
{
    N_UNITDATA_IND,         /*sccp notify sccp user unit data come*/
```

```
    N_NOTICE_IND,            /*sccp notify user the No.7 network can not*/
                             /*transmission this message*/
    N_UNITDATA_REQ,          /*sccp user's unit data transmission request*/
};
```

（11）全局变量要有较详细的注释，包括对其功能、取值范围、哪些函数或过程存取它以及存取时的注意事项等的说明。例如：

```
/*The ErrorCode when SCCP translate*/
/*Global Title failure, as follows*/                //变量作用、含义
/*0 - SUCCESS     1 - GT Table error*/
/*2 - GT error    Others - no use*/                 //变量取值范围
/*only    function    SCCPTranslate() in*/
/*this modual can modify it,    and    other*/
/*module can visit it through call*/
/*the    function GetGTTransErrorCode()*/           //使用方法
BYTE g_GTTranErrorCode;
```

（12）注释与所描述内容进行同样的缩排。说明：可使程序排版整齐，并方便注释的阅读与理解。例如，下面的例子排版不整齐，阅读稍感不方便。

```
void example_fun( void )
{
/*code one comments*/
    CodeBlock One

        /*code two comments*/
    CodeBlock Two
}
```

应改为如下布局：

```
void example_fun( void )
{
    /*code one comments*/
    CodeBlock One

    /*code two comments*/
    CodeBlock Two
}
```

（13）将注释与其上面的代码用空行隔开。例如，下面的例子显得代码过于紧凑。

```
/*code one comments*/
program code one
/*code two comments*/
program code two
```

应书写如下：

```
/*code one comments*/
program code one

/*code two comments*/
program code two
```

（14）对变量的定义和分支语句（条件分支、循环语句等）必须加以注释。说明：这些语句往往是程序实现某一特定功能的关键，对于维护人员来说，良好的注释能够帮助更好地理解程序，有时效果甚至优于看设计文档。

（15）对于 switch 语句下的 case 语句，如果因为特殊情况需要处理完一个 case 后进入下一个 case 处理，必须在该 case 语句处理完、下一个 case 语句前加上明确的注释。说明：这样做能够比较清楚地体现程序编写者的意图，可以有效防止无故遗漏 break 语句。例如：

```
case CMD_UP:
    ProcessUp();
    break;

case CMD_DOWN:
    ProcessDown();
    break;

case CMD_FWD:
    ProcessFwd();

if (...)
{
    ...
    break;
}
else
{
    ProcessCFW_B();    //now jump into case CMD_A
}

case CMD_A:
    ProcessA();
    break;

case CMD_B:
    ProcessB();
    break;

case CMD_C:
    ProcessC();
    break;

case CMD_D:
```

```
        ProcessD();
        break;
    …
```

（16）避免在一行代码或表达式的中间插入注释。说明：除非必要，不应在代码或表达中间插入注释，否则容易使代码可理解性变差。

（17）通过对函数或过程、变量、结构等的正确命名，以及合理地组织代码的结构，使代码成为自注释的。说明：清晰准确地命名函数、变量等，可增加代码的可读性，并减少不必要的注释。

（18）在代码的功能、意图层次上进行注释，提供有用、额外的信息。说明：注释的目的是解释代码的目的、功能和采用的方法，提供代码以外的信息，帮助读者理解代码，要防止没有意义的注释信息。例如，下面的注释意义不大。

```
/*if receive_flag is TRUE*/
if (receive_flag)
```

而下面的注释则给出了额外、有用的信息。

```
/*if mtp receive a message from links*/
if (receive_flag)
```

（19）在程序块结束行的右方添加注释标记，以表明某程序块的结束。说明：当代码段较长，特别是多重嵌套时，这样做可以使代码更清晰，更便于阅读。例如：

```
if (...)
{
    //program code

    while (index < MAX_INDEX)
    {
        //program code
    } /*end of while (index < MAX_INDEX)*/          //指明该条 while 语句结束
} /*end of   if (...)*/                            //指明是哪条 if 语句结束
```

（20）注释格式尽量统一，建议使用“/*……*/”。

（21）注释应考虑程序易读性和外观排版的因素，若使用的语言是中、英文兼有的，建议多使用中文，除非能用非常流利、准确的英文表达。说明：注释语言不统一，影响程序的易读性和外观排版，出于对维护人员的考虑，建议使用中文。

9.3 标识符名称

（1）标识符的命名要清晰、明了，有明确含义，同时使用完整的单词或大家基本可以理解的缩写，避免使人产生误解。说明：较短的单词可通过去掉“元音”形成缩写；较长的单词可取单词的头几个字母形成缩写；一些单词有大家公认的缩写。

例如，下面的单词缩写基本能够被大家认可。

- temp 可缩写为 tmp；
- flag 可缩写为 flg；
- statistic 可缩写为 stat；
- increment 可缩写为 inc；
- message 可缩写为 msg。

（2）命名中若使用特殊约定或缩写，则要有注释说明。说明：应该在源文件的开始之处，对文件中所使用的缩写或约定，特别是对于特殊的缩写，进行必要的注释说明。

（3）自己特有的命名风格，要自始至终保持一致，不可来回变化。说明：在符合所在项目组或产品组的命名规则的前提下，才可使用个人的命名风格（即命名规则中没有规定到的地方才可使用个人命名风格）。

（4）对于变量命名，禁止取单个字符（如 i、j、k…），建议除了要有具体含义外，还能表明其变量类型、数据类型等，但将 i、j、k 用作局部循环变量是允许的。说明：变量，尤其是局部变量，如果用单个字符表示，很容易敲错（如 i 写成 j），而编译时又检查不出来，有可能为了这个小小的错误而花费大量的查错时间。

例如，下面的局部变量名的定义方法可以借鉴。

```
int liv_Width
```

其变量名解释如下：

```
l       局部变量（Local）    （其他：g，全局变量，Global...）
i       数据类型（Interger）
v       变量（Variable）     （其他：c，常量，Const...）
Width   变量含义
```

这样可以防止局部变量与全局变量重名。

（5）命名规范必须与所使用的系统风格保持一致，并在同一项目中统一。例如，采用 UNIX 的全小写加下画线的风格或大小写混排的方式，不要使用大小写与下画线混排的方式，用作特殊标识，如标识成员变量或全局变量的 m_和 g_，其后加上大小写混排的方式是允许的。例如，不允许使用 Add_User，允许使用 add_user、AddUser、m_AddUser。

（6）除非必要，不要用数字或较奇怪的字符来定义标识符。例如，下面的命名可能会使人产生疑惑。

```
#define _EXAMPLE_0_TEST_
#define _EXAMPLE_1_TEST_
void set_sls00( BYTE sls );
```

应改为用有意义的单词命名，例如：

```
#define _EXAMPLE_UNIT_TEST_
#define _EXAMPLE_ASSERT_TEST_
void set_udt_msg_sls( BYTE sls );
```

（7）在同一软件产品内，应规划好接口部分的标识符（如变量、结构、函数和常量）的命名，防止在编译、链接时产生冲突。说明：对接口部分的标识符应该有更严格的限制，防止冲突。例如，可规定在接口部分的变量与常量之前加上“模块”标识等。

（8）用正确的反义词组命名具有互斥意义的变量或相反动作的函数等。说明：下面是一些在程序设计中常用的反义词组。

```
add / remove          begin / end           create / destroy
insert / delete       first / last          get / release
increment / decrement                       put / get
add / delete          lock / unlock         open / close
min / max             old / new             start / stop
next / previous       source / target       show / hide
send / receive        source / destination
cut / paste           up / down
```

例如：

```
int  min_sum;
int  max_sum;
int  add_user( BYTE *user_name );
int  delete_user( BYTE *user_name );
```

（9）除了编译开关、头文件等特殊应用外，应避免使用_EXAMPLE_TEST_之类以下画线开始和结尾的定义。

第 10 章

shell 编程

shell 本身是一个用 C 语言编写的程序，它是用户使用 Linux 的桥梁。shell 既是一种命令语言，又是一种程序设计语言。作为命令语言，它交互式地解释和执行用户输入的命令；作为程序设计语言，它定义了各种变量和参数，并提供了许多在高级语言中才具有的控制结构，包括循环和分支。它虽然不是 Linux 系统核心的一部分，但它调用了系统核心的大部分功能来执行程序、建立文件并以并行的方式协调各个程序的运行。因此，对于用户来说，shell 是最重要的实用程序，深入了解和熟练掌握 shell 的特性及其使用方法，是用好 Linux 系统的关键。可以说，shell 使用的熟练程度反映了用户对 Linux 使用的熟练程度。

10.1 什么是 shell

当一个用户登录 Linux 系统之后，系统初始化程序 init 就为每一个用户运行一个名为 shell（外壳）的程序。那么，shell 是什么呢？确切一点说，shell 就是一个命令行解释器，它为用户提供了一个向 Linux 内核发送请求以便运行程序的界面系统级程序，用户可以用 shell 来启动、挂起、停止，甚至编写一些程序。

用户使用 Linux 时是通过命令来完成所需工作的。一个命令就是用户和 shell 之间对话的一个基本单位，它是由多个字符组成并以换行结束的字符串。shell 解释用户输入的命令，就像 DOS 里的 command.com 所做的一样，所不同的是，在 DOS 中，command.com 只有一个，而在 Linux 下比较流行的 shell 有好几个，每个 shell 都各有千秋。一般的 Linux 系统都将 bash 作为默认的 shell。

10.2 几种流行的 shell

目前流行的 shell 有 ash、bash、ksh、csh 和 zsh 等，可以用下面的命令来查看 shell 的类型。

```
#echo $SHELL
```

$SHELL 是一个环境变量，它记录用户所使用的 shell 类型。可以用下面的命令来转换到别的 shell。

```
#shell-name
```

这里 shell-name 是想要尝试使用的 shell 的名称，如 ash 等。这个命令为用户又启动了一个 shell，该 shell 在最初登录的那个 shell 之后，称为下级的 shell 或子 shell。使用命令：

```
$exit
```

可以退出这个子 shell。

使用不同的 shell 的原因在于它们都有各自的特点，下面做一些简单的介绍。

（1）ash。ash shell 是由 Kenneth Almquist 编写的，是 Linux 中占用系统资源最少的一个小 shell，它只包含 24 个内部命令，因此使用起来很不方便。

（2）bash。bash 是 Linux 系统默认使用的 shell，它由 Brian Fox 和 Chet Ramey 共同完成，是 Bourne Again Shell 的缩写，内部命令一共有 40 个。Linux 使用它作为默认的 shell 是因为它有下列特点。

- 可以使用类似 DOS 下面的 doskey 的功能，用方向键查阅和快速输入并修改命令；
- 自动通过查找匹配的方式给出以某字符串开头的命令；
- 包含了自身的帮助功能，只要在提示符下面键入“help”就可以得到相应的帮助。

（3）ksh。ksh 是 Korn shell 的缩写，由 Eric Gisin 编写，共有 42 条内部命令。该 shell 最大的优点是几乎和商业发行版的 ksh 完全兼容，这样就可以在不花钱购买商业版本的情况下尝试商业版本的性能了。

（4）csh。csh 是 Linux 比较大的内核，它由以 William Joy 为代表的共计 47 位作者编成，共有 52 个内部命令。该 shell 其实是指向/bin/tcsh 这样的一个 shell，也就是说，csh 其实就是 tcsh。

（5）zch。zch 是 Linux 最大的 shell 之一，由 Paul Falstad 完成，共有 84 个内部命令。如果只是一般的用途，是没有必要安装这样的 shell 的。

10.3 shell 程序设计（基础部分）

其实作为命令语言，交互式地解释和执行用户输入的命令只是 shell 功能的一个方面，shell 还可以用来进行程序设计，它提供了定义变量和参数的手段，以及丰富的程序控制结构。使用 shell 编程类似于 DOS 中的批处理文件，称为 shell script，又叫作 shell 程序或 shell 命令文件。

10.3.1 shell 的基本语法

shell 的基本语法主要就是如何输入命令运行程序，以及如何在程序之间通过 shell 的一些参数提供便利手段来进行通信。

1. 输入输出重定向

在 Linux 中，每一个进程都有 3 个特殊的文件描述指针：标准输入（Standard Input，文件描述指针为 0）、标准输出（Standard Output，文件描述指针为 1）和标准错误输出（Standard Error，文件描述指针为 2）。这 3 个特殊的文件描述指针使进程在一般情况下接收标准输入终端的输入，同时由标准终端来显示输出，Linux 同时也允许使用者使用普通的文件或管道来取代这些标准输入输出设备。在 shell 中，使用者可以利用“>”和“<”来进行输入输出重定向。例如：

```
command>file：将命令的输出结果重定向到一个文件
```

2．管道（pipe）

pipe 同样可以在标准输入输出和标准错误输出间做代替工作，这样一来，可以将某一个程序的输出送到另一个程序的输入，其语法如下：

```
command1| command2[| command3...]
```

也可以连同标准错误输出一起送入管道。

```
command1| &command2[|& command3...]
```

3．前台和后台

在 shell 下面，一个新产生的进程可以通过用命令后面的符号“；”和“&”来分别以前台和后台的方式执行，语法如下：

```
command
```

产生一个前台的进程，下一个命令必须等该命令运行结束后才能输入。

```
command &
```

产生一个后台的进程，此进程在后台运行的同时，可以输入其他的命令。

10.3.2 shell 程序的变量和参数

与高级程序设计语言一样，shell 也提供说明和使用变量的功能。对于 shell 来讲，所有变量的取值都是一个字符串，shell 程序采用$var 的形式来引用名为 var 的变量的值。shell 有以下几种基本类型的变量。

1．shell 定义的环境变量

shell 在开始执行时就已经定义了一些和系统的工作环境有关的变量，用户可以重新定义这些变量，常用的 shell 环境变量有

- HOME：用于保存注册目录的完全路径名。
- PATH：用于保存用冒号分隔的目录路径名，shell 将按 PATH 变量中给出的顺序搜索这些目录，找到的第一个与命令名称一致的可执行文件将被执行。
- TERM：终端的类型。
- UID：当前用户的标识符，取值是由数字构成的字符串。
- PWD：当前工作目录的绝对路径名，该变量的取值随 cd 命令的使用而变化。
- PS1：主提示符，在特权用户下，默认的主提示符是“#”；在普通用户下，默认的主提示符是“$”。
- PS2：在 shell 接收用户输入命令的过程中，如果用户在输入行的末尾输入“\”然后回车，或者当用户按回车键时 shell 判断出用户输入的命令没有结束时，显示这个辅助提

示符，提示用户继续输入命令的其余部分，默认的辅助提示符是“>”。

2．用户定义的变量

用户可以按照下面的语法规则定义自己的变量。

```
变量名=变量值
```

要注意的一点是，在定义变量时，变量名前不应加符号“$”，在引用变量的内容时则应在变量名前加“$”；在给变量赋值时，等号两边一定不能留空格，若变量中本身就包含了空格，则整个字符串都要用双引号括起来。

在编写 shell 程序时，为了区别变量名和命令名，建议所有的变量名都用大写字母来表示。

有时我们想要在说明一个变量并对它设定为一个特定值后就不再改变它的值，那么可以用下面的命令来保证一个变量的只读性。

```
readly 变量名
```

在任何时候，建立的变量都只是当前 shell 的局部变量，所以不能被 shell 运行的其他命令或 shell 程序所利用，export 命令可以将一局部变量提供给 shell 执行的其他命令使用，其格式为

```
export 变量名
```

也可以在给变量赋值的同时使用 export 命令。

```
export 变量名=变量值
```

使用 export 说明的变量，在 shell 以后运行的所有命令或程序中都可以访问到。

3．位置参数

位置参数是一种在调用 shell 程序的命令行中按照各自的位置决定的变量，是在程序名之后输入的参数。位置参数之间用空格分隔，shell 取第一个位置参数替换程序文件中的$1，第二个位置参数替换$2，依此类推。$0 是一个特殊的变量，它的内容是当前这个 shell 程序的文件名，所以，$0 不是一个位置参数，在显示当前所有的位置参数时是不包括$0 的。

4．预定义变量

预定义变量和环境变量类似，也是 shell 一开始就定义了的变量，所不同的是，用户只能根据 shell 的定义来使用这些变量，而不能重定义它。所有预定义的变量都是由符号$和另一个符号组成的，常用的 shell 预定义变量有

- $#：位置参数的数量。
- $*：所有位置参数的内容。
- $?：命令执行后返回的状态。
- $$：当前进程的进程号。
- $!：后台运行的最后一个进程号。
- $0：当前执行的进程名。

其中，“$?”用于检查上一个命令执行是否正确（在 Linux 中，命令退出状态为 0 表示该命令正确执行，任何非 0 值表示命令出错）；“$$”变量最常见的用途是用作临时文件的名称以保证临时文件不会重复。

5. 参数置换的变量

shell 提供了参数置换功能以便用户可以根据不同的条件来给变量赋不同的值。参数置换的变量有 4 种，这些变量通常与某一个位置参数相联系，根据是否已经设置指定的位置参数决定变量的取值，它们的语法和功能分别如下。

（1）变量=${参数-word}：如果设置了参数，则用参数的值置换变量的值，否则用 word 置换。即这种变量的值等于某一个参数的值，如果该参数没有设置，则变量就等于 word 的值。

（2）变量=${参数=word}：如果设置了参数，则用参数的值置换变量的值，否则把变量设置成 word，然后用 word 替换参数的值。注意，位置参数不能用于这种方式，因为在 shell 程序中不能为位置参数赋值。

（3）变量=${参数？word}：如果设置了参数，则用参数的值置换变量的值，否则就显示 word 并从 shell 中退出；如果省略了 word，则显示标准信息。这种变量要求一定等于某一个参数的值，如果该参数没有设置，就显示一个信息，然后退出，因此这种方式常用于出错指示。

（4）变量=${参数+word}：如果设置了参数，则用 word 置换变量，否则不进行置换。

上述 4 种形式中的参数既可以是位置参数，也可以是另一个变量，只是用位置参数的情况比较多。

10.4 shell 程序设计的流程控制

接下来以 bash 为例介绍 shell 程序设计的高级部分，即 shell 编程的流程控制、调试方法和 shell 程序的运行方法，顺便也向大家介绍一下 bash 的内部命令。

和其他高级程序设计语言一样，shell 提供了用来控制程序执行流程的命令，包括条件分支和循环结构，用户可以用这些命令建立非常复杂的程序。

与传统语言不同的是，shell 用于指定条件值的不是布尔表达式，而是命令和字符串。

10.4.1 test 命令

test 命令用于检查某个条件是否成立，它可以进行数值、字符串和文件 3 个方面的测试，其测试符和相应的功能分别如下。

1. 数值测试

- -eq：等于则为真。
- -ne：不等于则为真。
- -gt：大于则为真。
- -ge：大于等于则为真。
- -lt：小于则为真。

- -le：小于等于则为真。

2．字符串测试

- =：等于则为真。
- !=：不相等则为真。
- -z 字符串：字符串长度伪则为真。
- -n 字符串：字符串长度不伪则为真。

3．文件测试

- -e 文件名：如果文件存在则为真。
- -r 文件名：如果文件存在且可读则为真。
- -w 文件名：如果文件存在且可写则为真。
- -x 文件名：如果文件存在且可执行则为真。
- -s 文件名：如果文件存在且至少有一个字符则为真。
- -d 文件名：如果文件存在且为目录则为真。
- -f 文件名：如果文件存在且为普通文件则为真。
- -c 文件名：如果文件存在且为字符型特殊文件则为真。
- -b 文件名：如果文件存在且为块特殊文件则为真。

另外，Linux 还提供了与（!）、或（-o）、非（-a）3 个逻辑操作符用于将测试条件连接起来，其优先级为“!”最高，“-a”次之，“-o”最低。

同时，bash 也能完成简单的算术运算，其格式为

```
$[expression]
```

例如：

```
var1=2
var2=$[var1*10+1]
```

则 var2 的值为 21。

10.4.2 if 条件语句

shell 程序中的条件分支是通过 if 条件语句来实现的，其一般格式为

```
if 条件命令串
then
    条件为真时的命令串
else
    条件为假时的命令串
fi
```

例如：

```
#!/bin/bash
if [ "$1" = "" ] || [ "$2" = "" ]
```

```
then
    echo "Please enter file name"
    exit 1
fi
if [ -e $2 ]
then
    echo "The file already exists"
    until [ ! -f $2 ]
    do
        sleep 1
    done
fi
if [ ! `mv $1 $2` ]
then
    echo "mv successful"
else
    echo "mv error"
fi
```

10.4.3 for 循环

for 循环对一个变量的可能值都执行一个命令序列。赋给变量的几个数值既可以在程序内以数值列表的形式提供，也可以在程序之外以位置参数的形式提供。for 循环的一般格式为

```
for 变量名
[in 数值列表]
do
若干个命令行
done
```

变量名可以是用户选择的任何字符串，如果变量名是 var，则在 in 之后给出的数值将顺序替换循环命令列表中的$var。如果省略了 in，则变量 var 的取值将是位置参数。对变量的每一个可能的赋值都将执行 do 和 done 之间的命令列表。例如：

```
#!/bin/bash
counter=0
for files in *
do
    counter='expr $counter + 1'
done
echo "There are $counter files in 'pwd' we need to process"
```

10.4.4 while 和 until 循环

while 和 until 循环都是用命令的返回状态值来控制循环的。while 循环的一般格式为

```
while
若干个命令行 1
do
```

```
若干个命令行 2
done
```

只要 while 的“若干个命令行 1”中最后一个命令的返回状态为真，while 循环就继续执行 do 和 done 之间的“若干个命令行 2”。

until 是另一种循环结构，它和 while 相似，其格式为

```
until
若干个命令行 1
do
若干个命令行 2
done
```

until 循环和 while 循环的区别在于：while 循环在条件为真时继续执行循环，而 until 则是在条件为假时继续执行循环。

shell 还提供了 true 和 false 两条命令，用于建立无限循环结构，它们的返回状态分别是总为 0 或总为非 0。

例 1：

```
#!/bin/bash
echo -n "Please enter number : "
read n
sd=0
rev=""
on=$n
echo "$n"
while [ $n -gt 0 ]
do
    sd=$(( $n % 10 )) # get Remainder
    n=$(( $n / 10 ))   # get next digit
    rev=$( echo $rev$sd)
done
echo   "$on in a reverse order $rev"
```

例 2：

```
until [ ! -f $2 ]
do
    sleep 1
done
fi
if [ ! `mv $1 $2` ]
then
    echo "mv successful"
else
    echo "mv error"
fi
```

10.4.5 case 条件选择

if 条件语句用于在两个选项中选定一项，而 case 条件选择为用户提供了根据字符串或变量的值从多个选项中选择一项的方法，其格式为

```
case string in
exp-1)
若干个命令行 1
;;
exp-2)
若干个命令行 2
;;
……
*)
其他命令行
esac
```

shell 通过计算字符串 string 的值，将其结果依次和表达式 exp-1、exp-2 等进行比较，直到找到一个匹配的表达式为止，如果找到了匹配项则执行它下面的命令，直到遇到一对分号(;;)为止。

在 case 表达式中也可以使用 shell 的通配符（“*”、“? ”、“[ ]”），通常用“*”作为 case 命令的最后表达式，用于在前面找不到任何相应的匹配项时执行“其他命令行”的命令。例如：

```
#!/bin/bash
echo "Hit a key, then hit return."
read Keypress
case "$Keypress" in
[A-Z] ) echo "Uppercase letter";;
[a-z] ) echo "Lowercase letter";;
[0-9] ) echo "Digit";;
* ) echo "Punctuation, whitespace, or other";;
esac
```

10.4.6 无条件控制语句 break 和 continue

break 用于立即中止当前循环的执行，而 contiune 用于不执行循环中后面的语句而立即开始下一个循环的执行。这两个语句只有放在 do 和 done 之间时才有效。

10.4.7 函数定义

在 shell 中还可以定义函数。函数实际上也是由若干条 shell 命令组成的，因此它与 shell 在程序形式上是相似的，不同的是它不是一个单独的进程，而是 shell 程序的一部分。函数定义的基本格式为

```
functionname
{
    若干命令行
}
```

调用函数的格式为

```
functionname param1 param2……
```

shell 函数可以完成某些例行的工作，而且还可以有自己的退出状态，因此函数也可以作为 if 和 while 等控制结构的条件。

在函数定义时不用带参数说明，但在调用函数时可以带有参数，此时 shell 将把这些参数分别赋予相应的位置参数$1、$2、…、$*。

10.5 命令分组

在 shell 中有两种命令分组的方法——“()”和“{}”，当 shell 执行()中的命令时将再创建一个新的子进程，然后这个子进程去执行“()”中的命令。当用户在执行某个命令时不想让命令运行时对状态集合（如位置参数、环境变量、当前工作目录等）的改变影响到下面语句的执行时，就应该把这些命令放在“()”中，这样就能保证所有的改变只对子进程产生影响，而父进程不受任何干扰。“{}”用于将顺序执行的命令的输出结果用于另一个命令的输入（管道方式）。当我们要真正使用“()”和“{}”时（如计算表达式的优先级），则需要在其前面加上转义符（\），以便让 shell 知道它们不是用于命令执行的控制。

10.6 用 trap 命令捕捉信号

trap 命令用于在 shell 程序中捕捉信号，捕捉到信号后可以有 3 种反应方式。

- 执行一段程序来处理这一信号；
- 接收信号的默认操作；
- 忽视这一信号。

针对上面 3 种方式，系统提供了 3 种基本形式的 trap 命令。

第一种形式的 trap 命令在 shell 接收到与 signal list 清单中数值相同的信号时，将执行双引号中的命令串。

```
trap 'commands' signal-list
trap "commands" signal-list
```

为了恢复信号的默认操作，使用第二种形式的 trap 命令。

```
trap signal-list
```

第三种形式的 trap 命令允许忽视信号。

```
trap " " signal-list
```

注：①对信号 11（段违例）不能捕捉，因为 shell 本身需要捕捉该信号去进行内存的转存。②在 trap 命令中可以定义对信号 0 的处理（实际上没有这个信号），shell 程序在其终止（如执行 exit 语句）时发出该信号。③在捕捉到 signal-list 中指定的信号并执行完相应的命令之后，如果这些命令没有将 shell 程序终止的话，

shell 程序将继续执行收到信号时所执行的命令后面的命令，这样将很容易导致 shell 程序无法终止。

另外，在 trap 命令中，单引号和双引号是不同的，当 shell 程序第一次碰到 trap 命令时，将把 commands 中的命令扫描一遍，此时若 commands 是用单引号括起来的话，那么 shell 不会对 commands 中的变量和命令进行替换；否则 commands 中的变量和命令将用当时具体的值来替换。

10.7 运行 shell 程序的方法

用户可以用任何编辑程序来编写 shell 程序，因为 shell 程序是解释执行的，所以不需要编译装配成目标程序。按照 shell 编程的惯例，以 bash 为例，程序的第一行一般为"#!/bin/bash"，其中#表示该行是注释，符号"！"告诉 shell 运行"！"之后的命令并用文件的其余部分作为输入，也就是运行/bin/bash 并让/bin/bash 去执行 shell 程序的内容。

执行 shell 程序的方法有如下 3 种。

（1）sh shell 程序文件名。这种方法的命令格式为

```
bash shell 程序文件名
```

这实际上是调用一个新的 bash 命令解释程序，而把 shell 程序文件名作为参数传递给它。新启动的 shell 将去读指定的文件，执行文件中列出的命令，直到所有的命令都执行完毕。该方法的优点是可以利用 shell 调试功能。

（2）sh。格式为

```
bash
```

这种方式就是利用输入重定向，使 shell 命令解释程序的输入取自指定的程序文件。

（3）用 chmod 命令使 shell 程序成为可执行的。一个文件能否运行取决于该文件的内容本身可执行且该文件具有执行权。对于 shell 程序，当用编辑器生成一个文件时，系统赋予的许可权限都是"644(rw-r-r--)"，因此，当用户需要运行这个文件时，只需要直接键入文件名即可。

在这三种运行 shell 程序的方法中，最好按下面的方式进行选择：当刚建立一个 shell 程序，对它的正确性还没有把握时，应当使用第一种方式进行调试；若一个 shell 程序已经被调试好，应使用第三种方式把它固定下来，以后只要键入相应的文件名即可，并可被另一个程序调用。

10.8 bash 程序的调试

在编程过程中难免会出错，有时调试程序比编写程序花费的时间还要多，shell 程序同样如此。

shell 程序的调试主要是利用 bash 命令解释程序的选择项。调用 bash 的形式为

```
bash -选择项 shell 程序文件名
```

几个常用的选择项如下。

- -e：如果一个命令失败就立即退出。

- -n：读入命令但是不执行它们。
- -u：置换时把未设置的变量看作出错。
- -v：当读入 shell 输入行时把它们显示出来。
- -x：执行命令时把命令和它们的参数显示出来。

上面的所有选项也可以在 shell 程序内部用“set -选择项”的形式引用，而“set +选择项”则将禁止该选择项起作用。如果只想对程序的某一部分使用某些选择项时，则可以将该部分用上面两个语句包围起来。

1．未置变量退出和立即退出

未置变量退出特性允许用户对所有变量进行检查，如果引用了一个未赋值的变量，则会终止 shell 程序的执行。shell 通常允许未置变量的使用，在这种情况下，变量的值为空。如果设置了未置变量退出选择项，则一旦使用了未置变量就会显示错误信息，并终止程序的运行。未置变量退出选择项为“-u”。

当 shell 运行时，若遇到不存在或不可执行的命令、重定向失败或命令非正常结束等情况，如果未经重新定向，该出错信息会打印在终端屏幕上，而 shell 程序仍将继续执行。要想在错误发生时迫使 shell 程序立即结束，可以使用“-e”选项将 shell 程序的执行立即终止。

2．shell 程序的跟踪

调试 shell 程序的主要方法是利用 shell 命令解释程序的“-v”或“-x”选项来跟踪程序的执行。“-v”选择项使 shell 程序在执行程序的过程中，把它读入的每一个命令行都显示出来，而“-x”选择项使 shell 程序在执行程序的过程中把它执行的每一个命令在行首用一个“+”加上命令名显示出来，并把每一个变量和该变量所取的值也显示出来，因此，它们的主要区别在于：在执行命令行之前无“-v”则打印出命令行的原始内容，而有“-v”则打印出经过替换后的命令行的内容。

除了使用 shell 的“-v”和“-x”选择项以外，还可以在 shell 程序内部采取一些辅助调试的措施。例如，可以在 shell 程序的一些关键地方使用 echo 命令把必要的信息显示出来，它的作用相当于 C 语言中的 printf 语句，这样就可以知道程序运行到什么地方以及程序目前的状态。

10.9 bash 的内部命令

bash 命令解释程序包含了一些内部命令，内部命令在目录列表中是看不见的，它们由 shell 本身提供。常用的内部命令有 echo、eval、exec、export、readonly、read、shift、wait 和“.”，下面简单介绍其命令格式和功能。

（1）echo。命令格式为

```
echo arg
```

功能：在屏幕上打印出由 arg 指定的字符串。

（2）eval。命令格式为

```
eval args
```

功能：当 shell 程序执行到 eval 语句时，shell 读入参数 args，并将它们组合成一个新的命令，然后执行。

（3）exec。命令格式为

```
exec 命令参数
```

功能：当 shell 程序执行到 exec 命令时，不会去创建新的子进程，而是转而去执行指定的命令，当指定的命令执行完时，该进程，也就是最初的 shell 程序就终止了，所以 shell 程序中 exec 命令后面的语句将不再被执行。

（4）export。命令格式为

```
export 变量名或 export 变量名=变量值
```

功能：shell 程序可以用 export 命令把它的变量向下带入子 shell，从而让子进程继承父进程中的环境变量，但子 shell 不能用 export 命令把它的变量向上带入父 shell。

注：不带任何变量名的 export 命令将显示出当前所有的 export 变量。

（5）readonly。命令格式为

```
readonly 变量名
```

功能：将一个用户定义的 shell 变量标识为不可变的，不带任何参数的 readonly 命令将显示出所有只读的 shell 变量。

（6）read。命令格式为

```
read 变量名表
```

功能：从标准输入设备读入一行，分解成若干字，赋值给 shell 程序内部定义的变量。

（7）shift 语句。

功能：shift 语句按如下方式重新命名所有的位置参数变量，$2 成为$1，$3 成为$2……在程序中每使用一次 shift 语句，都使所有的位置参数依次向左移动一个位置，并使位置参数“$#”减 1，直到减至 0。

（8）wait。

功能：shell 程序在后台等待启动的所有子进程结束，wait 的返回值总是真。

（9）exit。

功能：退出 shell 程序，在 exit 之后可有选择地指定一个数字作为返回状态。

（10）“.”(点)。命令格式为

```
. Shell 程序文件名
```

功能：使 shell 程序读入指定的 shell 程序文件并依次执行文件中的所有语句。

第 11 章 文件操作

以前看一个朋友的博客，其中有一句话很犀利——Linux 下皆文件，短短几个字就说出了文件系统在 Linux 中的重要性。在 Linux 操作系统中，它对一切资源的管理归根到底都是对文件的管理。

11.1 Linux 文件结构

如果学过计算机操作系统原理的话，就应该知道操作系统的五大功能之一就是对文件的管理。那么为什么要引入文件管理的功能呢？它的主要任务又是什么呢？

我们先看看文件系统出现的背景吧！

在现代操作系统中，要利用大量的程序和数据，由于内存容量有限，且不能长期保存，于是人们想出了把这些数据以文件的形式放在外存中，需要的时候再将它们调入内存，从此就有了文件系统，它负责管理在外存上的文件，并把存取、共享和保护等手段提供给用户，这样就方便了用户，保证了文件的安全性，并且提高了系统资源的利用率。

（1）从系统的角度来看，文件系统是对文件存储器空间进行组织和分配，负责文件的存储并对存入的文件进行保护和检索的系统；从用户的角度看，文件系统的主要功能是实现了对文件的按名存取。

（2）由于要存储大量的文件，但如何对这些文件实施有效的管理呢？人们又引入了目录，通过目录来对文件进行管理。

现在我们来看看在 Linux 中是如何实现文件系统的。

11.1.1 Linux 文件系统

文件系统是指文件存在的物理空间，Linux 系统中的每个分区都是一个文件系统，都有自己的目录层次结构。Linux 会将这些分属不同分区的、单独的文件系统按一定的方式组合起来形成一个系统的总的目录层次结构。

通过学习计算机操作系统原理，我们知道系统是靠 FCB 来管理文件的，而具体到 Linux 操作系统，它是靠 index node 来管理文件的。

（1）Linux 是一个安全的操作系统，它是以文件为基础设计的，从此处就可以看出“Linux 下皆文件”。Linux 中的文件系统主要用于管理文件存储空间的分配、文件访问权限的维护和对文件的各种操作。

- 用户可以使用 shell 命令对文件进行操作，但在功能上受到一定的限制。
- 程序员可以通过系统调用或 C 语言的库函数对文件进行操作。

（2）Linux 文件主要包括两方面的内容：一是文件本身所包含的数据；另外就是文件的属性，也称为元数据，包括文件访问权限、所有者、文件大小和创建日期等。

（3）目录也是一种文件，称为目录文件。目录文件的内容是该目录的目录项，目录项是该目录下的文件和目录的相关信息。当创建一个新目录时，系统将自动创建两个目录项——“.”和“..”。

我们可以用下面的命令来实践一下。

```
[root@localhost jsetc]# mkdir mm
[root@localhost jsetc]# ls -al
总计 16
drwxr-xr-x   3 root root 4096 05-17 14:25 .
drwxr-xr-x 25 root root 4096 05-17 14:24 ..
drwxr-xr-x   2 root root 4096 05-17 14:25
```

mkdir mm 的功能是创建一个 tiger 的目录，然后用命令“ls -al tiger”查看一下 tiger 目录的详细信息，可以看见系统将自动创建两个目录项——“.”和“..”。

（4）Linux 采用的是标准目录结构——树形结构，无论操作系统管理几个磁盘分区，这样的目录树只有一个（这样设计的原因是：有助于对系统文件和不同的用户文件进行统一管理）。

（5）在 Linux 安装时，安装程序就已经为用户创建了文件系统和完整而固定的目录组成形式，并指定了每个目录的作用和其中的文件类型。

11.1.2　Linux 目录结构

与 Windows 将硬盘看作 C 盘、D 盘几个独立的分区不同，Linux 将整个文件系统看作一棵树，这棵树的树根叫作根文件系统，用“/”表示，各个分区通过挂载（Mount）以文件夹的形式访问。

在根目录中的文件夹很多，本节介绍常见文件夹的意义。Linux 的目录结构确实比较复杂，但设置合理、层次鲜明。

1．根文件系统

（1）/bin。这一目录中存放了供所有用户使用的完成基本维护任务的命令，其中 bin 是 binary 的缩写，表示二进制文件，通常为可执行文件。一些常用的系统命令，如 cp、ls 等保存在该目录中。

（2）/boot。这里存放的是启动 Linux 时使用的一些核心文件，如操作系统内核、引导程序 Grub 等。

（3）/dev。在此目录中包含所有的系统设备文件。从该目录可以访问各种系统设备，如 CD-ROM、磁盘驱动器、调制解调器和内存等。在该目录中还包含各种实用功能，例如用于创建设备文件的 MAKEDEV。

（4）/etc。该目录中包含系统和应用软件的配置文件。

（5）/etc/passwd。该目录中包含系统中的用户描述信息，每行记录一个用户的信息。

（6）/home。存储普通用户的个人文件，每个用户的主目录均在/home 下以自己的用户名命名。

（7）/lib。这个目录里存放着系统最基本的共享链接库和内核模块，共享链接库在功能上类似于 Windows 里的.dll 文件。

（8）/lib64。64 位系统有这个文件夹，是一个存放 64 位程序的库。

（9）/lost+found。这并不是 Linux 目录结构的组成部分，而是 ext3 文件系统用于保存丢失文件的地方。不恰当的关机操作和磁盘错误均会导致文件丢失，这意味着这些文件被标注为“在使用”，但却并未列于磁盘的数据结构上。在正常情况下，引导进程会运行 fsck 程序，该程序能发现这些丢失的文件。除了“/”分区上的这个目录外，在每个分区上均有一个 lost+found 目录。

（10）/media。可移动设备的挂载点，当前的操作系统通常会把 U 盘等设备自动挂载到该文件夹下。

（11）/mnt。临时用于挂载文件系统的地方。在一般情况下这个目录是空的，而在我们将要挂载分区时再在这个目录下建立目录，将我们要访问的设备挂载在这个目录上，这样我们就可访问文件了（注意在 GNOME 中，只有挂载到/media 的文件夹才会显示在“计算机”中，挂载到/mnt 不会作为特殊设备显示，详见自动挂载分区）。

（12）/opt。多数第三方软件默认安装到此位置，如 Adobe Reader、google-earth 等，并不是每个系统都会创建这个目录。

（13）/proc。它是存在于内存中的虚拟文件系统，里面保存了内核和进程的状态信息，多为文本文件，可以直接查看，如/proc/cpuinfo 保存了有关 CPU 的信息。

（14）/root。这是根用户的主目录，与保留给个人用户的/home 下的目录很相似，该目录中还包含仅与根用户有关的条目。

（15）/sbin。供超级用户使用的可执行文件，里面多是系统管理命令，如 fsck、reboot、shutdown 和 ifconfig 等。

（16）/tmp。该目录用于保存临时文件，具有 Sticky 特殊权限，所有用户都可以在这个目录中创建和编辑文件，但只有文件拥有者才能删除文件。为了加快临时文件的访问速度，有的用户会把/tmp 放在内存中。

（17）/usr。静态的用户级应用程序等。

（18）/var。动态的程序数据等。

2. /usr 目录结构

/usr 通常是一个庞大的文件夹，其下的目录结构与根目录相似，但根目录中的文件多是系统级的文件，而/usr 中的文件是用户级的文件，一般与具体的系统无关。

注：usr 最早是 user 的缩写，/usr 的作用与现在的/home 相同。而目前 usr 通常被认为是 User System Resources 的缩写，其中通常是用户级的软件等，与存放系统级文件的根目录形成对比。

应注意，程序的配置文件、动态的数据文件等都不会存放到/usr 中，所以除了安装、卸载软件外，一般无须修改/usr 中的内容。在系统正常运行时，/usr 甚至可以被只读挂载。由于这一特性，/usr 常被划分在单独的分区，甚至有时多台计算机可以共享一个/usr。

（1）/usr/bin。多数日常应用程序存放在该目录中。如果/usr 被放在单独的分区中，Linux

的单用户模式不能访问/usr/bin，所以对系统至关重要的程序不应放在此文件夹中。

（2）/usr/include。存放 C/C++头文件的目录。

（3）/usr/lib。系统的库文件。

（4）/usr/local。在新装的系统中这个文件夹是空的，可以用于存放个人安装的软件。安装了本地软件的/usr/local 里的目录结构与/usr 相似。

（5）/usr/sbin。在单用户模式中不用的系统管理程序，如 apache2 等。

（6）/usr/share。存放与架构无关的数据，多数软件安装在此。

（7）/usr/X11R6。用于保存运行 X-Window 所需的所有文件，该目录中还包含用于运行 GUI 所需要的配置文件和二进制文件。

（8）/usr/src。存放源代码。

3. /var 目录结构

/var 中包括了一些数据文件，如系统日志等，/var 使得/usr 被只读挂载成为可能。

（1）/var/cache。应用程序的缓冲文件。

（2）/var/lib。应用程序的信息和数据，如数据库的数据等都存放在该文件夹中。

（3）/var/local。/usr/local 中程序的信息和数据。

（4）/var/lock。锁文件。

（5）/var/log。日志文件。

（6）/var/opt。/opt 中程序的信息和数据。

（7）/var/run。正在执行的程序的信息，如 PID 文件应存放于此。

（8）/var/spool。存放程序的假脱机数据（即 Spool Data）。

（9）/var/tmp。临时文件。

11.1.3　Linux 文件分类

（1）普通文件。计算机用户和操作系统用于存放数据和程序等信息的文件，一般都长期存放在外存储器（如磁盘、磁带等）中，普通文件一般又分为文本文件和二进制文件。

（2）目录文件。Linux 文件系统将文件索引节点号和文件名同时保存在目录中，所以目录文件就是将文件的名称和它的索引节点号结合在一起的一张表。目录文件只允许系统进行修改，用户进程可以读取目录文件，但不能对它们进行修改。

（3）设备文件。Linux 把所有的外设都当作文件来看待，每一种 I/O 设备对应一个设备文件并存放在/dev 目录中。例如，行式打印机对应/dev/lp 文件，第一个软盘驱动器对应/dev/fd0 文件。

（4）管道文件。主要用于在进程间传递数据，管道是进程间传递数据的“媒介”。某进程数据写入管道的一端，另一个进程从管道另一端读取数据。Linux 对管道的操作与文件操作相同，它把管道当作文件进行处理。管道文件又称为先进先出（FIFO）文件。

（5）链接文件。又称符号链接文件，它提供了共享文件的一种方法。在链接文件中不是通过文件名实现文件共享的，而是通过链接文件中包含的指向文件的指针来实现对文件的访问的。使用链接文件可以访问普通文件、目录文件和其他文件。

11.1.4 常见的文件类型

通过 ls-l 可以查看文件类型和文件属性。

```
[root@localhost home]# ls -l
total 740
-rw-r--r-- 1 root root        0 Nov 25 01:33 1
-rwxr-xr-x 1 root root     6713 Feb 15  2015 arm_ser_motion
drwxr-xr-x 8 root root     4096 Dec 22 17:12 few
drwxr-xr-x 3 root root    24576 May 14 11:21 motion
drwxr-xr-x 5 root root     4096 Nov 25 19:08 Qt_Spcaview
```

- -表示普通文件；
- d 表示目录文件；
- l 表示链接文件；
- c 表示字符设备；
- b 表示块设备；
- p 表示管道文件，如 FIFO 文件；
- f 表示堆栈文件，如 LIFO 文件。

11.1.5 Linux 文件属性

前面我们在使用命令“ls -ltr”时，看到了除了表示不同文件类型（如“-”、“d”、“l”、“c”），还看到了有一排这样的字母“rwxrwxrwx”，晓得什么是视觉恐慌吗？这些数字就是！不要怕，听我一一道来。

```
-rwxr-xr-x 1 root root     6713 Feb 15  2015 arm_ser_motion
drwxr-xr-x 8 root root     4096 Dec 22 17:12 few
```

其中，第一行的“-”表示 arm_ser_motion 是一个普通文件，而第二行的“d”表示 directory 是一个目录文件。

Linux 中的文件拥有者可以把文件的访问属性设成 3 种不同的访问权限：可读（r）、可写（w）和可执行（x）。文件又有 3 个不同的用户级别：文件拥有者（u）、所属的用户组（g）和系统里其他的用户（o）。

第一个字符后有 3 个三位字符组，含义如下。

- 第 1 个三位字符组表示文件拥有者（u）对该文件的权限；
- 第 2 个三位字符组表示该文件所属组的其他拥有者（g）对该文件的权限；
- 第 3 个三位字符组表示系统其他用户（o）对该文件的权限。

另外，目录权限和文件权限有一定的区别，就目录而言，r 表示允许列出该目录下的文件和子目录，w 表示允许生成和删除该目录下的文件，x 表示允许访问该目录。

11.2 系统调用

所谓系统调用，是指操作系统提供给用户程序调用的一组“特殊”接口，用户程序可以通过这组“特殊”接口来获得操作系统内核提供的服务。例如，用户可以通过进程控制相关的系统调用来创建进程、实现进程调度和进行进程管理等。

在 C 语言中，操作系统的系统调用通常是通过函数调用的形式完成的，这是因为这些函数封装了系统调用的细节，将系统调用的入口、参数和返回值用 C 语言的函数调用过程实现。在 Linux 系统中，系统调用函数定义在 glibc 中。系统调用需要注意以下几点。

（1）系统调用函数通常在成功时返回 0 值，不成功时返回非零值。如果要检查失败的原因，则要判断全局变量 errno 的值，errno 中包含错误代码。

（2）许多系统调用的返回数据通常通过引用参数传递，这时，需要在函数参数中传递缓冲区地址，而返回的数据就保存在该缓冲区中。

（3）不能认为系统调用函数比其他函数的执行效率高。要注意，系统调用是一个非常耗时的过程。

为了对系统提供保护，Linux 系统定义了内核模式和用户模式。内核模式可以执行一些特权指令并且可以进入用户模式，而用户模式则不能。内核模式与用户模式分别使用自己的堆栈，在发生模式切换时要同时进行堆栈的切换。

同样，Linux 将程序的运行空间也分为内核空间和用户空间，它们分别运行在不同的级别上，在逻辑上是相互隔离的。系统调用规定用户进程进入内核空间的具体位置，在进行系统调用时，程序运行空间需要从用户空间进入内核空间，处理完毕后再返回到用户空间。

系统调用对于内核来说就相当于函数，关键问题是从用户模式到内核模式的转换、堆栈的切换以及参数的传递。

Linux 的系统调用按照功能大致分为进程控制、进程间通信、文件系统控制、系统控制、存储管理、网络管理、Socket 控制和用户管理等几类。

11.3 Linux 文件描述符

当某个程序打开文件时，操作系统返回相应的文件描述符，程序为了处理该文件必须引用此描述符。所谓的文件描述符，是一个低级的正整数。通常，当一个进程启动时，都会打开 3 个文件——标准输入、标准输出和标准出错处理。这 3 个文件所对应的文件描述符分别为 0、1 和 2，也就是宏替换 STDIN_FILENO、STDOUT_FILENO 和 STDERR_FILENO，鼓励读者使用这些宏替换。因此，函数 scanf()使用 stdin，而函数 printf()使用 stdout。可以用不同的文件描述符改写默认的设置并重定向进程的 I/O 到不同的文件。

若要访问文件，而且调用的函数又是 write、read、open 和 close，就必须用到文件描述符（一般文件从 3 开始）。当然若调用的函数是 fwrite、fread、fopen 和 fclose，则可以绕开文件描述符，与其对应的是文件流。

对于 Linux 而言，所有对设备和文件的操作都使用文件描述符来进行。文件描述符是一个非负的整数，它是一个索引值，并指向内核中每个进程打开文件的记录表。当打开一个现存文件或创建一个新文件时，内核就向进程返回一个文件描述符；当需要读写文件时，也需要把文件描述符作为参数传递给相应的函数。

11.4 不带缓冲的 I/O 操作

不带缓冲的 I/O 操作，主要用到 6 个函数——creat、open、read、write、lseek 和 close。这里的不带缓冲是指每一个函数都只调用系统中的一个函数，这些函数虽然不是 ANSI C 的组成部分，但却是 POSIX 的组成部分。

11.4.1 creat 函数

creat 函数用于建立文件，见表 11-4-1。

表 11-4-1 creat 函数

相关函数	read、write、fcntl、close、link、stat、umask、unlink、fopen
表头文件	#include<sys/types.h> #include<sys/stat.h> #include<fcntl.h>
定义函数	int creat(const char * pathname, mode_tmode);
函数说明	参数 pathname 指向欲建立的文件路径字符串。creat()相当于使用下列的调用方式调用 open(): open(const char * pathname ,(O_CREAT|O_WRONLY|O_TRUNC)); 关于参数 mode 请参考 open 函数
返回值	creat()会返回新的文件描述词，若有错误发生则会返回-1，错误代码存入 errno 中。
错误代码	● EEXIST：参数 pathname 所指的文件已存在。 ● EACCESS：参数 pathname 所指定的文件不符合所要求测试的权限。 ● EROFS：欲打开写入权限的文件存在于只读文件系统内。 ● EFAULT：参数 pathname 指针超出可存取的内存空间。 ● EINVAL：参数 mode 不正确。 ● ENAMETOOLONG：参数 pathname 太长。 ● ENOTDIR：参数 pathname 为一目录。 ● ENOMEM：核心内存不足。 ● ELOOP：参数 pathname 有过多符号连接问题。 ● EMFILE：已达到进程可同时打开的文件数上限。 ● ENFILE：已达到系统可同时打开的文件数上限
附加说明	creat()无法建立特别的装置文件，如果需要请使用 mknod()

例如：

```
#include <stdio.h>
#include <stdlib.h>
#include <sys/types.h>
#include <sys/stat.h>
#include <fcntl.h>
```

```
void    create_file(char *filename)
{
    /*创建的文件具有什么样的属性？*/
    if(creat(filename,0755)<0)
    {
        printf("create file %s failure!\n",filename);
        exit(EXIT_FAILURE);
    }
    else
    {
        printf("create file %s success!\n",filename);
    }
}

int main(int argc,char *argv[])
{
    int i;
    if(argc<2)
    {
        perror("you haven't input the filename,please try again!\n");
        exit(EXIT_FAILURE);
    }
    for(i=1;i<argc;i++)
    {
        create_file(argv[i]);
    }
    exit(EXIT_SUCCESS);
}
```

11.4.2　open 函数

open 函数用于打开文件，见表 11-4-2。

表 11-4-2　open 函数

相关函数	read、write、fcntl、close、link、stat、umask、unlink、fopen
表头文件	#include<sys/types.h> #include<sys/stat.h> #include<fcntl.h>
定义函数	int open(const char * pathname, int flags); int open(const char * pathname,int flags, mode_t mode);
函数说明	参数 pathname 指向欲打开的文件路径字符串，下列是参数 flags 所能使用的旗标。 ● O_RDONLY：以只读方式打开文件。 ● O_WRONLY：以只写方式打开文件。 ● O_RDWR：以可读写方式打开文件。

续表

函数说明	上述 3 种旗标是互斥的，也就是说它们不可同时使用，但可与下列的旗标利用 OR（|）运算符进行组合。 ● O_CREAT：若欲打开的文件不存在则自动创建该文件。 ● O_EXCL：如果 O_CREAT 也被设置，此指令会去检查文件是否存在。文件若不存在则创建该文件，否则将导致打开文件错误。此外，若同时设置 O_CREAT 和 O_EXCL，并且欲打开的文件为符号连接，则会打开文件失败。 ● O_NOCTTY：如果欲打开的文件为终端机设备，则不会将该终端机当成进程控制终端机。 ● O_TRUNC：若文件存在并且以可写的方式打开，此旗标会令文件长度清 0，而原来存于该文件的资料也会消失。 ● O_APPEND：当读写文件时会从文件尾开始移动，也就是所写入的数据会以附加的方式加入到文件后面。 ● O_NONBLOCK：以不可阻断的方式打开文件，也就是无论有无数据读取或等待，都会立即返回进程之中。 ● O_NDELAY：同 O_NONBLOCK。 ● O_SYNC：以同步的方式打开文件。 ● O_NOFOLLOW：如果参数 pathname 所指的文件为一符号连接，则会令文件打开失败。 ● O_DIRECTORY：如果参数 pathname 所指的文件并非为一目录，则会令文件打开失败。此为 Linux 2.2 后的版本特有的旗标，以避免一些系统安全问题。 参数 mode 有下列数种组合，只有在创建新文件时才会生效，此外真正创建文件时的权限会受到 umask 值的影响，因此该文件权限应该为（mode-umaks）。 ● S_IRWXU：00700 权限，代表该文件所有者具有可读、可写和可执行的权限。 ● S_IRUSR 或 S_IREAD：00400 权限，代表该文件所有者具有可读取的权限。 ● S_IWUSR 或 S_IWRITE：00200 权限，代表该文件所有者具有可写入的权限。 ● S_IXUSR 或 S_IEXEC：00100 权限，代表该文件所有者具有可执行的权限。 ● S_IRWXG：00070 权限，代表该文件用户组具有可读、可写和可执行的权限。 ● S_IRGRP：00040 权限，代表该文件用户组具有可读的权限。 ● S_IWGRP：00020 权限，代表该文件用户组具有可写入的权限。 ● S_IXGRP：00010 权限，代表该文件用户组具有可执行的权限。 ● S_IRWXO：00007 权限，代表其他用户具有可读、可写和可执行的权限。 ● S_IROTH：00004 权限，代表其他用户具有可读的权限。 ● S_IWOTH：00002 权限，代表其他用户具有可写入的权限。 ● S_IXOTH：00001 权限，代表其他用户具有可执行的权限
返回值	若所有欲核查的权限都通过了检查则返回 0 值，表示成功，只要有一个权限被禁止则返回 1
错误代码	● EEXIST：参数 pathname 所指的文件已存在，却使用了 O_CREAT 和 O_EXCL 旗标。 ● EACCESS：参数 pathname 所指的文件不符合所要求测试的权限。 ● EROFS：欲测试写入权限的文件存在于只读文件系统内。 ● EFAULT：参数 pathname 指针超出可存取内存空间。 ● EINVAL：参数 mode 不正确。 ● ENAMETOOLONG：参数 pathname 太长。 ● ENOTDIR：参数 pathname 不是目录。

续表

错误代码	● ENOMEM：核心内存不足。 ● ELOOP：参数 pathname 有过多符号连接问题。 ● EIO：I/O 存取错误
附加说明	使用 access()作为用户认证的判断要特别小心，例如，在 access()后再进行 open()空文件操作可能会造成系统安全上的问题

例如：

```
#include <stdio.h>
#include <stdlib.h>
#include <sys/types.h>
#include <sys/stat.h>
#include <fcntl.h>
int main(int argc ,char *argv[])
{
    int fd;
    if(argc<2)
    {
        puts("please input the open file pathname!\n");
        exit(1);
    }
    //如果 flag 参数里有 O_CREAT，表示如果该文件不存在，系统会创建该文件,该文件的权限由
    //第三个参数决定,此处为 0755；如果 flag 参数里没有 O_CREAT 参数,则第三个参数不起作用，
    //此时,如果要打开的文件不存在,则会报错。所以 fd=open(argv[1],O_RDWR)仅仅只是打
    //开指定文件
    if((fd=open(argv[1],O_CREAT|O_RDWR,0755))<0)
    {
        perror("open file failure!\n");
        exit(1);
    }
    else
    {
        printf("open file %d    success!\n",fd);
    }
    close(fd);
    exit(0);
}
```

11.4.3　read 函数

read 函数用于从已打开的文件中读取数据，见表 11-4-3。

表 11-4-3　read 函数

相关函数	readdir、write、fcntl、close、lseek、readlink、fread
表头文件	#include<unistd.h>
定义函数	ssize_t read(int fd,void * buf ,size_t count);

续表

函数说明	read()会把参数 fd 所指的文件传送 count 个字节到 buf 指针所指的内存中。若参数 count 为 0，则 read()不会有作用并返回 0。返回值为实际读取到的字节数，如果返回 0，表示已到达文件尾或是无可读取的数据，此外文件读写位置会随读取到的字节而移动
附加说明	如果顺利，read()会返回实际读到的字节数，最好能将返回值与参数 count 做比较，若返回的字节数比要求读取的字节数少，则有可能读到了文件尾，从管道（pipe）或终端机中读取，或者是 read()被信号中断了读取动作。当有错误发生时则返回-1，错误代码存入 errno 中，而文件读写位置则无法预期
错误代码	● EINTR：此调用被信号所中断。 ● EAGAIN：当使用不可阻断 I/O（O_NONBLOCK）时，若无数据可读取则返回此值。 ● EBADF：参数 fd 非有效的文件描述词，或该文件已关闭

11.4.4 write 函数

write 函数用于将数据写入已打开的文件内，见表 11-4-4。

表 11-4-4 write 函数

相关函数	open、read、fcntl、close、lseek、sync、fsync、fwrite
表头文件	#include<unistd.h>
定义函数	ssize_t write (int fd,const void * buf,size_t count);
函数说明	write()会把参数 buf 所指的内存写入 count 个字节到参数 fd 所指的文件内。当然，文件读写位置也会随之移动
返回值	如果顺利，write()会返回实际写入的字节数。当有错误发生时则返回 1，错误代码存入 errno 中
错误代码	● EINTR：此调用被信号所中断。 ● EAGAIN：当使用不可阻断 I/O（O_NONBLOCK）时，若无数据可读取则返回此值。 ● EADF：参数 fd 非有效的文件描述词，或该文件已关闭

11.4.5 lseek 函数

lseek 函数用于移动文件的读写位置，见表 11-4-5。

表 11-4-5 lseek 函数

相关函数	dup、open、fseek
表头文件	#include<sys/types.h> #include<unistd.h>
定义函数	off_t lseek(int fildes,off_t offset ,int whence);
函数说明	每一个已打开的文件都有一个读写位置，在打开文件时通常其读写位置指向文件开头，若是以附加的方式打开文件（如 O_APPEND），则读写位置会指向文件尾。当调用 read() 或 write()时，读写位置会随之增加，lseek()便是用来控制该文件的读写位置的。参数 fildes 为已打开的文件描述词；参数 offset 为根据参数 whence 来移动读写位置的位移数；参数 whence 为下列选项的其中一种。 ● SEEK_SET：参数 offset 即为新的读写位置。 ● SEEK_CUR：以目前的读写位置往后增加 offset 个位移量。

续表

函数说明	● SEEK_END：将读写位置指向文件尾后再增加 offset 个位移量。 当 whence 值为 SEEK_CUR 或 SEEK_END 时，参数 offet 允许负值的出现。下面是较特别的使用方式： ● 欲将读写位置移到文件开头时，lseek（int fildes,0,SEEK_SET）。 ● 欲将读写位置移到文件尾时，lseek（int fildes，0,SEEK_END）。 ● 想要取得目前文件位置时，lseek（int fildes，0,SEEK_CUR）
返回值	当调用成功时则返回目前的读写位置，也就是距离文件开头多少个字节；若有错误则返回-1，错误代码存放在 errno 中
附加说明	Linux 系统不允许 lseek()对 tty 装置起作用，此项动作会令 lseek()返回 ESPIPE

11.4.6 close 函数

close 函数用于关闭文件，见表 11-4-6。

表 11-4-6 close 函数

相关函数	close、open、read、write
表头文件	#include<stdio.h>
定义函数	int close(int fd);
函数说明	close()用来关闭 open()打开的文件
返回值	若关文件动作成功则返回 0，若有错误发生则返回 EOF，并把错误代码存到 errno 中
错误代码	EBADF 表示参数 fd 非已打开的文件的文件描述符

11.4.7 经典范例：文件复制

```
#include <sys/types.h>
#include <sys/stat.h>
#include <fcntl.h>
#include <stdio.h>
#include <errno.h>

#define BUFFER_SIZE 1024

int main(int argc,char **argv)
{
    int from_fd,to_fd;
    int bytes_read,bytes_write;
    char buffer[BUFFER_SIZE];
    char *ptr;

    if(argc!=3)
    {
        fprintf(stderr,"Usage:%s fromfile tofile/n/a",argv[0]);
        exit(1);
    }
```

```
    /*打开源文件*/
    if((from_fd=open(argv[1],O_RDONLY))==-1)
    {
        fprintf(stderr,"Open %s Error:%s/n",argv[1],strerror(errno));
        exit(1);
    }

    /*创建目的文件*/
    if((to_fd=open(argv[2],O_WRONLY|O_CREAT,S_IRUSR|S_IWUSR))==-1)
    {
        fprintf(stderr,"Open %s Error:%s/n",argv[2],strerror(errno));
        exit(1);
    }

    /*以下代码是一个经典的复制文件的代码*/
    while(bytes_read=read(from_fd,buffer,BUFFER_SIZE))
    {
        /*一个致命的错误发生了*/
        if((bytes_read==-1)&&(errno!=EINTR)) break;
        else if(bytes_read>0)
        {
            ptr=buffer;
            while(bytes_write=write(to_fd,ptr,bytes_read))
            {
                /*一个致命错误发生了*/
                if((bytes_write==-1)&&(errno!=EINTR))break;
                /*写完了所有读的字节*/
                else if(bytes_write==bytes_read) break;
                /*只写了一部分,继续写*/
                else if(bytes_write>0)
                {
                    ptr+=bytes_write;
                    bytes_read-=bytes_write;
                }
            }
            /*写的时候发生的致命错误*/
            if(bytes_write==-1)break;
        }
    }
    close(from_fd);
    close(to_fd);
    exit(0);
}
```

11.5 带缓冲的 I/O 操作

标准 I/O 库提供缓冲的目的是尽可能地减少调用 read 函数和 write 函数的次数，它也对每个 I/O 流自动地进行缓冲管理，从而避免应用程序需要考虑这一点所带来的麻烦。不幸的是，标准 I/O 库最令人迷惑的也是它的缓冲。

11.5.1 3 种类型的缓冲

标准 I/O 提供了 3 种类型的缓冲。

1. 全缓冲

在这种情况下，只有等填满标准 I/O 缓冲区后才进行实际 I/O 操作。对于驻留在磁盘上的文件，通常是由标准 I/O 库实施全缓冲的。当在一个流上执行第一次 I/O 操作时，相关标准 I/O 函数通常调用 malloc 函数获得需使用的缓冲区。

术语“冲洗”用于说明 I/O 缓冲区的写操作。缓冲区可由标准 I/O 例程自动冲洗，或者可以调用 fflush 函数冲洗一个流。值得注意的是在 UNIX 环境中，冲洗有两种意思：①在标准 I/O 库方面，冲洗将缓冲区中的内容写到磁盘上；②在终端驱动程序方面，冲洗表示丢弃已存储在缓冲区中的数据。

2. 行缓冲

在这种情况下，当在输入和输出中遇到换行符时，标准 I/O 库执行 I/O 操作。这允许我们一次输出一个字符，但只有在写了一行之后才进行实际 I/O 操作。当流涉及一个终端时，通常使用行缓冲。

3. 不带缓冲

标准 I/O 库不对字符进行缓冲存储。例如，如果用标准 I/O 函数 fputs 写 15 个字符到不带缓冲的流中，则该函数很可能用 write 系统调用函数将这些字符立即写至相关联的打开文件中。

标准出错流 stderr 通常是不带缓冲的，这就使得出错信息可以尽快显示出来，而不管它们是否含有一个换行符。

ISO C 要求满足下列缓冲特征：当且仅当标准输入和标准输出不涉及交互式设备时，它们才是全缓冲的。标准出错绝不会是全缓冲的，但是，这并没有告诉我们如果标准输入和标准输出涉及交互式设备时，它们是不带缓冲的还是行缓冲的，以及当标准出错时是不带缓冲的还是行缓冲的。很多系统默认使用下列类型的缓冲：

- 标准出错是不带缓冲的；
- 若涉及终端设备的其他流，则它们是行缓冲的；否则是全缓冲的。

对任何一个给定的流，如果不喜欢系统默认设置，则可调用下列函数更改缓冲类型。

```
void setbuf(FILE *restrict fp, char *restrict buf)
int setvbuf(FILE *restrict fp, char *restrict buf,int mode,size_t size)
```

源程序如下：

```
#include <stdio.h>
#include <sys/types.h>
#include <unistd.h>

int globa = 4;

int main (void )
{
    pid_t pid;
    int vari = 5;

    printf ("before fork\n" );

    if ((pid = fork()) < 0){
        printf ("fork error\n");
        exit (0);
    }
    else if (pid == 0){
        globa++ ;
        vari--;
        printf("Child changed\n");
    }
    else
        printf("Parent did not changde\n");

    printf("globa = %d vari = %d\n",globa,vari);
    exit(0);
}
```

执行结果为：输出到标准输出。

```
[root@happy bin]# ./simplefork
before fork
Child changed
globa = 5 vari = 4
Parent did not changde
globa = 4 vari = 5
```

重定向到文件时，before fork 输出两次。

```
[root@happy bin]# ./simplefork>temp
[root@happy bin]# cat temp
before fork
Child changed
```

```
globa = 5 vari = 4
before fork
Parent did not changde
globa = 4 vari = 5
```

分析：当直接运行程序时，标准输出是行缓冲的，很快被新的一行冲掉；而重定向后，标准输出是全缓冲的。当调用 fork 函数时 before fork 这行仍保存在缓冲中，并随着数据段复制到子进程缓冲中。这样，这一行就分别进入父子进程的输出缓冲中，余下的输出就接在了这一行的后面。

11.5.2　fopen 函数

fopen 函数用于打开文件，见表 11-5-1。

表 11-5-1　fopen 函数

相关函数	open、fclose
表头文件	#include<stdio.h>
定义函数	FILE * fopen(const char * path,const char * mode);
函数说明	参数 path 字符串包含欲打开的文件路径和文件名，参数 mode 字符串则代表着流形态，mode 有下列几种字符串。 ● r：打开只读文件，该文件必须存在。 ● r+：打开可读写的文件，该文件必须存在。 ● w：打开只写文件，若文件存在则文件长度清 0，即该文件内容会消失；若文件不存在则建立该文件。 ● w+：打开可读写文件，若文件存在则文件长度清 0，即该文件内容会消失；若文件不存在则建立该文件。 ● a：以附加的方式打开只写文件，若文件不存在，则会建立该文件；如果文件存在，写入的数据会被加到文件尾，即文件原先的内容会被保留。 ● a+：以附加方式打开可读写的文件，若文件不存在，则会建立该文件；如果文件存在，写入的数据会被加到文件尾，即文件原先的内容会被保留。 上述的字符串都可以再加一个 b 字符，如 rb、w+b 或 ab＋等组合，加入 b 字符用来告诉函数库打开的文件为二进制文件，而非纯文本文件。不过在 POSIX 系统中都会忽略该字符。 由 fopen()所建立的新文件会具有 S_IRUSR|S_IWUSR|S_IRGRP|S_IWGRP|S_IROTH|S_IWOTH（0666）权限，此文件权限也会参考 umask 值
返回值	文件顺利打开后，指向该流的文件指针就会被返回；若文件打开失败，则返回 NULL，并把错误代码存在 errno 中
附加说明	一般而言，打开文件后会做一些文件读取或写入的动作，若文件打开失败，接下来的读写动作也无法顺利进行，所以在 fopen()后请进行错误判断并做相应处理

11.5.3　fclose 函数

fclose 函数用于关闭文件，见表 11-5-2。

表 11-5-2　fclose 函数

相关函数	close、fflush、fopen、setbuf
表头文件	#include<stdio.h>
定义函数	int fclose(FILE * stream);
函数说明	fclose( )用于关闭先前 fopen( )打开的文件，此动作会将缓冲区内的数据写入文件中，并释放系统所提供的文件资源
返回值	若关文件动作成功则返回 0；若有错误发生则返回 EOF 并把错误代码存到 errno 中
错误代码	EBADF 表示参数 stream 非已打开的文件

11.5.4　fdopen 函数

fdopen 函数用于将文件描述词转为文件指针，见表 11-5-3。

表 11-5-3　fdopen 函数

相关函数	fopen、open、fclose
表头文件	#include<stdio.h>
定义函数	FILE * fdopen(int fildes,const char * mode);
函数说明	fdopen( )会将参数 fildes 的文件描述词转换为对应的文件指针后返回，参数 mode 字符串则代表着文件指针的流形态，此形态必须和原先文件描述词读写模式相同。关于 mode 字符串格式请参考 fopen 函数
返回值	若转换成功，则返回指向该流的文件指针；失败则返回 NULL，并把错误代码存在 errno 中

例如：

```
#include<stdio.h>
int main()
{
    FILE * fp =fdopen(0,"w+");
    fprintf(fp,"%s\n","hello!");
    fclose(fp);
}
```

11.5.5　fread 函数

fread 函数用于从文件流读取数据，见表 11-5-4。

表 11-5-4　fread 函数

相关函数	fopen、fwrite、fseek、fscanf
表头文件	#include<stdio.h>
定义函数	size_t fread(void * ptr,size_t size,size_t nmemb,FILE * stream);
函数说明	fread( )用于从文件流中读取数据。参数 stream 为已打开的文件指针，参数 ptr 指向欲存放读取进来的数据空间，读取的字符数由参数 size*nmemb 来决定。fread( )会返回实际读取到的 nmemb 数目，如果此值比参数 nmemb 小，则代表可能读到了文件尾或有错误发生，这时必须用 feof( )或 ferror( )来判定发生了什么情况
返回值	返回实际读取到的 nmemb 数目

例如：

```
#include<stdio.h>
#define nmemb 3
struct test
{
    char name[20];
    int size;
}s[nmemb];
int main()
{
    FILE * stream;
    int i;
    stream = fopen("/tmp/fwrite","r");
    fread(s,sizeof(struct test),nmemb,stream);
    fclose(stream);
    for(i=0;i<nmemb;i++)
    printf("name[%d]=%-20s:size[%d]=%d\n",i,s[i].name,i,s[i].size);
}
```

11.5.6　fwrite 函数

fwrite 函数用于将数据写入文件流，见表 11-5-5。

表 11-5-5　fwrite 函数

相关函数	fopen、fread、fseek、fscanf
表头文件	#include<stdio.h>
定义函数	size_t fwrite(const void * ptr,size_t size,size_t nmemb,FILE * stream)
函数说明	fwrite()用于将数据写入文件流中。参数 stream 为已打开的文件指针，参数 ptr 指向欲写入的数据地址，总共写入的字符数由参数 size*nmemb 来决定。fwrite()会返回实际写入的 nmemb 数目
返回值	返回实际写入的 nmemb 数目

例如：

```
#include<stdio.h>
#define set_s (x,y) {strcpy(s[x].name,y);s[x].size=strlen(y);}
#define nmemb 3

struct test
{
    char name[20];
    int size;
}s[nmemb];

int main()
{
    FILE * stream;
```

```
    set_s(0,"Linux!");
    set_s(1,"FreeBSD!");
    set_s(2,"Windows2000.");
    stream=fopen("/tmp/fwrite","w");
    fwrite(s,sizeof(struct test),nmemb,stream);
    fclose(stream);
}
```

11.5.7 fseek 函数

fseek 函数用于移动文件流的读写位置，见表 11-5-6。

表 11-5-6 fseek 函数

相关函数	rewind、ftell、fgetpos、fsetpos、lseek
表头文件	#include<stdio.h>
定义函数	int fseek(FILE * stream,long offset,int whence);
函数说明	fseek()用于移动文件流的读写位置。参数 stream 为已打开的文件指针，参数 offset 为根据参数 whence 来移动读写位置的位移数。参数 whence 为下列其中一种：SEEK_SET 表示从距文件开头 offset 个位移量起为新的读写位置；SEEK_CUR 表示从目前的读写位置往后增加 offset 个位移量；SEEK_END 表示将读写位置指向文件尾并增加 offset 个位移量。 当 whence 的值为 SEEK_CUR 或 SEEK_END 时，参数 offset 允许负值的出现。下列是较特别的使用方式： ● 欲将读写位置移动到文件开头时，fseek(FILE * stream,0,SEEK_SET); ● 欲将读写位置移动到文件尾时，fseek(FILE * stream,0,0SEEK_END)
返回值	当调用成功时返回 0；若有错误则返回-1，错误代码存放在 errno 中
附加说明	fseek()不像 lseek()一样会返回读写位置，因此必须使用 ftell()来取得当前读写的位置

例如：

```
#include<stdio.h>
int main()
{
    FILE * stream;
    long offset;
    fpos_t pos;
    stream=fopen("/etc/passwd","r");
    fseek(stream,5,SEEK_SET);
    printf("offset=%d\n",ftell(stream));
    rewind(stream);
    fgetpos(stream,&pos);
    printf("offset=%d\n",pos);
    pos.__pos=10;
    fsetpos(stream,&pos);
    printf("offset = %d\n",ftell(stream));
    fclose(stream);
}
```

11.5.8　fgetc 函数、getc 函数和 getchar 函数

1．fgetc 函数

fgetc 函数用于从文件中读取一个字符，见表 11-5-7。

表 11-5-7　fgetc 函数

相关函数	fopen、fread、fscanf、getc
表头文件	#include<stdio.h>
定义函数	int fgetc(FILE * stream);
函数说明	fgetc( )用于从参数 stream 所指的文件中读取一个字符；若读到文件尾而无数据便返回 EOF
返回值	fgetc( )会返回读取到的字符；若返回 EOF 则表示读到了文件尾而无数据

例如：

```
#include<stdio.h>
int main()
{
    FILE *fp;
    int c;
    fp=fopen("exist","r");
    while((c=fgetc(fp))!=EOF)
    printf("%c",c);
    fclose(fp);
}
```

2．getc 函数

getc 函数用于从文件中读取一个字符，见表 11-5-8。

表 11-5-8　getc 函数

相关函数	read、fopen、fread、fgetc
表头文件	#include<stdio.h>
定义函数	int getc(FILE * stream);
函数说明	getc( )用于从参数 stream 所指的文件中读取一个字符；若读到文件尾而无数据时便返回 EOF。虽然 getc( )与 fgetc( )作用相同，但 getc( )为宏定义，非真正的函数调用
返回值	getc( )会返回读取到的字符；若返回 EOF 则表示读到了文件尾而无数据

3．getchar 函数

getchar 函数用于从标准输入设备内读取一个字符，见表 11-5-9。

表 11-5-9　getchar 函数

相关函数	fopen、fread、fscanf、getc
表头文件	#include<stdio.h>
定义函数	int getchar(void);
函数说明	getchar()用于从标准输入设备中读取一个字符；然后将该字符从 unsigned char 转换成 int 并返回
返回值	getchar()会返回读取到的字符；若返回 EOF 则表示有错误发生
附加说明	getchar()非真正函数，而是 getc（stdin）的宏定义

例如：

```
#include<stdio.h>

int main()
{
    FILE * fp;
    int c,i;
    for(i=0;i<5;i++)
    {
        c=getchar();
        putchar(c);
    }
}
```

11.5.9　fputc 函数、putc 函数和 putchar 函数

1．fputc 函数

fputc 函数用于将一指定字符写入文件流中，见表 11-5-10。

表 11-5-10　fputc 函数

相关函数	fopen、fwrite、fscanf、putc
表头文件	#include<stdio.h>
定义函数	int fputc(int c,FILE * stream);
函数说明	fputc( )将参数 c 转为 unsigned char 后写入参数 stream 指定的文件中
返回值	fputc()返回写入成功的字符，即参数 c；若返回 EOF 则表示写入失败

例如：

```
#include<stdio.h>
int main()
{
    FILE * fp;
    char a[26]="abcdefghijklmnopqrstuvwxyz";
    int i;
```

```
    fp= fopen("noexist","w");
    for(i=0;i<26;i++)
    fputc(a[i],fp);
    fclose(fp);
}
```

2. putc 函数

putc 函数用于将一指定字符写入文件中，见表 11-5-11。

表 11-5-11　putc 函数

相关函数	fopen、fwrite、fscanf、fputc
表头文件	#include<stdio.h>
定义函数	int putc(int c,FILE * stream);
函数说明	putc()将参数 c 转为 unsigned char 后写入参数 stream 指定的文件中。虽然 putc()与 fputc()作用相同，但 putc()为宏定义，非真正的函数调用
返回值	putc()返回写入成功的字符，即参数 c；若返回 EOF 则表示写入失败

3. putchar 函数

putchar 函数用于将指定的字符写到标准输出设备中，见表 11-5-12。

表 11-5-12　putchar 函数

相关函数	fopen、fwrite、fscanf、fputc
表头文件	#include<stdio.h>
定义函数	int putchar (int c);
函数说明	putchar()用于将参数 c 字符写到标准输出设备
返回值	putchar()返回输出成功的字符，即参数 c；若返回 EOF 则表示输出失败
附加说明	putchar()非真正的函数，而是 putc(c,stdout)的宏定义

11.6　fgets 函数与 gets 函数的比较分析

1. fgets 函数

fgets 函数用于从文件中读取一字符串，见表 11-6-1。

表 11-6-1　fgets 函数

相关函数	fopen、fread、fscanf、getc
表头文件	#include<stdio.h>
定义函数	char * fgets(char * s,int size,FILE * stream);

续表

函数说明	fgets()用于从参数 stream 所指的文件内读入字符并存到参数 s 所指的内存空间中，直到出现换行字符、读到文件尾或者已读了 size－1 个字符为止，最后会加上 NULL 作为字符串结束
返回值	若读取成功则返回 s 指针；返回 NULL 则表示有错误发生

例如：

```
#include<stdio.h>
int main(void)
{
    FILE *stream;                    //FILE 是一种数据类型，是治理文件流的一种结构
    char string[] = "This is a test";
    char msg[20];
    /*open a file for update*/
    stream = fopen("DUMMY.FIL", "w+");
    /*write a string into the file*/
    fwrite(string, strlen(string), 1, stream);
    /*seek to the start of the file*/
    fseek(stream, 0, SEEK_SET);
    /*read a string from the file*/
    fgets(msg, strlen(string)+1, stream);
    /*display the string*/
    printf("%s", msg);
    fclose(stream);
    return 0;
}
```

操作成功时返回的是 msg 的值，假如碰到文件结束或发生错误时，fgets( )返回 NULL；由于在输入的过程中一般只会按下回车键，很少会是 EOF，所以不会碰到文件结束；而错误在传进 msg 是 NULL 时才会碰到，所以基本上是不可能返回 NULL 的，而且当输入超过了长度 *n* 的时候，fgets 会自动截断，属于操作成功。

2．gets 函数

gets 函数用于从标准输入设备内读取一字符串，见表 11-6-2。

表 11-6-2　gets 函数

相关函数	fopen、fread、fscanf、fgets
表头文件	#include<stdio.h>
定义函数	char * gets(char *s);
函数说明	gets()用于从标准设备读入字符并存到参数 s 所指的内存空间中，直到出现换行字符或到文件尾为止，最后加上 NULL 作为字符串结束
返回值	若读取成功则返回 s 指针；返回 NULL 则表示有错误发生
附加说明	由于 gets 函数无法知道字符串 s 的大小，必须遇到换行字符或到文件尾才会结束输入，因此容易出现缓冲溢出的安全性问题，建议使用 fgets 函数取代

例如：

```
#include<stdio.h>
void main()
{
    char str1[5];
    gets(str1);
    printf("%s\n",str1);
}
```

本函数可以无穷读取，不会判定上限，所以程序员应该确保 str1 的空间足够大，以便在执行读操作时不发生溢出。

在使用 gets 函数时，编译器会有报警提示，由于 gets 函数不安全，没有限制输入缓冲区的大小，易造成溢出。这就像养金鱼，你投多少鱼食它就吃多少，自己不知道控制，但它的胃容量是有上限的（默认值），喂得太多金鱼就会撑死（溢出）。

总结：

- 尽量不使用 gets 函数；
- 内存越界是有警告隐患，但并不是一定会体现出问题，要看具体情况。

11.7 输出与输入

11.7.1 printf 函数、fprintf 函数和 sprintf 函数

1．printf 函数

printf 函数用于格式化输出数据，见表 11-7-1。

表 11-7-1 printf 函数

相关函数	scanf、snprintf
表头文件	#include<stdio.h>
定义函数	int printf(const char * format,……);
函数说明	printf()会根据参数 format 字符串来转换并格式化数据，并将结果输出到标准输出设备，直到出现字符串结束符“\0”为止。参数 format 字符串可包含下列 3 种字符类型： ● 一般文本，伴随直接输出； ● ASCII 控制字符，如\t、\n 等； ● 格式转换字符。 格式转换符由一个百分比符号（%）及其后的格式字符所组成。一般而言，每个“%”符号在其后都必须有一 printf()的参数与之相对应（只有当“%%”转换字符出现时会直接输出“%字符”），而欲输出的数据类型必须与其相对应的转换字符类型相同。printf()格式转换的一般形式如下： %[flags] [width] [.prec]type

续表

<table>
<tr><td>函数说明</td><td>用“[ ]”括起来的参数为选择性参数，而“%”与“type”则是必要的。下面先介绍“type”的几种形式。
整数：
● %d：整数的参数会被转换成有符号的十进制数字。
● %u：整数的参数会被转换成无符号的十进制数字。
● %o：整数的参数会被转换成无符号的八进制数字。
● %x：整数的参数会被转换成无符号的十六进制数字，并以小写 abcdef 表示。
● %X：整数的参数会被转换成无符号的十六进制数字，并以大写 ABCDEF 表示。
浮点型数：
● %f：double 型的参数会被转换成十进制数字，并取到小数点后六位，四舍五入。
● %e：double 型的参数以指数形式打印，有一个数字会在小数点前，六位数字在小数点后，而在指数部分会以小写的 e 来表示。
● %E：与“%e”作用相同，唯一的区别是指数部分将以大写的 E 来表示。
● %g：double 型的参数会自动选择以“%f”或“%e”的格式来打印，其标准是根据欲打印的数值及所设置的有效位数来决定的。
● %G：与“%g”作用相同，唯一的区别在以指数形态打印时会选择“%E”格式。
字符及字符串：
● %c：整型数的参数会被转成 unsigned char 型打印出。
● %s：指向字符串的参数会被逐字输出，直到出现 NULL 字符为止。
● %p：如果参数是“void *”型指针，则使用十六进制格式显示。
prec 有下列几种情况：
● 正整数的最小位数。
● 在浮点型数中代表小数位数。
● 在“%g”格式中代表有效位数的最大值。
● 在“%s”格式中代表字符串的最大长度。
● 若为“×”符号，则代表下个参数值为最大长度。
width 为参数的最小长度，若此栏并非数值，而是“*”符号，则表示以下一个参数作为参数长度。flags 有下列几种情况：
● -：此旗标会将一数值向左对齐。
● +：一般在打印负数时，printf()会加印一个负号，整数则不加任何负号，此旗标会在打印的正数前多一个正号（+）。
● #：此旗标会根据其后转换字符的不同而有不同的含义。当在类型 o 之前（如%#o），则会在打印八进制数值前多印一个 o；若在类型 x 之前（%#x），则会在打印十六进制数前多印 0x；若在 e、E、f、g 或 G 之前，则会强迫数值打印小数点；若在 g 或 G 之前，则同时保留小数点及小数位数末尾的零。
● 0：当有指定参数时，无数字的参数将补上 0。默认关闭此旗标，所以一般会打印出空白字符</td></tr>
<tr><td>返回值</td><td>成功则返回实际输出的字符数；失败则返回-1，错误原因存于 errno 中</td></tr>
</table>

例如：

```
#include<stdio.h>
int main()
{
    int i = 150;
    int j = -100;
    double k = 3.14159;
    printf("%d %f %x\n",j,k,i);
    printf("%2d %*d\n",i,2,i);            /*参数 2 会代入格式"*"中，与"%2d"同意义*/
}
```

2．fprintf 函数

fprintf 函数用于格式化输出数据至文件，见表 11-7-2。

表 11-7-2　fprintf 函数

相关函数	printf、fscanf、vfprintf
表头文件	#include<stdio.h>
定义函数	int fprintf(FILE * stream, const char * format,……);
函数说明	fprintf()会根据参数 format 字符串来转换并格式化数据，再将结果输出到参数 stream 指定的文件中，直到出现字符串结束符号（\0）为止
返回值	关于参数 format 字符串的格式请参考 printf 函数。成功则返回实际输出的字符数，失败则返回 1，错误原因存于 errno 中

例如：

```
#include<stdio.h>
int main()
{
    int i = 150;
    int j = -100;
    double k = 3.14159;
    fprintf(stdout,"%d    %f    %x \n",j,k,i);
    fprintf(stdout,"%2d %*d\n",i,2,i);
}
```

3．sprintf 函数

sprintf 函数用于格式化字符串复制，见表 11-7-3。

表 11-7-3　sprintf 函数

相关函数	printf、sprintf
表头文件	#include<stdio.h>
定义函数	int sprintf(char *str,const char * format,……);
函数说明	sprintf()会根据参数 format 字符串来转换并格式化数据，再将结果复制到参数 str 所指定的字符串数组中，直到出现字符串结束符号（\0）为止。关于参数 format 字符串的格式请参考 printf 函数
返回值	成功则返回参数 str 字符串长度，失败则返回-1，错误原因存于 errno 中
附加说明	使用此函数要留意堆栈溢出，或改用 snprintf 函数

例如：

```
#include<stdio.h>
int main()
{
    char * a="This is string A!";
    char buf[80];
    sprintf(buf,">>> %s<<<\n",a);
    printf("%s".buf);
}
```

11.7.2　scanf 函数、fcanf 函数和 sscanf 函数

1．scanf 函数

scanf 函数用于格式化字符串输入，见表 11-7-4。

表 11-7-4　scanf 函数

相关函数	fscanf、snprintf
表头文件	#include<stdio.h>
定义函数	int scanf(const char * format,……);
函数说明	scanf( )会将输入的数据根据参数 format 字符串来转换并格式化数据。scanf( )格式转换的一般形式为 %[*][size][l][h]type 其中“[ ]”括起来的参数为选择性参数，而“%”与“type”则是必要的。 ● *：表示该对应的参数数据可忽略不保存。 ● size：允许参数输入的数据长度。 ● l：输入的数据数值以 long int 型或 double 型保存。 ● h：输入的数据数值以 short int 型保存。 下面介绍“type”的几种形式： ● %d：输入的数据会被转换成有符号的十进制数字（int）。 ● %i：输入的数据会被转换成有符号的十进制数字，若输入数据以“0x”或“0X”开头表示转换为十六进制数字，若以“0”开头则表示转换为八进制数字，其他情况代表十进制。 ● %0：输入的数据会被转换成无符号的八进制数字。 ● %u：输入的数据会被转换成无符号的正整数。 ● %x：输入的数据为无符号的十六进制数字，转换后存为 unsigned int 型变量。 ● %X：同“%x”。 ● %f：输入的数据为有符号的浮点型数，转换后存于 float 型变量。 ● %e：同“%f”。 ● %E：同“%f”。 ● %g：同“%f”。 ● %s：输入数据为以空格字符为终止的字符串。 ● %c：输入数据为单一字符。 ● []：读取数据但只允许括号内的字符，如[a～z]。 ● [^]：读取数据但不允许括号中^符号后的字符出现，如[0～9]
返回值	成功则返回参数数目；失败则返回-1，错误原因存于 errno 中

2．fscanf 函数

fscanf 函数用于格式化字符串输入，见表 11-7-5。

表 11-7-5　fscanf 函数

相关函数	scanf、sscanf
表头文件	#include<stdio.h>
定义函数	int fscanf(FILE * stream ,const char *format,……);
函数说明	fscanf( )会自参数 stream 的文件流中读取字符串，再根据参数 format 字符串来转换并格式化数据。格式转换形式请参考 scanf 函数。转换后的结构存于对应的参数内
返回值	成功则返回参数数目；失败则返回　1，错误原因存于 errno 中

例如：

```
#include<stdio.h>
int main()
{
    int i;
    unsigned int j;
    char s[5];
    fscanf(stdin,"%d %x %5[a-z] %*s %f",&i,&j,s,s);
    printf("%d %d %s \n",i,j,s);
}
```

3．sscanf 函数

sscanf 函数用于格式化字符串输入，见表 11-7-6。

表 11-7-6　sscanf 函数

相关函数	Scanf、fscanf
表头文件	#include<stdio.h>
定义函数	int sscanf (const char *str,const char * format,……);
函数说明	sscanf( )会将参数 str 的字符串根据参数 format 字符串来转换并格式化数据，格式转换形式请参考 scanf 函数，转换后的结果存于对应的参数内
返回值	成功则返回参数数目；失败则返回　1，错误原因存于 errno 中

例如：

```
#include<stdio.h>
int main()
{
    int i;
    unsigned int j;
    char input[ ]="10 0x1b aaaaaaaa    bbbbbbbb";
    char s[5];
    sscanf(input,"%d %x %5[a-z] %*s %f",&i,&j,s,s);
    printf("%d %d %s\n",i,j,s);
}
```

第 12 章

进程控制编程

Linux 是一种动态系统，能够适应不断变化的计算需求。Linux 计算需求的表现是以进程的通用抽象为中心的，进程可以是短期的（从命令行执行的一个命令），也可以是长期的（一种网络服务），因此，对进程及其调度进行一般管理就显得极为重要。

12.1 为何需要多进程和并发

先看一下进程在教材里的标准定义：“进程是可并发执行的程序，是在一个数据集合上的运行过程。”这个定义非常严谨，而且难懂，如果你没有一下子理解这句话，就不妨看看笔者自己的并不严谨的解释。我们大家都知道，硬盘上的一个可执行文件经常被称为程序，在 Linux 系统中，当一个程序开始执行后，在开始执行到执行完毕退出这段时间里，它在内存中的部分就被称作一个进程。

为何需要多进程（或者多线程）？为何需要并发？

这个问题对于很多程序员来说或许并不是个问题。但是对于没有接触过多进程编程的朋友来说，他们确实无法感受到并发的魅力和必要性。我想，只要你不是整天都写那种 int main() 代码的人，那么你会或多或少遇到代码响应不够用的情况，也应该尝过并发编程的甜头。就像一个快餐店的服务员，既要在前台接待客户点餐，又要接电话送外卖，没有分身术肯定会忙得焦头烂额。幸运的是确实有这么一种技术，让你可以像孙悟空一样分身，灵魂出窍，乐哉乐哉地轻松应付一切状况，这就是多进程（多线程）技术。

并发技术，就是可以让你在同一时间同时执行多条任务的技术，你的代码将不仅仅是从上到下、从左到右这样规规矩矩地一条线执行，可以一条线在 main 函数里跟你的客户交流，另一条线，你早就把外卖送到了其他客户的手里。所以，为何需要并发？因为我们需要更强大的功能，提供更多的服务，所以并发是必不可少的。

当然，这个解释并不完善，但好处是容易理解，下面我们将对多进程进行更全面的介绍。

12.1.1 进程

Linux 是一个多任务的操作系统，也就是说，在同一个时间内，可以有多个进程同时执行。如果读者对计算机硬件体系有一定了解的话，会知道我们大家常用的单 CPU 计算机实际上在一个时间片断内只能执行一条指令。那么 Linux 是如何实现多进程同时执行的呢？原来 Linux 使用了一种叫作“进程调度”（Process Scheduling）的手段，首先，为每个进程指派一定的运行时间，这个时间通常很短，短到以毫秒为单位，然后依照某种规则，从众多进程中挑选一个投入运行，其他的进程暂时等待，当正在运行的那个进程时间耗尽，或执行完毕退出，或因某种原因暂停，Linux 就会重新进行调度，挑选下一个进程投入运行。因为每个进程占用的时间片都很短，从我们使用者的角度来看，就好像多个进程同时运行一样。

在 Linux 中，每个进程在创建时都会被分配一个数据结构，称为进程控制块（Process Control Block，PCB）。PCB 中包含了很多重要的信息，供系统调度和进程本身执行使用，其中最重要的莫过于进程 ID（Process ID），进程 ID 也被称为进程标识符，是一个非负的整数，在 Linux 操作系统中唯一地标志一个进程。在我们最常使用的 I386 架构（即 PC 使用的架构）上，一个非负的整数的变化范围是 0～32 767，这也是我们所有可能取到的进程 ID。其实从进程 ID 的名字就可以看出，它就是进程的“身份证号码”，每个人的身份证号码都不会相同，每个进程的进程 ID 也不会相同。

12.1.2 进程的分类

进程一般分为交互进程、批处理进程和守护进程 3 类。

值得一提的是守护进程总是活跃的，一般是后台运行的。守护进程一般是由系统在开机时通过脚本自动激活启动或由超级管理用户 root 来启动的。例如在 Fedora 或 Redhat 中，我们可以定义 httpd 服务器的启动脚本的运行级别，此文件位于/etc/init.d 目录下，文件名是 httpd，/etc/init.d/httpd 就是 httpd 服务器的守护程序，将它的运行级别设置为 3 和 5，则当系统启动时，它会跟着启动。

```
[root@localhost ~]# chkconfig --level 35 httpd on
```

由于守护进程是一直运行着的，所以它所处的状态是等待处理任务的请求。例如，无论我们是否访问 LinuxSir.Org ，LinuxSir.Org 的 httpd 服务器都在运行，等待着用户来访问，也就是等待着任务处理。

12.1.3 进程的属性

进程的属性包括以下几项。

- 进程 ID（PID）是唯一的数值，用来区分进程。
- 父进程和父进程的 ID（PPID）。
- 启动进程的用户 ID（UID）和所归属的组（GID）。
- 进程状态分为运行（R）、休眠（S）和僵尸（Z）。
- 进程执行的优先级。
- 进程所连接的终端名。
- 进程资源占用，例如占用资源大小（内存、CPU 占用量）。

12.1.4 父进程和子进程

父进程和子进程的关系是管理和被管理的关系，当父进程终止时，子进程也随之而终止；但若子进程终止，父进程并不一定终止。例如，当 httpd 服务器运行时，我们可以杀掉其子进程，父进程并不会因为子进程的终止而终止。

在进程管理中，当我们发现占用资源过多或无法控制的进程时，应该杀死它，以保证系统的稳定安全运行。

12.2 Linux 进程管理

Linux 进程的管理，是通过进程管理工具实现的，如 ps、kill 和 pgrep 等。

12.2.1 监视进程的工具：ps

1. ps 的参数说明

ps 提供了很多的选项参数，常用的有以下几个。

- l：长格式输出。
- u：按用户名和启动时间的顺序来显示进程。
- j：用任务格式来显示进程。
- f：用树状格式来显示进程。
- a：显示所有用户的所有进程（包括其他用户）。
- x：显示无控制终端的进程。
- r：显示运行中的进程。
- ww：避免详细参数被截断。

我们常用的选项组合是 aux 或 lax，另外还有参数 f 的应用。

- ps：aux 或 lax 输出的解释。
- USER：进程的属主。
- PID：进程的 ID。
- PPID：父进程的 ID。
- %CPU：进程占用的 CPU 百分比。
- %MEM：占用内存的百分比。
- NI：进程的 NICE 值，数值越大，表示较少占用 CPU 时间。
- VSZ：进程虚拟大小。
- RSS：驻留中页的数量。
- TTY：终端 ID。
- STAT：进程状态。
- D：不可中断。
- R：正在运行或在队列中的进程。
- S：处于休眠状态。
- T：停止或被追踪。
- W：进入内存交换（从内核 2.6 版本开始无效）。
- X：死掉的进程。
- Z：僵尸进程。

- <：优先级高的进程。
- N：优先级较低的进程。
- L：有些页被锁进内存。
- s：进程的领导者（在它之下有子进程）。
- l：多进程（使用 CLONE_THREAD，类似 NPTL）。
- +：位于后台的进程组。
- WCHAN：正在等待的进程资源。
- START：启动进程的时间。
- TIME：进程消耗 CPU 的时间。
- COMMAND：命令的名称和参数。

2．ps 应用举例

实例一：ps aux（最常用）。

```
[root@localhost ~]# ps -aux |more
```

可以用管道和 more 命令连接起来分页查看。

```
[root@localhost ~]# ps -aux > ps001.txt
[root@localhost ~]# more ps001.txt
```

这里把所有进程显示出来，并输出到 ps001.txt 文件，然后通过 more 命令来分页查看。
实例二：和 grep 结合，提取指定程序的进程。

```
[root@localhost ~]# ps aux |grep httpd
root      4187  0.0  1.3  24236  10272 ?      Ss   11:55   0:00 /usr/sbin/httpd
apache    4189  0.0  0.6  24368  4940 ?       S    11:55   0:00 /usr/sbin/httpd
apache    4190  0.0  0.6  24368  4932 ?       S    11:55   0:00 /usr/sbin/httpd
apache    4191  0.0  0.6  24368  4932 ?       S    11:55   0:00 /usr/sbin/httpd
apache    4192  0.0  0.6  24368  4932 ?       S    11:55   0:00 /usr/sbin/httpd
apache    4193  0.0  0.6  24368  4932 ?       S    11:55   0:00 /usr/sbin/httpd
apache    4194  0.0  0.6  24368  4932 ?       S    11:55   0:00 /usr/sbin/httpd
apache    4195  0.0  0.6  24368  4932 ?       S    11:55   0:00 /usr/sbin/httpd
apache    4196  0.0  0.6  24368  4932 ?       S    11:55   0:00 /usr/sbin/httpd
root      4480  0.0  0.0  5160   708 pts/3    R+   12:20   0:00 grep httpd
```

实例三：判断父进程和子进程的关系是否友好的例子。

```
[root@localhost ~]# ps auxf   |grep httpd
root    4484  0.0  0.0  5160   704 pts/3   S+ 12:21   0:0  \_grep httpd
root    4187  0.0  1.3  24236  10272 ?     Ss 11:55   0:00 /usr/sbin/httpd
apache  4189  0.0  0.6  24368  4940 ?      S  11:55   0:00 \_/usr/sbin/httpd
apache  4190  0.0  0.6  24368  4932 ?      S  11:55   0:00 \_/usr/sbin/httpd
apache  4191  0.0  0.6  24368  4932 ?      S  11:55   0:00 \_/usr/sbin/httpd
apache  4192  0.0  0.6  24368  4932 ?      S  11:55   0:00 \_/usr/sbin/httpd
apache  4193  0.0  0.6  24368  4932 ?      S  11:55   0:00 \_/usr/sbin/httpd
apache  4194  0.0  0.6  24368  4932 ?      S  11:55   0:00 \_/usr/sbin/httpd
```

```
apache   4195   0.0   0.6   24368   4932 ?        S    11:55    0:00 \_/usr/sbin/httpd
apache   4196   0.0   0.6   24368   4932 ?        S    11:55    0:00 \_/usr/sbin/httpd
```

这里用到了 f 参数，父子关系一目了然。

12.2.2 查询进程的工具：pgrep

pgrep 是通过程序的名字来查询进程的工具，一般用来判断程序是否正在运行。在服务器的配置和管理中，这个工具常被应用，简单明了。用法为

```
#ps 参数选项    程序名
```

常用参数如下。

- -l：列出程序名和进程 ID。
- -o：进程起始的 ID。
- -n：进程终止的 ID。

例如：

```
[root@localhost ~]# pgrep -lo httpd
4557 httpd
[root@localhost ~]# pgrep -ln httpd
4566 httpd
[root@localhost ~]# pgrep -l httpd
4557 httpd
4560 httpd
4561 httpd
4562 httpd
4563 httpd
4564 httpd
4565 httpd
4566 httpd
[root@localhost ~]# pgrep httpd
4557
4560
4561
4562
4563
4564
4565
4566
```

12.2.3 中止进程的工具：kill、killall、pkill 和 xkill

中止一个进程或中止一个正在运行的程序，一般是通过 kill、killall、pkill 和 xkill 等工具进行的。例如，一个程序已经死掉，但又不能退出，这时就应该考虑使用这些工具。

另外，若应用的场合就是在服务器管理中，在不涉及数据库服务器程序的父进程的停止运行时，也可以用这些工具来中止进程。为什么数据库服务器的父进程不能用这些工具杀死呢？原因很简单，这些工具在强行中止数据库服务器时，会让数据库产生更多的文件碎片，

当碎片达到一定程度时，数据库就有崩溃的危险。例如，mysql 服务器最好是按其正常的程序关闭，而不是用 pkill mysqld 或 killall mysqld 这样危险的动作；当然对于占用资源过多的数据库子进程，我们应该用 kill 来杀掉。

1．kill 函数

kill 函数是和 ps 或 pgrep 命令结合在一起使用的，其用法为

```
kill ［信号代码］  进程 ID
```

注：信号代码可以省略，我们常用的信号代码是-9，表示强制中止。例如：

```
[root@localhost ~]# ps   auxf   |grep    httpd
root     4939  0.0  0.0  5160   708 pts/3   S+ 13:10   0:00  \_grep httpd
root     4830  0.1  1.3  24232  10272 ?     Ss 13:02   0:00  /usr/sbin/httpd
apache   4833  0.0  0.6  24364  4932 ?      S  13:02   0:00  \_/usr/sbin/httpd
apache   4834  0.0  0.6  24364  4928 ?      S  13:02   0:00  \_/usr/sbin/httpd
apache   4835  0.0  0.6  24364  4928 ?      S  13:02   0:00  \_/usr/sbin/httpd
apache   4836  0.0  0.6  24364  4928 ?      S  13:02   0:00  \_/usr/sbin/httpd
apache   4837  0.0  0.6  24364  4928 ?      S  13:02   0:00  \_/usr/sbin/httpd
apache   4838  0.0  0.6  24364  4928 ?      S  13:02   0:00  \_/usr/sbin/httpd
apache   4839  0.0  0.6  24364  4928 ?      S  13:02   0:00  \_/usr/sbin/httpd
apache   4840  0.0  0.6  24364  4928 ?      S  13:02   0:00  \_/usr/sbin/httpd
```

httpd 服务器的进程，也可以用“pgrep -l httpd”来查看。

上面例子中的第二列，就是进程 PID 的列，其中 4830 是 httpd 服务器的父进程，4833～4840 的进程都是 4830 的子进程；如果我们杀掉父进程 4830 的话，其下的子进程也会跟着死掉。例如：

杀掉 4840 这个进程。

```
[root@localhost ~]# kill 4840
```

查看一下会有什么结果？是不是 httpd 服务器仍在运行？

```
[root@localhost ~]# ps -auxf   |grep   httpd
```

杀掉 httpd 的父进程。

```
[root@localhost ~]# kill 4830
```

查看 httpd 的其他子进程是否存在，httpd 服务器是否仍在运行？

```
[root@localhost ~]# ps -aux |grep httpd
```

对于僵尸进程，可以用“kill -9”来强制中止退出。例如，一个程序已经彻底死掉，如果 kill 不加信号强度是没有办法退出的，最好的办法就是加信号强度-9，后面接上需要杀掉的父进程。例如：

```
[root@localhost ~]# ps aux |grep gaim
beinan    5031  9.0  2.3   104996 17484 ?    S    13:23  0:01 gaim
root      5036  0.0  0.0   5160    724 pts/3  S+   13:24  0:00 grep gaim
```

或

```
[root@localhost ~]# pgrep -l gaim
5031 gaim
[root@localhost ~]# kill -9 5031
```

2．killall 函数

killall 函数可以通过程序的名字直接杀死所有进程，其用法为

```
killall  正在运行的程序名
```

killall 函数也是和 ps 或 pgrep 命令结合使用的，比较方便；可通过 ps 或 pgrep 命令来查看哪些程序在运行。例如：

```
[root@localhost beinan]# pgrep -l gaim
2979 gaim
[root@localhost beinan]# killall gaim
```

3．pkill 函数

pkill 函数和 killall 函数应用差不多，也是直接杀死运行中的程序；如果想杀掉单个进程，请用 kill 函数来杀掉。应用方法为

```
#pkill   正在运行的程序名
```

例如：

```
[root@localhost beinan]# pgrep -l gaim
2979 gaim
[root@localhost beinan]# pkill gaim
```

4．xkill 函数

xkill 函数是在桌面上用于杀死图形界面的程序。例如，当 firefox 出现崩溃不能退出时，单击鼠标就能杀死 firefox。在 xkill 函数运行时会弹出和人脑骨类似的图标，单击崩溃的图形程序就能杀死该程序。如果想中止 xkill 函数，单击鼠标右键即可。xkill 的调用方法为

```
[root@localhost ~]# xkill
```

12.2.4 监视系统任务的工具：top

和 ps 相比，top 是动态监视系统任务的工具，top 输出的结果是连续的。

1．top 命令的用法和参数

top 的调用方法为

```
top 选择参数
```

常用参数如下。

- -b：以批量模式运行，但不能接收命令行输入。
- -c：显示命令行，而不仅仅是命令名。

- -d N：显示两次刷新时间的间隔，例如-d 5 表示两次刷新间隔为 5 s。
- -i：禁止显示空闲进程或僵尸进程。
- -n NUM：显示更新次数，然后退出，例如，-n 5 表示 top 更新 5 次数据就退出。
- -p PID：仅监视指定进程的 ID，PID 是一个数值。
- -q：不经任何延时就刷新。
- -s：以安全模式运行，禁用一些效互指令。
- -S：以累积模式运行，输出每个进程的总的 CPU 时间，包括已死的子进程。

常用的交互式命令键位如下。

- space：立即更新。
- c：切换到命令名显示，或显示整个命令（包括参数）。
- f、F：增加显示字段，或删除显示字段。
- h、?：显示有关安全模式和累积模式的帮助信息。
- k：提示输入要杀死的进程 ID，目的是用来杀死该进程（默认信号为 15）。
- i：禁止空闲进程和僵尸进程。
- l：切换到显示平均负载和正常运行时间等信息。
- m：切换到内存信息，并以内存占用大小排序。
- n：提示显示的进程数，如输入 3，就在整屏上显示 3 个进程。
- o、O：改变显示字段的顺序。
- r：把 renice 应用到一个进程，提示输入 PID 和 renice 的值。
- s：改变两次刷新的时间间隔，以 s 为单位。
- t：切换到显示进程和 CPU 状态的信息。
- A：按进程生命大小进行排序，最新进程显示在最前面。
- M：按内存占用大小排序，由大到小。
- N：按进程 ID 大小排序，由大到小。
- P：按 CPU 占用情况排序，由大到小。
- S：切换到累积时间模式。
- T：按时间/累积时间对任务进行排序。
- W：把当前的配置写到“~/.toprc”中。

2．top 应用举例

```
[root@localhost ~]# top
```

根据前面所说的交互命令，依次尝试一下就容易掌握了，例如按 M 键，则按内存占用大小排序；可以按如下指令把 top 的输出传到一个文件中。

```
[root@localhost ~]# top > mytop.txt
```

我们可以查看 mytop 文件，以慢慢地分析系统进程状态。

12.2.5 进程的优先级：nice 和 renice

在 Linux 操作系统中，进程之间是竞争资源（如 CPU 和内存的占用）的关系。这个竞争的结果是通过一个数值来体现的，也就是谦让度。高谦让度表示进程优先级别最低。负值或 0 表示最高优先级，对其他进程不谦让，也就是拥有优先占用系统资源的权利。谦让度的值为-20～19。

目前硬件技术发展迅速，在大多情况下，不必设置进程的优先级，除非在进程失控而疯狂占用资源的情况下，我们有可能需要设置优先级，但没有太大的必要，在迫不得已的情况下，我们可以杀掉失控进程。

在创建进程时，nice 可以为进程指定谦让度的值，进程优先级的值是父进程 shell 优先级的值与我们所指定谦让度的相加结果。所以我们在用 nice 设置程序的优先级时，所指定的数值是一个增量，并不是优先级的绝对值。

nice 的应用举例：

```
[root@localhost ~]# nice -n 5   gaim &
```

运行 gaim 程序，并为它指定谦让度增量为 5，所以 nice 的最常用的应用是

```
nice   -n   谦让度的增量值     程序
```

renice 通过进程 ID（PID）来改变谦让度，进而实现更改进程的优先级。

```
renice   谦让度      PID
```

renice 所设置的谦让度就是进程的绝对值，看下面的例子。

```
[root@localhost ~]# ps lax      |grep gaim
4   0   4437   3419   10   -5 120924   20492 -   S<     pts/0   0:01 gaim
0   0   4530   3419   10   -5 5160      708 -      R<+   pts/0   0:00 grep gaim
[root@localhost ~]# renice -6   4437
4437: old priority -5, new priority -6
[root@localhost ~]# ps lax      |grep gaim
4   0   4437   3419   14   -6 120924   20492 -   S<     pts/0   0:01 gaim
0   0   4534   3419   11   -5 5160      708 -      R<+   pts/0   0:00 grep gaim
```

12.3 Linux 进程的三态

进程在运行中不断地改变其运行状态，通常，一个运行进程必须具有以下三种基本状态。

12.3.1 三种基本状态

（1）就绪（Ready）状态。若进程已被分配到除 CPU 以外所有必要的资源，只要获得处理器便可立即执行，这时的进程状态称为就绪状态。

（2）执行（Running）状态。当进程已获得处理器，其程序正在处理器上执行，此时的进程状态称为执行状态。

（3）阻塞（Blocked）状态。当正在执行的进程，由于等待某个事件发生而无法执行时，便处于阻塞状态。引起进程阻塞的事件可能有多种，例如等待 I/O 完成、申请缓冲区不能满足、等待信件（信号）等。

12.3.2　三种状态间的转换

一个进程在运行期间，会不断地从一种状态转换到另一种状态，它可以多次处于就绪状态和执行状态，也可以多次处于阻塞状态。图 12-3-1 描述了进程的三种基本状态及其转换。

（1）就绪→执行。处于就绪状态的进程，当进程调度程序为之分配了处理器后，该进程便由就绪状态转变成执行状态。

（2）执行→就绪。处于执行状态的进程在其执行过程中，因分配给它的一个时间片已用完而不得不让出处理器，于是进程从执行状态转变成就绪状态。

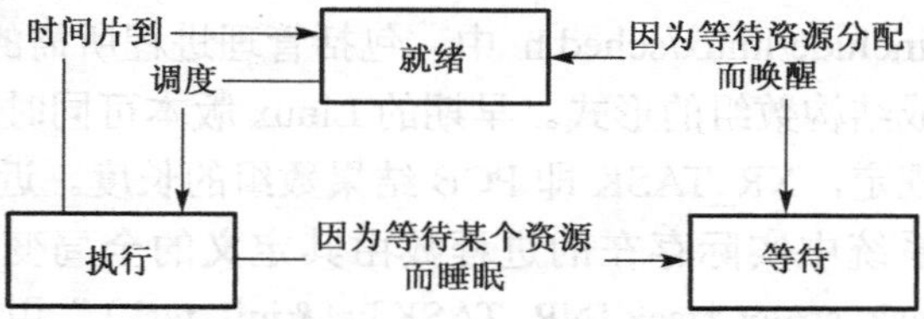

图 12-3-1　进程的三种基本状态及其转换

（3）执行→阻塞。当正在执行的进程因等待某种事件发生而无法继续执行时，便从执行状态变成阻塞状态。

（4）阻塞→就绪。处于阻塞状态的进程，若其等待的事件已经发生，便由阻塞状态转变为就绪状态。

12.4　Linux 进程结构

Linux 的一个进程在内存里有 3 部分数据——数据段、堆栈段和代码段，其实学过汇编语言的人一定知道，一般的 CPU 像 I386，都有上述 3 种段寄存器，以便操作系统的运行。代码段，顾名思义，就是存放了程序代码的数据，假如机器中有数个进程运行相同的一个程序，那么它们就可以使用同一个代码段。堆栈段存放的是子程序的返回地址、子程序的参数和程序的局部变量。而数据段则存放程序的全局变量、常数和动态数据分配的数据空间（如用 malloc 之类的函数取得的空间）。这其中有许多细节问题，这里限于篇幅就不多介绍了。系统如果同时运行数个相同的程序，它们之间就不能使用同一个堆栈段和数据段，数据段、堆栈段和代码段的关系如图 12-4-1 所示。

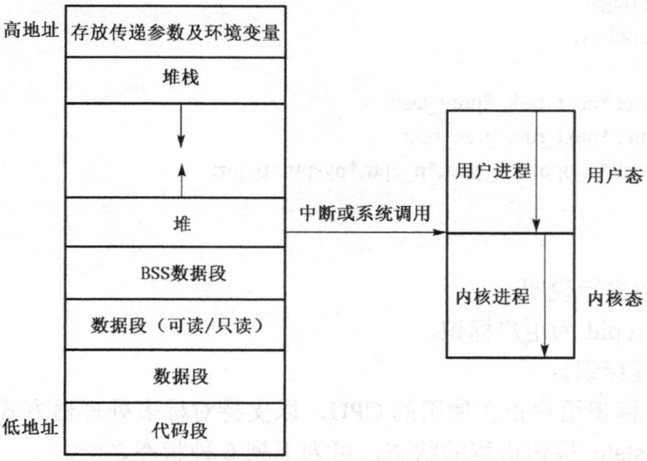

图 12-4-1　数据段、堆栈段和代码段的关系

12.5 Linux 进程控制块 PCB

Linux 的进程控制块是一个由结构 task_struct 所定义的数据结构，task_struct 存放在 /include/linux/sched.h 中，包括管理进程所需的各种信息。Linux 系统的所有进程控制块组织成结构数组的形式。早期的 Linux 版本可同时运行进程的个数由 NR_TASK（默认值为 512）规定，NR_TASK 即 PCB 结果数组的长度。近期版本的 Linux 中的 PCB 组成一个环形结构，系统中实际存在的进程数由其定义的全局变量 NR_TASK 来动态记录。结构数组“struct task_struct *task [NR_TASK]={&init_task}”用来记录指向各 PCB 的指针，该指针数组定义于 /kernel/sched.c 中。

在创建一个新进程时，系统在内存中申请一个空的 task_struct 区，即空闲 PCB 块，并填入所需信息，同时将指向该结构的指针填入到 task[]数组中。当前处于运行状态进程的 PCB 用指针数组“current_set[]”来指出。这是因为 Linux 支持多处理器系统，系统内可能存在多个同时运行的进程，故将 current_set 定义成指针数组。

Linux 系统的 PCB 包括很多参数，每个 PCB 约占 1 KB 的内存空间。用于表示 PCB 的结构 task_struct 简要描述如下。

```
struct task_struct
{
    ...
    unsigned short uid;
    int pid;
    int processor;
    ...
    volatile long state;
    long prority;
    unsighed long rt_prority;
    long counter;
    unsigned long flags;
    unsigned long policy;
    ...
    struct task_struct *next_task, *prev_task;
    struct task_struct *next_run,*prev_run;
    struct task_struct *p_opptr,*p_pptr,*p_cptr,*pysptr,*p_ptr;
    ...
};
```

下面对部分参数进行说明。

- unsigned short pid 为用户标识。
- int pid 为进程标识。
- int processor 标识用户正在使用的 CPU，以支持对称多处理器方式。
- volatile long state 标识进程的状态，可为下列 6 种状态之一。

➢ 可运行状态（TASK-RUNING）。
➢ 可中断阻塞状态（TASK-UBERRUPTIBLE）。
➢ 不可中断阻塞状态（TASK-UNINTERRUPTIBLE）。
➢ 僵死状态（TASK-ZOMBLE）。
➢ 暂停态（TASK_STOPPED）。
➢ 交换态（TASK_SWAPPING）。

● long prority 表示进程的优先级。
● unsigned long rt_prority 表示实时进程的优先级，对普通进程无效。
● long counter 为进程动态优先级计数器，用于进程轮转调度算法。
● unsigned long policy 表示进程调度策略，其值为下列 3 种情况之一。

➢ SCHED_OTHER（值为 0）对应普通进程优先级轮转法（round robin）。
➢ SCHED_FIFO（值为 1）对应实时进程先来先服务算法。
➢ SCHED_RR（值为 2）对应实时进程优先级轮转法。

● “struct task_struct *next_task,*prev_task”为进程 PCB 双向链表的前后项指针。
● “struct task_struct *next_run,*prev_run”为就绪队列双向链表的前后项指针。
● “struct task_struct *p_opptr,*p_pptr,*p_cptr,*p_ysptr,*p_ptr”指明进程家族间的关系，分别为指向祖父进程、父进程、子进程以及新老进程的指针。

12.6 Linux 进程调度

在多进程、多线程并发的环境里，从概念上看，有多个进程或者多个线程在同时执行，具体到单个 CPU，实际上任何时刻只能有一个进程或者线程处于执行状态。因此 OS 需要决定哪个进程执行，哪些进程等待，也就是进程的调度。

12.6.1 调度的目标

程序使用 CPU 分为 3 种模式：I/O 密集型、计算密集型和平衡型。对于 I/O 密集型程序来说，响应时间非常重要；对于计算密集型程序来说，CPU 的周转时间就比较重要；对于平衡型程序来说，响应和周转之间的平衡是最重要的。

CPU 的调度就是要达到极小化平均响应时间、极大化系统吞吐率、保持系统各个功能部件均处于繁忙状态和提供某种公平的机制。

对于实时系统来说，调度的目标就是要在达到截止时间前完成所应该完成的任务和提供性能的可预测性。

12.6.2 调度算法

1. FCFS

FCFS（First Come First Serve），也称为 FIFO 算法，先来先处理。这个算法的优点是简单，实现容易，并且似乎公平；缺点在于短的任务有可能变得非常慢，因为其前面的任务占用很长时间，造成了平均响应时间非常长。

2．时间片轮询算法

该算法是对 FIFO 算法的改进，目的是改善短程序（运行时间短）的响应时间，其方法就是周期性地进行进程切换。这个算法的关键点在于时间片的选择，时间片过大，那么轮转就越接近 FIFO；如果时间片太小，则进程切换的开销大于执行程序的开销，从而会降低系统效率。因此选择合适的时间片就非常重要。选择时间片的两个需要考虑的因素：①一次进程切换所使用的系统消耗。②我们能接受的整个系统消耗、系统运行的进程数。

时间片轮询算法看上起非常公平，并且响应时间非常好，然而时间片轮转并不能保证系统的响应时间总是比 FIFO 算法短，这很大程度上取决于时间片大小的选择以及这个大小与进程运行时间的相互关系。

3．STCF

STCF（Short Time to Complete First）算法，顾名思义就是短任务优先算法。这种算法的核心就是所有的程序都有一个优先级，短任务的优先级比长任务的高，而 OS 总是安排优先级高的进程先运行。

STCF 又分为非抢占式和抢占式两类。非抢占式 STCF 就是让已经在 CPU 上运行的程序执行到结束或者阻塞，然后在所有的就绪进程中选择执行时间最短的来执行；而抢占式 STCF 则不是这样，在每进来一个新的进程时，就对所有进程（包括正在 CPU 上执行的进程）进行检查，谁的执行时间短，就运行谁。

STCF 总是能提供最优的响应时间，然而它也有缺点：①可能造成长任务的程序无法得到 CPU 时间而饥饿，因为 OS 总是优先执行短任务；②关键问题在于我们怎么知道程序的运行时间，怎么预测某个进程需要的执行时间，通常有两个办法，使用启发式方法估算（如根据程序大小估算），或者将程序执行一遍后记录其所用的 CPU 时间，在以后的执行过程中就可以根据这个数据清单来进行 STCF 调度。

4．优先级调度

STCF 遇到的问题是长任务的程序可能饥饿，那么优先级调度算法可以通过给长任务的进程更高的优先级来解决这个问题；优先级调度遇到的问题也可能是短任务的进程饥饿，这个可以通过动态调整优先级来解决。实际上动态调整优先级（称为权值）+时间片轮询的策略正是 Linux 的进程调度策略之一——SCHED_OTHER 分时调度策略，它的调度过程如下。

（1）在创建任务时指定采用分时调度策略，并指定优先级的 nice 值（-20～19）。

（2）根据每个任务的 nice 值确定在 CPU 上的执行时间（counter）。

（3）如果没有等待资源，则将该任务加入就绪队列中。

（4）调度程序遍历就绪队列中的任务，通过对每个任务动态优先级的计算（counter+20-nice）结果，选择计算结果最大的一个去运行。当这个时间片用完后（counter 减至 0）或者主动放弃 CPU 时，该任务将被放在就绪队列末尾（时间片用完）或等待队列（因等待资源而放弃 CPU）中。

（5）此时调度程序重复上面的计算过程，转到步骤（4）。

（6）当调度程序发现所有就绪任务计算所得的权值都为不大于 0 时，重复步骤（2）。

Linux 还有两个实时进程的调度策略：FIFO 和 RR。实时进程会立即抢占非实时进程。显然，没有什么调度算法是毫无缺点的，因此现代 OS 通常都会采用混合调度算法。例如，将不同的进程分为几个大类，每个大类有不同的优先级，不同大类的进程调度取决于大类的优先级，同一个大类的进程采用时间片轮询法来保证公平性。

5. 其他调度算法

保证调度算法确保每个进程享用的 CPU 时间完全一样。彩票调度算法是一种概率调度算法，通过给进程“发彩票”，来赋予不同进程不同的调用时间，彩票调度算法的优点是非常灵活，如果给短任务发更多“彩票”，那么就类似 STCF 调度；如果给每个进程一样多的“彩票”，那么就类似于保证调度。用户公平调度算法，是按照每个用户，而不是按照每个进程来公平分配 CPU 时间的，这是为了防止贪婪用户启用了过多进程导致系统效率降低甚至停顿。

6. 实时系统的调度算法

实时系统需要考虑每个具体任务的响应时间必须符合要求，在截止时间前完成任务。

EDF 调度算法，就是最早截止任务优先（Earliest Deadline First）算法，也就是让最早截止的任务先运行。当新的任务过来时，如果它的截止时间更靠前，那么就让新任务抢占正在运行的任务。EDF 算法其实是贪心算法的一种体现。如果一组任务可以被调度（也就是说所有任务的截止时间在理论上都可以得到满足），那么 EDF 可以全部满足；如果一批任务不能全部满足（全部在各自的截止时间前完成），那么 EDF 满足的任务数最多，这就是它最优的体现。EDF 其实就是抢占式的 STCF，只不过将程序的执行时间换成了截止时间。EDF 的缺点在于需要对每个任务的截止时间进行计算并动态调整优先级，并且抢占任务也需要消耗系统资源，因此它的实际效果比理论效果差一点。

EDF 是动态调度算法，而 RMS（Rate Monotonic Scheduling）算法是一种静态最优算法，该算法在进行调度前先计算出所有任务的优先级，然后按照计算出来的优先级进行调度，在任务执行过程中既不接收新任务，也不进行优先级调整或者 CPU 抢占，因此它的优点是系统消耗小，缺点就是不灵活。对于 RMS 算法，关键点在于判断一个任务组是否能被调度，这里有一个定律，如果一个系统的所有任务的 CPU 利用率都低于 ln2，那么这些任务的截止时间均可以得到满足，ln2 约等于 0.693147，也就是此时系统还剩下有 30%的 CPU 时间。这个证明是 Liu 和 Kayland 在 1973 年给出的。

12.6.3 优先级反转

1. 什么是优先级反转

优先级反转是指一个低优先级的任务持有一个被高优先级任务所需要的共享资源，高优先任务由于资源缺乏而处于受阻状态，一直等到低优先级任务释放资源为止。而低优先级获得的 CPU 时间少，如果此时有优先级处于两者之间的任务，并且不需要那个共享资源，则该中优先级的任务反而超过这两个任务而获得 CPU 资源。如果高优先级等待资源时不是阻塞等待，而是忙循环，则可能永远无法获得资源，因为此时低优先级进程无法与高优先级进程争夺 CPU 资源，从而无法执行，进而无法释放资源，这样造成的后果就是高优先级任务无法获得资源而继续运行。

2. 解决方案

（1）设置优先级上限，给临界区一个高优先级，进入临界区的进程都将获得这个高优先级，如果其他试图进入临界区的进程的优先级都低于这个高优先级，那么优先级反转就不会发生。

（2）优先级继承，当一个高优先级进程等待一个低优先级进程持有的资源时，低优先级进程将暂时获得高优先级进程的优先级别。在释放共享资源后，低优先级进程回到原来的优先级别。嵌入式系统 VxWorks 就是采用这种策略。

这里还有一个小故事，1997 年，美国的火星探测器（使用的是嵌入式系统 VxWorks）就遇到一个优先级反转问题引起的故障。简单说下，火星探测器有一个信息总线，有一个高优先级的总线任务负责总线数据的存取，访问总线都需要通过一个互斥锁（共享资源出现了）；还有一个低优先级的，运行不是很频繁的气象搜集任务，它需要对总线写数据，也就同样需要访问互斥锁；最后还有一个中优先级的通信任务，它的运行时间比较长。平常这个系统运行毫无问题，但是有一天，在气象任务获得互斥锁往总线写数据时，一个中断发生导致通信任务被调度至就绪状态，通信任务抢占了低优先级的气象任务。而无巧不成书的是，此时高优先级的总线任务正在等待气象任务写完数据归还互斥锁，但是由于通信任务抢占了 CPU 并且运行时间比较长，导致气象任务得不到 CPU 时间也无法释放互斥锁，本来是高优先级的总线任务也无法执行，总线任务无法及时执行的后果被探路者认为是一个严重错误，最后就是整个系统被迫重启。本来嵌入式系统 VxWorks 允许优先级继承，然而遗憾的是工程师们将这个选项关闭了。

使用中断禁止，通过禁止中断来保护临界区，采用此种策略的系统只有两种优先级：可抢占优先级和中断禁止优先级。前者为一般进程运行时的优先级，后者为运行于临界区的优先级。火星探路者正是由于在临界区中运行的气象任务被中断发生的通信任务所抢占才导致故障，如果有临界区的禁止中断保护，这一问题也不会发生。

12.7 进程创建

Linux 主要提供了 fork、vfork 和 clone 这 3 种进程创建方法。在 Linux 源码中，这 3 个进程调用的执行过程是，在执行 fork()、vfork()和 clone()时，通过一个系统调用表映射到 sys_fork()、sys_vfork()和 sys_clone()，然后在这 3 个函数中调用 do_fork()去做具体的创建进程工作。

12.7.1 获取进程

我们知道，每个进程都有一个 ID，那么怎么得到进程的 ID 呢?系统调用 getpid 函数可以得到进程的 ID，而 getppid 函数可以得到父进程（创建调用该函数进程的进程）的 ID。

getgid 函数用于取得真实的组识别码，见表 12-7-1；getppid 函数用于取得父进程的进程识别码，见表 12-7-2。

表 12-7-1　getgid 函数

相关函数	getegid、setregid、setgid
表头文件	#include<unistd.h> #include<sys/types.h>
定义函数	gid_t getgid(void);
函数说明	getgid( )用来取得执行目前进程的组识别码
返回值	组识别码

例如：

```
int main()
{
    printf("gid is %d\n",getgid());
    return 0;
}
```

执行：

```
gid is 0            /*当使用 root 身份执行范例程序时*/
```

表 12-7-2　getppid 函数

相关函数	fork、kill、getpid
表头文件	#include<unistd.h>
定义函数	pid_t getppid(void);
函数说明	getppid( )用来取得目前进程的父进程识别码
返回值	目前进程的父进程识别码

例如：

```
#include<unistd.h>
int main()
{
    printf("My parent 'pid =%d\n",getppid());
    return 0;
}
```

执行：

```
My parent pid =463
```

12.7.2　启动进程：fork( )

fork 函数用于创建子进程，见表 12-7-3。

表 12-7-3　fork 函数

相关函数	fork、vfork
表头文件	#include <sys/types.h> #include <unistd.h>
定义函数	pid_t fork(void);
函数说明	fork( )用来创建新的进程
返回值	在父进程中返回子进程的进程号，在子进程中返回 0，错误返回-1

例如：

```
#include <unistd.h>
#include <sys/types.h>
#include <sys/wait.h>
#include <stdio.h>
#include <stdlib.h>
#include <errno.h>
#include <math.h>

/*创建进程*/
void main(void)
{
    pid_t child;
    int status;

    printf("This will demostrate how to get child status\n");

    /*创建子进程*/
    if((child=fork())==-1)
    {
        printf("Fork Error : %s\n", strerror(errno));
        exit(1);
    }
    else if(child==0)                       //子进程
    {
        int i;
        printf("I am the child: %d\n", getpid());
        for(i=0;i<1000000;i++) sin(i);
        i=5;
        printf("I exit with %d\n", i);
        exit(i);
    }
}
```

在使用 fork 函数创建一个进程时，子进程只是完全复制父进程的资源，复制出来的子进程有自己的 task_struct 结构和 PID，复制父进程其他所有的资源。例如，要是父进程打开了 5

个文件，那么子进程也有 5 个打开的文件，而且这些文件的当前读写指针也停在相同的地方，所以，这一步所做的是复制。这样得到的子进程独立于父进程，具有良好的并发性，但是二者之间的通信需要通过专门的通信机制，如 pipe、共享内存等机制。另外通过 fork 函数创建子进程，需要将上面描述的每种资源都复制一个副本。这样看来，fork 函数是一个开销十分大的系统调用，这些开销并不是在所有的情况下都是必须的，比如某进程通过 fork 函数创建出一个子进程后，其子进程仅仅是为了调用 exec 执行另一个可执行文件，那么在创建过程中对于虚存空间的复制将是一个多余的过程。但由于现在 Linux 中采用了 copy-on-write（COW 写时复制）技术，为了降低开销，fork 函数最初并不会真的产生两个不同的复制，因为在那个时候，大量的数据其实完全是一样的。写时复制是在推迟真正的数据复制。若后来确实发生了写入，那意味着父进程和子进程的数据不一致了，于是产生复制动作，每个进程拿到属于自己的那一份，这样就可以降低系统调用的开销。

fork 函数每调用执行一次返回两个值，对于父进程，fork 函数返回子程序的进程号，而对于子进程，fork 函数则返回零，这就是一个函数返回两次的本质。

在 fork 函数之后，子进程和父进程都会继续执行 fork 函数调用之后的指令。子进程是父进程的副本，它将获得父进程的数据空间、堆和栈的副本，这些都是副本，父子进程并不共享这部分的内存。也就是说，子进程对父进程中的同名变量进行修改并不会影响其在父进程中的值。但是父子进程又共享一些东西，简单说来就是程序的正文段。正文段存放着由 CPU 执行的机器指令，通常是只读的。下面是一个验证实例。

```
#include<stdio.h>
#include<sys/types.h>
#include<unistd.h>
#include<errno.h>
int main()
{
    int a = 5;
    int b = 2;
    pid_t pid;
    pid = fork();
    if(pid == 0)
    {
        a = a-4;
        printf("I'm a child process with PID [%d],the value of a: %d,
                the value of b:%d.\n",pid,a,b);
    }
    else if(pid < 0)
    {
        perror("fork");
    }
    else
    {
        printf("I'm a parent process, with PID [%d], the value of a: %d,
                the value of b:%d.\n", pid, a, b);
    }
```

```
    return 0;
}
```

运行结果如下。

```
I'm a child process with PID[0],the value of a:1,the value of b:2.
I'm a parent process with PID[19824],the value of a:5,the value of b:2.
```

可见，子进程中将变量 a 的值改为 1，而在父进程中 a 的值则保持不变。

12.7.3 启动进程：vfork()

vfork 函数用于建立一个新的进程，见表 12-7-4。

表 12-7-4 vfork 函数

相关函数	wait、execve
表头文件	#include<unistd.h>
定义函数	pid_t vfork(void);
函数说明	vfork()会产生一个新的子进程，其子进程会复制父进程的数据与堆栈空间，并继承父进程的用户代码、组代码、环境变量、已打开的文件代码、工作目录和资源限制等。Linux 使用 copy-on-write（COW）技术，只有当其中一进程试图修改欲复制的空间时才会做真正的复制动作，由于这些继承的信息是复制而来的，并非指相同的内存空间，因此子进程对这些变量的修改，父进程并不会同步。此外，子进程不会继承父进程的文件锁定和未处理的信号。注意，Linux 不保证子进程会比父进程先执行或晚执行，因此在编写程序时要留意死锁或竞争条件的发生
返回值	如果 vfork()成功则在父进程会返回新建立的子进程代码（PID），而在新建立的子进程中返回 0；如果 vfork 失败则直接返回-1，失败原因存于 errno 中
错误代码	● EAGAIN：内存不足。 ● ENOMEM：内存不足，无法配置核心所需的数据结构空间

例如：

```
#include<unistd.h>
int main()
{
    if(vfork() = =0)
    {
        printf("This is the child process\n");
        exit(0);
    }else{
        printf("This is the parent process\n");
    }
}
```

执行：

```
this is the parent process
this is the child process
```

vfork 的系统调用不同于 fork，用 vfork 创建的子进程与父进程共享地址空间，也就是说子进程完全运行在父进程的地址空间上，如果这时子进程修改了某个变量，将影响到父进程。因此，上面的例子如果改用 vfork()的话，那么两次打印 a、b 的值是相同的，所在地址也是相同的。

但有一点要注意的是，用 vfork()创建的子进程必须显示调用 exit()来结束，否则子进程将不能结束，而 fork()则不存在这个情况。vfork 函数也是在父进程中返回子进程的进程号，在子进程中返回 0。

12.7.4　启动进程：exec 族

实际上在 Linux 中，并不存在一个 exec()的函数形式，exec 指的是一族函数，一共有 6 个，分别是

- int execl(const char *path, const char *arg, ...);
- int execlp(const char *file, const char *arg, ...);
- int execle(const char *path, const char *arg, ..., char *const envp[]);
- int execv(const char *path, char *const argv[]);
- int execvp(const char *file, char *const argv[]);
- int execve(const char *path, char *const argv[], char *const envp[])。

其中，只有 execve 是真正意义上的系统调用，其他都是在此基础上经过包装的库函数。

1. execl 函数

execl 函数用于执行文件，见表 12-7-5。

表 12-7-5　execl 函数

相关函数	fork、execle、execlp、execv、execve、execvp
表头文件	#include<unistd.h>
定义函数	int execl(const char * path,const char * arg,....);
函数说明	execl()用来执行参数 path 字符串所代表的文件路径，接下来的参数代表执行该文件时传递过去的 argv[0]、argv[1]…，最后一个参数必须用空指针（NULL）结束
返回值	如果执行成功则函数不会返回，执行失败则直接返回-1，失败原因存于 errno 中

例如：

```
#include<unistd.h>
int main()
{
    execl("/bin/ls","ls","-al","/etc/passwd",(char * )0);
}
```

执行：

```
/*执行/bin/ls -al /etc/passwd*/
-rw-r--r--   1   root      root        705 Sep 3 13 :52    /etc/passwd
```

2．execlp 函数

execlp 函数用于从 PATH 环境变量中查找文件并执行，见表 12-7-6。

表 12-7-6　execlp 函数

相关函数	fork、execl、execle、execv、execve、execvp
表头文件	#include<unistd.h>
定义函数	int execlp(const char * file,const char * arg,……)；
函数说明	execlp( )会从 PATH 环境变量所指的目录中查找符合参数 file 的文件名，找到后便执行该文件，然后将第二个以后的参数当作该文件的 argv[0]、argv[1]…，最后一个参数必须用空指针（NULL）结束
返回值	如果执行成功则函数不会返回，执行失败则直接返回-1，失败原因存于 errno 中
错误代码	参考 execve 函数

例如：

```
/*执行 ls -al /etc/passwd execlp()会依据 PATH 变量中的/bin 找到/bin/ls*/
#include<unistd.h>
main()
{
    execlp("s","ls","-al","/etc/passwd",(char *)0);
}
```

执行：

```
-rw-r--r-- 1    root    root    705 Sep 3 13 :52 /etc/passwd
```

3．execve 函数

execve 函数用于执行文件，见表 12-7-7。

表 12-7-7　execve 函数

相关函数	fork、execl、execle、execlp、execv、execvp
表头文件	#include<unistd.h>
定义函数	int execve(const char * filename,char * const argv[ ],char * const envp[ ]);
函数说明	execve( )用来执行参数 filename 字符串所代表的文件路径，第二个参数利用数组指针来传递给执行文件，最后一个参数则为传递给执行文件的新环境变量数组
返回值	如果执行成功则函数不会返回，执行失败则直接返回-1，失败原因存于 errno 中
错误代码	EACCES：①欲执行的文件不具有用户可执行的权限；②欲执行的文件所属的文件系统是以 noexec 方式挂上的；③欲执行的文件或 script 翻译器非一般文件。 EPERM：①进程处于被追踪模式，执行者并不具有 root 权限，欲执行的文件具有 SUID 或 SGID 位；②欲执行的文件所属的文件系统是以 nosuid 方式挂上的，具有 SUID 或 SGID 位，但执行者并不具有 root 权限。 E2BIG：参数数组过大。 ENOEXEC：无法判断欲执行文件的格式，有可能是格式错误或无法在此平台执行。

续表

错误代码	EFAULT：参数 filename 所指的字符串地址超出可存取空间范围。 ENAMETOOLONG：参数 filename 所指的字符串太长。 ENOENT：参数 filename 字符串所指定的文件不存在。 ENOMEM：核心内存不足。 ENOTDIR：参数 filename 字符串所包含的目录路径并非有效目录。 EACCES：参数 filename 字符串所包含的目录路径无法存取，权限不足。 ELOOP：过多的符号连接。 ETXTBUSY：欲执行的文件已被其他进程打开而且正把数据写入该文件中。 EIO：I/O 存取错误。 ENFILE：已达到系统所允许的打开文件总数。 EMFILE：已达到系统所允许单一进程所能打开的文件总数。 EINVAL：欲执行文件的 ELF 执行格式不只有一个 PT_INTERP 节区。 EISDIR：ELF 翻译器为一目录。 ELIBBAD：ELF 翻译器有问题

例如：

```
#include<unistd.h>
int main()
{
    char * argv[ ]={"ls","-al","/etc/passwd",(char *)0};
    char * envp[ ]={"PATH=/bin",0};
    execve("/bin/ls",argv,envp);
}
```

执行：

```
-rw-r--r--  1  root  root  705 Sep 3 13 :52 /etc/passwd
```

4. execvp 函数

execvp 函数用于执行文件，见表 12-7-8。

表 12-7-8　execvp 函数

相关函数	fork、execl、execle、execlp、execv、execve
表头文件	#include<unistd.h>
定义函数	int execvp(const char *file ,char * const argv []);
函数说明	execvp()会从 PATH 环境变量所指的目录中查找符合参数 file 的文件名，找到后便执行该文件，然后将第二个参数 argv 传给该欲执行的文件
返回值	如果执行成功则函数不会返回，执行失败则直接返回-1，失败原因存于 errno 中
错误代码	请参考 execve 函数

例如：

```
/*请与 execlp()范例对照*/
#include<unistd.h>
int main()
{
    char * argv[ ] ={ "ls","-al","/etc/passwd",0};
    execvp("s",argv);
}
```

执行：

```
-rw-r--r-- 1   root   root      705 Sep 3 13 :52 /etc/passwd
```

exec 族的作用是根据指定的文件名找到可执行文件，并用它来取代调用进程的内容。换句话说，也就是在调用进程内部执行一个可执行文件。这里的可执行文件既可以是二进制文件，也可以是任何 Linux 下可执行的脚本文件。

与一般情况不同，exec 族的函数执行成功后不会返回，因为调用进程的实体，包括代码段、数据段和堆栈等都已经被新的内容取代，只有进程 ID 等一些表面上的信息仍保持原样，颇有些神似“三十六计”中的“金蝉脱壳”。看上去还是旧的躯壳，却已经注入了新的灵魂。只有当调用失败时，它们才会返回-1，从原程序的调用点接着往下执行。

现在我们应该明白在 Linux 下是如何执行新程序的，每当有进程认为自己不能为系统和用户做出任何贡献了，就可以发挥最后一点余热，调用任何一个 exec，让自己以新的面貌重生；或者，更普遍的情况是，如果一个进程想执行另一个程序，它就可以通过 fork 函数创建出一个新进程，然后调用任何一个 exec，这样看起来就好像通过执行应用程序而产生了一个新进程。

事实上第二种情况被应用得相当普遍，以至于 Linux 专门为其做了优化，我们已经知道，fork 函数会将调用进程的所有内容原封不动地复制到新产生的子进程中去，这些复制的动作很消耗时间，而如果创建进程完之后我们马上就调用 exec，这些辛辛苦苦复制来的东西又会被立刻抹掉，这看起来非常不划算，于是人们设计了一种“写时复制（copy-on-write）“技术，使得在创建进程结束后并不立刻复制父进程的内容，而是到了真正实用的时候才复制，这样如果下一条语句是 exec，它就不会白白做无用功了，也就提高了效率。

12.7.5 启动进程：system

system 函数用于执行 shell 命令，见表 12-7-9。

表 12-7-9 system 函数

相关函数	fork、execve、waitpid、popen
表头文件	#include<stdlib.h>
定义函数	int system(const char * string);
函数说明	system( )会调用 fork( )产生子进程，由子进程调用/bin/sh-c string 来执行参数 string 字符串所代表的命令，此命令执行完后随即返回原调用的进程。在调用 system( )期间，SIGCHLD 信号会被暂时搁置，SIGINT 和 SIGQUIT 信号则会被忽略

续表

返回值	如果 system()在调用/bin/sh 时失败则返回 127，由于其他原因失败则返回-1。若参数 string 为空指针（NULL），则返回非零值。如果 system()调用成功则最后会返回执行 shell 命令后的返回值，但是此返回值也有可能为 system()调用/bin/sh 失败所返回的 127，因此最好能再检查 errno 来确认执行成功
附加说明	在编写具有 SUID/SGID 权限的程序时请勿使用 system()，system()会继承环境变量，通过环境变量可能会造成系统安全的问题

例如：

```
#include<stdlib.h>
int main()
{
    system("ls -al /etc/passwd /etc/shadow");
}
```

执行：

```
-rw-r--r--   1   root   root   705 Sep 3 13 :52 /etc/passwd
-r---------  1   root   root   572 Sep 2 15 :34 /etc/shadow
```

12.8 进程等待

12.8.1 僵尸进程的产生

僵尸进程就是已经结束了的，但是还没有从进程表中删除的进程。僵尸进程太多会导致进程表里面条目被填满，进而导致系统崩溃，倒是不占用系统资源。

在进程的状态中，僵尸进程是非常特殊的一种，它已经放弃了几乎所有内存空间，没有任何可执行代码，也不能被调度，仅仅在进程列表中保留一个位置，记载该进程的退出状态等信息供其他进程收集。除此之外，僵尸进程不再占有任何内存空间。它需要它的父进程来为它收尸，如果其父进程没安装 SIGCHLD 信号处理函数，调用 wait 或 waitpid()等待子进程结束，又没有显式忽略该信号，那么它就一直保持僵尸状态。如果这时父进程结束了，那么 init 进程会自动接手这个子进程，为它收尸，它还是能被清除的。但是如果如果父进程是一个循环，不会结束，那么子进程就会一直保持僵尸状态，这就是为什么系统中有时会有很多的僵尸进程。

僵尸进程产生的原因：每个 Linux 进程在进程表里都有一个进入点（Entry），核心程序执行该进程时使用到的一切信息都存储在进入点。当使用 ps 命令查看系统中的进程信息时，看到的就是进程表中的相关数据。当以 fork()系统调用建立一个新的进程后，核心进程就会在进程表中给这个新进程分配一个进入点，然后将相关信息存储在该进入点所对应的进程表内，这些信息中有一项是其父进程的识别码。当这个进程走完了自己的生命周期后，它会执行 exit()系统调用，此时原来进程表中的数据会被该进程的退出码（Exit Code）、执行时所用的 CPU 时间等数据所取代，这些数据会一直保留到系统将它传递给它的父进程为止。由此可见，进程的出现时间是在子进程终止后，父进程尚未读取这些数据之前。

可以用 top 命令查看僵尸进程。

```
Tasks: 123 total,      1 running, 122 sleeping,      0 stopped,      0 zombie
```

zombie 前面的数量就是僵尸进程的数量。

```
ps –ef
```

出现：

```
root    13028 12956 0 10:51 pts/2        00:00:00 [ls] <defunct>
```

最后有 defunct 标记的，就是僵尸进程。僵尸进程的实例如下。

```
/*-----zombie1.c-----*/
#include <sys/types.h">
#include "sys/wait.h"
#include "stdio.h"
#include "unistd.h"
int main(int argc, char* argv[])
{
    while(1)
    {
        pid_t chi = fork();
        if(chi == 0)
        {
            execl("/bin/bash","bash","-c","ls",NULL);
        }
        sleep(2);
    }
}
```

会不停地产生僵尸进程。

```
/*-----zombie2.c-----*/
#include <stdio.h>
#include<sys/types.h>
int main()
{
    if(!fork())
    {
        printf("child pid=%d\n", getpid());
        exit(0);
    }
    /*wait();*/
    /*waitpid(-1,NULL,0);*/
    sleep(60);
    printf("parent pid=%d \n", getpid());
    exit(0);
}
```

12.8.2　如何避免僵尸进程

父进程通过 wait 和 waitpid 等函数等待子进程结束，这会导致父进程挂起。

如果父进程很忙，那么可以用 signal 函数为 SIGCHLD 安装 handler，因为在子进程结束后，父进程会收到该信号，可以在 handler 中调用 wait 函数进行回收。

如果父进程不关心子进程什么时候结束，那么可以用“signal(SIGCHLD, SIG_IGN)”通知内核，自己对子进程的结束不感兴趣，那么在子进程结束后，内核会回收，并不再给父进程发送信号。

还有一些技巧，就是创建两次进程，父进程创建一个子进程，然后继续工作，子进程创建一个孙进程后退出，那么孙进程被 init 接管，在孙进程结束后，init 会回收，不过子进程的回收还要自己做。

12.8.3　wait 函数和 waitpid 函数

1. wait 函数

wait 函数用于等待子进程中断或结束，见表 12-8-1。

表 12-8-1　wait 函数

相关函数	waitpid、fork
表头文件	#include<sys/types.h> #include<sys/wait.h>
定义函数	pid_t wait (int * status);
函数说明	wait()会暂时停止目前进程的执行，直到有信号来到或子进程结束为止。如果在调用 wait()时子进程已经结束，则 wait()会立即返回子进程结束状态值。子进程的结束状态值会由参数 status 返回，而子进程的进程识别码也会一并返回。如果不在意结束状态值，则参数 status 可以设为 NULL。子进程的结束状态值请参考 waitpid 函数
返回值	如果执行成功则返回子进程识别码（PID）；如果有错误发生则返回-1，失败原因存于 errno 中

例如：

```
#include<stdlib.h>
#include<unistd.h>
#include<sys/types.h>
#include<sys/wait.h>
int main()
{
    pid_t pid;
    int status,i;
    if(fork()= =0)
    {
        printf("This is the child process .pid =%d\n",getpid());
        exit(5);
```

```
        }
        else
        {
            sleep(1);
            printf("This is the parent process ,wait for child...\n");
            pid=wait(&status);
            i=WEXITSTATUS(status);
            printf("child's pid =%d .exit status=%d\n",pid,i);
        }
    }
```

执行：

```
This is the child process.pid=1501
This is the parent process .wait for child...
child's pid =1501,exit status =5
```

2．waitpid

waitpid 函数用于等待子进程中断或结束，见表 12-8-2。

表 12-8-2　waitpid 函数

相关函数	wait、fork
表头文件	#include<sys/types.h> #include<sys/wait.h>
定义函数	pid_t waitpid(pid_t pid,int * status,int options);
函数说明	waitpid()会暂时停止目前进程的执行，直到有信号来到或子进程结束。如果在调用 wait()时子进程已经结束，则 wait()会立即返回子进程结束状态值。子进程的结束状态值会由参数 status 返回，而子进程的进程识别码也会一并返回。如果不在意结束状态值，则参数 status 可以设为 NULL。参数 pid 为欲等待的子进程识别码，其数值意义如下。 ● pid<-1：等待进程组识别码为 pid 绝对值的任何子进程。 ● pid=-1：等待任何子进程，相当于 wait 函数。 ● pid=0：等待进程组识别码与目前进程相同的任何子进程。 ● pid>0：等待任何子进程识别码为 pid 的子进程。 参数 options 可以为 0 或下面数值的 OR 运算（|）组合。 ● WNOHANG：如果没有任何已经结束的子进程则马上返回，不予等待。 ● WUNTRACED：如果子进程进入暂停执行状态则马上返回，但结束状态不予理会。 子进程的结束状态返回后存于 status，下面有几个宏可判别结束情况。 ● WIFEXITED（status）：如果子进程正常结束则为非 0 值。 ● WEXITSTATUS（status）：取得子进程 exit()返回的结束代码，一般会先用 WIFEXITED 来判断是否为正常结束，正常结束才能使用此宏。 ● WIFSIGNALED（status）：如果子进程是因为信号而结束的，则此宏的值为真。 ● WTERMSIG（status）：取得子进程因信号而中止的信号代码，一般会先用 WIFSIGNALED 进行判断后才使用此宏。

续表

	● WIFSTOPPED（status）：如果子进程处于暂停执行状态，则此宏值为真。一般只有使用 WUNTRACED 时才会有此情况。 ● WSTOPSIG（status）：取得引发子进程暂停的信号代码，一般会先用 WIFSTOPPED 进行判断后才使用此宏
返回值	如果执行成功则返回子进程识别码（PID）；如果有错误发生则返回　1，失败原因存于 errno 中

例如：

```
#include <sys/types.h>
#include <sys/wait.h>
#include <stdio.h>
#include <unistd.h>
#include <stdlib.h>

void die(const char *msg)
{
    perror(msg);
    exit(1);
}

void child2_do()
{
    printf ("In child2: execute'date'\n");
    sleep(5);
    if (execlp("date","date",NULL) < 0)
    {
        perror("child2 execlp");
    }
}

void child1_do(pid_t child2, char *argv)
{
    pid_t pw;
    do
    {
        if (*argv == '1')
        {
            pw = waitpid(child2, NULL, 0);
        }
        else
        {
            pw = waitpid(child2, NULL, WNOHANG);
        }
        if (pw == 0)
        {
            printf("In child1 process:\nThe child2 process has not exited!\n");
            sleep(1);
        }
```

```
    }while(pw == 0);
    if (pw == child2)
    {
        printf ("Get child2 %d.\n", pw);
        sleep(5);
        if (execlp("pwd", "pwd", NULL) < 0)
        {
            perror("child1 execlp");
        }
    }
    else
    {
        printf ("error occured!\n");
    }
}

void father_do(pid_t child1, char *argv)
{
    pid_t pw;
    do
    {
        if (*argv == '1')
        {
            pw = waitpid(child1, NULL, 0);
        }
        else
        {
            pw = waitpid(child1, NULL, WNOHANG);
        }
        if (pw == 0)
        {
            printf ("In father process:\nThe child1 process has not exited!\n");
            sleep(1);
        }
    }while(pw == 0);

    if (pw == child1)
    {
        printf ("Get child1 %d.\n", pw);
        sleep(5);
        if (execlp("ls", "ls", "-l",NULL) < 0)
        {
            perror("father execlp");
        }
    }
    else
    {
        printf ("error occured!\n");
```

```
        }

    }

    int main(int argc, char * argv[])
    {
        pid_t child1,child2;
        if (argc < 3)
        {
            printf ("Usage:waitpid [0 1][0 1]\n");
            exit(1);
        }

        child1 = fork();
        if (child1 < 0)
        {
            die("child1 fork");
        }
        else if (child1 == 0)
        {
            child2 = fork();
            if (child2 < 0)
            {
                die("child2 fork");
            }
            else if (child2 == 0)
            {
                child2_do();
            }
            else
            {
                child1_do(child2, argv[1]);
            }
        }
        else
        {
            father_do(child1, argv[2]);
        }
        return 0;
    }
```

12.9　进程退出

在 Linux 中，进程退出表示进程即将结束。在 Linux 中进程退出分为正常退出和异常退出两种。

正常退出：

- 在 main 函数中执行 return；
- 调用 exit 函数；
- 调用_exit 函数。

异常退出：

- 调用 abort 函数；
- 进程收到某个信号，而该信号使程序终止。

不管哪种退出方式，系统最终都会执行内核中的同一代码，这段代码用来关闭进程所用已打开的文件描述符，释放它所占用的内存和其他资源。

12.9.1 退出方式的不同点

exit 和 return 的区别：

- exit 是一个函数，有参数，exit 执行完后把控制权交给系统；
- return 是函数执行完后的返回，renturn 执行完后把控制权交给调用函数。

exit 和 abort 的区别：

- exit 是正常终止进程；
- abort 是异常终止进程。

12.9.2 exit 函数和_exit 函数

exit 函数和_exit 函数都是用来终止进程的，当程序执行到 exit 或_exit 时，系统无条件地停止剩下的所有操作，清除包括 PCB 在内的各种数据结构，并终止本进程的运行。exit 在头文件 stdlib.h 中声明，而_exit 函数在头文件 unistd.h 中声明。exit 中的参数 exit_code 为 0 代表进程正常终止，若为其他值则表示在程序执行过程中有错误发生。

1. exit 函数

exit 函数用于正常结束进程，见表 12-9-1。

表 12-9-1　exit 函数

相关函数	_exit、atexit、on_exit
表头文件	#include<stdlib.h>
定义函数	void exit(int status);
函数说明	exit()用来正常终结目前进程的执行，并把参数 status 返回给父进程，而进程所有的缓冲区数据会自动写回并关闭未关闭的文件
返回值	无
范例	参考 wait 函数

2. _exit 函数

_exit 函数用于结束进程执行，见表 12-9-2。

表 12-9-2　_exit 函数

相关函数	exit、wait、abort
表头文件	#include<unistd.h>
定义函数	void _exit(int status);
函数说明	_exit()用来立刻结束目前进程的执行，并把参数 status 返回给父进程，并关闭未关闭的文件。调用此函数后不会返回，并且会传递 SIGCHLD 信号给父进程，父进程可以由 wait 函数取得子进程结束状态
返回值	无
附加说明	_exit 函数不会处理标准 I/O 缓冲区，如要更新缓冲区请使用 exit 函数

12.9.3　exit 函数和_exit 函数的区别

_exit 函数执行后立即返回给内核，而 exit 函数要先执行一些清除操作，然后将控制权交给内核。在调用_exit 函数时，会关闭进程所有的文件描述符和其他一些内核清理函数，但不会刷新流（stdin、stdout、stderr…）。exit 函数是在_exit 函数之上的一个封装，它会调用_exit，并在调用之前先刷新流。

exit 函数与_exit 函数最大的区别就在于，exit 函数在调用 exit 系统之前要检查文件的打开情况，把文件缓冲区的内容写回文件。由于在 Linux 的标准函数库中，有一种被称作“缓冲 I/O”的操作，其特征就是对应每一个打开的文件，在内存中都有一片缓冲区。在每次读文件时，会连续地读出若干条记录，这样在下次读文件时就可以直接从内存的缓冲区读取；同样，在每次写文件时也仅仅是写入内存的缓冲区，等满足了一定的条件（如达到了一定数量或遇到特定字符等），再将缓冲区中的内容一次性写入文件。这种技术大大增加了文件读写的速度，但也给编程带来了一点麻烦。例如，有一些数据被认为已经写入了文件，实际上因为没有满足特定的条件，它们还只是保存在缓冲区内，这时用_exit 函数直接将进程关闭，缓冲区内的数据就会丢失。因此，要想保证数据的完整性，就一定要使用 exit 函数。

12.10　守护进程

12.10.1　守护进程概述

守护进程（Daemon）是运行在后台的一种特殊进程。它独立于控制终端并且周期性地执行某种任务或等待处理某些发生的事件。它不需要用户输入就能运行而且提供某种服务，不是对整个系统就是对某个用户程序提供服务。Linux 系统的大多数服务器就是通过守护进程实现的。常见的守护进程包括系统日志进程 syslogd、Web 服务器 httpd、邮件服务器 sendmail 和数据库服务器 mysqld 等。

守护进程一般在系统启动时开始运行，除非强行终止，否则直到系统关机都保持运行。守护进程经常以超级用户（root）权限运行，因为它们要使用特殊的端口（1～1024）或访问某些特殊的资源。

守护进程的父进程是 init 进程，因为它真正的父进程在创建出子进程后就先于子进程退出了，所以它是一个由 init 继承的孤儿进程。守护进程是非交互式程序，没有控制终端，所以任何输出，无论是向标准输出设备 stdout 还是标准出错设备 stderr 的输出都需要经过特殊处理。

守护进程的名称通常以 d 结尾，如 sshd、xinetd 和 crond 等。

12.10.2 守护进程的创建

首先我们需要理解一些基本概念：

（1）进程组（Process Group）：一个或多个进程的集合，每个进程都有一个进程组 ID，这个 ID 就是进程组长的进程 ID。

（2）会话期（Session）：一个或多个进程组的集合，每个会话有唯一一个会话首进程（Session Leader），会话 ID 为会话首进程 ID。

（3）控制终端（Controlling Terminal）：每一个会话可以有一个单独的控制终端，与控制终端连接的会话首进程就是控制进程（Controlling Process）。这时候，与当前终端交互的就是前台进程组，其他的都是后台进程组。

在创建守护进程的过程中会用到一个关键函数——setsid，这个函数用于创建一个新的会话期。setsid 函数的 Linux 描述如下。

```
#include <unistd.h>
pid_t setsid(void);
```

进程调用 setsid 函数能够实现以下效果。

（1）摆脱原会话的控制，该进程变成新会话期的首进程。

（2）摆脱原进程组，成为一个新进程组的组长。

（3）摆脱终端控制。如果在调用 setsid 函数前，该进程有控制终端，那么与该终端的联系被解除。如果该进程是一个进程组的组长，此函数返回错误。

注：只有当该进程不是一个进程组长时，才会成功创建一个新的会话期。

12.10.3 创建守护进程的一般步骤

创建守护进程的一般步骤如下。

（1）通过 fork 函数创建子进程，父进程通过 exit 函数退出。这是创建守护进程的第一步。由于守护进程是脱离控制终端的，因此，完成第一步后就会在 Shell 终端里造成程序已经运行完毕的假象。之后的所有工作都在子进程中完成，而用户在 Shell 终端里则可以执行其他命令，从而在形式上做到了与控制终端的脱离，在后台工作。

（2）在子进程中调用 setsid 函数，创建新的会话。在调用了 fork 函数后，子进程全盘复制了父进程的会话期、进程组和控制终端等，虽然父进程退出了，但会话期、进程组和控制终端等并没有改变，因此，这还不是真正意义上的独立，而 setsid 函数能够使进程完全独立出来。

（3）再次通过 fork 函数创建一个子进程并让父进程退出。现在，进程已经成为无终端的会话组长，但它可以重新申请打开一个控制终端，可以通过 fork 函数创建一个子进程，该子进程不是会话首进程，该进程将不能重新打开控制终端。退出父进程。

（4）在子进程中调用 chdir 函数，让根目录“/”成为子进程的工作目录。这一步也是必要的步骤。使用 fork 函数创建的子进程继承了父进程的当前工作目录。由于在进程运行中，当前目录所在的文件系统（如“/mnt/usb”）是不能卸载的，这对以后的使用会造成诸多的麻烦（比如系统由于某种原因要进入单用户模式）。因此，通常的做法是让“/”作为守护进程的当前工作目录，这样就可以避免上述的问题，当然，如有特殊需要，也可以把当前工作目录换成其他的路径，如“/tmp”。改变工作目录的常见函数是 chdir。

（5）在子进程中调用 umask 函数，设置进程的文件权限掩码为 0。文件权限掩码是指屏蔽掉文件权限中的对应位。例如，有个文件权限掩码是 050，它就屏蔽了文件组拥有者的可读与可执行权限。由于使用 fork 函数创建的子进程继承了父进程的文件权限掩码，这就给该子进程使用文件带来了诸多的麻烦。因此，把文件权限掩码设置为 0，可以大大增强该守护进程的灵活性。设置文件权限掩码的函数是 umask。在这里，通常的使用方法为 umask(0)。

（6）在子进程中关闭任何不需要的文件描述符。同文件权限码一样，用 fork 函数创建的子进程会从父进程那里继承一些已经打开了的文件。这些被打开的文件可能永远不会被守护进程读写，但它们一样消耗系统资源，而且可能导致所在的文件系统无法卸下。

在步骤（2）之后，守护进程已经与所属的控制终端失去了联系。因此从终端输入的字符不可能达到守护进程，守护进程中用常规方法（如 printf）输出的字符也不可能在终端上显示出来。所以，文件描述符为 0、1 和 2 的 3 个文件（常说的输入、输出和报错）已经失去了存在的价值，也应被关闭。

（7）守护进程退出处理。当用户需要从外部停止守护进程运行时，往往会使用 kill 命令停止该守护进程。所以，在守护进程中需要编码来实现 kill 发出的信号处理，实现进程的正常退出。

图 12-10-1 完美地诠释了创建守护进程的步骤。

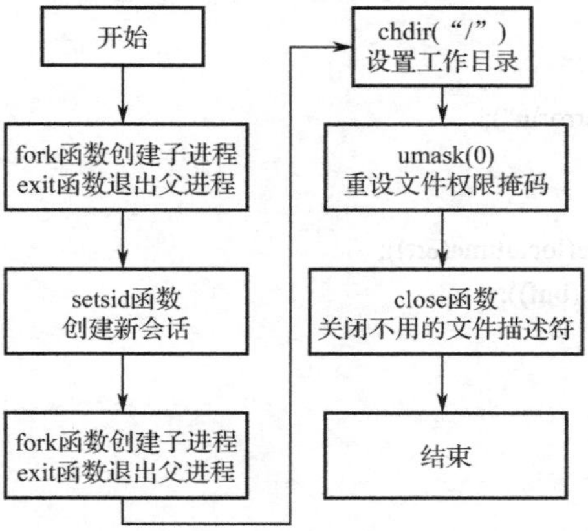

图 12-10-1　创建守护进程的步骤

以下程序的内容是创建一个守护进程，然后利用这个守护进程每隔一分钟向 daemon.log 文件中写入当前时间，当守护进程收到 SIGQUIT 信号后退出。

```
#include <unistd.h>
#include <signal.h>
#include <stdlib.h>
```

```
#include <string.h>
#include <fcntl.h>
#include <sys/stat.h>
#include <time.h>
#include <stdio.h>

static bool flag = true;
void create_daemon();
void handler(int);

int main()
{
    time_t t;
    int fd;
    create_daemon();
    struct sigaction act;
    act.sa_handler = handler;
    sigemptyset(&act.sa_mask);
    act.sa_flags = 0;
    if(sigaction(SIGQUIT, &act, NULL))
    {
        printf("sigaction error.\n");
        exit(0);
    }
    while(flag)
    {
        fd = open("/home/mick/daemon.log", O_WRONLY | O_CREAT | O_APPEND, 0644);
        if(fd == -1)
        {
            printf("open error\n");
        }
        t = time(0);
        char *buf = asctime(localtime(&t));
        write(fd, buf, strlen(buf));
        close(fd);
        sleep(60);
    }
    return 0;
}

void handler(int sig)
{
    printf("I got a signal %d\nI'm quitting.\n", sig);
    flag = false;
}
void create_daemon()
{
```

```
    pid_t pid;
    pid = fork();

    if(pid == -1)
    {
        printf("fork error\n");
        exit(1);
    }
    else if(pid)
    {
        exit(0);
    }

    if(-1 == setsid())
    {
        printf("setsid error\n");
        exit(1);
    }

    pid = fork();
    if(pid == -1)
    {
        printf("fork error\n");
        exit(1);
    }
    else if(pid)
    {
        exit(0);
    }

    chdir("/");
    int i;
    for(i = 0; i < 3; ++i)
    {
        close(i);
    }
    umask(0);
    return;
}
```

注意守护进程一般需要在 root 权限下运行。通过

```
# ps -ef | grep 'daemon'
```

可以看到

```
root     26454   2025   0 14:20 ?        00:00:00 ./daemon
```

并且产生了 daemon.log，里面的时间标签如下。

```
Thu Dec   8 14:35:11 2016
Thu Dec   8 14:36:11 2016
Thu Dec   8 14:37:11 2016
```

最后我们想退出守护进程，只需给守护进程发送 SIGQUIT 信号即可，再次使用 ps 会发现进程已经退出。

12.10.4 利用库函数 daemon 创建守护进程

其实我们完全可以利用 daemon 函数创建守护进程，其函数原型为

```
#include <unistd.h>
int daemon(int nochdir, int noclose);
```

现在让我们使用 daemon 函数来再次创建一次守护进程，其实就是用 daemon 函数替换掉我们自己的 create_daemon：

```
#include <unistd.h>
#include <signal.h>
#include <stdlib.h>
#include <string.h>
#include <fcntl.h>
#include <sys/stat.h>
#include <time.h>
#include <stdio.h>
static bool flag = true;
void handler(int);
int main()
{
    time_t t;
    int fd;
    if(-1 == daemon(0, 0))
    {
        printf("daemon error\n");
        exit(1);
    }
    struct sigaction act;
    act.sa_handler = handler;
    sigemptyset(&act.sa_mask);
    act.sa_flags = 0;
    if(sigaction(SIGQUIT, &act, NULL))
    {
        printf("sigaction error.\n");
        exit(0);
    }
    while(flag)
    {
        fd = open("/home/mick/daemon.log", O_WRONLY | O_CREAT | O_APPEND, 0644);
```

```
        if(fd == -1)
        {
            printf("open error\n");
        }
        t = time(0);
        char *buf = asctime(localtime(&t));
        write(fd, buf, strlen(buf));
        close(fd);
        sleep(60);
    }
    return 0;
}
void handler(int sig)
{
    printf("I got a signal %d\nI'm quitting.\n", sig);
    flag = false;
}
```

第 13 章

进程间通信方式

一个大型的应用系统，往往需要众多进程协作，进程间通信的重要性显而易见。Linux 下的进程通信手段基本上是从 UNIX 平台上的进程通信手段继承而来的，而对 UNIX 发展做出重大贡献的两大主力——AT&T 的贝尔实验室和 BSD（加州大学伯克利分校的伯克利软件发布中心）在进程间通信方面的侧重点有所不同。前者对 UNIX 早期的进程间通信手段进行了系统的改进和扩充，形成了“system V IPC”，通信进程局限在单个计算机内；后者则跳过了该限制，形成了基于套接字（Socket）的进程间通信机制。其中，UNIX IPC 包括管道、FIFO 和信号，System V IPC 包括 System V 消息队列、System V 信号灯和 System V 共享内存区，Posix IPC 包括 Posix 消息队列、Posix 信号灯和 Posix 共享内存区。有两点需要简单说明一下：

（1）由于 UNIX 版本的多样性，电子电气工程协会（IEEE）开发了一个独立的 UNIX 标准，这个新的 ANSI UNIX 标准被称为计算机环境的可移植性操作系统界面（PSOIX）。现有的大部分 UNIX 和流行版本遵循的都是 POSIX 标准，而 Linux 从一开始就遵循 POSIX 标准。

（2）BSD 并不是没有涉足单机内的进程间通信（Socket 本身就可以用于单机内的进程间通信）。事实上，很多 UNIX 版本的单机 IPC 留有 BSD 的痕迹，如 4.4BSD 支持的匿名内存映射、4.3BSD 对可靠信号语义的实现等。

13.1 进程间通信方式概述

进程间通信就是在不同进程之间传播或交换信息，那么在不同进程之间存在着什么双方都可以访问的介质呢？进程的用户空间是互相独立的，一般而言是不能互相访问的，唯一的例外是共享内存区。

但是，系统空间却是“公共场所”，所以内核显然可以提供这样的条件。除此以外，那就是双方都可以访问的外设了。在这个意义上，两个进程当然也可以通过磁盘上的普通文件交换信息，或者通过“注册表”或其他数据库中的某些表项和记录交换信息。在广义上，这也是进程间通信的手段，但是一般都不把这算作“进程间通信”。Linux 的进程间通信（Inter Process Communication，IPC）方法有管道、消息队列、信号量、共享内存和套接字等。

13.1.1 进程间通信的目的

Linux 进程间通信的目的有以下几点。

（1）数据传输：一个进程需要将它的数据发送给另一个进程，发送的数据量在一个字节到几兆字节之间。

（2）共享数据：多个进程想要操作共享数据，若一个进程对共享数据进行修改，别的进程可以立刻看到。

（3）通知事件：一个进程需要向另一个或一组进程发送消息，通知它（它们）发生了某种事件（在进程终止时要通知父进程）。

（4）资源共享：多个进程之间共享同样的资源。为了做到这一点，需要内核提供锁和同步机制。

（5）进程控制：有些进程希望完全控制另一个进程的执行（如 Debug 进程），此时进程控制希望能够拦截另一个进程的所有信息和异常，并能够及时知道它的状态。

13.1.2 Linux 进程间通信方式简介

在 Linux 下进程间通信的几种主要方式如下。

- 管道（Pipe）和有名管道（FIFO）。
- 信号（Signal）。
- 消息队列。
- 共享内存（Shared Memory）。
- 信号量（Semaphore）。
- 套接字（Socket）。

（1）管道（Pipe）和有名管道（Named Pipe）。管道可用于具有亲缘关系进程间的通信，有名管道克服了管道没有名字的限制，因此，除具有管道所具有的功能外，它还允许无亲缘关系进程间的通信。

（2）信号（Signal）。信号是比较复杂的通信方式，用于通知接收进程有某种事件发生，除了用于进程间通信外，进程还可以发送信号给进程本身；Linux 除了支持 UNIX 早期信号语义函数 sigal 外，还支持语义符合 Posix.1 标准的信号函数 sigaction（实际上，该函数是基于 BSD 的，BSD 为了在实现可靠信号机制的同时又能够统一对外接口，用 sigaction 函数重新实现了 signal 函数）。

信号是在软件层次上对中断机制的一种模拟，是一种异步通信方式。

信号可以直接进行用户空间进程和内核进程之间的交互，内核进程也可以利用它来通知用户空间进程发生了哪些系统事件，它可以在任何时候发给某一进程，而无须知道该进程的状态。

如果该进程当前并未处于执行态，则该信号就由内核保存起来，直到该进程恢复执行再传递给它；如果一个信号被进程设置为阻塞，则该信号的传递被延迟，直到其阻塞被取消时才传递给进程。

（3）消息队列。消息队列是消息的链接表，包括 Posix 消息队列和 System V 消息队列。有足够权限的进程可以向队列中添加消息，被赋予读权限的进程则可以读走队列中的消息。消息队列克服了信号承载信息量少、管道只能承载无格式字节流，以及缓冲区大小受限等缺点。

（4）信号量（Semaphore）/信号灯。信号量主要被用作进程间或同一进程不同线程之间的同步手段。信号量是用来解决进程之间的同步与互斥问题的一种进程之间的通信机制，包括一个称为信号量的变量和在该信号量下等待资源的进程等待队列，以及对信号量进行的两个原子操作（PV 操作）。其中信号量对应于某一种资源，取一个非负的整型值。信号量的值是指当前可用的资源数量，若它等于 0 则意味着目前没有可用的资源。

（5）共享内存（Shared Memory）。共享内存可以说是最有用的进程间通信方式，也是最快的 IPC 形式。两个不同进程 A、B 共享内存的意思是，同一块物理内存被映射到进程 A 和进程 B 各自的进程地址空间内。进程 A 可以即时看到进程 B 对共享内存中数据的更新，反之亦然。由于多个进程共享同一块内存区域，必然需要某种同步机制，互斥锁和信号量都可以。采用共享内存通信的一个显而易见的好处是效率高，因为进程可以直接读写内存，而不需要任何数据的复制。

（6）套接字（Socket）。套接字是更为一般的进程间通信机制，可用于不同机器之间的进程间通信。起初是由 UNIX 系统的 BSD 分支开发出来的，但现在一般可以移植到其他类 UNIX 系统上，Linux 和 System V 的变种都支持套接字。

13.2 管道通信

管道的通信方式分为无名管道和有名管道，无名管道可用于具有亲缘关系的进程间的通信，有名管道克服了管道没有名字的限制。

管道是 Linux 支持的最初 UNIX IPC 形式之一，具有以下特点。

（1）管道是半双工的，数据只能向一个方向流动；在进行双方通信时，需要建立起两个管道。

（2）只能用于父子进程或者兄弟进程之间（具有亲缘关系的进程）。

（3）单独构成一种独立的文件系统。管道对于管道两端的进程而言，就是一个文件，但它不是普通的文件，不属于某种文件系统，而是自立门户，单独构成一种文件系统，并且只存在于内存中。

（4）数据的读出和写入：一个进程向管道中写的内容被管道另一端的进程读出。写入的内容每次都添加在管道缓冲区的末尾，并且每次都是从缓冲区的头部读出数据。

13.2.1 创建无名管道

pipe 函数用于创建立管道，见表 13-2-1。

表 13-2-1 pipe 函数

相关函数	mkfifo、popen、read、write、fork
表头文件	#include<unistd.h>
定义函数	int pipe(int filedes[2]);
函数说明	pipe( )会建立管道，并将文件描述符由参数 filedes 数组返回。filedes[0]为管道里的读取端，filedes[1]则为管道的写入端
返回值	若成功则返回零，否则返回-1，错误原因存于 errno 中

续表

错误代码	● EMFILE：进程已用完文件描述符的最大量。 ● ENFILE：系统已无文件描述符可用。 ● EFAULT：参数 filedes 数组地址不合法

例如：

```
/*父进程借管道将字符串"hello!\n"传给子进程并显示*/
#include <unistd.h>
int main()
{
    int filedes[2];
    char buffer[80];
    pipe(filedes);
    if(fork()>0)
    {
        /*父进程*/
        char s[ ] = "hello!\n";
        write(filedes[1],s,sizeof(s));
    }
    else
    {
        /*子进程*/
        read(filedes[0],buffer,80);
        printf("%s",buffer);
    }
}
```

执行：

```
hello!
```

管道用于不同进程间通信。通常先创建一个管道，再通过 fork 函数创建一个子进程，该子进程会继承父进程所创建的管道，如图 13-2-1 所示。

注：必须在系统调用 fork( )前调用 pipe( )，否则子进程将不会继承文件描述符。

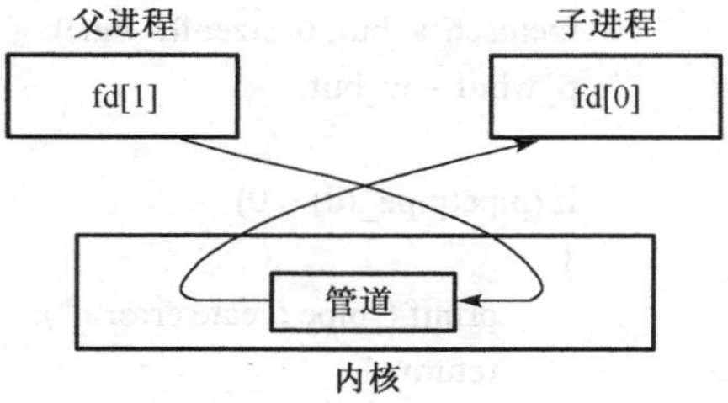

图 13-2-1　子进程继承父进程创建的管道

13.2.2　读写无名管道

管道两端可分别用描述符 fd[0]和 fd[1]来描述，需要注意的是，管道的两端固定了任务，即一端只能用于读，由描述符 fd[0]表示，称其为管道读端；另一端则只能用于写，由描述符 fd[1]来表示，称其为管道写端。如果试图从管道写端读取数据，或者向管道读端写入数据都将导致错误发生。一般文件的 I/O 函数都可以用于管道，如 close、read 和 write 等。

从管道中读取数据的步骤如下。

（1）如果管道的写端不存在，则认为已经读到了数据的末尾，读函数返回的读出字节数为 0。

（2）若管道的写端存在，如果请求的字节数目大于 PIPE_BUF，则返回管道中现有的数据字节数；如果请求的字节数目不大于 PIPE_BUF，则返回管道中现有数据字节数（此时，管道中数据量小于请求的数据量），或者返回请求的字节数（此时，管道中数据量不小于请求的数据量）。

注：PIPE_BUF 在 include/linux/limits.h 中定义，不同的内核版本可能会有所不同，Posix.1 要求 PIPE_BUF 至少为 512 字节，在 Red Hat 7.2 中则要求为 4 096 字节。

关于管道的读规则验证：

```
#include <unistd.h>
#include <stdio.h>
#include <sys/types.h>
#include <errno.h>
#include <string.h>
#include <stdlib.h>

int main()
{
    int pipe_fd[2];
    pid_t pid;
    char r_buf[100];
    char w_buf[4];
    char *p_wbuf;
    int r_num;
    int cmd;

    memset(r_buf, 0, sizeof(r_buf));
    memset(w_buf, 0, sizeof(r_buf));
    p_wbuf = w_buf;

    if (pipe(pipe_fd) < 0)
    {
        printf ("pipe create error\n");
        return -1;
    }

    if((pid = fork()) == 0)
    {
        printf ("\n");
        close(pipe_fd[1]);
        sleep(3);                   //确保父进程关闭写端

        r_num = read(pipe_fd[0], r_buf, 100);
        printf ("read num is %d    the data read from the pipe is %d\n",
                r_num, atoi(r_buf));
        close(pipe_fd[0]);
```

```
            exit(0);
        }
        else if (pid > 0)
        {
            close (pipe_fd[0]);    //read
            strcpy(w_buf, "111");
            if (write(pipe_fd[1], w_buf, 4) != -1)
            {
                printf ("parent write over\n");
            }
            close (pipe_fd[1]); //write
            printf ("parent close fd[1] over\n");
            sleep(10);
        }
    }
```

程序输出结果如下。

```
parent write over
parent close fd[1] over
read num is 4      the data read from the pipe is 111
```

附加结论：在管道写端关闭后，写入的数据将一直存在，直到被读出为止。

在向管道中写入数据时，Linux 将不保证写入的原子性，管道缓冲区一有空闲区域，写进程就会试图向管道写入数据。如果读进程不读走管道缓冲区中的数据，那么写操作将一直阻塞。

注：只有在管道的读端存在时，向管道中写入数据才有意义。否则，向管道中写入数据的进程将收到内核传来的 SIFPIPE 信号，应用程序可以处理该信号，也可以忽略（默认动作是应用程序终止）。

对管道的写规则的验证 1：写端对读端存在的依赖性。

```
#include <unistd.h>
#include <sys/types.h>
main()
{
    int pipe_fd[2];
    pid_t pid;
    char r_buf[4];
    char* w_buf;
    int writenum;
    int cmd;

    memset(r_buf,0,sizeof(r_buf));
    if(pipe(pipe_fd)<0)
    {
        printf("pipe create error\n");
        return -1;
    }
```

```
    if((pid=fork())==0)
    {
        close(pipe_fd[0]);
        close(pipe_fd[1]);
        sleep(10);
        exit();
    }
    else if(pid>0)
    {
    sleep(1);                                   //等待子进程完成关闭读端的操作
    close(pipe_fd[0]);                    //write
    w_buf="111";
    if((writenum=write(pipe_fd[1],w_buf,4))==-1)
        printf("write to pipe error\n");
    else
        printf("the bytes write to pipe is %d \n", writenum);

    close(pipe_fd[1]);
    }
}
```

程序输出结果为 Broken pipe。原因就是该管道及其所有 fork( )产物的读端都已经被关闭。如果在父进程中保留读端，即在写完 pipe 函数后，再关闭父进程的读端，也会正常写入 pipe 函数，读者可自己验证一下该结论。因此，在向管道写入数据时，至少应该存在某一个进程，其中管道读端没有被关闭，否则就会出现上述错误（管道断裂，进程收到 SIGPIPE 信号，默认动作为进程终止）。

对管道的写规则的验证 2：Linux 不保证写管道的原子性验证。

```
#include <unistd.h>
#include <sys/types.h>
#include <errno.h>
Int main(int argc,char**argv)
{
    int pipe_fd[2];
    pid_t pid;
    char r_buf[4096];
    char w_buf[4096*2];
    int writenum;
    int rnum;
    memset(r_buf,0,sizeof(r_buf));
    if(pipe(pipe_fd)<0)
    {
        printf("pipe create error\n");
        return -1;
    }
```

```
if((pid=fork())==0)
{
    close(pipe_fd[1]);
    while(1)
    {
        sleep(1);
        rnum=read(pipe_fd[0],r_buf,1000);
        printf("child: readnum is %d\n",rnum);
    }
    close(pipe_fd[0]);
    exit(0);
}
else if(pid>0)
{
    close(pipe_fd[0]);//write
    memset(r_buf,0,sizeof(r_buf));
    if((writenum=write(pipe_fd[1],w_buf,1024))==-1)
        printf("write to pipe error\n");
    else
        printf("the bytes write to pipe is %d \n", writenum);
    writenum=write(pipe_fd[1],w_buf,4096);
    close(pipe_fd[1]);
}
}
```

输出结果如下。

```
the bytes write to pipe 1000
the bytes write to pipe 1000        //注意，此行输出说明了写入的非原子性
the bytes write to pipe 1000
the bytes write to pipe 1000
the bytes write to pipe 1000
the bytes write to pipe 120         //注意，此行输出说明了写入的非原子性
the bytes write to pipe 0
the bytes write to pipe 0
......
```

结论：

（1）当写入数目小于 4096 时，写入是非原子的！

（2）如果把父进程中的两次写入字节数都改为 5000，则很容易得出：在写入管道的数据量大于 4096 字节时，缓冲区的空闲空间将被写入数据（补齐），直到写完所有数据为止；如果没有进程读数据，则一直阻塞。

13.2.3　无名管道应用实例

1．实例一：用于 shell

管道可用于输入输出重定向，它将一个命令的输出直接定向到另一个命令的输入。例如，

当在某个 shell 程序（Bourne shell 或 C shell 等）输入“who | wc –l “后，相应 shell 程序将创建 who 和 wc 两个进程，以及这两个进程间的管道。考虑下面的命令行：

```
$kill -l
```

运行结果见 13.4.2 节附 1。

```
$kill -l | grep SIGRTMIN
```

运行结果如下。

```
30) SIGPWR          31) SIGSYS          32) SIGRTMIN  33) SIGRTMIN+1
34) SIGRTMIN+2      35) SIGRTMIN+3      36) SIGRTMIN+4      37) SIGRTMIN+5
38) SIGRTMIN+6      39) SIGRTMIN+7      40) SIGRTMIN+8      41) SIGRTMIN+9
42) SIGRTMIN+10     43) SIGRTMIN+11     44) SIGRTMIN+12     45) SIGRTMIN+13
46) SIGRTMIN+14     47) SIGRTMIN+15     48) SIGRTMAX-15     49) SIGRTMAX-14
```

2．实例二：用于具有亲缘关系的进程间通信

下面的例子给出了管道的具体应用，父进程通过管道发送一些命令给子进程，子进程解析命令，并根据命令进行相应处理。

```
#include <unistd.h>
#include <sys/types.h>
int main()
{
    int pipe_fd[2];
    pid_t pid;
    char r_buf[4];
    char* w_buf[256];
    int childexit=0;
    int i;
    int cmd;
    memset(r_buf,0,sizeof(r_buf));
    if(pipe(pipe_fd)<0)
    {
        printf("pipe create error\n");
        return -1;
    }
    if((pid=fork())==0)
    {
        printf("\n");
        close(pipe_fd[1]);
        sleep(2);

        while(!childexit)
        {
            read(pipe_fd[0],r_buf,4);
            cmd=atoi(r_buf);
```

```
            if(cmd==0)
            {
                printf("child: receive command from parent over\n now child
                        process exit\n");
                childexit=1;
            }
            else if(handle_cmd(cmd)!=0)
            return;
            sleep(1);
        }
        close(pipe_fd[0]);
        exit(0);
    }
    else if(pid>0)
    {
        close(pipe_fd[0]);
        w_buf[0]="003";
        w_buf[1]="005";
        w_buf[2]="777";
        w_buf[3]="000";
        for(i=0;i<4;i++)
            write(pipe_fd[1],w_buf[i],4);
        close(pipe_fd[1]);
    }
}
//下面是子进程的命令处理函数（特定应用）
int handle_cmd(int cmd)
{
    if((cmd<0)||(cmd>256))
    {
        printf("child: invalid command \n");
        return -1;
    }
    printf("child: the cmd from parent is %d\n", cmd);
    return 0;
}
```

13.2.4　创建有名管道

管道应用的一个重大限制是它没有名字，因此，只能用于具有亲缘关系的进程间通信，在有名管道（Named Pipe 或 FIFO）提出后，该限制得到了克服。FIFO 不同于管道之处在于它提供一个路径名与之关联，以 FIFO 的文件形式存在于文件系统中。这样，即使与 FIFO 的创建进程不存在亲缘关系的进程，只要可以访问该路径，就能够通过 FIFO 相互通信（能够访问该路径的进程，以及 FIFO 的创建进程之间），因此，不相关的进程也能通过 FIFO 交换数据。值得注意的是，FIFO 严格遵循先进先出（First In First Out），对管道和 FIFO 的读取总是从开始处返回数据的，对管道和 FIFO 的写入则把数据添加到末尾，不支持 lseek( )等文件定位操作。

mkfifo 函数用于创建有名管道，见表 13-2-2。

表 13-2-2　mkfifo 函数

相关函数	pipe、popen、open、umask
表头文件	#include<sys/types.h> #include<sys/stat.h>
定义函数	int mkfifo(const char * pathname,mode_t mode);
函数说明	mkfifo( )会依参数 pathname 建立特殊的 FIFO 文件，该文件必须不存在，而参数 mode 描述该文件的权限（mode%～umask），因此 umask 的值也会影响到 FIFO 文件的权限。mkfifo( )建立的 FIFO 文件其他进程都可以用读写一般文件的方式存取。当使用 open( )打开 FIFO 文件时，O_NONBLOCK 旗标会有下列影响。 （1）当使用 O_NONBLOCK 旗标时，打开 FIFO 文件来读取的操作会立刻返回，但是若还没有其他进程打开 FIFO 文件来读取，则写入的操作会返回 ENXIO 错误代码。 （2）没有使用 O_NONBLOCK 旗标时，打开 FIFO 来读取的操作会等到其他进程打开 FIFO 文件进行写入才能正常返回。同样地，打开 FIFO 文件来写入的操作会等到其他进程打开 FIFO 文件进行读取后才能正常返回
返回值	若成功则返回 0，否则返回-1，错误原因存于 errno 中
错误代码	● EACCESS：参数 pathname 所指定的目录路径无可执行的权限。 ● EEXIST：参数 pathname 所指定的文件已存在。 ● ENAMETOOLONG：参数 pathname 的路径名称太长。 ● ENOENT：参数 pathname 包含的目录不存在。 ● ENOSPC：文件系统的剩余空间不足。 ● ENOTDIR：参数 pathname 路径中的目录存在但非真正的目录。 ● EROFS：参数 pathname 指定的文件存在于只读文件系统内

例如：

```
#include<sys/types.h>
#include<sys/stat.h>
#include<fcntl.h>
#define FIFO "/tmp/2"
int main()
{
    char buffer[80];
    int fd;
    unlink(FIFO);
    mkfifo(FIFO,0666);
    if(fork()>0)
    {
        char s[ ] = "hello!\n";
        fd = open (FIFO,O_WRONLY);
        write(fd,s,sizeof(s));
        close(fd);
    }
```

```
    else
    {
        fd= open(FIFO,O_RDONLY);
        read(fd,buffer,80);
        printf("%s",buffer);
        close(fd);
    }
}
```

执行：

```
hello!
```

13.2.5　读写有名管道

1. 从 FIFO 中读取数据

约定：如果一个进程为了从 FIFO 中读取数据而阻塞打开 FIFO，那么称该进程内的读操作为设置了阻塞标志的读操作。

（1）如果有进程写入打开 FIFO，且当前 FIFO 内没有数据，则对于设置了阻塞标志的读操作来说，将一直阻塞。对于没有设置阻塞标志读操作来说则返回-1，当前 errno 值为 EAGAIN，提醒以后再试。

（2）对于设置了阻塞标志的读操作说，造成阻塞的原因有两种：①当前 FIFO 内有数据，但有其他进程在读这些数据；②FIFO 内没有数据。不阻塞的原因则是 FIFO 中有新的数据写入，不论写入数据量的大小，也不论读操作请求多少数据量。

（3）读操作打开的阻塞标志只对本进程第一个读操作施加作用，如果本进程内有多个读操作序列，则在第一个读操作被唤醒并完成读操作后，其他将要执行的读操作将不再阻塞，即使在执行读操作时，FIFO 中没有数据也一样（此时，读操作返回 0）。

（4）如果没有进程写入打开 FIFO，则设置了阻塞标志的读操作会阻塞。

注：如果 FIFO 中有数据，则设置了阻塞标志的读操作不会因为 FIFO 中的字节数小于请求读的字节数而阻塞，此时，读操作会返回 FIFO 中现有的数据量。

2. 向 FIFO 中写入数据

约定：如果一个进程为了向 FIFO 中写入数据而阻塞打开 FIFO，那么称该进程内的写操作为设置了阻塞标志的写操作。

（1）对于设置了阻塞标志的写操作：

① 当要写入的数据量不大于 PIPE_BUF 时，Linux 将保证写入的原子性。如果此时管道空闲缓冲区不足以容纳要写入的字节数，则进入睡眠状态，直到缓冲区中能够容纳要写入的字节数时，才开始进行一次性写操作。

② 当要写入的数据量大于 PIPE_BUF 时，Linux 将不再保证写入的原子性。FIFO 缓冲区一有空闲区域，写进程就会试图向管道写入数据，写操作在写完所有请求的数据后返回。

（2）对于没有设置阻塞标志的写操作：

① 当要写入的数据量大于 PIPE_BUF 时，Linux 将不再保证写入的原子性。在写满所有

FIFO 空闲缓冲区后，写操作返回。

② 当要写入的数据量不大于 PIPE_BUF 时，Linux 将保证写入的原子性。如果当前 FIFO 空闲缓冲区能够容纳请求写入的字节数，则写完后成功返回；如果当前 FIFO 空闲缓冲区不能够容纳请求写入的字节数，则返回 EAGAIN 错误，提醒以后再写。

3．对 FIFO 读写规则的验证

下面提供了两个对 FIFO 的读写程序，适当调节程序中的很少地方或者程序的命令行参数就可以对各种 FIFO 读写规则进行验证。

程序 1：写 FIFO 的程序。

```
#include <unistd.h>
#include <stdio.h>
#include <errno.h>
#include <sys/types.h>
#include <sys/stat.h>
#include <fcntl.h>
#include <string.h>
#define FIFO_SERVER "/tmp/fifoserver"

int main(int argc, char *argv[])
{
    int fd;
    char w_buf[4096*2];
    int real_wnum;

    memset(w_buf, 0, 4096*2);
    if ((mkfifo(FIFO_SERVER, O_CREAT|O_EXCL) < 0) && (errno != EEXIST))
    {
        printf ("cannot create fifoserver\n");
    }

    //设置非阻塞标志
    //fd = open(FIFO_SERVER, O_WRONLY, 0)
    fd = open(FIFO_SERVER, O_WRONLY|O_NONBLOCK, 0);
    if (fd == -1)
    {
        if(errno == ENXIO)
            printf ("open error; no reading process\n");
    }
    real_wnum = write(fd, w_buf, 2048);
    if(real_wnum == -1)
    {
        if(errno == EAGAIN)
            printf ("write to fifo error;try later\n");
    }
```

```
	else
	{
		printf ("real write num is %d\n", real_wnum);
	}
	real_wnum = write(fd, w_buf, 5000);
	//5000 用于测试写入字节大于 4096 时的非原子性
	//real_wnum=write(fd, w_buf, 4096);
	//4096 用于测试写入字节不大于 4096 时的原子性
	if (real_wnum == -1)
	{
		if (errno == EAGAIN)
			printf ("try later\n");
	}
}
```

程序 2：与程序 1 一起测试写 FIFO 的规则，第一个命令行参数是请求从 FIFO 读出的字节数。

```
#include <sys/types.h>
#include <sys/stat.h>
#include <errno.h>
#include <fcntl.h>
#define FIFO_SERVER "/tmp/fifoserver"
int main(int argc,char** argv)
{
	char r_buf[4096*2];
	int  fd;
	int  r_size;
	int  ret_size;
	r_size=atoi(argv[1]);
	printf("requred real read bytes %d\n",r_size);
	memset(r_buf,0,sizeof(r_buf));
	fd=open(FIFO_SERVER,O_RDONLY|O_NONBLOCK,0);
	//fd=open(FIFO_SERVER,O_RDONLY,0);
	//在此处可以把读程序编译成两个不同版本：阻塞版本和非阻塞版本
	if(fd==-1)
	{
		printf("open %s for read error\n");
		exit();
	}
	while(1)
	{

		memset(r_buf,0,sizeof(r_buf));
		ret_size=read(fd,r_buf,r_size);
		if(ret_size==-1)
			if(errno==EAGAIN)
```

```
                printf("no data avlaible\n");
            printf("real read bytes %d\n",ret_size);
            sleep(1);
        }
        pause();
        unlink(FIFO_SERVER);
}
```

程序应用说明如下。

（1）把读程序编译成两个不同版本：阻塞读版本（br）和非阻塞读版本（nbr）。

（2）把写程序编译成 4 个版本：

- 非阻塞且请求写的字节数大于 PIPE_BUF 的版本（nbwg）。
- 非阻塞且请求写的字节数不大于 PIPE_BUF 的版本（nbw）。
- 阻塞且请求写的字节数大于 PIPE_BUF 的版本（bwg）。
- 阻塞且请求写的字节数不大于 PIPE_BUF 的版本（bw）。

下面将使用 br、nbr 和 w 代替相应程序中的阻塞读和非阻塞读。

① 验证阻塞写操作。当请求写入的数据量大于 PIPE_BUF 时的非原子性。

```
nbr 1000
bwg
```

当请求写入的数据量不大于 PIPE_BUF 时的原子性。

```
nbr 1000
bw
```

② 验证非阻塞写操作。当请求写入的数据量大于 PIPE_BUF 时的非原子性。

```
nbr 1000
nbwg
```

请求写入的数据量不大于 PIPE_BUF 时的原子性。

```
nbr 1000
nbw
```

不管写打开的阻塞标志是否设置，在请求写入的字节数大于 4096 时，都不保证写入的原子性。但二者有本质区别，对于阻塞写来说，写操作在写满 FIFO 的空闲区域后，会一直等待，直到写完所有数据为止，请求写入的数据最终都会写入 FIFO；而非阻塞写则在写满 FIFO 的空闲区域后，就返回（实际写入的字节数），所以有些数据最终不能够写入。

对于读操作的验证则比较简单，不再讨论。

13.3 管道通信方式的应用场景

管道常用于以下两个方面。

（1）在 shell 中时常会用到管道（作为输入输出的重定向），在这种应用方式下，管道的创建对于用户来说是透明的。

（2）用于具有亲缘关系的进程间通信，用户自己创建管道，并完成读写操作。

FIFO 可以说是管道的推广，克服了无名管道的限制，使得无亲缘关系的进程同样可以采用先进先出的通信机制进行通信。

管道和 FIFO 的数据是字节流，应用程序之间必须事先确定特定的传输协议，采用广播具有特定意义的消息。

要想灵活应用管道和 FIFO，理解它们的读写规则是关键之处。

13.4 信号

13.4.1 信号及信号来源

1. 信号的本质

信号是在软件层次上对中断机制的一种模拟，在原理上，一个进程收到一个信号与处理器收到一个中断请求可以说是一样的。信号是异步的，一个进程不必通过任何操作来等待信号的到达，事实上，进程也不知道信号到底什么时候到达。

信号是进程间通信机制中唯一的异步通信机制，可以看作异步通知，通知接收信号的进程有哪些事件发生了。信号机制经过 POSIX 实时扩展后，功能更加强大，除了基本通知功能外，还可以传递附加信息。

2. 信号的来源

信号事件的发生有两个来源：①硬件来源（比如按下了键盘或者其他硬件故障）；②软件来源，最常用发送信号的系统函数是 kill、raise、alarm、setitimer 和 sigqueue，软件来源还包括一些非法运算操作等。

13.4.2 信号种类

可以从两个不同的分类角度对信号进行分类：①可靠性方面，可分为可靠信号与不可靠信号；②从时间的关系上，可分为实时信号与非实时信号。

附 1：“kill –l”的运行结果，显示了当前系统支持的所有信号。

1) SIGHUP	2) SIGINT	3) SIGQUIT	4) SIGILL
5) SIGTRAP	6) SIGABRT	7) SIGBUS	8) SIGFPE
9) SIGKILL	10) SIGUSR1	11) SIGSEGV	12) SIGUSR2
13) SIGPIPE	14) SIGALRM	15) SIGTERM	17) SIGCHLD
18) SIGCONT	19) SIGSTOP	20) SIGTSTP	21) SIGTTIN
22) SIGTTOU	23) SIGURG	24) SIGXCPU	25) SIGXFSZ
26) SIGVTALRM	27) SIGPROF	28) SIGWINCH	29) SIGIO
30) SIGPWR	31) SIGSYS	32) SIGRTMIN	33) SIGRTMIN+1
34) SIGRTMIN+2	35) SIGRTMIN+3	36) SIGRTMIN+4	37) SIGRTMIN+5

38) SIGRTMIN+6	39) SIGRTMIN+7	40) SIGRTMIN+8	41) SIGRTMIN+9
42) SIGRTMIN+10	43) SIGRTMIN+11	44) SIGRTMIN+12	45) SIGRTMIN+13
46) SIGRTMIN+14	47) SIGRTMIN+15	48) SIGRTMAX-15	49) SIGRTMAX-14
50) SIGRTMAX-13	51) SIGRTMAX-12	52) SIGRTMAX-11	53) SIGRTMAX-10
54) SIGRTMAX-9	55) SIGRTMAX-8	56) SIGRTMAX-7	57) SIGRTMAX-6
58) SIGRTMAX-5	59) SIGRTMAX-4	60) SIGRTMAX-3	61) SIGRTMAX-2
62) SIGRTMAX-1	63) SIGRTMAX		

1．不可靠信号与可靠信号

（1）不可靠信号。Linux 信号机制基本上是从 UNIX 系统中继承过来的，在早期的 UNIX 系统中信号机制比较简单和原始，后来在实践中暴露出一些问题，因此，把那些建立在早期机制上的信号叫作不可靠信号，信号值小于 SIGRTMIN（在 Red Hat 7.2 中，SIGRTMIN=32，SIGRTMAX=63）的信号都是不可靠信号。这就是不可靠信号的来源，它的主要问题是：进程每次处理信号后，就将对信号的响应设置为默认动作。在某些情况下，这将导致对信号的错误处理，因此，用户如果不希望这样操作，就要在信号处理函数的结尾再一次调用 signal( )，重新安装该信号。

信号可能丢失，后面将对此详细阐述。因此，早期 UNIX 下的不可靠信号主要指的是进程可能对信号做出错误的反应，以及信号可能丢失。

Linux 支持不可靠信号，但是对不可靠信号机制做了改进：在调用完信号处理函数后，不必重新调用该信号的安装函数（信号安装函数是在可靠机制上的实现），因此，Linux 下的不可靠信号问题主要指的是信号可能丢失。

（2）可靠信号。随着时间的发展，实践证明了有必要对信号的原始机制加以改进和扩充，所以，后来各种 UNIX 版本分别在这方面进行了研究，力图实现可靠信号。由于原来定义的信号已有许多应用，不好再做改动，最终只好又新增加了一些信号，并在一开始就把它们定义为可靠信号，这些信号支持排队，不会丢失。同时，信号的发送和安装也出现了新版本：信号发送函数 sigqueue 和信号安装函数 sigaction。POSIX.4 对可靠信号机制做了标准化。但是，POSIX.4 只对可靠信号机制应具有的功能和信号机制的对外接口做了标准化，对信号机制的实现没有做具体的规定。

信号值位于 SIGRTMIN 和 SIGRTMAX 之间的信号都是可靠信号，可靠信号克服了信号可能丢失的问题。Linux 在支持新版本的信号安装函数 sigation 和信号发送函数 sigqueue 的同时，仍然支持早期的信号安装函数 signal 和信号发送函数 kill。

注：不要有这样的误解，即由 sigqueue 函数发送、sigaction 函数安装的信号就是可靠的。事实上，可靠信号是指后来添加的新信号（信号值位于 SIGRTMIN 和 SIGRTMAX 之间），不可靠信号是信号值小于 SIGRTMIN 的信号。信号的可靠与不可靠只与信号值有关，与信号的发送和安装函数无关。目前 Linux 中的 signal 函数是通过 sigation 函数函数实现的，因此，即使通过 signal 函数安装的信号，在信号处理函数的结尾也不必再调用一次信号安装函数。同时，由 signal 函数安装的实时信号支持排队，同样不会丢失。

对于目前 Linux 的两个信号安装函数 signal 和 sigaction 来说，它们都不能把 SIGRTMIN 以前的信号变成可靠信号（都不支持排队，仍有可能丢失，仍然是不可靠信号），而且对 SIGRTMIN 以后的信号都支持排队。这两个函数的最大区别在于，经过 sigaction 函数安装的信号都能传递信息给信号处理函数（对所有信号这一点都成立），而经过 signal 函数安装的信号却不能向信号处理函数传递信息。对于信号发送函数来说也是一样的。

2. 实时信号与非实时信号

早期 UNIX 系统只定义了 32 种信号，Red Hat 7.2 支持 64 种信号，编号为 0～63（SIGRTMIN=31，SIGRTMAX=63），将来有可能进一步增加，这需要得到内核的支持。前 32 种信号已经有了预定义值，每个信号有了确定的用途和含义，并且每种信号都有各自的默认动作，如按快捷键“CTRL+C”时，会产生 SIGINT 信号，对该信号的默认操作是进程终止。后 32 个信号表示实时信号，等同于前面阐述的可靠信号，这保证了发送的多个实时信号都被接收。实时信号是 POSIX 标准的一部分，可用于应用进程。

非实时信号都不支持排队，都是不可靠信号；实时信号都支持排队，都是可靠信号。

13.4.3 信号处理方式

进程可以通过以下 3 种方式来处理一个信号。

（1）忽略信号。即对信号不做任何处理，其中，有两个信号不能忽略，即 SIGKILL 和 SIGSTOP。

（2）捕捉信号。定义信号处理函数，当信号发生时，执行相应的处理函数。

（3）执行默认操作。Linux 对每种信号都规定了默认操作，注意，进程对实时信号的默认反应是进程终止。

Linux 究竟采用上述 3 种方式的哪一种来响应信号，取决于传递给相应 API 函数的参数。

13.4.4 信号发送

发送信号的主要函数有 kill、raise、sigqueue、alarm、setitimer 和 abort，下面介绍两种常用的信号发送函数。

1. kill 函数

kill 函数用于传送信号给指定的进程，见表 13-4-1。

表 13-4-1 kill 函数

相关函数	raise、signal
表头文件	#include<sys/types.h> #include<signal.h>
定义函数	int kill(pid_t pid,int sig);
函数说明	kill( )可以用来将参数 sig 指定的信号传送给参数 pid 指定的进程，参数 pid 有以下几种情况。 ● pid>0：将信号传给进程识别码为 pid 的进程。 ● pid=0：将信号传给和目前进程相同进程组的所有进程。 ● pid=−1：将信号广播传送给系统内所有的进程。 ● pid<0：将信号传给进程组识别码为 pid 绝对值的所有进程。
返回值	执行成功则返回 0，如果有错误则返回−1

续表

错误代码	● EINVAL：参数 sig 不合法。 ● ESRCH：参数 pid 所指定的进程或进程组不存在。 ● EPERM：权限不够，无法传送信号给指定进程

例如：

```
#include<unistd.h>
#include<signal.h>
#include<sys/types.h>
#include<sys/wait.h>
int main()
{
    pid_t pid;
    int status;
    if(!(pid= fork()))
    {
        printf("Hi I am child process!\n");
        sleep(10);
        return;
    }
    else
    {
        printf("send signal to child process (%d) \n",pid);
        sleep(1);
        kill(pid ,SIGABRT);
        wait(&status);
        if(WIFSIGNALED(status))
            printf("chile process receive signal %d\n",WTERMSIG(status));
    }
}
```

执行：

```
sen signal to child process(3170)
Hi I am child process!
child process receive signal 6
```

2．alarm 函数

alarm 函数用于设置信号传送闹钟，见表 13-4-2。

表 13-4-2　alarm 函数

相关函数	signal、sleep
表头文件	#include<unistd.h>
定义函数	unsigned int alarm(unsigned int seconds);
函数说明	alarm( )用来设置信号 SIGALRM，在经过参数 seconds 指定的秒数后传送给目前的进程。如果参数 seconds 为 0，则之前设置的闹钟会被取消，并将剩下的时间返回
返回值	返回之前闹钟的剩余秒数，如果之前未设闹钟则返回 0

例如：

```
#include<unistd.h>
#include<signal.h>
void handler()
{
    printf("hello\n");
}
int main()
{
    int i;
    signal(SIGALRM,handler);
    alarm(5);
    for(i=1;i<7;i++)
    {
        printf("sleep %d ...\n",i);
        sleep(1);
    }
}
```

执行：

```
sleep 1 ...
sleep 2 ...
sleep 3 ...
sleep 4 ...
sleep 5 ...
hello
sleep 6 ...
```

13.4.5　自定义信号处理方式

如果进程要处理某一信号，那么就要在进程中安装该信号。安装信号主要用来确定信号值和进程针对该信号值的动作之间的映射关系，即进程将要处理哪个信号以及当该信号被传递给进程时，将执行何种操作。

Linux 主要由两个函数实现信号的安装——signal 和 sigaction。其中 signal 是在可靠信号系统调用的基础上实现的，是库函数，它只有两个参数，不支持信号传递信息，主要是用于前 32 种非实时信号的安装；而 sigaction 是较新的函数（由两个系统调用实现——sys_signal 和 sys_rt_sigaction），有 3 个参数，支持信号传递信息，主要用来与 sigqueue 系统调用配合使用，当然，sigaction 同样支持非实时信号的安装。sigaction 优于 signal 主要体现在支持信号带有参数。

1．signal 函数

signal 函数用于传送信号给指定的进程，见表 13-4-3。

表 13-4-3　signal 函数

相关函数	sigaction、kill、raise
表头文件	#include<signal.h>
定义函数	void (*signal(int signum,void(* handler)(int)))(int);
函数说明	signal( )会依据参数 signum 指定的信号编号来设置该信号的处理函数，当指定的信号到达时就会跳转到参数 handler 指定的函数执行。 如果参数 handler 不是函数指针，则必须是下列两个常数之一。 ● SIG_IGN：忽略参数 signum 指定的信号。 ● SIG_DFL：将参数 signum 指定的信号重设为核心预设的信号处理方式
返回值	返回先前的信号处理函数指针，如果有错误则返回 SIG_ERR（-1）
附加说明	在信号跳转到自定的 handler 处理函数后，系统会自动将此处理函数换回原来系统预设的处理方式，如果要改变此操作请采用 sigaction 函数

例如：

```
#include <signal.h>
#include <stdio.h>
#include <stdlib.h>

void my_func(int sign_no)
{
    if(sign_no==SIGINT)
        printf("I have get SIGINT\n");
    else if(sign_no==SIGQUIT)
        printf("I have get SIGQUIT\n");
}
int main()
{
    printf("Waiting for signal SIGINT or SIGQUIT \n ");

    /*注册信号处理函数*/
    signal(SIGINT, my_func);
    signal(SIGQUIT, my_func);

    pause();
    exit(0);
}
```

2. sigaction 函数

sigaction 函数用于查询或设置信号处理方式，见表 13-4-4。

表 13-4-4 sigaction 函数

相关函数	signal、sigprocmask、sigpending、sigsuspend
表头文件	#include<signal.h>
定义函数	int sigaction(int signum,const struct sigaction *act ,struct sigaction * oldact);

函数说明	sigaction( )会依据参数 signum 指定的信号编号来设置该信号的处理函数。参数 signum 可以指定 SIGKILL 和 SIGSTOP 以外的所有信号，参数结构 sigaction 定义如下。
	struct sigaction
	{
	void (*sa_handler) (int);
	sigset_t sa_mask;
	int sa_flags;
	void (*sa_restorer) (void);
	}
	● sa_handler：此参数和 signal 函数的参数 handler 相同，代表新的信号处理函数，其他意义请参考 signal 函数。
	● sa_mask：用来设置在处理该信号时暂时将 sa_mask 指定的信号搁置。
	● sa_restorer：参考备注。
	● sa_flags：用来设置信号处理的其他相关操作，下列的数值可用 OR 运算（|）组合。
	➢ A_NOCLDSTOP：如果参数 signum 为 SIGCHLD，则当子进程暂停时并不会通知父进程。
	➢ SA_ONESHOT/SA_RESETHAND：在调用新的信号处理函数前，将此信号处理方式改为系统预设的方式。
	➢ SA_RESTART：被信号中断的系统调用会自行重启。
	➢ SA_NOMASK/SA_NODEFER：在处理此信号未结束前不理会此信号的再次到来。
	如果参数 oldact 不是 NULL 指针，则原来的信号处理方式会由结构 sigaction 返回

返回值	执行成功则返回 0，如果有错误则返回-1
错误代码	● EINVAL：参数 signum 不合法，或者企图拦截 SIGKILL/SIGSTOPSIGKILL 信号。 ● EFAULT：参数 act、oldact 指针地址无法存取。 ● EINTR：此调用被中断

注：sa_restorer 已过时，POSIX 不支持它，不应再被使用。

例如：

```
#include<unistd.h>
#include<signal.h>
void show_handler(struct sigaction * act)
{
    switch (act->sa_flags)
    {
        case SIG_DFL:printf("Default action\n");break;
        case SIG_IGN:printf("Ignore the signal\n");break;
        default: printf("0x%x\n",act->sa_handler);
    }
}
```

```
int main()
{
    int i;
    struct sigaction act,oldact;
    act.sa_handler = show_handler;
    act.sa_flags = SA_ONESHOT|SA_NOMASK;
    sigaction(SIGUSR1,&act,&oldact);
    for(i=5;i<15;i++)
    {
        printf("sa_handler of signal %2d =".i);
        sigaction(i,NULL,&oldact);
    }
}
```

执行：

```
sa_handler of signal 5 = Default action
sa_handler of signal 6= Default action
sa_handler of signal 7 = Default action
sa_handler of signal 8 = Default action
sa_handler of signal 9 = Default action
sa_handler of signal 10 = 0x8048400
sa_handler of signal 11 = Default action
sa_handler of signal 12 = Default action
sa_handler of signal 13 = Default action
sa_handler of signal 14 = Default action
```

（1）联合数据结构中的两个元素_sa_handler 和*_sa_sigaction，用于指定信号关联函数，即用户指定的信号处理函数。除了可以是用户自定义的处理函数外，还可以为 SIG_DFL（采用默认的处理方式），也可以为 SIG_IGN（忽略信号）。

（2）由_sa_handler 指定的信号处理函数只有一个参数，即信号值，所以信号不能传递除信号值之外的任何信息；由_sa_sigaction 指定的信号处理函数带有 3 个参数，该信号处理函数是为实时信号而设的（当然同样支持非实时信号），它指定一个 3 参数信号处理函数，第一个参数为信号值，第三个参数没有使用（posix 没有规范使用该参数的标准），第二个参数是指向 siginfo_t 结构的指针，结构中包含信号携带的数据值，参数所指向的结构如下。

```
siginfo_t {
    int si_signo;                    /*信号值，对所有信号有意义*/
    int si_errno;                    /*errno 值，对所有信号有意义*/
    int si_code;                     /*信号产生的原因，对所有信号有意义*/
    union{                           /*联合数据结构，不同成员适应不同信号*/
        //确保分配足够大的存储空间
        int _pad[SI_PAD_SIZE];
        //对 SIGKILL 有意义的结构
        struct
        {
            ...
```

```
        }...
        ...
        ...
        //对 SIGILL、SIGFPE、SIGSEGV 和 SIGBUS 有意义的结构
        struct
        {
        ...
        }...
        ...
    }
}
```

siginfo_t 结构中的联合数据成员确保该结构适应所有的信号，例如，对于实时信号来说，实际采用下面的结构形式。

```
typedef struct
{
    int si_signo;
    int si_errno;
    int si_code;
    union sigval si_value;
} siginfo_t;
```

结构的第四个域同样为一个联合数据结构。

```
union sigval
{
    int sival_int;
    void *sival_ptr;
}
```

采用联合数据结构，说明 siginfo_t 结构中的 si_value 要么持有一个 4 字节的整数值，要么持有一个指针，这就构成了与信号相关的数据。在信号处理函数中，包含这样的信号相关数据指针，但没有具体规定如何对这些数据进行操作，操作方法应该由程序开发人员根据具体任务事先约定。

（3）sa_mask 指定在信号处理程序执行过程中，哪些信号应当被阻塞。在默认情况下当前信号本身被阻塞，防止信号的嵌套发送，除非指定 SA_NODEFER 或 SA_NOMASK 标志位。

注：请注意 sa_mask 指定的信号阻塞的前提条件，在安装信号的处理函数 sigaction 的执行过程中，由 sa_mask 指定的信号才被阻塞。

（4）sa_flags 中包含了许多标志位，包括刚刚提到的 SA_NODEFER 和 SA_NOMASK 标志位。另一个比较重要的标志位是 SA_SIGINFO，当设定了该标志位时，表示信号附带的参数可以被传递到信号处理函数中，因此，应该为 sigaction 结构中的 sa_sigaction 指定处理函数，而不应该为 sa_handler 指定信号处理函数，否则，设置该标志变得毫无意义。即使为 sa_sigaction 指定了信号处理函数，如果不设置 SA_SIGINFO，信号处理函数同样不能得到信号传递过来的数据，在信号处理函数中对这些信息的访问都将导致段错误（Segmentation Fault）。

注：很多文献在阐述该标志位时都认为，如果设置了该标志位，就必须定义三参数信号处理函数。实际

不是这样的，验证方法很简单：自己实现一个单一参数信号处理函数，并在程序中设置该标志位，可以查看程序的运行结果。实际上，可以把该标志位看成信号是否传递参数的开关，如果设置该标志位，则传递参数；否则，不传递参数。

13.4.6 信号集操作

信号集被定义为一种数据类型：

```
typedef struct
{
    unsigned long sig[_NSIG_WORDS];
} sigset_t
```

信号集用来描述信号的集合，Linux 所支持的所有信号可以全部或部分地出现在信号集中，主要与信号阻塞相关函数配合使用。下面是为信号集操作定义的相关函数。

1. sigemptyset 函数

sigemptyset 函数用于初始化信号集，见表 13-4-5。

表 13-4-5 sigemptyset 函数

相关函数	sigaddset、sigfillset、sigdelset、sigismember
表头文件	#include<signal.h>
定义函数	int sigemptyset(sigset_t *set);
函数说明	sigemptyset( )用来将参数 set 初始化并清空
返回值	执行成功则返回 0，如果有错误则返回-1
错误代码	EFAULT：参数 set 指针地址无法存取

2. sigfillset 函数

sigfillset 函数用于将所有信号加入信号集，见表 13-4-6。

表 13-4-6 sigfillset 函数

相关函数	sigempty、sigaddset、sigdelset、sigismember
表头文件	#include<signal.h>
定义函数	int sigfillset(sigset_t * set);
函数说明	sigfillset( )用来将参数 set 初始化，然后把所有的信号加入到此信号集里。
返回值	执行成功则返回 0，如果有错误则返回-1。
错误代码	EFAULT：参数 set 指针地址无法存取

3. sigaddset 函数

sigaddset 函数用于增加一个信号到信号集，见表 13-4-7。

表 13-4-7　sigaddset 函数

相关函数	sigemptyset、sigfillset、sigdelset、sigismember
表头文件	#include<signal.h>
定义函数	int sigaddset(sigset_t *set,int signum);
函数说明	sigaddset( )用来将参数 signum 代表的信号加入至参数 set 中
返回值	执行成功则返回 0，如果有错误则返回-1
错误代码	● EFAULT：参数 set 指针地址无法存取。 ● EINVAL：参数 signum 非合法的信号编号

4．sigdelset 函数

sigdelset 函数用于从信号集中删除一个信号，见表 13-4-8。

表 13-4-8　sigdelset 函数

相关函数	sigemptyset、sigfillset、sigaddset、sigismember
表头文件	#include<signal.h>
定义函数	int sigdelset(sigset_t * set,int signum);
函数说明	sigdelset( )用来将参数 signum 代表的信号从参数 set 中删除
返回值	执行成功则返回 0，如果有错误则返回-1
错误代码	● EFAULT：参数 set 指针地址无法存取。 ● EINVAL：参数 signum 非合法的信号编号

5．sigismember 函数

sigismember 函数用于测试某个信号是否已加入信号集里，见表 13-4-9。

表 13-4-9　sigismember 函数

相关函数	sigemptyset、sigfillset、sigaddset、sigdelset
表头文件	#include<signal.h>
定义函数	int sigismember(const sigset_t *set,int signum);
函数说明	sigismember( )用来测试参数 signum 代表的信号是否已加入至参数 set 信号集中，如果信号集中已有该信号则返回 1，否则返回 0
返回值	信号集已有该信号则返回 1，没有则返回 0。如果有错误则返回-1
错误代码	● EFAULT：参数 set 指针地址无法存取。 ● EINVAL：参数 signum 非合法的信号编号

13.4.7　使用信号注意事项

（1）防止不该丢失的信号丢失。如果对信号生命周期理解深刻的话，很容易知道信号会不会丢失，以及在哪里丢失。

（2）程序的可移植性。考虑到程序的可移植性，应该尽量采用 POSIX 信号函数，POSIX

信号函数主要分为两类。

① POSIX 1003.1 信号函数包括 kill( )、sigaction( )、sigaddset( )、sigdelset( )、sigemptyset( )、sigfillset( )、sigismember( )、sigpending( )、sigprocmask( )和 sigsuspend( )。

② POSIX 1003.1b 信号函数：POSIX 1003.1b 在信号的实时性方面对 POSIX 1003.1 做了扩展，包括 sigqueue( )、sigtimedwait( )和 sigwaitinfo( )3 个函数，其中 sigqueue( )主要针对信号发送，而 sigtimedwait( )和 sigwaitinfo( )主要用于取代 sigsuspend( )函数，后面有相应实例。

```
#include <signal.h>
int sigwaitinfo(sigset_t *set, siginfo_t *info).
```

该函数与 sigsuspend( )类似，阻塞一个进程直到特定信号发生，但当信号到来时不执行信号处理函数，而是返回信号值。因此为了避免执行相应的信号处理函数，必须在调用该函数前，使进程屏蔽掉信号集指向的信号，因此调用该函数的典型代码是：

```
sigset_t newmask;
int rcvd_sig;
siginfo_t info;
sigemptyset(&newmask);
sigaddset(&newmask, SIGRTMIN);
sigprocmask(SIG_BLOCK, &newmask, NULL);
rcvd_sig = sigwaitinfo(&newmask, &info)
if (rcvd_sig == -1)
{
    ...
}
```

调用成功返回信号值，否则返回 1。sigtimedwait( )功能与之相似，只不过增加了一个进程等待的时间。

（3）程序的稳定性。为了增强程序的稳定性，在信号处理程序中应当使用可再入（可重入）函数（所谓可重入函数是指一个可以被多个任务调用的过程，任务在调用时不必担心数据是否会出错）。因为进程在收到信号后，就将跳转到信号处理函数去接着执行。如果信号处理函数中使用了不可重入函数，那么信号处理函数可能会修改原来进程中不应该被修改的数据，这样进程从信号处理函数中返回接着执行时，可能会出现不可预料的后果。不可再入函数在信号处理函数中被视为不安全函数。

满足下列条件的函数多数是不可再入的：

- 使用静态的数据结构，如 getlogin( )、gmtime( )、getgrgid( )、getgrnam( )、getpwuid( )和 getpwnam( )等。
- 在函数实现时，调用了 malloc( )或者 free( )函数。
- 在函数实现时使用了标准 I/O 函数的。

The Open Group 视下列函数为可再入的：_exit( )、access( )、alarm( )、cfgetispeed( )、cfgetospeed( )、cfsetispeed( )、cfsetospeed( )、chdir( )、chmod( )、chown( )、close( )、creat( )、dup( )、dup2( )、execle( )、execve( )、fcntl( )、fork( )、fpathconf( )、fstat( )、fsync( )、getegid( )、geteuid( )、getgid( )、getgroups( )、getpgrp( )、getpid( )、getppid( )、getuid( )、kill( )、link( )、lseek( )、 mkdir()、mkfifo()、open()、pathconf()、pause()、pipe()、raise()、read()、rename()、rmdir()、setgid()、setpgid()、setsid()、setuid()、sigaction()、sigaddset()、sigdelset()、sigemptyset()、sigfillset()、sigismember()、signal()、sigpending()、sigprocmask()、sigsuspend()、sleep()、stat()、sysconf()、tcdrain()、tcflow()、tcflush()、tcgetattr()、tcgetpgrp()、tcsendbreak()、tcsetattr()、tcsetpgrp()、time()、times()、umask()、uname()、unlink()、utime()、wait()、waitpid()、write()。

即使信号处理函数使用的都是“安全函数”，同样要注意在进入处理函数时，要先保存 errno 的值，结束时再恢复原值，这是因为在信号处理过程中，errno 的值随时可能被改变。另外，longjmp( )和 siglongjmp( )没有被列为可再入函数，因为不能保证紧接着这两个函数的其他调用是安全的。

13.5 消息队列

消息队列（也叫作报文队列）能够克服早期 UNIX 通信机制的一些缺点。作为早期 UNIX 通信机制之一的信号能够传送的信息量有限，后来虽然 POSIX 1003.1b 在信号的实时性方面做了拓广，使得信号在传递信息量方面有了相当程度的改进。但是信号这种通信方式更像“即时”的通信方式，它要求接收信号的进程在某个时间范围内对信号做出反应，因此该信号最多在接收信号进程的生命周期内才有意义，信号所传递的信息是接近于随进程持续的概念（Process-Persistent），管道和有名管道则是典型的随进程持续 IPC，并且只能传送无格式的字节流，这无疑会给应用程序开发带来不便，另外，它的缓冲区大小也受到限制。

消息队列就是一个消息的链表。可以把消息看作一个记录，具有特定的格式和特定的优先级。对消息队列有写权限的进程可以按照一定的规则添加新消息，对消息队列有读权限的进程则可以从消息队列中读走消息，消息队列是随内核持续的。

目前主要有两种类型的消息队列——POSIX 消息队列和系统 V 消息队列。系统 V 消息队列目前被大量使用，考虑到程序的可移植性，新开发的应用程序应尽量使用 POSIX 消息队列。

对于消息队列、信号灯和共享内存区来说，有两个实现版本：POSIX 的和系统 V 的。Linux 内核（内核 2.4.18）支持 POSIX 信号灯、POSIX 共享内存区和 POSIX 消息队列，但对于主流 Linux 发行版本之一的 Red Had 8.0（内核 2.4.18），暂时还没有提供对 POSIX 进程间通信 API 的支持，不过应该只是时间问题。

因此，本节将主要介绍系统 V 消息队列及相应的 API。在没有特地声明的情况下，下文讨论中所指的消息队列都是系统 V 消息队列。

13.5.1 消息队列基础理论

系统 V 消息队列是随内核持续的，只有在内核重起或者显示删除一个消息队列时，该消息队列才会真正被删除。因此系统中记录消息队列的数据结构（struct ipc_ids msg_ids）位于内核中，系统中的所有消息队列都可以在结构 msg_ids 中找到访问入口。

消息队列就是一个消息的链表。每个消息队列都有一个队列头，用结构 struct msg_queue

来描述。队列头中包含了该消息队列的大量信息，包括消息队列键值、用户 ID、组 ID 和消息队列中消息数目等，甚至记录了最近对消息队列读写进程的 ID。读者可以访问这些信息，也可以设置其中的某些信息。

图 13-5-1 说明了内核与消息队列建立起联系的机制。

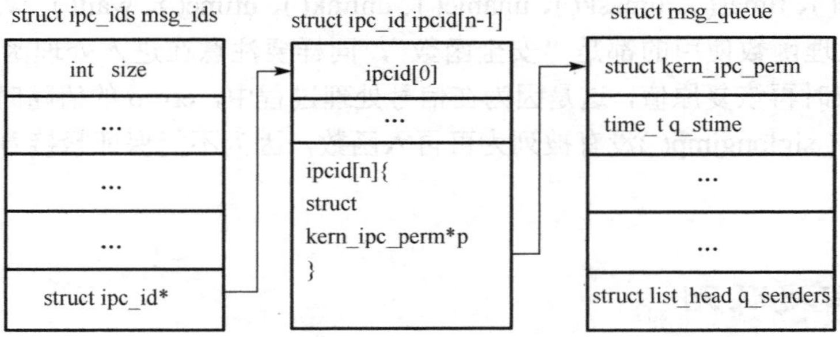

图 13-5-1　内核与消息队列建立联系的机制

从图 13-5-1 可以看出，全局数据结构 struct ipc_ids msg_ids 可以访问每个消息队列头的第一个成员 struct kern_ipc_perm。而每个 struct kern_ipc_perm 能够与具体的消息队列对应起来是因为在该结构中，有一个 key_t 类型成员 key，而 key 则唯一确定一个消息队列。kern_ipc_perm 的结构如下。

```
struct kern_ipc_perm
{       //内核中记录消息队列的全局数据结构 msg_ids 能够访问到该结构
    key_t      key;                              //key 唯一确定一个消息队列
    uid_t      uid;
    gid_t      gid;
    uid_t      cuid;
    gid_t      cgid;
    mode_t     mode;
    unsigned long seq;
}
```

13.5.2　使用消息队列

对消息队列的操作有下面 3 种类型。

（1）打开或创建消息队列。消息队列的内核持续性要求每个消息队列都在系统范围内对应唯一的键值，所以，要获得一个消息队列的描述字，只需提供该消息队列的键值即可。

注：消息队列描述字是由在系统范围内唯一的键值生成的，而键值可以看作对应系统内的一条路径。

（2）读写操作。消息读写操作非常简单，对开发人员来说，每个消息都类似如下的数据结构：

```
struct msgbuf
{
    long mtype;
    char mtext[1];
}
```

mtype 代表消息类型，从消息队列中读取消息的一个重要依据就是消息的类型；mtext 表示消息内容，长度不一定为 1。因此，对于发送消息来说，需要预置一个 msgbuf 缓冲区并写入消息类型和内容，调用相应的发送函数即可；对读取消息来说，首先分配这样一个 msgbuf 缓冲区，然后把消息读入该缓冲区即可。

（3）获得或设置消息队列属性。消息队列的信息基本上都保存在消息队列头中，因此，可以分配一个类似于消息队列头的结构，如图 13-5-2 所示，来返回消息队列的属性，同样可以设置该数据结构。

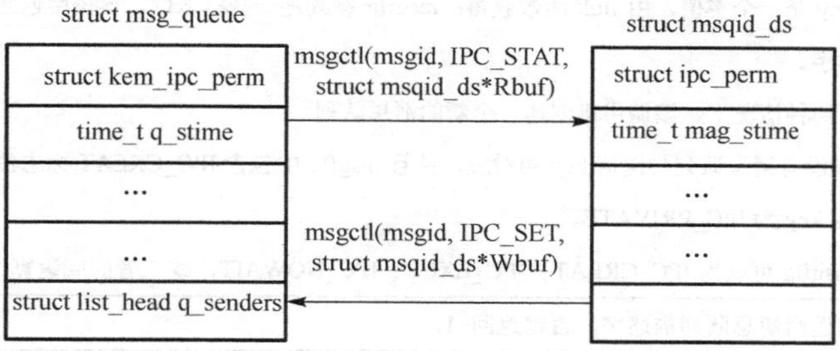

图 13-5-2　类似于消息队列头的结构

13.5.3　消息队列 API

1．ftok 函数

ftok 函数用于将文件名转化成键值，见表 13-5-1。

表 13-5-1　ftok 函数

相关函数	无
表头文件	#include <sys/types.h> #include <sys/ipc.h>
定义函数	key_t ftok (char*pathname, char proj);
函数说明	ftok( )返回与路径 pathname 相对应的一个键值。该函数不直接对消息队列操作，但在调用 ipc(MSGGET,…)或 msgget( )来获得消息队列描述字前，往往要调用该函数
返回值	返回与文件对应的键值

典型的调用代码如下：

```
key=ftok(path_ptr, 'a');
    ipc_id=ipc(MSGGET, (int)key, flags,0,NULL,0);
    …
```

2．msgget 函数

msgget 函数用于创建消息队列，见表 13-5-2。

表 13-5-2　msgget 函数

相关函数	msgctl
表头文件	#include <sys/types.h> #include <sys/ipc.h> #include <sys/msg.h>
定义函数	int msgget(key_t key, int msgflg);
函数说明	参数 key 是一个键值，由 ftok 函数获得；msgflg 参数是一些标志位。该调用返回与键值 key 相对应的消息队列描述字。 在以下两种情况下，该调用将创建一个新的消息队列。 ● 如果没有消息队列与键值 key 相对应，并且 msgflg 中包含 IPC_CREAT 标志位； ● 参数 key 为 IPC_PRIVATE。 参数 msgflg 可以为 IPC_CREAT、IPC_EXCL、IPC_NOWAIT，或三者的或运算结果
返回值	成功则返回消息队列描述字，否则返回-1。

注：参数 key 设置成常数 IPC_PRIVATE 并不意味着其他进程不能访问该消息队列，只意味着即将创建新的消息队列。

3．msgrcv 函数

msgrcv 函数用于读出消息队列的数据，见表 13-5-3。

表 13-5-3　msgrcv 函数

相关函数	msgget
表头文件	#include <sys/types.h> #include <sys/ipc.h> #include <sys/msg.h>
定义函数	int msgrcv(int msqid, struct msgbuf *msgp, int msgsz, long msgtyp, int msgflg);
函数说明	该系统调用从 msgid 代表的消息队列中读取一个消息，并把消息存储在 msgp 指向的 msgbuf 结构中。msqid 为消息队列描述字；消息返回后存储在 msgp 指向的地址中；msgsz 指定 msgbuf 的 mtext 的长度（即消息内容的长度）；msgtyp 为请求读取的消息类型；读消息标志 msgflg 可以为以下几个值的或运算。 ● IPC_NOWAIT：如果没有满足条件的消息，调用立即返回，此时，errno=ENOMSG，IPC_EXCEPT 与 msgtyp>0 配合使用，返回队列中第一个类型不为 msgtyp 的消息。 ● IPC_NOERROR：如果队列中满足条件的消息内容大于所请求的 msgsz 字节，则把该消息截断，截断部分将丢失。 msgrcv 手册中详细给出了消息类型取不同值时（>0; <0; =0），调用将返回消息队列中的哪个消息。msgrcv( ) 解除阻塞的条件包括如下 3 个。 ● 消息队列中有了满足条件的消息； ● msqid 代表的消息队列被删除； ● 调用 msgrcv( )的进程被信号中断
返回值	成功则返回读出消息的实际字节数，否则返回-1

4. msgsnd 函数

msgsnd 函数用于向消息队列写入数据，见表 13-5-4。

表 13-5-4 msgsnd 函数

相关函数	msgget
表头文件	#include <sys/types.h> #include <sys/ipc.h> #include <sys/msg.h>
定义函数	nt msgsnd(int msqid, struct msgbuf *msgp, int msgsz, int msgflg);
函数说明	向 msgid 代表的消息队列发送一个消息，即将发送的消息存储在 msgp 指向的 msgbuf 结构中，消息的大小由 msgze 指定。 对发送消息来说，有意义的 msgflg 标志为 IPC_NOWAIT，表明在消息队列没有足够空间容纳要发送的消息时，msgsnd( )是否等待。造成 msgsnd( )等待的条件有两种： ● 当前消息的大小与当前消息队列中的字节数之和超过了消息队列的总容量； ● 当前消息队列的消息数（单位“个”）不小于消息队列的总容量（单位“字节数”），此时，虽然消息队列中的消息数目很多，但基本上都只有一个字节。 msgsnd( )解除阻塞的条件包括如下 3 个。 ● 不满足上述两个条件，即消息队列中有容纳该消息的空间； ● msqid 代表的消息队列被删除； ● 调用 msgsnd( )的进程被信号中断
返回值	成功则返回 0，否则返回-1

5. msgctl 函数

msgctl 函数用于控制消息队列，见表 13-5-5。

表 13-5-5 msgctl 函数

相关函数	msgctl
表头文件	#include <sys/types.h> #include <sys/ipc.h> #include <sys/msg.h>
定义函数	int msgctl(int msqid, int cmd, struct msqid_ds *buf);
函数说明	该系统调用对由 msqid 标识的消息队列执行 cmd 操作，共有 3 种操作：IPC_STAT、IPC_SET 和 IPC_RMID。 ● IPC_STAT：该命令用来获取消息队列信息，返回的信息存储在 buf 指向的 msqid 结构中。 ● IPC_SET：该命令用来设置消息队列的属性，要设置的属性存储在 buf 指向的 msqid 结构中，可设置的属性包括 msg_perm.uid、msg_perm.gid、msg_perm.mode 和 msg_qbytes，同时，也影响 msg_ctime 成员。 ● IPC_RMID：删除 msqid 标识的消息队列
返回值	成功则返回 0，否则返回-1

13.5.4 消息队列的限制

每个消息队列的容量（所能容纳的字节数）都有限制，该值因系统不同而不同。在后面的应用实例中，输出了 Red Hat 8.0 的限制。

另一个限制是每个消息队列所能容纳的最大消息数。在 Red Had 8.0 中，该限制是受消息队列容量制约的：消息个数要小于消息队列的容量（字节数）。

注：上述两个限制是针对每个消息队列而言的，系统对消息队列的限制还有系统范围内的最大消息队列个数，以及整个系统范围内的最大消息数。一般来说，在实际开发过程中不会超过这个限制。

13.5.5 消息队列的应用实例

消息队列的应用相对较简单，下面的实例基本上覆盖了对消息队列的所有操作，同时，程序的输出结果有助于加深对前面所讲的某些规则和消息队列限制的理解。

```
#include <signal.h>
#include <stdio.h>
#include <stdlib.h>
#include <sys/msg.h>
#include <unistd.h>

void msg_stat(int, struct msqid_ds);

int main()
{
    int gflags, sflags, rflags;
    key_t key;
    int msgid;
    int reval;

    struct msgsbuf
    {
        int mtype;
        char mtext[1];
    }msg_sbuf;
    struct msgmbuf
    {
        int mtype;
        char mtext[10];
    }msg_rbuf;

    struct msqid_ds msg_ginfo, msg_sinfo;
    char * msgpath = "/unix/msgqueue";
    key = ftok(msgpath, 'a');
    gflags = IPC_CREAT|IPC_EXCL;
    msgid = msgget(key, gflags|00666);
    if (msgid == -1)
```

```
{
    printf ("msg create error\n");
    return;
}
//创建一个消息队列后，输出消息队列默认属性
msg_stat(msgid, msg_ginfo);
sflags = IPC_NOWAIT;
msg_sbuf.mtype = 10;
msg_sbuf.mtext[0] = 'a';
reval = msgsnd(msgid, &msg_sbuf, sizeof(msg_sbuf.mtext), sflags);
if(reval == -1)
{
    printf("message send error\n");
}
//发送一个消息后，输出消息队列属性
msg_stat(msgid, msg_ginfo);
rflags = IPC_NOWAIT|MSG_NOERROR;
reval = msgrcv(msgid, &msg_rbuf, 4, 10, rflags);
if(reval == -1)
{
    printf("read msg error\n");
}
else
{
    printf ("read from msg queue %d bytes\n", reval);
}
//从消息队列中读出消息后，输出消息队列属性
msg_stat(msgid, msg_ginfo);
msg_sinfo.msg_perm.uid = 8;                          //试验一次
msg_sinfo.msg_perm.gid = 8;
msg_sinfo.msg_qbytes = 16388;
//此处验证超级用户，可以更改消息队列默认的 msg_qbytes
//注意这里设置的值大于默认值
reval = msgctl(msgid, IPC_SET, &msg_sinfo);
if (reval == -1)
{
    printf ("msg set info error\n");
    return;
}
msg_stat(msgid, msg_ginfo);
//验证已设置的消息队列属性
reval = msgctl(msgid, IPC_RMID, NULL);               //删除消息队列
if(reval == -1)
{
    printf ("unlink msg queue error!\n");
    return;
}
```

```
}

void msg_stat(int msgid, struct msqid_ds msg_info)
{
    int reval;
    sleep(1);                                                  //为了后面输出时间方便
    reval = msgctl(msgid, IPC_STAT, &msg_info);
    if (reval == -1)
    {
        printf("get msg info error\n");
        return;
    }
    printf ("\n");
    printf ("current number of bytes on queue is %d\n", msg_info.msg_cbytes);
    printf ("number of message in queue is %d\n", msg_info.msg_qnum);
    printf ("max number of bytes on queue is %d\n", msg_info.msg_qbytes);
    //每个消息队列的容量（字节数）都有限制 MSGMNB，值的大小因系统而异。在创建新的消息队
    //列时，msg_qbytes 的默认值就是 MSGMNB
    printf ("pid of last msgsnd is %d\n", msg_info.msg_lspid);
    printf ("pid of last msgrcv is %d\n", msg_info.msg_lrpid);
    printf ("last msgsnd time is %s", ctime(&(msg_info.msg_stime)));
    printf ("last msgrcv time is %s", ctime(&(msg_info.msg_rtime)));
    printf ("last change time is %s", ctime(&(msg_info.msg_ctime)));
    printf ("msg uid is %d\n", msg_info.msg_perm.uid);
    printf ("msg gid is %d\n", msg_info.msg_perm.gid);
}
```

消息队列实例输出结果如下。

```
current number of bytes on queue is 0
number of messages in queue is 0
max number of bytes on queue is 16384
pid of last msgsnd is 0
pid of last msgrcv is 0
last msgsnd time is Thu Jan    1 08:00:00 1970
last msgrcv time is Thu Jan    1 08:00:00 1970
last change time is Sun Dec 29 18:28:20 2002
msg uid is 0
msg gid is 0
//上面刚刚创建一个新消息队列时的输出
current number of bytes on queue is 1
number of messages in queue is 1
max number of bytes on queue is 16384
pid of last msgsnd is 2510
pid of last msgrcv is 0
last msgsnd time is Sun Dec 29 18:28:21 2002
last msgrcv time is Thu Jan    1 08:00:00 1970
```

```
last change time is Sun Dec 29 18:28:20 2002
msg uid is 0
msg gid is 0
read from msg queue 1 bytes
//实际读出的字节数
current number of bytes on queue is 0
number of messages in queue is 0
max number of bytes on queue is 16384          //每个消息队列的最大容量（字节数）
pid of last msgsnd is 2510
pid of last msgrcv is 2510
last msgsnd time is Sun Dec 29 18:28:21 2002
last msgrcv time is Sun Dec 29 18:28:22 2002
last change time is Sun Dec 29 18:28:20 2002
msg uid is 0
msg gid is 0
current number of bytes on queue is 0
number of messages in queue is 0
max number of bytes on queue is 16388          //可看出超级用户可修改消息队列最大容量
pid of last msgsnd is 2510
pid of last msgrcv is 2510                     //对操作消息队列进程的跟踪
last msgsnd time is Sun Dec 29 18:28:21 2002
last msgrcv time is Sun Dec 29 18:28:22 2002
last change time is Sun Dec 29 18:28:23 2002   //msgctl()调用对 msg_ctime 有影响
msg uid is 8
msg gid is 8
```

消息队列与管道、有名管道相比，具有更大的灵活性，首先，它提供有格式字节流，有利于减少开发人员的工作量；其次，消息具有类型，在实际应用中，可作为优先级使用。这两点是管道和有名管道所不能比的。同样，消息队列可以在几个进程间复用，而不管这几个进程是否具有亲缘关系，这一点与有名管道很相似；但消息队列是随内核持续的，与有名管道（随进程持续）相比，生命力更强，应用空间更大。

13.6 信号灯

13.6.1 信号灯概述

信号灯与其他进程间通信方式不大相同，它主要提供对进程间共享资源的访问控制机制。相当于内存中的标志，进程可以根据它判定是否能够访问某些共享资源，同时，进程也可以修改该标志。除了用于访问控制外，还可用于进程同步。信号灯有以下两种类型。

（1）二值信号灯：最简单的信号灯形式，信号灯的值只能取 0 或 1，类似于互斥锁。

注：二值信号灯能够实现互斥锁的功能，但两者的关注内容不同。信号灯强调共享资源，只要共享资源可用，其他进程同样可以修改信号灯的值；互斥锁更强调进程，在占用资源的进程使用完资源后，必须由进程本身来解锁。

（2）计算信号灯：信号灯的值可以取任意非负值（当然受内核本身的约束）。

Linux 对信号灯的支持状况与消息队列一样，在 Red Had 8.0 发行版本中支持的是系统 V 的信号灯。因此，本节将主要介绍系统 V 信号灯及相应的 API。在没有特地声明的情况下，下文讨论中所指的信号灯都是系统 V 信号灯。

注：通常所说的系统 V 信号灯指的是计数信号灯集。

13.6.2 内核实现原理

（1）系统 V 信号灯是随内核持续的，只有在内核重起或者显示删除一个信号灯集时，该信号灯集才会真正被删除。因此系统中记录信号灯的数据结构（struct ipc_ids sem_ids）位于内核中，系统中的所有信号灯都可以在结构 sem_ids 中找到访问入口。

（2）图 13-6-1 说明了内核与信号灯建立联系的机制，其中 struct ipc_ids sem_ids 是内核中记录信号灯的全局数据结构，描述一个具体的信号灯及其相关信息。

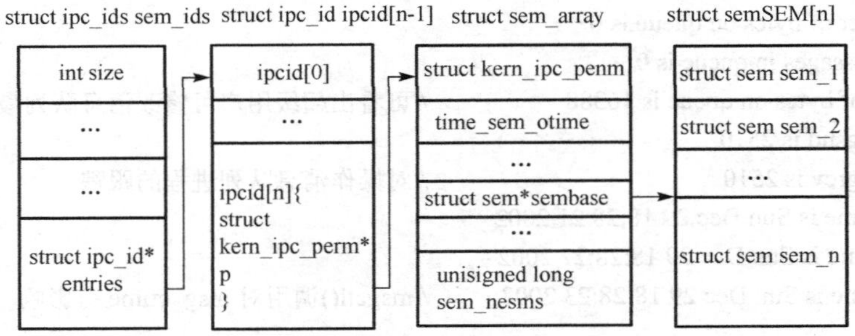

图 13-6-1　内核与信号灯建立联系的机制

其中，struct sem 的结构为

```
struct sem
{
    int semval;                  //current value
    int sempid                   //pid of last operation
}
```

从图 13-6-1 可以看出，全局数据结构 struct ipc_ids sem_ids 可以访问 struct kern_ipc_perm 的第一个成员 struct kern_ipc_perm。而每个 struct kern_ipc_perm 能够与具体的信号灯对应起来是因为在该结构中，有一个 key_t 类型成员 key，而 key 则唯一确定一个信号灯集。同时，结构 struct kern_ipc_perm 的最后一个成员 sem_nsems 确定了该信号灯在信号灯集中的顺序，这样内核就能够记录每个信号灯的信息了。

13.6.3 使用信号灯

对信号灯的操作包括下面 3 种类型。

（1）打开或创建信号灯。与消息队列的创建及打开基本相同，不再赘述。

（2）信号灯值操作。Linux 可以增加或减小信号灯的值，相当于对共享资源的释放和占有。具体参见下文的 semop 系统调用。

（3）获得或设置信号灯属性。系统中的每一个信号灯集都对应一个 struct sem_array 结构，如图 13-6-2 所示，该结构记录了信号灯集的各种信息，存在于系统空间。为了设置、获得该信号灯集的各种信息和属性，在用户空间有一个重要的联合结构与之对应，即 union semun。

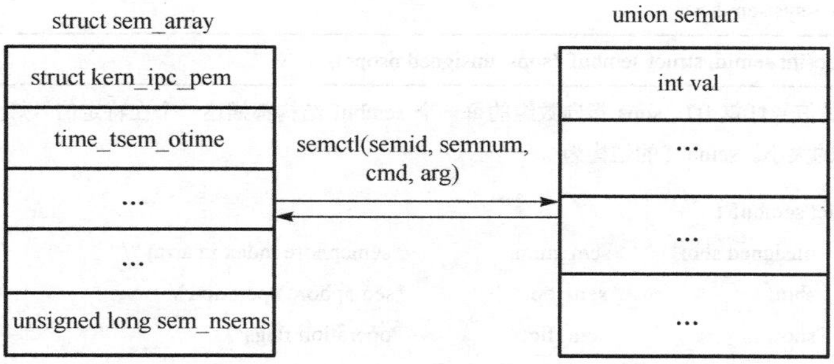

图 13-6-2 struct sem_array 结构

13.6.4 信号灯 API

1. semget 函数

semget 函数用于配置信号灯，见表 13-6-1。

表 13-6-1 semget 函数

相关函数	semget
表头文件	#include <sys/types.h> #include <sys/ipc.h> #include <sys/sem.h>
定义函数	int semget(key_t key, int nsems, int semflg)
函数说明	参数 key 是一个键值，由 ftok 函数获得，唯一标识一个信号灯集，用法与 msgget( )中的 key 相同；参数 nsems 指定打开或者新创建的信号灯集中将包含信号灯的数目；semflg 参数是一些标志位。参数 key 和 semflg 的取值，以及何时打开已有信号灯集或者创建一个新的信号灯集与 msgget( )中的对应部分相同，不再赘述。该调用返回与键值 key 相对应的信号灯集描述字
返回值	成功则返回信号灯集描述字，否则返回-1

注：如果 key 所代表的信号灯已经存在，且 semget 指定了 IPC_CREAT|IPC_EXCL 标志，那么即使参数 nsems 与原来信号灯的数目不等，返回的也是 EEXIST 错误；如果 semget 只指定了 IPC_CREAT 标志，那么参数 nsems 必须与原来的值一致，在后面程序实例中还要进一步说明。

2. semop 函数

semop 函数用于信号灯处理，见表 13-6-2。

表 13-6-2 semop 函数

相关函数	semop
表头文件	#include <sys/types.h>

续表

表头文件	#include <sys/ipc.h> #include <sys/sem.h>
定义函数	int semop(int semid, struct sembuf *sops, unsigned nsops);

函数说明	semid 是信号灯集 ID，sops 指向数组的每一个 sembuf 结构都描述一个在特定信号灯上的操作。nsops 为 sops 指向数组的大小。sembuf 的结构为
	struct sembuf {
	unsigned short sem_num; /*semaphore index in array*/
	short sem_op; /*semaphore operation*/
	short sem_flg; /*operation flags*/
	};
	sem_num 对应信号集中的信号灯，0 对应第一个信号灯。sem_flg 可取 IPC_NOWAIT 和 SEM_UNDO 两个标志，如果设置了 SEM_UNDO 标志，那么在进程结束时，相应的操作将被取消，这是比较重要的一个标志位。如果设置了该标志位，那么在进程没有释放共享资源就退出时，内核将代为释放。如果为一个信号灯设置了该标志，内核需要分配一个 sem_undo 结构来记录它，为的是确保以后资源能够安全释放。事实上，如果进程退出了，那么它所占用的资源就释放了，但信号灯值却没有改变，此时，信号灯值反映的已经不是资源占有的实际情况，在这种情况下，问题的解决就靠内核来完成。这有点像僵尸进程，进程虽然退出了，资源也都释放了，但内核进程表中仍然有它的记录，此时就需要父进程调用 waitpid 函数来解决问题了。sem_op 的值大于 0，等于 0 或小于 0，确定了对 sem_num 指定的信号灯进行的 3 种操作

返回值	成功则返回 0，否则返回-1

这里需要强调的是 semop 函数同时操作多个信号灯，在实际应用中，对应多种资源的申请或释放。semop 函数保证操作的原子性，这一点尤为重要。尤其对于多种资源的申请来说，要么一次性获得所有资源，要么放弃申请，要么在不占有任何资源的情况下继续等待，这样，一方面可避免资源的浪费，另一方面可避免进程之间由于申请共享资源造成死锁。

也许从实际含义上更好理解这些操作：信号灯的当前值记录相应资源目前可用数目；sem_op>0 对应相应进程要释放 sem_op 数目的共享资源；sem_op=0 可以用于测试共享资源是否已用完；sem_op<0 相当于进程要申请 sem_op 个共享资源。再联想操作的原子性，更不难理解该系统调用何时正常返回，何时睡眠等待。

3. semctl 函数

semctl 函数用于控制信号灯，见表 13-6-3。

表 13-6-3　semctl 函数

相关函数	semctl
表头文件	#include <sys/types.h> #include <sys/ipc.h> #include <sys/sem.h>
定义函数	int semctl(int semid，int semnum，int cmd，union semun arg);

续表

函数说明	该系统调用实现对信号灯的各种控制操作，参数 semid 指定信号灯集；参数 cmd 指定具体的操作类型；参数 semnum 指定对哪个信号灯进行操作，只对几个特殊的 cmd 操作有意义；arg 用于设置或返回信号灯信息。该系统调用的详细信息请参见其手册页，这里只给出参数 cmd 所能指定的操作。 ● IPC_STAT：获取信号灯信息，信息由 arg.buf 返回。 ● IPC_SET：设置信号灯信息，待设置信息保存在 arg.buf 中（在 manpage 中给出了可以设置哪些信息）。 ● GETALL：返回所有信号灯的值，结果保存在 arg.array 中，参数 sennum 被忽略。 ● GETNCNT：返回等待 semnum 所代表信号灯的值增加的进程数，相当于目前有多少进程在等待 semnum 代表的信号灯所代表的共享资源。 ● GETPID：返回最后一个对 semnum 所代表信号灯执行 semop 操作的进程 ID。 ● GETVAL：返回 semnum 所代表信号灯的值。 ● GETZCNT：返回等待 semnum 所代表信号灯的值变成 0 的进程数。 ● SETALL：通过 arg.array 更新所有信号灯的值；同时，更新与本信号集相关的 semid_ds 结构的 sem_ctime 成员。 ● SETVAL：设置 semnum 所代表信号灯的值为 arg.val
返回值	调用失败返回-1，调用成功则返回与 cmd 相关的值。 ● cmd：return value。 ● GETNCNT：semncnt。 ● GETPID：sempid。 ● GETVAL：semval。 ● GETZCNT：semzcnt

13.6.5　信号灯的限制

一次系统调用 semop 函数可同时操作的信号灯数目为 SEMOPM，semop 函数中的参数 nsops 如果超过了这个数目，将返回 E2BIG 错误。SEMOPM 的大小与系统相关，在 Red Hat 8.0 中为 32。

信号灯的最大数目为 SEMVMX，当设置信号灯值超过这个限制时，会返回 ERANGE 错误。在 Red Hat 8.0 中该值为 32 767。

在系统范围内信号灯集的最大数目为 SEMMNI，在系统范围内信号灯的最大数目为 SEMMNS，超过这两个限制将返回 ENOSPC 错误。在 Red Hat 8.0 中该值为 32 000。

每个信号灯集中的最大信号灯数目为 SEMMSL，在 Red Hat 8.0 中为 250。在调用 semop 函数时应该注意 SEMOPM 和 SEMVMX，在调用 semget 函数时应该注意 SEMMNI 和 SEMMNS，同时在调用 semctl 函数时应该注意 SEMVMX。

13.6.6　竞争问题

在创建第一个信号灯的进程的同时也初始化信号灯，这样，系统调用 semget 函数包含了两个步骤：创建信号灯和初始化信号灯。由此可能导致一种竞争状态：第一个创建信号灯的进程在初始化信号灯时，第二个进程又在调用 semget 函数，并且发现信号灯已经存在，此时，第二个进程必须具有判断是否有进程正在对信号灯进行初始化的能力。在参考文献[1]中，给出了绕过这种竞争状态的方法：当 semget 函数创建一个新的信号灯时，信号灯结构 semid_ds 的 sem_otime 成员初始化后的值为 0，因此，第二个进程在成功调用 semget 函数后，可再次以命令 IPC_STAT 调用 semctl 函数，等待 sem_otime 变为非 0 值，此时可判断该信号灯已经初始化完毕，图 13-6-3 描述了该竞争状态产生及解决方法。

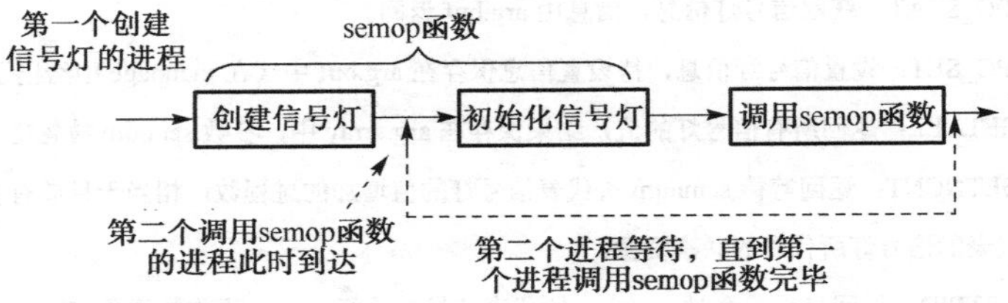

图 13-6-3　竞争状态产生及解决方法

实际上，这种解决方法也是基于这样一个假定：创建第一个信号灯的进程必须调用 semop 函数，这样 sem_otime 才能变为非零值。另外，因为第一个进程可能不调用 semop 函数，或者 semop 函数操作需要很长时间，第二个进程可能无限期等待下去，或者等待很长时间。

13.6.7　信号灯应用实例

本实例有以下两个目的：

（1）获取各种信号灯信息。

（2）利用信号灯实现共享资源的申请和释放，在下面程序中给出了详细注释。

```
#include <linux/sem.h>
#include <stdio.h>
#include <errno.h>

#define SEM_PATH "/unix/my_sem"
#define max_tries 3
int semid;

int main()
{
    int flag1,flag2,key,i,init_ok,tmperrno;
    struct semid_ds sem_info;
    struct seminfo sem_info2;
    union semun arg;
    struct sembuf askfor_res, free_res;
    flag1 = IPC_CREAT|IPC_EXCL|00666;
    flag2 = IPC_CREAT|00666;
    key = ftok(SEM_PATH, 'a');
    //error handing for ftok here;
    init_ok = 0;
    //create a semaphore set that only includes one sempore.
    semid = semget(key, 1, flag1);
    if(semid < 0)
```

```
{
    tmperrno = errno;
    perror("semget");
    if (tmperrno == EEXIST)
    //errno is undefined after a successful library call
    //(including perror call)so it is saved in tmperrno;
    {
        semid = semget(key, 1, flag2);
        //flag2 只包含了 IPC_CREAT 标志，nsems（这里为 1）必须与原来的信号灯数目一致
        arg.buf = &sem_info;
        for (i = 0; i < max_tries; i++)
        {
            if (semctl(semid, 0, IPC_STAT, arg) == -1)
            {
                perror("semctl error");
                i = max_tries;
            }
            else
            {
                if(arg.buf->sem_otime != 0)
                {
                    i = max_tries;
                    init_ok = 1;
                }
                else
                {
                    sleep(1);
                }
            }
        }
        if (!init_ok)
        //do some initializing, here we assume that the first process that
        //create the sem willfinish initialize the sem and run semop in
        //max_tries*1 seconds.else it will not run
        //semop any more
        {
            arg.val = 1;
            if (semctl(semid, 0, SETVAL, arg) == -1)
                perror("semctl setval error");
        }
    }
    else
    {
        perror("semget error, process exit");
        exit(1);
    }
}
```

```
    else                    //semid >= 0; do some initializing
    {
        arg.val = 1;
        if (semctl(semid, 0, SETVAL, arg) == -1)
            perror("semctl setval error");
    }
//get some information about the semaphore and the limit of semaphore in Red Hat8.0
    arg.buf = &sem_info;
    if(semctl(semid, 0, IPC_STAT, arg) == -1)
    {
        perror("semctl IPC STAT");
    }
    printf ("owner's uid is %d\n", arg.buf->sem_perm.uid);
    printf ("owner's gid is %d\n", arg.buf->sem_perm.gid);
    printf ("create's uid is %d\n", arg.buf->sem_perm.cuid);
    printf ("create's gid is %d\n", arg.buf->sem_perm.cgid);
    arg.__buf = &sem_info2;
    if (semctl(semid, 0, IPC_INFO, arg) == -1)
        perror("semctl IPC_INFO");
    printf ("the number of entries in semaphore map is %d\n", arg.__buf->semmap);
    printf ("max number of semaphore identifiers is %d\n", arg.__buf->semmni);
    printf ("mas number of semaphore in system is %d\n", arg.__buf->semmns);
    printf ("the number of undo structures system wide is %d\n",arg.__buf->semmnu);
    printf ("max number of semaphores per semid is %d\n", arg.__buf->semmsl);
    printf ("max number of ops per semop call is %d\n", arg.__buf->semopm);
    printf ("max number of undo entries per process is %d\n", arg.__buf->semume);
    printf ("the sizeof of struct sem_undo is %d\n", arg.__buf->semusz);
    printf ("the maximum semaphore value is %d\n", arg.__buf->semvmx);
    //now ask for available resource
    askfor_res.sem_num = 0;
    askfor_res.sem_op = -1;
    askfor_res.sem_flg = SEM_UNDO;

    if (semop(semid, &askfor_res, 1) == -1)//ask for resource
        perror("semop error");
    sleep(3);
    //do some handing on the sharing resource here, just sleeo on it 3 s
    printf ("now free the resource\n");

    //now free resource
    free_res.sem_num = 0;
    free_res.sem_op = 1;
    free_res.sem_flg = SEM_UNDO;
    if (semop(semid, &free_res, 1) == -1) //free the resource.
        if (errno == EIDRM)
            printf("the semaphore set was removed\n");
    //you can comment out the codes below to compile a different version:
```

```
    if (semctl (semid, 0, IPC_RMID) == -1)
        perror("semctl IPC_RMID");
    else
        printf ("remove sem ok\n");
}
```

注：读者可以尝试一下去掉初始化步骤，进程在运行时会出现何种情况（进程在申请资源时会睡眠），同时可以像程序结尾给出的注释那样，把该程序编译成两个不同版本。下面是本程序的运行结果（操作系统为 Red Hat 8.0）。

```
owner's uid is 0
owner's gid is 0
creater's uid is 0
creater's gid is 0
the number of entries in semaphore map is 32000
max number of semaphore identifiers is 128
mas number of semaphores in system is 32000
the number of undo structures system wide is 32000
max number of semaphores per semid is 250
max number of ops per semop call is 32
max number of undo entries per process is 32
the sizeof of struct sem_undo is 20
the maximum semaphore value is 32767
now free the resource
remove sem ok
```

信号灯与其他进程间通信方式有所不同，它主要用于进程间同步。通常所说的系统 V 信号灯，实际上是一个信号灯的集合，可用于多种共享资源的进程间同步。每个信号灯都有一个值，可以用来表示当前该信号灯代表的共享资源的可用数量。如果一个进程要申请共享资源，那么就从信号灯值中减去要申请的数目，如果当前没有足够的可用资源，进程可以睡眠等待，也可以立即返回。当进程要申请多种共享资源时，Linux 可以保证操作的原子性，即要么申请到所有的共享资源，要么放弃所有资源，这样能够保证多个进程不会造成互锁。Linux 对信号灯有各种各样的限制，程序中给出了输出结果。另外，如果读者想进一步地理解信号灯，建议阅读 sem.h 源代码，该文件不长，但给出了信号灯相关的重要数据结构。

13.7 共享内存方式一

共享内存可以说是最有用的进程间通信方式，也是最快的 IPC 形式。两个不同进程 A、B 共享内存的意思是，同一块物理内存被映射到进程 A、B 各自的进程地址空间，进程 A 可以即时看到进程 B 对共享内存中数据的更新，反之亦然。由于多个进程共享同一块内存区域，必然需要某种同步机制，互斥锁和信号量都可以。

采用共享内存通信的一个显而易见的好处是效率高，因为进程可以直接读写内存，而不需要复制任何数据。而管道和消息队列等通信方式，则需要在内核和用户空间进行 4 次数据复制，共享内存只复制两次数据[1]：一次从输入文件到共享内存区，另一次从共享内存区到输出文件。实际上，进程之间在共享内存时，并不总是读写少量数据后就解除映射，等到有新的通信时，再重新建立共享内存区，而是保持共享区域，直到通信完毕为止，这样，数据内容一直保存在共享内存中，并没有写回文件。共享内存中的内容往往是在解除映射时才写回文件的。因此，采用共享内存的通信方式的效率是非常高的。

Linux 的 2.2.x 内核支持多种共享内存方式，例如 mmap( )系统调用、Posix 共享内存和系统 V 共享内存。Linux 发行版本，如 Red Hat 8.0 支持 mmap( )系统调用和系统 V 共享内存，但还没实现 Posix 共享内存，本文将主要介绍 mmap()系统调用和系统 V 共享内存 API 的原理与应用。

13.7.1 内核实现原理

page cache 和 swap cache 中页面的区分：一个被访问文件的物理页面都驻留在 page cache 或 swap cache 中，一个页面的所有信息由 struct page 来描述。struct page 中有一个域为指针 mapping，它指向一个 struct address_space 类型结构。page cache 或 swap cache 中的所有页面就是根据 address_space 结构和一个偏移量来区分的。

文件与 address_space 结构的对应：在打开一个具体的文件后，内核会在内存中为之建立一个 struct inode 结构，其中的 i_mapping 域指向一个 address_space 结构。这样，一个文件就对应一个 address_space 结构，一个 address_space 与一个偏移量能够确定一个 page cache 或 swap cache 中的一个页面。因此，当要寻址某个数据时，很容易根据给定的文件和数据在文件内的偏移量找到相应的页面。

当进程调用 mmap()时，只是在进程空间内新增了一块相应大小的缓冲区，并设置了相应的访问标识，但并没有建立进程空间到物理页面的映射。因此，在第一次访问该空间时，会引发缺页异常。

对于共享内存映射的情况，缺页异常处理程序首先在 swap cache 中寻找目标页（符合 address_space 和偏移量的物理页），如果找到，则直接返回地址；如果没有找到，则判断该页是否在交换区（Swap Area），如果在，则执行一个换入操作；如果上述两种情况都不满足，处理程序将分配新的物理页面，并把它插入到 page cache 中，进程最终将更新进程页表。

注：对于映射普通文件的情况（非共享映射），缺页异常处理程序首先会在 page cache 中根据 address_space 和数据偏移量寻找相应的页面。如果没有找到，则说明文件数据还没有被读入内存，处理程序会从磁盘读入相应的页面，并返回相应地址，同时，进程页表也会更新。

所有进程在映射同一个共享内存区时的情况都一样，在建立线性地址与物理地址之间的映射之后，不论进程各自的返回地址如何，实际访问的必然是同一个共享内存区对应的物理页面。

注：一个共享内存区可以看作特殊文件系统 shm 中的一个文件，shm 的安装点在交换区上。

上面涉及了一些数据结构，围绕数据结构理解问题会容易一些。

13.7.2 mmap( )及其相关系统调用

mmap( )系统调用使得进程之间可以通过映射同一个普通文件实现内存共享。普通文件被映射到进程地址空间后，进程可以像访问普通内存一样对文件进行访问，不必再调用 read( )

或 write( )等操作。

注：实际上，mmap( )系统调用并不是完全为了用于共享内存而设计的，它本身提供了不同于一般对普通文件的访问方式，进程可以像读写内存一样对普通文件进行操作。而 Posix 或系统 V 的共享内存 IPC 则纯粹用于共享目的，当然共享内存也是 mmap( )系统调用的主要应用之一。

mmap 函数用于建立内存映射，见表 13-7-1。

表 13-7-1　mmap 函数

相关函数	munmap、open
表头文件	#include <unistd.h> #include <sys/mman.h>
定义函数	void *mmap(void *start,size_t length,int prot,int flags,int fd,off_t offsize);
函数说明	mmap( )用来将某个文件内容映射到内存中，对该内存区域的存取即直接对该文件内容的读写。 参数 start 指向欲对应的内存起始地址，通常设为 NULL，表示让系统自动选定地址，对应成功后该地址会返回。参数 length 表示将文件中多大的部分对应到内存，参数 prot 代表映射区域的保护方式，有下列选项可供选择。 ● PROT_EXEC：映射区域可被执行。 ● PROT_READ：映射区域可被读取。 ● PROT_WRITE：映射区域可被写入。 ● PROT_NONE：映射区域不能存取。 参数 flags 会影响映射区域的各种特性。 ● MAP_FIXED：如果参数 start 所指的地址无法成功建立映射，则放弃映射，不对地址做修正。通常不鼓励选择此项。 ● MAP_SHARED：对映射区域的写入数据会复制回文件内，而且允许其他映射该文件的进程共享。 ● MAP_PRIVATE：对映射区域的写入操作会产生一个映射文件的复制，即私人的“写入时复制”（copy on write）对此区域做的任何修改都不会写回原来的文件内容。 ● MAP_ANONYMOUS：建立匿名映射。此时会忽略参数 fd，不涉及文件，而且映射区域无法和其他进程共享。 ● MAP_DENYWRITE：只允许对映射区域的写入操作，其他对文件直接写入的操作将会被拒绝。 ● MAP_LOCKED：将映射区域锁定住，这表示该区域不会被置换（swap）。 在调用 mmap( )时必须要指定 MAP_SHARED 或 MAP_PRIVATE。参数 fd 为 open( )返回的文件描述词，表示欲映射到内存的文件；参数 offset 为文件映射的偏移量，通常设置为 0，表示从文件最前方开始对应，offset 必须是分页大小的整数倍
返回值	若映射成功则返回映射区的内存起始地址，否则返回 MAP_FAILED（-1），错误原因存于 errno 中
错误代码	● EBADF：参数 fd 不是有效的文件描述词。 ● EACCES：存取权限有误。如果是在 MAP_PRIVATE 情况下，则文件必须可读；若使用 MAP_SHARED，则要有 PROT_WRITE 且该文件要能写入。 ● EINVAL：参数 start、length 或 offset 有一个不合法。 ● EAGAIN：文件被锁住，或者有太多内存被锁住。 ● ENOMEM：内存不足

系统调用 mmap( )用于共享内存的两种方式如下。

（1）使用普通文件提供的内存映射。适用于任何进程之间，使用该方式需要先打开或创建一个文件，再调用 mmap( )，典型调用代码如下。

```
fd=open(name, flag, mode);
if(fd<0)
ptr=mmap(NULL, len , PROT_READ|PROT_WRITE, MAP_SHARED , fd , 0);
```

通过 mmap( )实现共享内存的通信方式有许多特点和要注意的地方，我们将在范例中进行具体说明。

（2）使用特殊文件提供匿名内存映射。适用于具有亲缘关系的进程之间，由于父子进程特殊的亲缘关系，在父进程中先调用 mmap( )，调用 fork( )。那么在调用 fork( )之后，子进程继承父进程匿名映射后的地址空间，同样也继承 mmap( )返回的地址，这样，父子进程就可以通过映射区域进行通信了。注意，这里不是一般的继承关系，一般来说，子进程单独维护从父进程继承下来的一些变量，而 mmap( )返回的地址由父子进程共同维护。

对于具有亲缘关系的进程，实现共享内存最好的方式应该是采用匿名内存映射的方式。此时，不必指定具体的文件，只要设置相应的标志即可，参见 13.7.3 节的范例 2。

munmap 函数用于解除内存映射，见表 13-7-2。

表 13-7-2　munmap 函数

相关函数	mmap
表头文件	#include<unistd.h> #include<sys/mman.h>
定义函数	int munmap(void *start,size_t length);
函数说明	munmap( )用来取消参数 start 所指的映射内存的起始地址，参数 length 则是欲取消的内存大小。当进程结束或利用 exec 相关函数来执行其他程序时，映射内存会自动解除，但关闭对应的文件描述词时不会解除映射
返回值	如果解除映射成功则返回 0，否则返回-1，错误原因存于 errno 中
错误代码	EINVAL：参数 start 或 length 不合法

13.7.3　mmap( )范例

下面将给出使用 mmap()的两个范例：范例 1 给出两个进程通过映射普通文件实现共享内存通信；范例 2 给出父子进程通过匿名映射实现共享内存。

系统调用 mmap( )有许多有趣的地方，下面是通过 mmap( )映射普通文件实现进程间的通信的范例，我们通过该范例来说明 mmap( )实现共享内存的特点和注意事项。

1．范例 1：两个进程通过映射普通文件实现共享内存

范例 1 包含两个子程序：map_normalfile1.c 和 map_normalfile2.c。编译这两个程序，可执行文件分别为 map_normalfile1 和 map_normalfile2。两个程序通过命令行参数指定同一个文件来实现共享内存方式的进程间通信。map_normalfile2 试图打开命令行参数指定的一个普通文件，把该文件映射到进程的地址空间，并对映射后的地址空间进行写操作。map_ normalfile1

把命令行参数指定的文件映射到进程地址空间，然后对映射后的地址空间执行读操作。这样，两个进程通过命令行参数指定同一个文件来实现共享内存方式的进程间通信。

```
/*--------------------------map_normalfile1.c---------------------------*/
#include <sys/mman.h>
#include <sys/types.h>
#include <fcntl.h>
#include <unistd.h>

typedef struct
{
    char name[4];
    int age;
}people;

int main(int argc, char * argv[]) //map a normal file as shared mem:
{
    int fd,i;
    people *p_map;
    char temp;

    fd = open(argv[1], O_CREAT|O_RDWR|O_TRUNC, 00777);
    lseek(fd, sizeof(people)*5-1, SEEK_SET);
    write(fd, " ", 1);

    p_map = (people *)mmap(NULL, sizeof(people)*10, PROT_READ|PROT_WRITE,
                                                    MAP_SHARED, fd, 0);
    close(fd);
    temp = 'a';
    for (i = 0; i < 10; i++)
    {
        temp += 1;
        memcpy((*(p_map+i)).name, &temp, 2);
        (*(p_map+i)).age = 20 + i;
    }
    printf ("initialize over\n");
    sleep(10);
    munmap(p_map, sizeof(people)*10);
    printf ("umap ok\n");
}
/*---------------------------map_normalfile2.c-------------------------*/
#include <sys/mman.h>
#include <sys/types.h>
#include <fcntl.h>
#include <unistd.h>

typedef struct
```

```
{
        char name[4];
        int age;
}people;

int main(int argc, char * argv[]) //map a normal file as shared mem:
{
        int fd,i;
        people *p_map;

        fd = open(argv[1], O_CREAT|O_RDWR, 00777);

        p_map = (people *)mmap(NULL, sizeof(people)*10, PROT_READ|PROT_WRITE,
                                                                MAP_SHARED, fd, 0);
        for (i = 0; i < 10; i++)
        {
                printf ("name:%s age %d;\n", (*(p_map+i)).name, (*(p_map+i)).age);
        }
        munmap(p_map, sizeof(people)*10);
}
```

map_normalfile1.c 首先定义了一个 people 数据结构，在这里采用数据结构的方式是因为共享内存区的数据往往是有固定格式的，这由通信的各个进程决定，采用结构的方式有普遍代表性。map_normfile1.c 首先打开或创建一个文件，并把文件的长度设置为 5 个 people 结构大小，然后从 mmap( )的返回地址开始，设置了 10 个 people 结构，接着，进程睡眠 10 s，等待其他进程映射同一个文件，最后解除映射。

map_normfile2.c 只是简单地映射一个文件，并以 people 数据结构的格式从 mmap( )返回的地址处读取 10 个 people 结构，并输出读取的值，然后解除映射。

分别把两个程序编译成可执行文件 map_normalfile1 和 map_normalfile2 后，在一个终端上先运行./map_normalfile2 /tmp/test_shm，程序输出结果如下。

```
initialize over
umap ok
```

在 map_normalfile1 输出 initialize over 之后，输出 umap ok 之前，在另一个终端上运行 map_normalfile2 /tmp/test_shm，将会产生如下输出（为了节省空间，输出结果为稍作整理后的结果）。

```
name:b age 20; name:c age 21; name:d age 22; name:e age 23; name:f age 24;
name:g age 25; name:h age 26; name:I age 27; name:j age 28; name:k age 29;
```

在 map_normalfile1 输出 umap ok 后，运行 map_normalfile2，则输出如下结果。

```
name:b age 20; name:c age 21; name:d age 22; name:e age 23; name:f age 24;
name:age 0; name:age 0; name:age 0; name:age 0; name:age 0;
```

从程序的运行结果中可以得出如下结论。

（1）最终被映射文件的内容的大小不会超过文件本身的初始大小，即映射不能改变文件的大小。

（2）可以用于进程通信的有效地址空间大小大体上受限于被映射文件的大小，但不完全受限于文件大小。打开文件被截短为 5 个 people 结构大小，而在 map_normalfile1 中初始化了 10 个 people 数据结构，在恰当时候（map_normalfile1 输出 initialize over 之后，输出 umap ok 之前）调用 map_normalfile2 会发现 map_normalfile2 将输出全部 10 个 people 结构的值，后面将给出详细讨论。

注：在 Linux 中，内存的保护是以页为基本单位的，即使被映射的文件只有一个字节大小，内核也会为映射分配一个页面大小的内存。当被映射的文件小于一个页面大小时，进程可以对从 mmap( )返回地址开始的一个页面大小进行访问，而不会出错；但是，如果对一个页面以外的地址空间进行访问，则导致错误发生，后面将进一步描述。因此，可用于进程间通信的有效地址空间大小不会超过文件大小与一个页面大小的和。

（3）文件一旦被映射后，调用 mmap()的进程对返回地址的访问是对某一内存区域的访问，暂时脱离了磁盘上文件的影响。所有对 mmap( )返回地址空间的操作只在内存中有意义，只有在调用了 munmap( )后或者 msync( )时，才把内存中的相应内容写回磁盘文件，所写内容仍然不能超过文件的大小。

2．范例 2：父子进程通过匿名映射实现共享内存

```
#include <sys/mman.h>
#include <sys/types.h>
#include <fcntl.h>
#include <unistd.h>
typedef struct
{
    char name[4];
    int    age;
}people;
main(int argc, char** argv)
{
    int i;
    people *p_map;
    char temp;
    p_map=(people*)mmap(NULL,sizeof(people)*10,PROT_READ|PROT_WRITE,
                                        MAP_SHARED|MAP_ANONYMOUS,-1,0);
    if(fork() == 0)
    {
        sleep(2);
        for(i = 0;i<5;i++)
            printf("child read: the %d people's age is %d\n",i+1,
                                                    (*(p_map+i)).age);
        (*p_map).age = 100;
        munmap(p_map,sizeof(people)*10);        //实际上，在进程终止时，会自动解除映射
        exit();
    }
```

```
        temp = 'a';
        for(i = 0;i<5;i++)
        {
            temp += 1;
            memcpy((*(p_map+i)).name, &temp,2);
            (*(p_map+i)).age=20+i;
        }
        sleep(5);
        printf("parent read: the first people,s age is %d\n",(*p_map).age );
        printf("umap\n");
        munmap(p_map,sizeof(people)*10 );
        printf("umap ok\n" );
}
```

程序的输出结果如下。

```
child read: the 1 people's age is 20
child read: the 2 people's age is 21
child read: the 3 people's age is 22
child read: the 4 people's age is 23
child read: the 5 people's age is 24
parent read: the first people,s age is 100
umap
umap ok
```

13.7.4 对 mmap( )返回地址的访问

前面对范例运行结构的讨论已经提到，Linux 采用的是页式管理机制。对于用 mmap( )来映射普通文件而言，进程会在自己的地址空间新增一块空间，空间大小由 mmap()的 len 参数指定。注意，进程并不一定能够对全部新增空间都能进行有效访问，进程能够访问的有效地址大小取决于文件被映射部分的大小。简单来说，能够容纳文件被映射部分大小的最少页面个数决定了进程从 mmap( )返回的地址开始能够有效访问的地址空间大小，超过这个空间大小，内核会根据超过的严重程度返回发送不同的信号给进程，如图 13-7-1 所示。

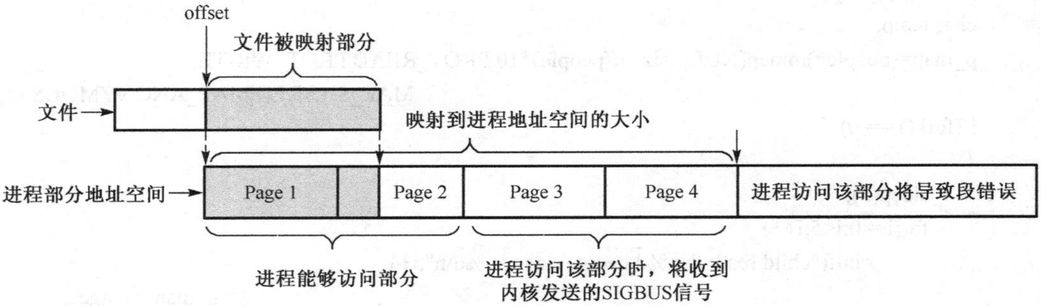

图 13-7-1 内核根据超过的严重程度返回发送不同的信号给进程

注：文件被映射部分（而不是整个文件）决定了进程能够访问的空间大小。另外，如果指定文件的偏移部分，一定要注意为页面大小的整数倍。下面是对进程映射地址空间的访问范例。

```
#include <sys/mman.h>
#include <sys/types.h>
#include <fcntl.h>
#include <unistd.h>
typedef struct
{
    char name[4];
    int   age;
}people;
main(int argc, char** argv)
{
    int fd,i;
    int pagesize,offset;
    people *p_map;

    pagesize = sysconf(_SC_PAGESIZE);
    printf("pagesize is %d\n",pagesize);
    fd = open(argv[1],O_CREAT|O_RDWR|O_TRUNC,00777);
    lseek(fd,pagesize*2-100,SEEK_SET);
    write(fd,"",1);
    offset = 0;      //此处 offset=0,编译成版本 1;offset=pagesize,编译成版本 2
    p_map = (people*)mmap(NULL,pagesize*3,PROT_READ|PROT_WRITE,
                                                    MAP_SHARED,fd,offset);
    close(fd);
    for(i = 1; i<10; i++)
    {
        (*(p_map+pagesize/sizeof(people)*i-2)).age = 100;
        printf("access page %d over\n",i);
        (*(p_map+pagesize/sizeof(people)*i-1)).age = 100;
        printf("access page%d edge over,now begin to access page%d\n",i,i+1);
        (*(p_map+pagesize/sizeof(people)*i)).age = 100;
        printf("access page%d over\n",i+1);
    }
    munmap(p_map,sizeof(people)*10);
}
```

如程序中所注释的那样，把程序编译成两个版本，两个版本主要体现在文件被映射部分的大小不同。文件的大小介于一个页面与两个页面之间（大小为 pagesize×2－99），版本 1 的被映射部分是整个文件，版本 2 的被映射部分是文件大小减去一个页面后的剩余部分，不到一个页面大小（大小为 pagesize－99）。程序中试图访问每一个页面边界，两个版本都试图在进程空间中映射 pagesize×3 的字节数。

版本 1 的输出结果如下。

```
pagesize is 4096
access page 1 over
access page 1 edge over, now begin to access page 2
```

```
access page 2 over
access page 2 over
access page 2 edge over, now begin to access page 3
Bus error         //被映射文件在进程空间中覆盖了两个页面，此时，进程试图访问第三个页面
```

版本 2 的输出结果如下。

```
pagesize is 4096
access page 1 over
access page 1 edge over, now begin to access page 2
Bus error         //被映射文件在进程空间中覆盖了一个页面，此时，进程试图访问第二个页面
```

结论：采用系统调用 mmap( )实现进程间通信是很方便的，在应用层上接口非常简洁。内部实现机制区涉及 Linux 存储管理和文件系统等方面的内容，可以参考一下相关重要数据结构来加深理解。

13.8 共享内存方式二

13.7 节主要是围绕着系统调用 mmap( )进行讨论的，本节将讨论系统 V 共享内存，并通过实验结果对比来阐述两者的异同。系统 V 共享内存指的是把所有共享数据放在共享内存区（IPC Shared Memory Region），任何想要访问该数据的进程都必须在本进程的地址空间新增一块内存区域，用来映射存放共享数据的物理内存页面。

系统调用 mmap( )通过映射一个普通文件实现共享内存，系统 V 则是通过映射特殊文件系统 shm 中的文件实现进程间的共享内存通信。也就是说，每个共享内存区对应特殊文件系统 shm 中的一个文件（通过 shmid_kernel 结构联系起来）。

13.8.1 系统 V 共享内存原理

进程间需要共享的数据被放在一个叫作 IPC 共享内存区的地方，所有需要访问该共享区域的进程都要把该共享区域映射到本进程的地址空间中去。系统 V 共享内存通过 shmget 获得或创建一个 IPC 共享内存区，并返回相应的标识符。内核在保证 shmget 获得或创建一个共享内存区，并在初始化该共享内存区相应的 shmid_kernel 结构的同时，还将在特殊文件系统 shm 中，创建并打开一个同名文件，并在内存中建立起该文件的对应的 dentry 和 inode 结构，新打开的文件不属于任何一个进程（任何进程都可以访问该共享内存区）。所有这一切都是通过系统调用 shmget 函数完成的。

注：每一个共享内存区都有一个控制结构 struct shmid_kernel，shmid_kernel 是共享内存区中非常重要的一个数据结构，它是连接存储管理和文件系统的桥梁，其定义如下。

```
struct shmid_kernel                   /*内核专用*/
{
    struct kern_ipc_perm              shm_perm;
    struct file *                     shm_file;
    int                               id;
    unsigned long                     shm_nattch;
```

```
        unsigned long                       shm_segsz;
        time_t                              shm_atim;
        time_t                              shm_dtim;
        time_t                              shm_ctim;
        pid_t                               shm_cprid;
        pid_t                               shm_lprid;
};
```

该结构中最重要的一个域应该是 shm_file，它将存储被映射文件的地址。每个共享内存区都对应特殊文件系统 shm 中的一个文件。在一般情况下，特殊文件系统 shm 中的文件是不能用 read()、write()等方法访问的，当采取共享内存的方式把其中的文件映射到进程地址空间后，可直接采用访问内存的方式对其访问。

这里我们采用图 13-8-1 给出的与系统 V 共享内存相关数据结构。

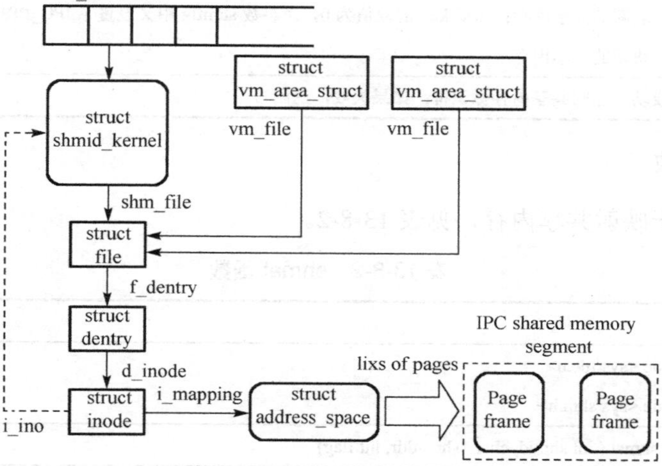

图 13-8-1　与系统 V 共享内存相关数据结构

正如消息队列和信号灯一样，内核通过数据结构 struct ipc_ids shm_ids 维护系统中的所有共享内存区。图 13-8-1 中的 shm_ids.entries 变量指向一个 ipc_id 结构数组，而每个 ipc_id 结构数组中有个指向 kern_ipc_perm 结构的指针。到这里读者应该很熟悉了，对于系统 V 共享内存区来说，kern_ipc_perm 的宿主是 shmid_kernel 结构，shmid_kernel 是用来描述一个共享内存区的，这样内核就能够控制系统中所有的共享区；同时，shmid_kernel 结构的 file 类型指针 shm_file 指向文件系统 shm 中相应的文件，这样，共享内存区域就与 shm 文件系统中的文件对应起来了。

在创建了一个共享内存区后，还要将它映射到进程地址空间，系统调用 shmat()完成此项功能。由于在调用 shmget( )时，已经创建了文件系统 shm 中的一个同名文件与共享内存区相对应，因此，调用 shmat( )的过程相当于映射文件系统 shm 中的同名文件过程，原理与调用 mmap( )大同小异。

13.8.2　系统 V 共享内存 API

1．shmget 函数

shmget 函数用于创建共享内存，见表 13-8-1。

表 13-8-1　shmget 函数

相关函数	无
表头文件	#include <sys/ipc.h> #include <sys/shm.h>
定义函数	int shmget (key_t key, int size, int shmflg);
函数说明	参数 key 为标识共享内存的键值，可取 0 或 IPC_PRIVATE。若 key 的取值为 IPC_PRIVATE，函数 shmget( ) 将创建一块新的共享内存；如果 key 的取值为 0，而参数 shmflg 中又设置了 IPC_PRIVATE 这个标志，则同样会创建一块新的共享内存
返回值	如果成功，返回共享内存标识符；如果失败，返回-1

2．shmat 函数

shmat 函数用于映射共享内存，见表 13-8-2。

表 13-8-2　shmat 函数

相关函数	无
表头文件	#include <sys/ipc.h> #include <sys/shm.h>
定义函数	char * shmat (int shmid, char *shmaddr, int flag)
函数说明	● shmid：shmget 函数返回的共享存储标识符。 ● flag：决定以什么方式来确定映射的地址（通常为 0）
返回值	如果成功，则返回共享内存映射到进程中的地址；如果失败，则返回 1

shmget 函数用来获得共享内存区的 ID，如果不存在指定的共享区域就创建相应的区域。shmat 函数把共享内存区映射到调用进程的地址空间中去，这样，进程就可以方便地对共享区域进行访问操作。shmdt 函数用来解除进程对共享内存区的映射。shmctl 函数可用于实现对共享内存区的控制操作。这里我们不对这些系统调用做具体的介绍，读者可参考相应的手册，后面的范例中将给出它们的调用方法。

注：shmget 函数的内部实现包含了许多重要的系统 V 共享内存机制。shmat 函数在把共享内存区映射到进程空间时，并不真正改变进程的页表。当进程第一次访问内存映射区域时，会因为没有物理页表的分配而导致缺页异常，之后内核会根据相应的存储管理机制为共享内存映射区域分配相应的页表。

13.8.3　系统 V 共享内存范例

共享内存的实现分为如下两个步骤。

（1）创建共享内存，使用 shmget 函数。

（2）映射共享内存，将这段创建的共享内存映射到具体的进程空间去，使用 shmat 函数。

本节将给出系统 V 共享内存 API 的使用方法，并对比分析系统 V 共享内存机制与 mmap()映射普通文件实现共享内存之间的差异，下面给出两个进程通过系统 V 共享内存的范例。

```
/*************************** testwrite.c ***********************************/
#include <sys/ipc.h>
#include <sys/shm.h>
#include <sys/types.h>
#include <unistd.h>
typedef struct
{
    char name[4];
    int age;
} people;
main(int argc, char** argv)
{
    int shm_id,i;
    key_t key;
    char temp;
    people *p_map;
    char* name = "/dev/shm/myshm2";
    key = ftok(name,0);
    if(key==-1)
        perror("ftok error");
    shm_id=shmget(key,4096,IPC_CREAT);
    if(shm_id==-1)
    {
        perror("shmget error");
        return;
    }
    p_map=(people*)shmat(shm_id,NULL,0);
    temp='a';
    for(i = 0;i<10;i++)
    {
        temp+=1;
        memcpy((*(p_map+i)).name,&temp,1);
        (*(p_map+i)).age=20+i;
    }
    if(shmdt(p_map)==-1)
        perror(" detach error ");
}
/************************* testread.c ***********************************/
#include <sys/ipc.h>
#include <sys/shm.h>
#include <sys/types.h>
#include <unistd.h>
typedef struct
```

```
{
    char name[4];
    int age;
} people;
int main(int argc, char** argv)
{
    int shm_id,i;
    key_t key;
    people *p_map;
    char* name = "/dev/shm/myshm2";
    key = ftok(name,0);
    if(key == -1)
        perror("ftok error");
    shm_id = shmget(key,4096,IPC_CREAT);
    if(shm_id == -1)
    {
        perror("shmget error");
        return;
    }
    p_map = (people*)shmat(shm_id,NULL,0);
    for(i = 0;i<10;i++)
    {
    printf( "name:%s\n",(*(p_map+i)).name );
    printf( "age %d\n",(*(p_map+i)).age );
    }
    if(shmdt(p_map) == -1)
        perror(" detach error ");
}
```

testwrite.c 创建一个系统 V 共享内存区，并在其中写入格式化数据；testread.c 访问同一个系统 V 共享内存区，读出其中的格式化数据。分别把两个程序编译为 testwrite 和 testread，先后执行./testwrite 和./testread，./testread 的输出结果如下。

```
name:b age 20; name:c age 21; name:d age 22; name:e age 23; name:f age 24;
name:g age 25; name:h age 26; name:I age 27; name:j age 28; name:k age 29;
```

通过对结果进行分析，对比系统 V 共享内存机制与 mmap( )映射普通文件实现共享内存，可以得出如下结论。

（1）系统 V 共享内存中的数据，从来不写入到实际磁盘文件中去；而通过 mmap( )映射普通文件实现的共享内存通信可以指定何时将数据写入磁盘文件中。

注：前面讲到，系统 V 共享内存机制实际是通过映射特殊文件系统 shm 中的文件实现的，文件系统 shm 的安装点在交换分区上，在系统重新引导后，所有的内容都将丢失。

（2）系统 V 共享内存是随内核持续的，即使所有访问共享内存的进程都已经正常终止，共享内存区仍然存在（除非显式删除共享内存），在内核重新引导之前，对该共享内存区的任何改写操作都将一直保留。

（3）通过调用 mmap( )映射普通文件进行进程间通信时，一定要注意考虑进程何时终止对通信的影响，而通过系统 V 共享内存实现共享内存的进程则不然。

注：这里没有给出 shmctl 的使用范例，其原理与消息队列大同小异。

共享内存允许两个或多个进程共享一给定的存储区，因为数据不需要来回复制，所以是最快的一种进程间通信机制。共享内存可以通过 mmap()映射普通文件（在特殊情况下还可以采用匿名映射）的机制实现，也可以通过系统 V 共享内存机制实现。应用接口和原理很简单，但内部机制复杂。为了实现更安全通信，往往还与信号灯等同步机制共同使用。

共享内存涉及存储管理和文件系统等方面的知识，深入理解其内部机制有一定的难度，关键还要紧紧抓住内核使用的重要数据结构。系统 V 共享内存是以文件的形式组织在特殊文件系统 shm 中的。通过 shmget 函数可以创建或获得共享内存的标识符，在取得共享内存标识符后，要通过 shmat 函数将这个内存区映射到本进程的虚拟地址空间中。

第 14 章 多线程编程

多线程是程序员在面试时常常会面对的问题，对多线程概念的掌握和理解，也会被一些“老鸟”作为衡量一个人编程实力的重要参考指标。不论是实际工作需要还是为了应付面试，掌握多线程都是程序员职业生涯中一个必须经过的环节。其实当你把多线程和你的职业生涯联系在一起考虑的时候，就会觉得多线程是多么的渺小。对，没有跨越不过的山。不过就算它很渺小，但也有可能改变你的人生轨迹。不用担心，如果你对多线程还不太熟悉，那么我们就一起来看看什么是多线程吧。

14.1 线程概述

线程是进程的一个实体，是 CPU 调度和分派的基本单位，它是比进程更小的，能独立运行的基本单位。线程自己基本上不拥有系统资源，只拥有一点在运行中必不可少的资源（如程序计数器，一组寄存器和栈），但是它可与同属一个进程的其他的线程共享进程所拥有的全部资源。

一个线程包含以下内容。

- 一个指向当前被执行指令的指令指针；
- 一个栈；
- 一个寄存器值的集合，定义了一部分描述正在执行线程的处理器状态的值；
- 一个私有的数据区。

所有这些元素都归于线程执行上下文的名下。处在同一个进程中的所有线程都可以访问该进程所包含的地址空间，当然也包含存储在该空间中的所有资源。

14.1.1 为什么有了进程的概念后，还要再引入线程呢

首先，我们需要多线程的主要原因是：在许多应用中会同时发生多种活动，某些活动会随着时间的推移被阻塞，通过将这些应用程序分解成可以准并行运行的多个顺序线程，程序设计模型会变得简单起来。

这里可以说加入了一个新的元素：并行实体共享同一个地址空间和所有可用数据的能力。对于某些应用而言，这种能力是必需的，而这正是多进程模型（它们具有不同的地址空间）无法表达的。

第二个需要多线程的理由是，由于线程比进程更轻量级，所以它们更容易（更快）被创

建和撤销。在一般情况下，创建一个线程比创建一个进程要快上 10～100 倍。在有大量线程需要快速修改时，具有这一特性是非常重要的。

第三个需要多线程的理由是关于性能方面的，若多个线程都是 CPU 密集型的，那么多线程并不能很明显地体现出它的性能提升，但是在一些需要大量 I/O 处理和大量计算的情况下，拥有多线程，允许这些活动彼此重叠进行，对程序性能的提升是非常明显的。

最后，在多 CPU 系统中，多线程是有益的，在这样的系统中，可以真正实现物理上的多线程并行运行。

线程概念试图实现的是：共享一组资源的多个线程的执行能力，以便这些线程可以为完成某项任务而共同工作。

进程用于将资源集中在一起，而线程则是在 CPU 上被调度的实体。

14.1.2　多线程的优点

何时使用多线程技术？何时避免用它？是我们需要掌握的重要课题。多线程技术是一把双刃剑，在使用时需要充分考虑它的优缺点。

多线程处理可以同时运行多个线程。由于多线程应用程序将程序划分成多个独立的任务，因此可以在以下方面显著提高性能。

- 多线程技术使程序的响应速度更快，因为用户界面可以在进行其他工作的同时一直处于活动状态。
- 若当前没有进行处理的任务，可以将处理器时间让给其他任务。
- 占用大量处理时间的任务可以定期将处理器时间让给其他任务。
- 可以随时停止任务。
- 可以分别设置各个任务的优先级以优化性能。

是否需要创建多个线程取决于各种因素，在以下情况下最适合采用多线程处理。

- 耗时或大量占用处理器的任务阻塞用户界面操作。
- 各个任务必须等待外部资源（如远程文件或 Internet 连接）。

14.1.3　多线程的缺点

同样，多线程也存在许多缺点，在使用多线程时需要进行充分的考虑。多线程的主要缺点包括：

- 等候使用共享资源时会使程序的运行速度变慢，这些共享资源主要是独占性的资源，如打印机等。
- 对线程进行管理要求额外的 CPU 开销。线程的使用会给系统带来上下文切换的额外负担，当这种负担超过一定程度时，多线程的缺点会表现得较突出，比如用独立的线程来更新数组内每个元素。
- 线程的死锁。即较长时间的等待或资源竞争，以及死锁等多线程症状。
- 对公有变量的同时读或写。当多个线程需要对公有变量进行写操作时，后一个线程往往会修改掉前一个线程存放的数据，从而使前一个线程的参数被修改；另外，当公用变量的读写操作是非原子性时，在不同的机器上，中断时间的不确定性会导致数据在一个线程内的操作产生错误，从而产生莫名其妙的错误，而这种错误是程序员无法预知的。

14.2 多线程的实现

多线程开发在 Linux 平台上已经有成熟的 pthread 库支持，其涉及的多线程开发的最基本概念主要包含 3 点：线程、互斥锁和条件。其中，线程操作又分线程的创建、退出和等待 3 种；互斥锁则包括创建、销毁、加锁和解锁 4 种操作；条件操作有创建、销毁、触发、广播和等待 5 种操作。其他的一些线程扩展概念，如信号灯等，都可以通过上面的 3 个基本元素的基本操作封装出来。

注：因为 pthread 的库不是 Linux 系统的库，所以在进行编译的时候要加上“–lpthread”，例如，“gcc filename –lpthread”。

14.2.1 线程的创建

pthread_create 函数用于创建线程，见表 14-2-1。

表 14-2-1 pthread_create 函数

相关函数	pthread_exit pthread_join
表头文件	#include <pthread.h>
定义函数	int pthread_create(pthread_t *restrict tidp,const pthread_attr_t *restrict attr, void *(*start_rtn)(void),void *restrict arg)
函数说明	● pthread_t *restrict tidp：要创建的线程的线程 ID 指针。 ● const pthread_attr_t *restrict attr：创建线程时的线程属性。 ● void* (start_rtn)(void)：返回值是 void 类型的指针函数。 ● void *restrict arg：start_rtn 的行参
返回值	调用成功完成后返回 0，其他的值都表示出现错误。如果检测到以下任一情况，pthread_create( )将失败并返回相应的值。 ● EAGAIN：超出了系统限制，如创建的线程太多。 ● EPERM：调用者没有适当的权限设置所需的参数或安排调度策略。 ● EINVAL：描述: tattr 的值无效（设置的属性有问题）。 默认属性：绑定，非分离，继承创建者线程中定义的调度策略

范例 1：创建两个线程，实现每隔 1 s 打印 1 次！

```
#include <stdio.h>
#include <pthread.h>

void *myThread1(void)
{
    int i;
    for (i=0; i<100; i++)
    {
        printf("This is the 1st pthread,created by zieckey.\n");
```

```
            sleep(1);//Let this thread to sleep 1 second,and then continue to run
        }
}
void *myThread2(void)
{
    int i;
    for(i=0; i<100; i++)
    {
        printf("This is the 2st pthread,created by zieckey.\n");
        sleep(1);
    }
}

int main()
{
    int i=0, ret=0;
    pthread_t id1,id2;

    /*创建线程 1*/
    ret = pthread_create(&id1, NULL, (void*)myThread1, NULL);
    if (ret)
    {
        printf("Create pthread error!\n");
        return 1;
    }

    /*创建线程 2*/
    ret = pthread_create(&id2, NULL, (void*)myThread2, NULL);
    if (ret)
    {
        printf("Create pthread error!\n");
        return 1;
    }

    pthread_join(id1, NULL);
    pthread_join(id2, NULL);

    return 0;
}
```

范例 2：创建一个线程实现参数的传递！

```
#include <stdio.h>
#include <pthread.h>
#include <unistd.h>

void *create(void *arg)
```

```
{
    int *num;
    num=(int *)arg;
    printf("create parameter is %d \n",*num);
    return (void *)0;
}

int main(int argc ,char *argv[])
{
    pthread_t tidp;
    int error;

    int test=4;
    int *attr=&test;

    error=pthread_create(&tidp,NULL,create,(void *)attr);

    if(error)
    {
        printf("pthread_create is created is not created ... \n");
        return -1;
    }
    sleep(1);
    printf("pthread_create is created ...\n");
    return 0;
}
```

14.2.2 终止线程

pthread_exit 函数用于终止线程，见表 14-2-2。

表 14-2-2 pthread_exit 函数

相关函数	pthread_exit pthread_join
表头文件	#include <pthread.h>
定义函数	void pthread_exit(void *retval);
函数说明	使用函数 pthread_exit 退出线程，这是线程的主动行为；由于一个进程中的多个线程是共享数据段的，因此通常在线程退出之后，退出线程所占用的资源并不会随着线程的终止而得到释放，但是可以用 pthread_join( ) 函数（下节中讲到）来同步并释放资源
返回值	pthread_exit( )调用线程的返回值，可由其他函数如 pthread_join 函数来检索获取

线程退出的方式有 3 种：

- 线程从执行函数返回，返回值是线程的退出码。
- 线程被同一进程的其他线程取消。
- 调用 pthread_exit( )函数退出。

有一个重要的特殊情况，即当初始线程（即调用 main( )的线程）从 main( )调用返回时或调用 exit( )时，整个进程及其所有的线程将终止。因此，一定要确保初始线程不会从 main( )过早地返回，在其他线程调用 exit( )也会终止整个进程。

注：如果主线程仅仅调用了 pthread_exit 函数，则仅主线程本身终止，进程及进程内的其他线程将继续存在。当所有线程都已终止时，进程也将终止。

14.2.3 等待线程终止

pthread_join 函数用于等待线程终止，见表 14-2-3。

表 14-2-3 pthread_join 函数

相关函数	pthread_exit pthread_join
表头文件	#include <pthread.h>
定义函数	int pthread_join(thread_t tid, void **status);
函数说明	参数 tid 指定要等待的线程 ID，指定的线程必须位于当前的进程中，而且不得是分离线程。当参数 status 不是 NULL 时，status 指向某个位置，在 pthread_join( )成功返回时，将该位置设置为已终止线程的退出状态
返回值	调用成功完成后，pthread_join( )将返回 0，其他任何返回值都表示出现了错误。如果检测到以下任一情况，pthread_join( )将失败并返回相应的值。 ● ESRCH：没有找到与给定的线程 ID 相对应的线程。 ● EDEADLK：出现死锁，如一个线程等待其本身，或者线程 A 和线程 B 互相等待。 ● EINVAL：与给定的线程 ID 相对应的线程是分离线程

注：如果多个线程等待同一个线程终止，则所有等待线程将一直等到目标线程终止，然后，一个等待线程成功返回，其余的等待线程将失败并返回 ESRCH 错误。

pthread_join( )仅适用于非分离的目标线程。如果没有必要等待特定线程终止之后才进行其他处理，则应当将该线程分离。

对 pthread_exit 函数和 pthread_join 函数进一步说明（以下主线程是 main 线程）如下。

- 线程自己运行结束，或者调用 pthread_exit( )结束，线程都会释放自己独有的空间资源。
- 如果线程是非分离的，线程会保留线程 ID 号，直到其他线程通过“joining”这个线程确认其已死亡。join 的结果是 joining 线程得到已终止线程的退出状态，已终止的线程将消失。
- 如果线程是分离的，不需要使用 pthread_exit( )，线程自己运行结束，就会释放所有资源（包括线程 ID 号）。
- 子线程最终一定要使用 pthread_join( )或者设置为分离状态来结束线程，否则线程的资源不会被完全释放（使用取消线程功能也不能完全释放）。
- 主线程运行 pthread_exit( )，会结束主线程，但不会结束子线程。
- 主线程结束，则整个程序结束，所以主线程最好要使用 pthread_join 函数等待子线程运行结束，使用 pthread_join 函数一个线程可以等待多个线程结束。
- 使用 pthread_join 函数的线程将会阻塞，直到被 pthread_join 函数的线程结束，pthread_join 函数返回，但是它对被等待终止的线程运行没有影响。
- 如果子线程使用 exit( )则可以结束整个进程。

14.3 线程属性

线程具有一系列属性，这些属性可以在线程创建的时候指定。只需要创建并填充一个 pthread_attr_t 类型的线程属性对象 ATTR，并将其作为第二个参数传递给 pthread_create 就可以指定新创建线程的属性。例如，传递 NULL 作为第二个参数，则等价于传递一个所有属性均为默认值的属性对象。

仅当创建新线程的时候线程属性对象才被参考，同一个线程对象可用于创建多个线程。在 pthread_create 函数之后修改一个线程对象并不会修改之前创建的线程的属性。

线程属性结构如下。

```
typedef struct
{
    int                     detachstate;        //线程的分离状态
    int                     schedpolicy;        //线程调度策略
    struct sched_param      schedparam;         //线程的调度参数
    int                     inheritsched;       //线程的继承性
    int                     scope;              //线程的作用域
    size_t                  guardsize;          //线程栈末尾的警戒缓冲区大小
    int                     stackaddr_set;
    void *                  stackaddr;          //线程栈的位置
    size_t                  stacksize;          //线程栈的大小
}pthread_attr_t;
```

每个属性都有对应的一些函数，用于对其进行查看或修改，下面分别介绍。

14.3.1 线程属性初始化

pthread_attr_init 函数用于线程属性初始化，pthread_attr_destroy 函数用于去除初始化，分别见表 14-3-1 和表 14-3-2。

表 14-3-1 pthread_attr_init 函数

相关函数	pthread_attr_init pthread_attr_destroy
表头文件	#include <pthread.h>
定义函数	int pthread_attr_init(pthread_attr_t *attr);
函数说明	attr：线程属性变量，对线程属性初始化
返回值	若成功返回 0，若失败返回-1

表 14-3-2 pthread_attr_destroy 函数

相关函数	pthread_attr_init pthread_attr_destroy
表头文件	#include <pthread.h>
定义函数	int pthread_attr_destroy(pthread_attr_t *attr);

续表

函数说明	attr：线程属性变量，对线程属性去除初始化
返回值	若成功返回 0，若失败返回-1

14.3.2 线程分离

在任何一个时间点上，线程都是可结合的（Joinable）或者分离的（Detached）。一个可结合的线程能够被其他线程回收其资源和杀死，在被其他线程回收之前，它的存储器资源（如栈）是不释放的；相反，一个分离的线程是不能被其他线程回收或杀死的，它的存储器资源在它终止时由系统自动释放。

线程的分离状态决定一个线程以什么样的方式来终止自己。在默认情况下线程是非分离状态的，在这种情况下，原有的线程等待创建的线程结束。只有当 pthread_join( )函数返回时，创建的线程才算终止，才能释放自己占用的系统资源。而分离线程不是这样，它没有被其他的线程所等待，自己运行结束了，线程也就终止了，马上释放系统资源。程序员应该根据自己的需要，选择适当的分离状态。如果我们在创建线程时不需要了解线程的终止状态，则可以 pthread_attr_t 结构中的 detachstate 线程属性，让线程以分离状态启动。

pthread_attr_getdetachstate 函数用于获取线程的分离状态属性，pthread_attr_setdetachstate 函数用于修改线程的分离状态属性，分别见表 14-3-3 和表 14-3-4。

表 14-3-3 pthread_attr_getdetachstate 函数

相关函数	pthread_attr_getdetachstate pthread_attr_setdetachstate
表头文件	#include <pthread.h>
定义函数	int pthread_attr_getdetachstate(const pthread_attr_t * attr,int *detachstate);
函数说明	● attr：线程属性变量。 ● detachstate：线程的分离状态属性
返回值	若成功返回 0，若失败返回-1

表 14-3-4 pthread_attr_setdetachstate 函数

相关函数	pthread_attr_getdetachstate pthread_attr_setdetachstate
表头文件	#include <pthread.h>
定义函数	int pthread_attr_setdetachstate(pthread_attr_t *attr,int detachstate);
函数说明	● attr：线程属性变量。 ● detachstate：线程的分离状态属性
返回值	若成功返回 0，若失败返回-1

可以使用 pthread_attr_setdetachstate 函数把线程属性 detachstate 设置为下面的两个合法值之一：设置为“PTHREAD_CREATE_DETACHED”，以分离状态启动线程；或者设置为“PTHREAD_CREATE_JOINABLE”，正常启动线程。可以使用 pthread_attr_getdetachstate 函数获取当前的 datachstate 线程属性。

这里要注意的是，如果设置一个线程为分离线程，而这个线程的运行又非常快，它很可能在 pthread_create 函数返回之前就终止了，在它终止以后就可能将线程号和系统资源移交给其他的线程使用，这样调用 pthread_create 函数的线程就得到了错误的线程号。要避免这种情况可以采取一定的同步措施，最简单的方法之一是可以在被创建的线程里调用 pthread_cond_timewait 函数，让这个线程等待一会儿，留出足够的时间让 pthread_create 函数返回。设置一段等待时间，是在多线程编程里常用的方法。但是注意不要使用诸如 wait( )之类的函数，它们是使整个进程睡眠，并不能解决线程同步的问题。

14.3.3 线程的继承性

pthread_attr_setinheritsched 函数用于设置线程的继承性，pthread_attr_getinheritsched 函数用于获取线程的继承性，分别见表 14-3-5 和表 14-3-6。

表 14-3-5 pthread_attr_setinheritsched 函数

相关函数	pthread_attr_setinheritsched、pthread_attr_getinheritsched
表头文件	#include <pthread.h>
定义函数	int pthread_attr_setinheritsched(pthread_attr_t *attr,int inheritsched);
函数说明	● attr：线程属性变量。 ● inheritsched：线程的继承性
返回值	若成功返回 0，若失败返回-1

表 14-3-6 pthread_attr_getinheritsched 函数

相关函数	pthread_attr_setinheritsched、pthread_attr_getinheritsched
表头文件	#include <pthread.h>
定义函数	int pthread_attr_getinheritsched(const pthread_attr_t *attr,int *inheritsched);
函数说明	● attr：线程属性变量。 ● inheritsched：线程的继承性
返回值	若成功返回 0，若失败返回-1。

这两个函数具有两个参数，第一个参数是指向属性对象的指针，第二个参数是继承性或指向继承性的指针。继承性决定调度的参数是从创建的进程中继承的还是使用在 schedpolicy 和 schedparam 属性中显式设置的调度信息。pthread 库不为 inheritsched 指定默认值，因此如果关心线程的调度策略和参数，必须先设置该属性。

继承性的可能值是“PTHREAD_INHERIT_SCHED”（表示新线程将继承创建线程的调度策略和参数）和“PTHREAD_EXPLICIT_SCHED”（表示使用在 schedpolicy 和 schedparam 属性中显式设置的调度策略和参数）。

如果需要显式地设置一个线程的调度策略或参数，那么就必须在设置之前将 inheritsched 属性设置为“PTHREAD_EXPLICIT_SCHED”。

下面介绍进程的调度策略和调度参数。

14.3.4 线程的调度策略

pthread_attr_getschedpolicy 函数用于获取线程的调度策略，pthread_attr_setschedpolicy 函数用于设置线程的调度策略，分别见表 14-3-7 和表 14-3-8。

表 14-3-7 pthread_attr_getschedpolicy 函数

相关函数	pthread_attr_setschedpolicy、pthread_attr_getschedpolicy
表头文件	#include <pthread.h>
定义函数	int pthread_attr_getschedpolicy(const pthread_attr_t *attr,int *policy);
函数说明	● attr：线程属性变量。 ● policy：调度策略
返回值	若成功返回 0，若失败返回-1

表 14-3-8 pthread_attr_setschedpolicy 函数

相关函数	pthread_attr_setschedpolicy、pthread_attr_getschedpolicy
表头文件	#include <pthread.h>
定义函数	int pthread_attr_setschedpolicy(pthread_attr_t *attr,int policy);
函数说明	● attr：线程属性变量。 ● policy：调度策略
返回值	若成功返回 0，若失败返回-1

这两个函数具有两个参数，第一个参数是指向属性对象的指针，第二个参数是调度策略或指向调度策略的指针。调度策略可能的值是先进先出（SCHED_FIFO）、轮转法（SCHED_RR）或其他（SCHED_OTHER）。

SCHED_FIFO 策略允许一个线程运行直到有更高优先级的线程准备好，或者直到它自愿阻塞自己为止。在 SCHED_FIFO 调度策略下，当有一个线程准备好时，除非有平等或更高优先级的线程已经在运行，否则它会很快开始执行。

SCHED_RR 策略是基本相同的，不同之处在于：如果有一个 SCHED_RR 策略的线程执行了超过一个固定的时期（时间片间隔）没有阻塞，而另外的 SCHED_RR 或 SCHBD_FIFO 策略的相同优先级的线程已准备好，正在运行的线程将被抢占以便准备好的线程可以执行。

当执行 SCHED_FIFO 或 SCHED_RR 策略的线程在一个条件变量上等待或等待加锁同一个互斥量时，它们将以优先级顺序被唤醒，即如果一个低优先级的 SCHED_FIFO 线程和一个高优先织的 SCHED_FIFO 线程都在等待加锁相同的互斥量，则当互斥量被解锁时，高优先级的线程将总是被首先解除阻塞。

14.3.5 线程的调度参数

pthread_attr_getschedparam 函数用于获取线程的调度参数，pthread_attr_setschedparam 函数用于设置线程的调度参数，分别见表 14-3-9 和表 14-3-10。

表 14-3-9　pthread_attr_getschedparam 函数

相关函数	pthread_attr_getschedparam pthread_attr_setschedparam
表头文件	#include <pthread.h>
定义函数	int pthread_attr_getschedparam(const pthread_attr_t *attr,struct sched_param *param);
函数说明	● attr：线程属性变量。 ● param：sched_param 结构
返回值	若成功返回 0，若失败返回-1

表 14-3-10　pthread_attr_setschedparam 函数

相关函数	pthread_attr_getschedparam pthread_attr_setschedparam
表头文件	#include <pthread.h>
定义函数	int pthread_attr_setschedparam(pthread_attr_t *attr,const struct sched_param *param);
函数说明	● attr：线程属性变量。 ● param：sched_param 结构
返回值	若成功返回 0，若失败返回-1

这两个函数具有两个参数，第一个参数是指向属性对象的指针，第二个参数是 sched_param 结构或指向该结构的指针。sched_param 结构在文件/usr/include /bits/sched.h 中被定义为

```
struct sched_param
{
    int sched_priority;
};
```

sched_param 结构的子成员 sched_priority 控制一个优先权值，大的优先权值对应高的优先权。系统支持的最大和最小优先权值可以分别用 sched_get_priority_max 函数和 sched_get_priority_min 函数得到。sched_get_priority_max 函数用于获得系统支持的线程优先权的最大值，sched_get_priority_min 函数用于获得系统支持的线程优先权的最小值，分别见表 14-3-11 和表 14-3-12。

表 14-3-11　sched_get_priority_max 函数

相关函数	sched_get_priority_max、sched_get_priority_min
表头文件	#include <pthread.h>
定义函数	int sched_get_priority_max(int policy);
函数说明	policy：系统支持的线程优先权的最大值
返回值	若成功返回 0，若失败返回-1

表 14-3-12　sched_get_priority_min 函数

相关函数	pthread_attr_getschedparam、pthread_attr_setschedparam
表头文件	#include <pthread.h>

续表

定义函数	int sched_get_priority_min (int policy);
函数说明	policy：系统支持的线程优先权的最小值
返回值	若成功返回 0，若失败返回-1

注：如果不是编写实时程序，不建议修改线程的优先级。调度策略是一件非常复杂的事情，如果不正确使用会导致程序错误，从而导致死锁等问题。例如，在多线程应用程序中为线程设置不同的优先级别，有可能因为共享资源而导致优先级倒置。

14.3.6　实例分析

下面是上述几个函数的应用举例。

```
#include <pthread.h>
#include <sched.h>

void *child_thread(void *arg)
{
    int policy;
    int max_priority,min_priority;
    struct sched_param param;
    pthread_attr_t attr;

    pthread_attr_init(&attr);                         //初始化线程属性变量
    pthread_attr_setinheritsched(&attr,PTHREAD_EXPLICIT_SCHED);
    /*设置线程继承性*/
    pthread_attr_getinheritsched(&attr,&policy);      //获得线程的继承性
    if(policy==PTHREAD_EXPLICIT_SCHED)
        printf("Inheritsched:PTHREAD_EXPLICIT_SCHED\n");
    if(policy==PTHREAD_INHERIT_SCHED)
        printf("Inheritsched:PTHREAD_INHERIT_SCHED\n");

    pthread_attr_setschedpolicy(&attr,SCHED_RR);      //设置线程调度策略
    pthread_attr_getschedpolicy(&attr,&policy);       //取得线程的调度策略
    if(policy==SCHED_FIFO)
        printf("Schedpolicy:SCHED_FIFO\n");
    if(policy==SCHED_RR)
        printf("Schedpolicy:SCHED_RR\n");
    if(policy==SCHED_OTHER)
        printf("Schedpolicy:SCHED_OTHER\n");

    sched_get_priority_max(max_priority);             //获得系统支持的线程优先权的最大值
    sched_get_priority_min(min_priority);             //获得系统支持的线程优先权的最小值
    printf("Max priority:%u\n",max_priority);
    printf("Min priority:%u\n",min_priority);
```

```
    param.sched_priority=max_priority;
    pthread_attr_setschedparam(&attr,&param);          //设置线程的调度参数
    printf("sched_priority:%u\n",param.sched_priority); //获得线程的调度参数
    pthread_attr_destroy(&attr);
}

int main(int argc,char *argv[ ])
{
    pthread_t child_thread_id;
    pthread_create(&child_thread_id,NULL,child_thread,NULL);
    pthread_join(child_thread_id,NULL);
}
```

14.4 线程同步机制

进行多线程编程，最头疼的就是那些共享的数据。因为你无法知道哪个线程会在什么时候对它进行操作，也无法得知哪个线程会先运行，哪个线程后运行。下面介绍一些技术，通过它们可以合理安排线程之间对资源的竞争。

14.4.1 互斥锁（Mutex）

从本质上讲，互斥量是一把锁，该锁保护一个或者一些资源（内存或者文件句柄等数据）。一个线程如果需要访问该资源，必须要获得互斥量并对其加锁。这时如果其他线程想访问该资源也必须要获得该互斥量，但是已经加锁，所以这些进程只能阻塞，直到获得该锁的线程解锁。这时阻塞的线程里面有一个线程获得该互斥量并加锁，获准访问该资源。其他的线程继续阻塞，周而复始。

需要的头文件为 pthread.h，互斥锁标识符为 pthread_mutex_t。

1. 互斥锁初始化

pthread_mutex_init 函数用于初始化互斥锁，见表 14-4-1。

表 14-4-1　pthread_mutex_init 函数

相关函数	pthread_mutex_init
表头文件	#include <pthread.h>
定义函数	int pthread_mutex_init (pthread_mutex_t* mutex,const pthread_mutexattr_t* mutexattr);
函数说明	● mutex：互斥锁。 ● PTHREAD_MUTEX_INITIALIZER：创建快速互斥锁。 ● PTHREAD_RECURSIVE_MUTEX_INITIALIZER_NP：创建递归互斥锁。 ● PTHREAD_ERRORCHECK_MUTEX_INITIALIZER_NP：创建检错互斥锁
返回值	若成功返回 0，若失败返回-1

2. 互斥操作函数

```
int pthread_mutex_lock(pthread_mutex_t* mutex);              //上锁
int pthread_mutex_trylock (pthread_mutex_t* mutex);          //在互斥量被锁住时才阻塞
int pthread_mutex_unlock (pthread_mutex_t* mutex);           //解锁
int pthread_mutex_destroy (pthread_mutex_t* mutex);          //清除互斥锁
```

函数传入值：mutex，表示互斥锁。函数返回值：成功返回 0；出错返回-1。

3. 使用形式

```
pthread_mutex_t mutex;
pthread_mutex_init (&mutex, NULL);                            //定义
...
pthread_mutex_lock(&mutex);                                   //获取互斥锁
...                                                           //临界资源
pthread_mutex_unlock(&mutex);                                 //释放互斥锁
```

如果一个线程已经给一个互斥量上锁，后来在操作的过程中又再次调用了该上锁的操作，那么该线程将会无限阻塞在这个地方，从而导致死锁。

互斥锁分为下面 3 种。

- 快速型：这种类型也是默认的类型，该线程的行为正如上面所说的。
- 递归型：如果遇到我们上面所提到的死锁情况，同一线程循环给互斥量上锁，系统将会知道该上锁行为来自同一线程，那么就会同意线程给该互斥量上锁。
- 错误检测型：如果该互斥量已经被上锁，那么后续的上锁将会失败而不会阻塞，pthread_mutex_lock( )操作将会返回 EDEADLK。

互斥量的属性类型为 pthread_mutexattr_t，声明后调用 pthread_mutexattr_init( )来创建该互斥量，再调用 pthread_mutexattr_settype 函数来设置互斥锁属性。

pthread_mutexattr_settype 函数用于设置互斥锁属性，见表 14-4-2。

表 14-4-2　pthread_mutexattr_settype 函数

相关函数	pthread_mutex_init
表头文件	#include <pthread.h>
定义函数	int pthread_mutexattr_settype(pthread_mutexattr_t *attr, int kind);
函数说明	第一个参数 attr，是前面声明的属性变量；第二个参数 kind，是要设置的属性类型，选项为 PTHREAD_MUTEX_FAST_NP、PTHREAD_MUTEX_RECURSIVE_NP 和 PTHREAD_MUTEX_ERRORCHECK_NP
返回值	若成功返回 0，若失败返回-1

下面给出一个使用属性的简单过程。

```
pthread_mutex_t mutex;
pthread_mutexattr_t attr;
pthread_mutexattr_init(&attr);
pthread_mutexattr_settype(&attr,PTHREAD_MUTEX_RECURSIVE_NP);
pthread_mutex_init(&mutex,&attr);
pthread_mutex_destroy(&attr);
```

前面提到在调用 pthread_mutex_lock( )时，如果此时 mutex 已经被其他线程上锁，那么该操作将会一直阻塞在这个地方。如果不想一直阻塞在这个地方，可以调用 pthread_mutex_trylock 函数，若此时互斥量没有被上锁，pthread_mutex_trylock 函数将会返回 0，并会对该互斥量上锁；若互斥量已经被上锁，则立刻返回 EBUSY。

14.4.2 互斥锁使用实例

下面给出一个使用互斥锁来实现共享数据同步的实例，在程序中有一个全局变量 g_value，和互斥锁 mutex，在线程 1 中，重置 g_value 的值为 0，然后加 5；在线程 2 中，重置 g_value 的值为 0，然后加 6；最后在主线程中输出 g_value 的值，这时 g_value 的值为最后线程修改过的值。

```
#include<stdio.h>
#include<pthread.h>
void    fun_thread1(char * msg);
void    fun_thread2(char * msg);
int g_value = 1;
pthread_mutex_t mutex;
/*in the thread individual, the thread reset the g_value to 0,and add to 5
int the thread1,add to 6 in the thread2.*/
int main(int argc, char * argv[])
{
    pthread_t thread1;
    pthread_t thread2;
    if(pthread_mutex_init(&mutex,NULL) != 0 )
    {
        printf("Init metux error.");
        exit(1);
    }
    if(pthread_create(&thread1,NULL,(void *)fun_thread1,NULL) != 0)
    {
        printf("Init thread1 error.");
        exit(1);
    }
    if(pthread_create(&thread2,NULL,(void *)fun_thread2,NULL) != 0)
    {
        printf("Init thread2 error.");
        exit(1);
    }
    sleep(1);
    printf("I am main thread, g_vlaue is %d./n",g_value);
    return 0;
}
void    fun_thread1(char * msg)
{
    int val;
```

```
        val = pthread_mutex_lock(&mutex);/*lock the mutex*/
        if(val != 0)
        {
            printf("lock error.");
        }
        g_value = 0;/*reset the g_value to 0.after that add it to 5.*/
        printf("thread 1 locked,init the g_value to 0, and add 5.\n");
        g_value += 5;
        printf("the g_value is %d.\n",g_value);
        pthread_mutex_unlock(&mutex);/*unlock the mutex*/
        printf("thread 1 unlocked.\n");
    }
    void    fun_thread2(char * msg)
    {
        int val;
        val = pthread_mutex_lock(&mutex);/*lock the mutex*/
        if(val != 0)
        {
            printf("lock error.");
        }
        g_value = 0;/*reset the g_value to 0.after that add it to 6.*/
        printf("thread 2 locked,init the g_value to 0, and add 6.\n");
        g_value += 6;
        printf("the g_value is %d./n",g_value);
        pthread_mutex_unlock(&mutex);/*unlock the mutex*/
        printf("thread 2 unlocked./n");
    }
```

运行如下：

```
thread 2 locked,init the g_value to 0, and add 6.
the g_value is 6.
thread 2 unlocked.
thread 1 locked,init the g_value to 0, and add 5.
the g_value is 5.
thread 1 unlocked.
I am main thread, g_vlaue is 5.
```

关于互斥锁，可能有些地方不太容易弄懂，例如，互斥锁锁什么？简单来说，互斥锁用于限制同一时刻，其他的线程执行 pthread_mutex_lock 函数和 pthread_mutex_unlock 函数之间的指令。

14.4.3　条件变量（Conditions）

条件变量需要用到的头文件为 pthread.h，条件变量标识符为 pthread_cond_t。

互斥锁存在的问题：互斥锁一个明显的缺点是它只有锁定和非锁定两种状态。设想一种简单情景：若多个线程访问同一个共享资源，并不知道何时应该使用共享资源，如果在临界区里加入判断语句，或者可以有效，但一来效率不高，二来在复杂环境下就难以实现了，这时我们需要一个结构，能在条件成立时触发相应线程，进行变量的修改和访问。

条件变量：条件变量通过允许线程阻塞和等待另一个线程发送信号的方法弥补了互斥锁的不足，它常和互斥锁一起使用。在使用时，条件变量被用来阻塞一个线程，当条件不满足时，线程往往解开相应的互斥锁并等待条件发生变化。一旦其他的某个线程改变了条件变量，它将通知相应的条件变量唤醒一个或多个正被此条件变量阻塞的线程。这些线程将重新锁定互斥锁并重新测试条件是否满足。

条件变量的相关函数如下。

```
pthread_cond_t cond = PTHREAD_COND_INITIALIZER; //条件变量的结构
int pthread_cond_init(pthread_cond_t *cond, pthread_condattr_t*cond_attr);
int pthread_cond_signal(pthread_cond_t *cond);
int pthread_cond_broadcast(pthread_cond_t *cond);
int pthread_cond_wait(pthread_cond_t *cond, pthread_mutex_t *mutex);
int pthread_cond_timedwait(pthread_cond_t *cond, pthread_mutex_t *mutex, const struct timespec *abstime);
int pthread_cond_destroy(pthread_cond_t *cond);
```

详细说明如下：

（1）创建和注销。条件变量和互斥锁一样，都有静态和动态两种创建方式。

① 静态方式。静态方式使用 PTHREAD_COND_INITIALIZER 常量，API 定义如下：

```
pthread_cond_t cond=PTHREAD_COND_INITIALIZER
```

② 动态方式。动态方式调用 pthread_cond_init( )函数，API 定义如下：

```
int pthread_cond_init(pthread_cond_t *cond, pthread_condattr_t *cond_attr)
```

尽管 POSIX 标准为条件变量定义了属性，但在 Linux Threads 中没有实现，因此 cond_attr 值通常为 NULL，且被忽略。

注销一个条件变量需要调用 pthread_cond_destroy( )函数，只有当没有线程在该条件变量上等待时才能注销这个条件变量，否则返回 EBUSY。因为 Linux 实现的条件变量没有分配什么资源，所以注销动作只包括检查是否有等待线程。API 定义如下：

```
int pthread_cond_destroy(pthread_cond_t *cond)
```

（2）等待和激发。

① 等待。

```
int pthread_cond_wait(pthread_cond_t *cond, pthread_mutex_t *mutex)           //等待
int pthread_cond_timedwait(pthread_cond_t *cond, pthread_mutex_t *mutex,
                           const struct timespec *abstime)        //有时等待
```

等待条件有无条件等待 pthread_cond_wait( )和计时等待 pthread_cond_timedwait( )两种方式，其中计时等待方式如果在给定时刻前其条件没有满足，则返回 ETIMEOUT，结束等待，其中 abstime 以与 time( )系统调用相同意义的绝对时间的形式出现，0 表示格林尼治时间 1970 年 1 月 1 日 0 时 0 分 0 秒。

无论哪种等待方式，都必须和一个互斥锁配合，以防止多个线程同时请求 pthread_cond_

wait( )（或 pthread_cond_timedwait( )，下同）的竞争条件（Race Condition）。互斥锁必须是普通锁（PTHREAD_MUTEX_TIMED_NP）或者适应锁（PTHREAD_MUTEX_ADAPTIVE_NP），且在调用 pthread_cond_wait( )前必须由本线程加锁（pthread_mutex_lock( )），而在更新条件等待队列以前，mutex 保持锁定状态，并在线程挂起进入等待前解锁。在条件满足离开 pthread_cond_wait( )之前，mutex 将被重新加锁，以与进入 pthread_cond_wait( )前的加锁动作对应。

② 激发。激发条件有两种形式，pthread_cond_signal( )激活一个等待该条件的线程，存在多个等待线程时按入队顺序激活其中一个；而 pthread_cond_broadcast( )则激活所有等待线程。

（3）其他操作。pthread_cond_wait( )和 pthread_cond_timedwait( )都被实现为取消点，因此，在该处等待的线程将立即重新运行，在重新锁定 mutex 后离开 pthread_cond_wait( )，然后执行取消动作。也就是说，如果 pthread_cond_wait( )被取消，mutex 是保持锁定状态的，因而需要定义退出回调函数来为其解锁。

pthread_cond_wait 实际上可以看作解锁线程锁、等待条件为 true 和加锁线程锁几个动作的合体。使用形式为

```
//线程一代码
pthread_mutex_lock(&mutex);
if (条件满足)
pthread_cond_signal(&cond);
pthread_mutex_unlock(&mutex);

//线程二代码
pthread_mutex_lock(&mutex);
while (条件不满足)
pthread_cond_wait(&cond, &mutex);
pthread_mutex_unlock(&mutex);
```

线程二中为什么使用 while 呢？因为在 pthread_cond_signal 和 pthread_cond_wait 返回之间，有时间差，假设在这个时间差内，条件改变了，显然需要重新检查条件。也就是说，在 pthread_cond_wait 被唤醒时可能该条件已经不成立了。

14.4.4　条件变量使用实例

假设程序创建了 2 个新线程并使它们同步运行，进程 t_b 打印 10 以内 3 的倍数，t_a 打印其他的数。程序开始后线程 t_b 不满足条件等待，线程 t_a 运行使 a 循环加 1 并打印，直到 i 为 3 的倍数时，线程 t_a 发送信号通知进程 t_b，这时 t_b 满足条件，打印 i 值。

```
#include <pthread.h>
#include <stdio.h>
#include <stdlib.h>
pthread_mutex_t mutex = PTHREAD_MUTEX_INITIALIZER;
pthread_cond_t cond = PTHREAD_COND_INITIALIZER;
void *thread1(void *);
void *thread2(void *);
int i=1;
int main(void)
```

```
{
    pthread_t t_a;
    pthread_t t_b;
    pthread_create(&t_a,NULL,thread1,(void *)NULL);
    pthread_create(&t_b,NULL,thread2,(void *)NULL);
    pthread_join(t_b, NULL);
    pthread_mutex_destroy(&mutex);
    pthread_cond_destroy(&cond);
    exit(0);
}
void *thread1(void *junk)
{
    for(i=1;i<=9;i++)
    {
        pthread_mutex_lock(&mutex);
        if(i%3==0)
            pthread_cond_signal(&cond);
        else
            printf("thead1:%d\n",i);
        pthread_mutex_unlock(&mutex);
        sleep(1);
    }
}
void *thread2(void *junk)
{
    while(i<=9)
    {
        pthread_mutex_lock(&mutex);
        if(i%3!=0)
            pthread_cond_wait(&cond,&mutex);
      printf("thread2:%d\n",i);
      pthread_mutex_unlock(&mutex);
        sleep(1);
    }
}
```

运行结果如下。

```
thread1:1
thread1:2
thread2:3
thread1:4
thread1:5
thread2:6
thread1:7
thread1:8
thread2:9
```

第 15 章 网络编程

Linux 系统的一个主要特点是其网络功能非常强大。随着网络的日益普及，基于网络的应用也将越来越多。在网络时代，掌握了 Linux 的网络编程技术，可以让我们真正地体会到网络的魅力。想成为一位真正的“hacker”，必须掌握网络编程技术。

15.1 TCP/IP 概述

TCP/IP 是网络中使用的基本通信协议。虽然从名称上看 TCP/IP 包括两种协议，即传输控制协议（TCP）和网际协议（IP），但是 TCP/IP 实际上是一组协议，它包括上百个能完成各种功能的协议，如远程登录、文件传输和电子邮件等，而 TCP 和 IP 是保证数据完整传输的两个基本重要协议。通常说的 TCP/IP 是指 Internet 协议簇，而不只是 TCP 和 IP。

15.1.1 TCP/IP 的起源

早期的计算机是以一个集中的中央运算系统用一定的线路与终端系统（输入输出设备）连接起来的，这样的一个连接系统就是网络的最初形式。各个网络都使用自己的一套规则，可以说是相互独立的。

1969 年，美国政府机构试图发展出一套机制用来连接各个离散的网络系统，以应付战争的需求。这个计划就是由美国国防部委托高级研究计划署（Advanced Research Project Agency，ARPA）发展的 ARPANET 网络系统，研究当部分计算机网络遭到攻击而瘫痪后，是否能够通过其他未瘫痪的线路来传送数据。

ARPANET 的构想和原理除了研发出一套可靠的数据通信技术外，同时还要兼顾跨平台作业。后来，ARPANET 的实验非常成功，从而奠定了今日的网际网络模式，它包括了一组计算机通信细节的网络标准，以及一组用来连接网络和选择网络通信路径的协议，即后来的 TCP/IP。1983 年，美国国防部下令用于连接长距离网络的电话都必须适应 TCP/IP，同时 Defense Communication Agency（DCA）将 ARPANET（Advanced Research Projects Agency Net）分成两个独立的网络：一个用于研究用途，依然叫作 ARPANET；另一个用于军事通信，称为 MILNET（Military Network）。

ARPA 后来发展出一个版本，以鼓励大学和研究人员采用它的协议，当时大部分大学正需要连接它们的区域网络。由于 UNIX 系统研究出来的许多抽象概念与 TCP/IP 的特性高度吻合，再加上设计上的公开性，从而导致其他组织也纷纷使用 TCP/IP。从 1985 年开始，TCP/IP

网络迅速扩展至美国、欧洲好几百所大学以及政府机构、研究实验室。它的发展大大超过了人们的预期，而且每年以超过 15%的速度增长。到 1994 年，使用 TCP/IP 的计算机已经超过 300 万台。之后数年，由于 Internet 的爆炸性成长，TCP/IP 已经成为最常用的通信协议。

Internet 和 TCP/IP 的结合最终形成了现在的 Internet。TCP/IP 发展史中的一些里程碑事件如下。

1986 年 NSF（美国国家科学基金会）开发一种远距离的高速网络，称为 NSFNET，它以 56 kbps 的速度运行，开创了网络的先河。NSF 同时采取一套规则，称为 AUP（可接收的使用策略），管理 Internet 的建议使用方法，并且设置了用户如何在 Internet 上继续交互作用。

1987 年 Internet 上的主机数量突破 10 000 台。

1988 年 Internet 上的主机数量突破 100 000 台，NSFNET 主干网络更新为 T1 速度，即 1.544 Mbps。

1990 年 McGill 大学发布了 Archie 协议及服务，它以 TCP/IP 为基础，使得 Internet 上的用户能够在任何位置搜索到基于文本的各种文档。ARPANET 中止运行，公司、学术机构、政府和通信公司开始将 Internet 作为一项合作投资项目，对它进行支持。

1991 年 CIX（商业互联网交易所），由 Internet 操作员、系统提供商和其他对 Internet 感兴趣的商业机构联营组成。有人将这称为“现代 Internet”的诞生，因为这是商业组织在 Internet 上第一次具备合法性。IBM 发布的 WAIS（广域信息服务系统）是一种基于 TCP/IP 的协议和服务。利用它可以跨 Internet 在网络上搜索数兆字节的数据库。明尼苏达州立大学开发了 Gopher，它是一种基于 TCP/IP 的协议，它不仅可以在网络上搜索文本文档和其他类型的数据，而且可以将所有这些文档链接在一起，形成单独的实际信息世界，称为“Gopher 空间”。

1992 年 ISOC（国际互联网协会）被特许成立，Internet 上的主机数量突破 1 000 000 台。NSFNET 主干网络更新了 T3 速度，速率为 44.735 Mbps。CERN 公开发布 HTTP 和 Web 服务器技术（“Web 的诞生”）。

1993 年 InterNIC（国际互联网网络信息中心）成立，它负责管理域名。高性能网络图形浏览器在 NCSA（英国国家超级计算应用中心）首次出现，启动了 Web 的革命。

1994 年网络收发邮件和购物活动开始增加。

1995 年 Netscape 开发了 Netscape Navigator，并且开始实现 Web 商业化。Internet 上的主机数量突破 5 000 000 台。

1996 年 Microsoft 发布了 Internet Explorer Web 浏览器，虽然当时 Netscape 控制了 Web 浏览器的市场。

今天，几乎所有的商业通信和信息访问都涉及 Internet，E-mail、Web 和网络电子商务成了网络中不可缺少的部分。随着网络的发展，Internet 上也出现了新的服务和协议，但是 TCP/IP 仍然具有非常重要作用。

15.1.2　TCP/IP 的特性与应用

对于一个使用电子邮件或浏览网页的普通用户来说，无须透彻了解 TCP/IP。但对于 TCP/IP 程序设计人员和网络管理人员来说，下列 TCP/IP 的特性却是不能忽略的。

（1）Connectionless Packet Delivery Service。Connectionless Packet Delivery Service 是其他网络服务的基础，几乎所有数据包交换网络都提供这种服务。TCP/IP 是根据信息中所含的位置来进行数据传送的，它不能确保每个独立路由的数据包可靠和依序地到达目的地。在每一个连线过程中，线路都不是被“独占”的，而是直接映射到硬件位置上，因此特别有效。更重要的是，这种数据包交换方式的传送使得 TCP/IP 能适应各种不同的网络硬件设备。

（2）Reliable Stream Transport Service。由于数据包交换并不能确保每一个数据包的可靠性，因此就需要通信软件来自动侦测和修复传送过程中可能出现的错误，以及处理不良的数据包。这种服务用来确保计算机程序之间能够建立连接并传送大量数据。Reliable Stream Transport Service 关键的技术是将数据流进行切割，然后编号传送，再通过接收端的确认（Acknowledgement）来保证数据的完整性。

（3）Network Technology Independent。在数据包交换技术中，TCP/IP 是独立于硬件之上的。TCP/IP 有自己的一套数据包规则和定义，能应用在不同的网络上。

（4）Universal Interconnection。只要用 TCP/IP 连接网络，就将获得一个独一无二的识别位址。数据包在交换的过程中是以位置为依据的，不管数据包所经过的路由选择如何，数据都能被送达指定的位址。

（5）End-to-End Acknowledgements。TCP/IP 的确认模式是以端到端进行的，这样就无须理会数据包交换过程中所参与的其他设备，发送端和接收端能相互确认才是我们所关心的。

（6）Application Protocol Standards。TCP/IP 除提供基础的传送服务外，还提供许多一般应用标准，让程序设计人员更有标准可依，而且也可节省许多不必要的重复开发。

正是由于 TCP/IP 具备了以上特性，才使得它在众多的网络连接协议中脱颖而出，成为大家喜爱和愿意遵守的标准。

TCP/IP 可以用于任何互联网络上的通信，其可行性在许多地方都已经得到了验证，包括家庭、校园、公司以及全球各国的实验室。这些技术的应用让所有与网络相连的研究人员能共同分享数据和研究成果。网络证明了 TCP/IP 的可行性和整合性，使之能适应各种不同的现行网络技术。

TCP/IP 不仅成功地连接了不同网络，而且许多应用程序和概念也是完全以 TCP/IP 为基础发展出来的，从而让不同的厂商能够忽略硬件结构开发出共同的应用程序。例如，今天应用广泛的 WWW、E-mail、FTP 和 DNS 服务等。

15.1.3　互联网地址

互联网上的每个接口必须有唯一的 Internet 地址（也称为 IP 地址），长度为 32 位（IPv4，最新版本 IPv6 的长度为 128 位）。Internet 地址并不是采用平面形式的地址空间，而是具有一定结构的，5 类不同的地址格式如图 15-1-1 所示。

这些 32 位的地址通常写成 4 个十进制的数，其中每个整数对应一个字节。这种表示方法称作点分十进制表示法（Dotted Decimal Notation）。

区分各类地址的最简单方法是看它的第一个十进制整数，表 15-1-1 列出了各类地址的起止范围。

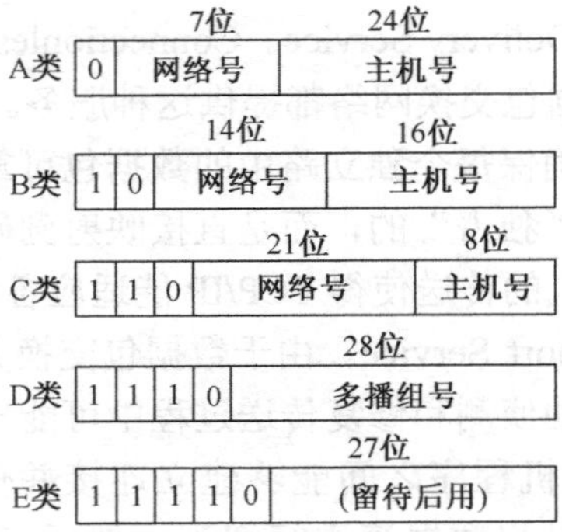

图 15-1-1　5 类不同的地址格式

表 15-1-1　各类地址的起止范围

类　型	范　围	类　型	范　围
A	0.0.0.0～127.255.255.255	D	224.0.0.0～239.255.255.255
B	128.0.0.0～191.255.255.255	E	240.0.0.0～247.255.255.255
C	192.0.0.0～223.255.255.255	—	—

需要再次指出的是，多接口主机具有多个 IP 地址，其中每个接口都对应一个 IP 地址。

由于互联网上的每个接口必须有唯一的 IP 地址，因此必须要有一个管理机构为接入互联网的网络分配 IP 地址。这个管理机构就是国际互联网网络信息中心（Internet Network Information Center），称作 InterNIC。InterNIC 只分配网络号，主机号的分配由系统管理员来负责。

Internet 注册服务（IP 地址和 DNS 域名）过去由 NIC 来负责，其网络地址是 nic.ddn.mil。1993 年 4 月 1 日，InterNIC 成立。现在，NIC 只负责处理美国国防数据网的注册请求，所有其他 Internet 用户注册请求均由 InterNIC 负责处理，其网址是 rs.internic.net。

InterNIC 由 3 部分组成：注册服务（rs.internic.net）、目录和数据库服务（ds.internic.net）和信息服务（is.internic.net）。IP 地址分为 3 类：单播地址（目的端为单个主机）、广播地址（目的端为给定网络上的所有主机）和多播地址（目的端为同一组内的所有主机）。

15.1.4　域名系统

尽管通过 IP 地址可以识别主机上的网络接口，进而访问主机，但是人们最喜欢使用的还是主机名。在 TCP/IP 领域中，域名系统（DNS）是一个分布式的数据库，由它来提供 IP 地址和主机名之间的映射信息。

现在，我们必须理解，任何应用程序都可以调用一个标准的库函数来查看给定名称的主机 IP 地址。类似地，系统还提供一个逆函数——给定主机的 IP 地址，查看它所对应的主机名。大多数使用主机名作为参数的应用程序也可以把 IP 地址作为参数。

15.1.5　封装

当应用程序用 TCP 传送数据时，数据被送入协议栈中，然后逐个通过每一层直到被当作一串比特流送入网络。其中每一层对收到的数据都要增加一些首部信息（有时还要增加尾部信息），数据进入协议栈时的封装过程如图 15-1-2 所示，TCP 传给 IP 的数据单元称作 TCP 消息段或简称为 TCP 段（TCP Segment）。IP 传给网络接口层的数据单元称作 IP 数据报（IP Datagram）。通过以太网传输的比特流称作帧（Frame）。

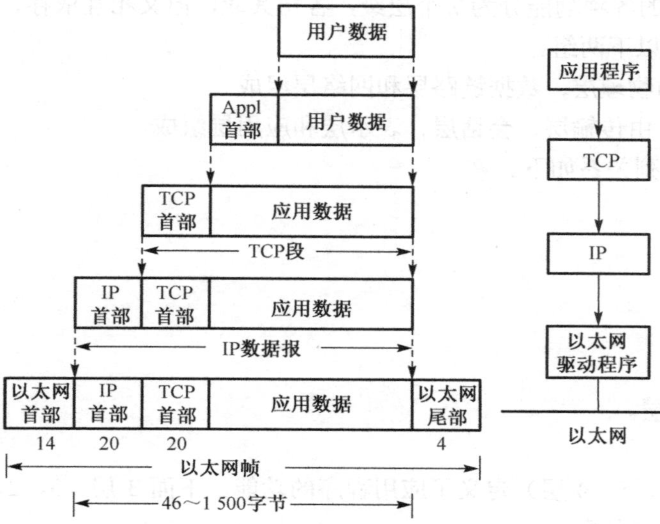

图 15-1-2　数据进入协议栈时的封装过程

图 15-1-2 中帧头和帧尾下面所标注的数字是典型以太网帧首部的字节长度，以太网数据帧的物理特性是其长度必须在 46～1 500 字节之间。在后面的章节中我们将详细讨论这些帧首部的具体含义。

准确地说，图 15-1-2 中 IP 和网络接口层之间传送的数据单元应该是数据包（Packet）。分组既可以是一个 IP 数据报，也可以是 IP 数据报的一个片（Fragment）。UDP 数据与 TCP 数据基本一致，唯一的不同是 UDP 传给 IP 的信息单元称作 UDP 数据报，而且 UDP 的首部长为 8 字节。

由于 TCP、UDP、ICMP 和 IGMP 都向 IP 传送数据，因此 IP 必须在生成的 IP 首部中加入某种标识，以表明数据属于哪一层。为此，IP 在首部中存入一个长度为 8 位的数值，称作协议域，1 表示 ICMP，2 表示 IGMP，6 表示 TCP，17 表示 UDP。

类似地，许多应用程序都可以使用 TCP 或 UDP 来传送数据。传输层协议在生成消息首部时要存入一个应用程序的标识符。TCP 和 UDP 都用一个 16 位的端口号来表示不同的应用程序。TCP 和 UDP 把源端口号和目的端口号分别放入消息首部中。

网络接口要发送和接收 IP、ARP 和 RARP 数据，因此也必须在以太网的帧首部中加入某种形式的标识，以指明生成数据的网络层协议，为此，以太网的帧首部也有一个 16 位的帧类型域。

15.1.6　TCP/IP 的工作模型

TCP/IP 能够应用在不同的网络中，这就要求有一套大家都遵守的标准来保证彼此沟通。数据通信领域的技术实在太广泛了，没有任何一位计算机专家能够熟悉全部内容，因此必须有一套公认而且通用的参考架构以理清各项标准。在了解 TCP/IP 之前，必须先了解一个公认的网络模型，即由 International Standardization Organization（ISO）于 1978 年开始开发的一套标准架构 Reference Model for Open System Interconnection（OSI）模型。OSI 常被引用来说明数据通信协议的结构及功能，已经被通信界广泛使用。

OSI 把数据通信的各种功能分为 7 个层级，各司其职，但又相互依存、合作。在功能上，它们又可以被划分为以下两组。

- 网络群组：由物理层、数据链路层和网络层组成。
- 使用者群组：由传输层、会话层、表示层和应用层组成。

各个协议层的排列关系如下。

- 7：应用层。
- 6：表示层。
- 5：会话层。
- 4：传输层。
- 3：网络层。
- 2：数据链路层。
- 1：物理层。

其中高层（7、6、5、4 层）定义了应用程序的功能，下面 3 层（3、2、1 层）主要面向通过网络的端到端的数据流。

15.1.7 TCP/IP 协议层

与大多数的网络软件一样，TCP/IP 按层来建模。这种分层表示导出了术语协议栈（Protocol Stack），即协议簇中各层的堆栈。协议栈可以用来比较 TCP/IP 协议簇与其他协议的不同（但不能在功能上进行比较），例如与系统网络体系结构（System Network Architecture，SNA）和开放式系统互联（Open System Interconnection，OSI）模型的不同。通过这个协议栈并不能轻易地实现功能比较，因为不同协议簇使用的分层模型有着基本的差异。

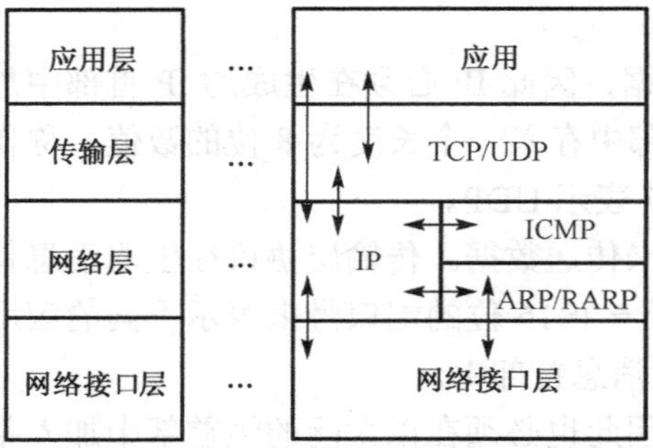

图 15-1-3　TCP/IP 的 4 层模型

通过把通信软件划分为多层，协议栈允许工作分工，易于实现测试和开发额外的层。各层通过简单的接口与其上下层进行通信。在通信方面，各层为它的直接上层提供服务，使用它的直接下层所提供的服务。例如，IP 层提供了把数据从一个主机传送到另一个主机的能力，但是它不能保证可靠的传输。像 TCP 那样的传输协议使用这种服务为应用提供了可靠、有序的数据流传输。图 15-1-3 为 TCP/IP 的 4 层模型。

下面详细介绍 TCP/IP 的 4 层模型。

（1）应用层。应用层由使用 TCP/IP 进行通信的程序所提供。一个应用就是一个用户进程，它通常与其他主机上的另一个进程合作。应用层的协议包括 Telnet 和文件传输协议（File Transfer Protocol，FTP），应用层和传输层之间的接口由端口号和套接字（Socket）所定义。

（2）传输层。传输层提供了端到端的数据传输，把数据从一个应用传输到它的远程对等实体，传输层可以同时支持多个应用。最常用的传输层协议是传输控制协议（Transmission Control Protocol，TCP），它提供了面向连接的可靠的数据传送、重复数据抑制、拥塞控制和流量控制。

另一种传输层协议是用户数据报协议（User Datagram Protocol，UDP），它提供了一种无连接的、不可靠的、尽力传送（Best-effort）的服务。因此，如果用户需要，使用 UDP 作为传输协议的应用就必须提供各自的端到端的完整性、流量控制和拥塞控制。通常，对于那些需要快速传输的机制并能容忍某些数据丢失的应用，可以使用 UDP。

（3）网络层。网络层（Internet Layer）提供了互联网的“虚拟网络”镜像（这一层屏蔽了更高层协议，使它们不受互联网络层下面的物理网络体系结构的影响）。网际协议（Internet Protocol，IP）是这一层中最重要的协议，它是一种无连接的协议，不负责下层的传输可靠性。IP 不提供可靠性、流控制或者错误恢复，这些功能必须由更高层提供。IP 提供了路由功能，它试图把发送的消息传输到目的端。IP 网络中的消息单位为 IP 数据报，这是 TCP/IP 网络上传输的基本信息单位。互联网络层的其他协议有 IP、ICMP、IGMP、ARP 和 RARP。

（4）网络接口层。网络接口层也叫作链路层（Link Layer）或者数据链路层（Data-link Layer），是实际网络硬件的接口。这个接口既有可能提供可靠的传输，也有可能不提供可靠的传输；并且既可以是面向消息的传输，也可以是面向流的传输。实际上，TCP/IP 没有在这一层规定任何协议，但是几乎可以使用任何一种可用的网络接口，这就体现了 IP 层的灵活性。例如，IEEE 802.2、X.25（本身是可靠的）、ATM、FDDI 和 SNA 等。

TCP/IP 规范本身既没有描述任何网络协议，也没有标准化任何网络层协议；它们（TCP/IP 规范）只是标准化了从互联网络访问那些协议的方法。

TCP/IP 4 层模型详细的分层结构如图 15-1-4 所示。

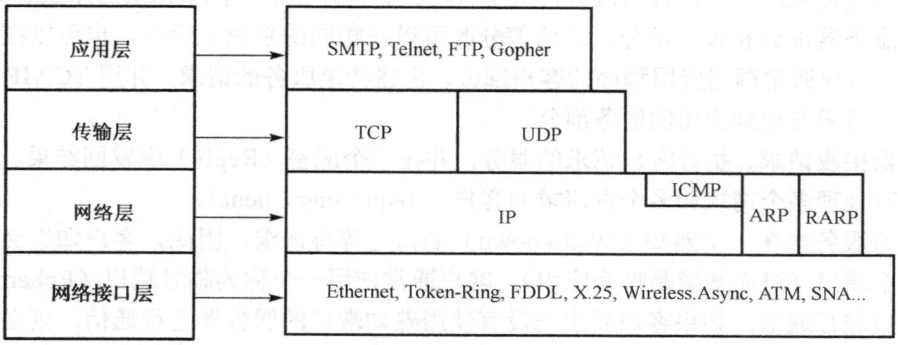

图 15-1-4　TCP/IP 4 层模型详细的分层结构

15.1.8　TCP/IP 的应用

TCP/IP 协议栈中的最高层协议是应用协议，它们与互联网上的其他主机通信，并且是 TCP/IP 协议簇中用户可见的接口。

所有应用协议都有如下共同特征。

（1）既可以是用户编写的应用，也可以是 TCP/IP 产品所带的标准应用。实际上，TCP/IP 协议簇包含如下一些协议。

- Telnet：用于通过终端交互式访问互联网上的远程主机。
- 文件传输协议（File Transfer Protocol，FTP）：用于高速的磁盘到磁盘的文件传输。
- 简单邮件传输协议（Simple Mail Transfer Protocol，SMTP）：用作互联网的邮件系统。

这些都是广泛实施的应用协议，当然还有许多其他应用程序。每种特定 TCP/IP 的实现都会包含一个或大或小的应用协议集。

（2）使用 UDP 或者 TCP 作为传输机制。UDP 是不可靠的传输，并且没有提供流量控制，因此，在这种情况下，应用本身必须提供错误恢复、流量控制和拥塞控制等功能。在 TCP 上建立应用往往会容易一些，因为它是一种可靠的、面向连接的、不容易拥塞的、具有流量控制功能的协议。大多数应用协议使用 TCP，但是也有建立在 UDP 上的应用，它们通过减少协议的系统开销来实现更佳的性能。

（3）大多数应用使用客户/服务器（Client/Server）交互模型。应用程序通常使用客户/服务器模型进行通信，如图 15-1-5 所示。

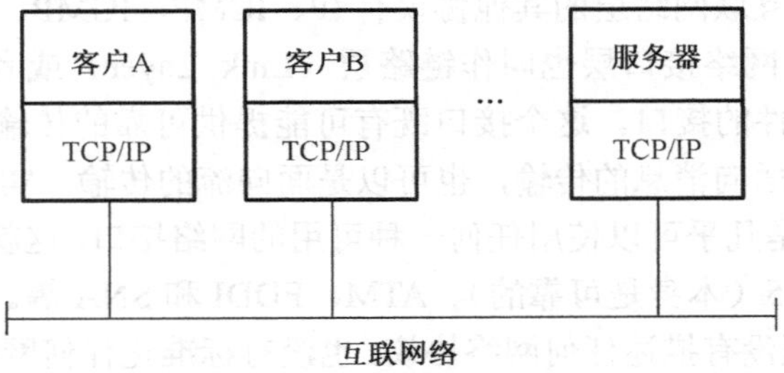

图 15-1-5　客户/服务器模型

服务器是为互联网用户提供服务的应用程序；而客户是服务的请求者（Requester）。应用程序包括服务器部分和客户部分，这两部分既可以在相同的系统上运行，也可以在不同的系统上运行。用户通常调用应用程序的客户部分，构建特定服务的请求，并用 TCP/IP 作为传输工具把这个请求发送到应用的服务部分。

服务器接收请求、执行客户请求的服务，并在一个应答（Reply）中发回结果。服务器往往能够同时处理多个请求和多个发请求的客户（Requesting Client）。

大多数服务器在一个熟知（Well-known）端口上等待请求，因此，客户知道必须把请求发送到哪个端口（进而知道是哪个应用）。客户通常使用一个称为临时端口（Ephemeral Port）的任意端口进行通信。如果客户要求与没有使用熟知端口的服务器进行通信，则必须使用另一个机制以获悉必须发往请求的端口。这种机制可以利用例如端口映射那样的注册服务，而这种服务确定使用了一种熟知端口。

15.1.9　网桥、路由器和网关

访问其他网络有许多种方法。在互联网中，网络之间的访问用路由器实现。在本节中，我们将区分网桥（Bridge）、路由器（Router）和网关（Gateway）在允许远程网络访问方面存在的差异。

（1）网桥。在网桥接口层上互联 LAN 网段，并在这些 LAN 网段之间转发帧。网桥执行 MAC 中继功能，并且不依赖于任一更高的协议（包括逻辑链路协议）。如果需要，它还可以

提供 MAC 层的协议转换。

通常认为网桥对于 IP 是透明的。也就是说，当 IP 主机把一个 IP 数据报发送到通过网桥连接的网络上的另一个主机上时，它直接把数据报发送给主机，而数据报在发送 IP 主机不知情的情况下“越过”网桥。

（2）路由器。在网络层上互联网络，并在这些网络之间发送消息。路由器必须理解与它所支持的网络协议相关联的编址结构，并确定是否转发消息，以及如何转发。路由器能够选择最佳的传输路径和最优的消息大小。基本路由功能在 TCP/IP 协议栈的 IP 层实现，因此，理论上，从现在的大多数 TCP/IP 实现来看，有多个接口运行 TCP/IP 的任何主机或者工作站都能够转发 IP 数据报。然而，与 IP 实现的最小功能相比，专用路由器提供了更加完善的路由功能。

因为 IP 提供了基本的路由功能，所以也经常使用术语——IP 路由器（IP Router）。其他关于路由器的旧术语有 IP 网关(IP Gateway)、Internet 网关(Internet Gateway)和网关 Gateway)。现在，术语网关一般用于比网络层更高的协议层上的连接。

通常认为路由器对于 IP 是可见的。也就是说，当主机把一个 IP 数据报发送到通过路由器连接的网络上的另一个主机上时，它把数据报发送到路由器，以便路由器把报文转发到目的主机。

（3）网关。在比网桥和路由器更高的层上互联网络。网关通常支持从一个网络到另一个网络的地址映射，并且还可以提供环境间的数据传输以支持端到端的应用连接。网关通常把两个网络的互联性限制在这两个网络都支持的应用协议的一个子集内。例如，运行 TCP/IP 的 VM 主机可以用作 SMTP/RSCS 邮件网关。

通常认为网关对于 IP 是不透明的。也就是说，主机不能通过网关发送 IP 数据报，主机只能把数据报发送到网关，然后使用网关的另一端所用的网络体系结构，由网关把数据报所携带的高层协议信息传递下去。

与路由器和网关密切相关的一个概念是防火墙（Firewall），或者说防火墙网关（Firewall Gateway)，它从安全角度出发限制从 Internet 或者某些不受信任的网络访问有一个机构控制的一个或者一组网络。

15.2　TCP 和 UDP

传输控制协议（TCP）为应用程序提供可靠的通信连接，适用于一次传输大批数据的情况并可要求得到相应的应用程序。

用户数据包协议（UDP）提供无连接通信，且不对传送包进行可靠的保证，适用于一次传输少量数据的情况。

15.2.1　TCP

TCP 是 TCP/IP 体系中面向连接的传输层协议，它提供全双工和可靠交付的服务，采用许多机制来确保端到端节点之间的可靠数据传输，如采用序列号、确认重传和滑动窗口等。

首先，TCP 要为所发送的每一个报文段加上序列号，保证每一个报文段能被接收端接收，并只被正确接收一次。

其次，TCP 采用具有重传功能的积极确认技术作为可靠数据流传输服务的基础。这里“确认”是指接收端在正确收到报文段之后向发送端回发一个确认（ACK）信息。发送端将每个已发送的报文段备份在自己的缓冲区，而且在收到相应的确认之前是不会丢弃所保存的报文段的。“积极”是指发送端在每一个报文段发送完成后同时启动一个定时器，若加入定时器的定时期满而关于报文段的确认信息还没有达到，则发送端认为该报文段已经丢失并主动重发。为了避免由于网络延时引起迟到的确认和重复的确认，TCP 规定在确认信息中捎带一个报文段的序号，使接收端能正确地将报文段与确认联系起来。

最后，采用可变长的滑动窗口协议进行流量控制，以防止由于发送端与接收端之间的不匹配而引起的数据丢失。这里所采用的滑动窗口协议与数据链路层的滑动窗口协议在工作原理上完全相同，唯一的区别在于滑动窗口协议用于传输层是为了在端对端节点之间实现流量控制，而用于数据链路层是为了在相邻节点之间实现流量控制。TCP 采用可变长的滑动窗口，使得发送端与接收端可根据自己的 CPU 和数据缓冲资源对数据发送和接收能力进行动态调节，从而灵活性更强，也更合理。

15.2.2 三次握手

在利用 TCP 实现源主机和目的主机通信时，目的主机必须同意，否则 TCP 连接无法建立。为了确保 TCP 连接的成功建立，TCP 采用了一种称为三次握手的方式。三次握手方式使得“序号/确认号”系统能够正常工作，从而使它们的序号达成同步。如果三次握手成功，则连接建立成功，可以开始传送数据信息。

三次握手如图 15-2-1 所示。

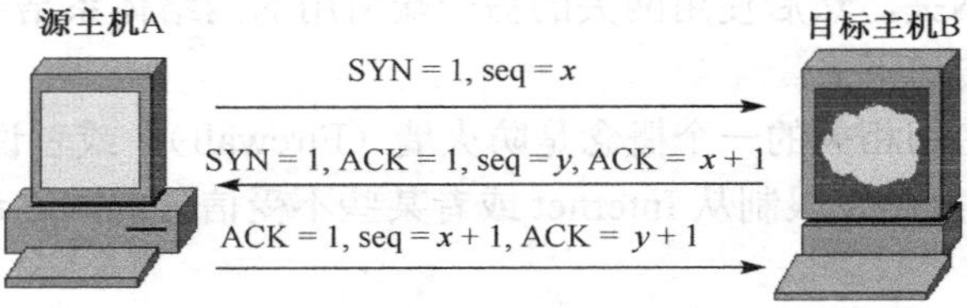

图 15-2-1 三次握手

三次握手的步骤如下。

（1）源主机 A 的 TCP 向目标主机 B 发送连接请求报文段，其首部中的 SYN（同步）标志位应置为 1，表示想跟目标主机 B 建立连接，进行通信，并发送一个同步序列号 x（如 seq=100）进行同步，表明在后面传送数据时的第一个数据字节的序号为 x+1（即 101）。

（2）目标主机 B 的 TCP 收到连接请求报文段后，如同意则发回确认信息，在确认报中应将 ACK 位和 SYN 位置为 1，确认号为 x+1，同时也为自己选择一个序号 y。

（3）源主机 A 的 TCP 收到目标主机 B 的确认后，要想目标主机 B 给出确认，其 ACK 置为 1，确认号为 y+1，而自己的序号为 x+1。TCP 的标准规定，SYN 置 1 的报文段要消耗掉一个序号。

运行客户进程的源主机 A 的 TCP 通知上层应用进程，连接已经建立。当源主机 A 向目标主机 B 发送第一个数据报文段时，其序号仍为 x+1，因为前一个确认报文段并不消耗序号。

当运行服务进程的目标主机 B 的 TCP 收到源主机 A 的确认后，也通知其上层应用进程，连接已经建立，至此建立了一个全双工的连接。

三次握手为应用程序提供可靠的通信连接，适用于一次传输大批数据的情况，并可要求得到相应的应用程序。

15.2.3　TCP 数据报头

TCP 数据报头信息如图 15-2-2 所示。

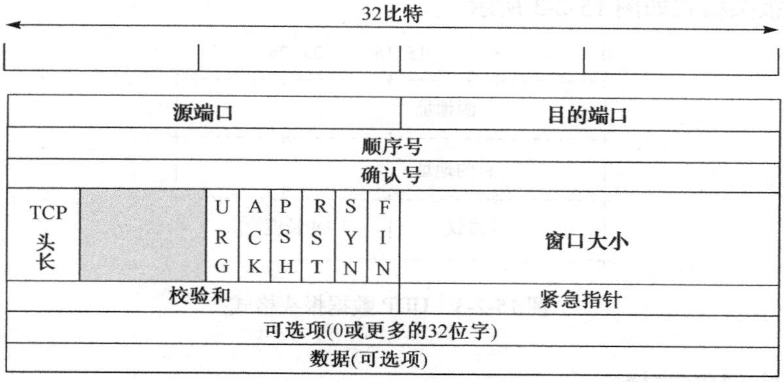

图 15-2-2　TCP 数据报头信息

TCP 数据报头信息的具体分配如下。

- 源端口、目的端口：16 位长，标识出远端和本地的端口号。
- 序号：32 位长，标识发送的数据报的顺序。
- 确认号：32 位长，希望收到的下一个数据报的序列号。
- TCP 头长：4 位长，表明 TCP 头中包含多少个 32 位字。
- 6 位未用。
- ACK：若 ACK 为 1，则表明确认号是合法的；如果 ACK 为 0，那么数据报不包含确认信息，确认字段被省略。
- PSH：表示是带有 PUSH 标志的数据，接收端因此请求数据报一到便可送往应用程序，而不必等到缓冲区装满时才发送。
- RST：用于复位由于主机崩溃或其他原因而出现的错误的连接，还可以用于拒绝非法的数据报或拒绝连接请求。
- SYN：用于建立连接。
- FIN：用于释放连接。
- 窗口大小：16 位长，窗口大小字段表示在确认了字节之后还可以发送多少个字节。
- 校验和：16 位长，是为了确保高可靠性而设置的，它校验头部、数据和伪 TCP 头部之和。
- 可选项：0 个或多个 32 位字，包括最大 TCP 载荷、窗口比例和选择重复数据报等选项。

15.2.4 UDP

UDP 即用户数据报协议，它是一种无连接协议，因此不需要像 TCP 那样通过三次握手来建立一个连接。同时，一个 UDP 应用可同时作为应用的客户或服务器方。由于 UDP 并不需要建立一个明确的连接，因此建立 UDP 应用要比建立 TCP 应用简单得多。

UDP 比 TCP 更为高效，也能更好地解决实时性的问题。如今，包括网络视频会议系统在内的众多的客户/服务器模式的网络应用都使用 UDP。

UDP 数据报头格式如图 15-2-3 所示。

```
0       7 8     15 16    23 24    31
+--------+--------+--------+--------+
|              源地址               |
+--------+--------+--------+--------+
|            目的地址               |
+--------+--------+--------+--------+
|  0     |协议    |    UDP长度      |
+-----+-----+-----+-----+
```

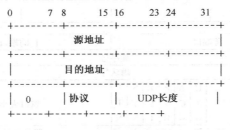

图 15-2-3　UDP 数据报头格式

15.2.5 协议的选择

对数据可靠性的要求。对数据可靠性要求高的应用需选择 TCP，如验证、密码字段的传送都是不允许出错的，而对数据的可靠性要求不那么高的应用可选择 UDP 传送。

应用的实时性。TCP 在传送过程中要使用三次握手、重传确认等手段来保证数据传输的可靠性。使用 TCP 会有较大的时延，因此不适合对实时性要求较高的应用，如 VOIP、视频监控等。相反，UDP 则在这些应用中能发挥很好的作用。

网络的可靠性。由于 TCP 的提出主要是用来解决网络的可靠性问题，它通过各种机制来减少错误发生的概率，因此，在网络状况不是很好的情况下需选用 TCP（如在广域网等情况下），但是若在网络状况很好的情况下（如局域网等）就不需要再采用 TCP，而建议选择 UDP 来减少网络负荷。

15.2.6 端口号和 IP 地址

端口号的概念：在网络技术中，端口大致有两种意思，一是物理意义上的端口，如集线器、交换机和路由器等用于连接其他网络设备的接口；二是指 TCP/IP 中的端口，端口号的范围为 0～65 535，一类是由互联网指派名字和号码公司 ICANN 负责分配给一些常用的应用程序固定使用的“周知的端口”，其值一般为 0～1 023，例如，http 的端口号是 80，ftp 为 21，ssh 为 22，telnet 为 23 等；还有一类是用户自己定义的，通常是大于 1 024 的整型值。

IP 地址的表示：通常用户在表达 IP 地址时采用的是点分十进制表示的数值（或者是冒号分开的十进制 IPv6 地址），而在通常使用的 Socket 编程中使用的则是二进制值，这就需要将这两个数值进行转换。IPv4 地址为 32 bit，4 字节，通常采用点分十进制的表示方式。例如，对于 10000000 00001011 00000011 00011111，点分十进制表示为 128.11.3.31。

15.3　套接字

套接字是操作系统内核中的一个数据结构，它是网络中的节点进行相互通信的门户，是网络进程的 ID。网络通信归根到底还是进程间的通信（不同计算机上的进程间通信）。在网络中，每一个节点（计算机或路由）都有一个网络地址，也就是 IP 地址。在两个进程进行通信时，首先要确定各自所在的网络节点的网络地址。但是，网络地址只能确定进程所在的计算机，而一台计算机上很可能同时运行着多个进程，所以仅凭网络地址还不能确定到底要和网络中的哪一个进程进行通信，因此套接字中还需要包括其他的信息，也就是端口号（PORT）。在一台计算机中，一个端口号一次只能分配给一个进程。也就是说，在一台计算机中，端口号和进程之间是一一对应的关系，所以，使用端口号和网络地址的组合可以唯一地确定整个网络中的一个网络进程。

例如，假设网络中某一台计算机的 IP 地址为 10.92.20.160，操作系统分配给计算机中某一应用程序进程的端口号为 1 500，则此时 10.92.20.160，1 500 就构成了一个套接字。

15.3.1　Socket 的概念

Linux 中的网络编程是通过 Socket 来进行的。Socket 是一种特殊的 I/O 接口，也是一种文件描述符。它是一种常用的进程之间的通信机制，通过它不仅能实现本地机器上的进程之间的通信，而且通过网络能够在不同机器上的进程之间进行通信。

每一个 Socket 都用一个半相关描述“{协议、本地地址、本地端口}”来表示；一个完整的套接字则用一个相关描述“{协议、本地地址、本地端口、远程地址、远程端口}”来表示。Socket 也有一个类似于打开文件的函数调用，该函数返回一个整型的 Socket 描述符，随后的连接建立、数据传输等操作都是通过 Socket 来实现的。

15.3.2　Socket 的类型

流式 Socket（SOCK_STREAM）用于 TCP 通信。流式套接字提供可靠的、面向连接的通信流；它使用 TCP，从而保证数据传输的正确性和顺序性。

数据报 Socket（SOCK_DGRAM）用于 UDP 通信。数据报套接字定义了一种无连接的服务，数据通过相互独立的报文进行传输，是无序的，并且不保证是可靠、无差错的，它使用数据报协议 UDP。

原始 Socket（SOCK_RAW）用于新的网络协议实现的测试等。原始套接字允许对底层协议如 IP 或 ICMP 进行直接访问，它功能强大但使用较为不便，主要用于一些协议的开发。

15.3.3　Socket 的信息数据结构

```
struct sockaddr
{
    unsigned short sa_family;       /*地址族*/
    char sa_data[14];               /*14 字节的协议地址，包含该 Socket 的 IP 地址和端口号*/
};
```

```
struct sockaddr_in
{
    short int sa_family;             /*地址族*/
    unsigned short int sin_port;     /*端口号*/
    struct in_addr sin_addr;         /*IP 地址*/
    unsigned char sin_zero[8];       /*填充 0 以保持与 struct sockaddr 同样大小*/
};
struct in_addr
{
    unsigned long int   s_addr;      /*32 位 IPv4 地址，网络字节序*/
};
```

在头文件<netinet/in.h>中，sa_family:AF_INET 表示 IPv4 协议，sa_family:AF_INET6 表示 IPv6 协议。

15.3.4 数据存储优先顺序的转换

计算机数据存储有两种字节优先顺序：高位字节优先（称为大端模式）和低位字节优先（称为小端模式）。内存的低地址存储数据的低字节、高地址存储数据的高字节的方式称为小端模式；内存的高地址存储数据的低字节、低地址存储数据高字节的方式称为大端模式。

例如，对于内存中存放的数 0x12345678 来说，如果是采用大端模式存放的，则其真实的数是 0x12345678；如果是采用小端模式存放的，则其真实的数是 0x78563412。

如果称某个系统所采用的字节序为主机字节序，则它可能是小端模式的，也可能是大端模式的。而端口号和 IP 地址都是以网络字节序而不是主机字节序存储的，网络字节序都是大端模式。要把主机字节序和网络字节序相互对应起来，需要对这两个字节存储优先顺序进行相互转化。这里用到 4 个函数——htons( )、ntohs( )、htonl( )和 ntohl( )，这 4 个函数分别实现网络字节序和主机字节序的转化，这里的 h 代表 host，n 代表 network，s 代表 short，l 代表 long。通常 16 位的 IP 端口号用 s 代表，而 IP 地址用 l 来代表。

htonl 函数用于将 32 位主机字节序转换成网络字节序，见表 15-3-1。

表 15-3-1　htonl 函数

相关函数	htons，ntohl，ntohs
表头文件	#include<netinet/in.h>
定义函数	unsigned long int htonl(unsigned long int hostlong);
函数说明	htonl( )用来将参数指定的 32 位 hostlong 转换成网络字节序
返回值	返回对应的网络字节序

htons 函数用于将 16 位主机字节序转换成网络字节序，见表 15-3-2。

表 15-3-2　htons 函数

相关函数	htonl，ntohl，ntohs
表头文件	#include<netinet/in.h>
定义函数	unsigned short int htons(unsigned short int hostshort);

续表

函数说明	htons( )用来将参数指定的 16 位 hostshort 转换成网络字节序
返回值	返回对应的网络字节序

15.3.5　地址格式转化

通常用户在表达地址时采用的是点分十进制表示的数值（或者是用冒号分开的十进制 IPv6 地址），而通常在使用 Socket 编程时使用的则是 32 位的网络字节序的二进制值，这就需要将这两个数值进行转换。这里在 IPv4 中用到的函数有 inet_aton( )、inet_addr( )和 inet_ntoa( )，而 IPv4 和 IPv6 兼容的函数有 inet_pton( )和 inet_ntop( )。

inet_addr 函数用于将网络地址转成二进制的数字，见表 15-3-3。

表 15-3-3　inet_addr 函数

相关函数	inet_aton，inet_ntoa
表头文件	#include<sys/socket.h> #include<netinet/in.h> #include<arpa/inet.h>
定义函数	unsigned long int inet_addr(const char *cp);
函数说明	inet_addr( )用来将参数 cp 所指的网络地址字符串转换成二进制数字。网络地址字符串是以数字和点组成的字符串，如“163.13.132.68”
返回值	成功则返回对应的网络二进制的数字，失败返回-1

inet_aton 函数用于将网络地址转成二进制的数字，见表 15-3-4。

表 15-3-4　inet_aton 函数

相关函数	inet_addr，inet_ntoa
表头文件	#include<sys/scoket.h> #include<netinet/in.h> #include<arpa/inet.h>
定义函数	int inet_aton(const char * cp,struct in_addr *inp);

函数说明	inet_aton( )用来将参数 cp 所指的网络地址字符串转换成二进制的数字，然后存于参数 inp 所指的 in_addr 结构中。结构 in_addr 定义为
	struct in_addr
	{
	　　unsigned long int s_addr;
	};

返回值	成功则返回非 0 值，失败则返回 0

inet_ntoa 函数用于将二进制的数字转换成网络地址，见表 15-3-5。

表 15-3-5　inet_ntoa 函数

相关函数	inet_addr，inet_aton
表头文件	#include<sys/socket.h> #include<netinet/in.h> #include<arpa/inet.h>
定义函数	char * inet_ntoa(struct in_addr in);
函数说明	inet_ntoa( )用来将参数 in 所指的二进制的数字转换成网络地址，然后将指向此网络地址字符串的指针返回
返回值	成功则返回字符串指针，失败则返回 NULL

例如：

```
#include <stdio.h>
#include <sys/socket.h>
#include <netinet/in.h>
#include <arpa/inet.h>
int main()
{
    char ip[] = "192.168.0.101";
    struct in_addr myaddr;
    /*inet_aton*/
    int iRet = inet_aton(ip, &myaddr);
    printf("%x\n", myaddr.s_addr);
    /*inet_addr*/
    printf("%x\n", inet_addr(ip));
    /*inet_pton*/
    iRet = inet_pton(AF_INET, ip, &myaddr);
    printf("%x\n", myaddr.s_addr);
    myaddr.s_addr = 0xac100ac4;
    /*inet_ntoa*/
    printf("%s\n", inet_ntoa(myaddr));
    /*inet_ntop*/
    inet_ntop(AF_INET, &myaddr, ip, 16);
    puts(ip);
    return 0;
}
```

15.3.6　名字地址转化

通常，人们在使用过程中都不愿意记忆冗长的 IP 地址，尤其是 IPv6，地址长度多达 128 位，那就更加不可能一次性记忆那么长的 IP 地址了。因此，使用主机名或域名将会是很好的选择。主机名与域名的区别：主机名通常在局域网里面使用，通过/etc/hosts 文件，主机名可以解析到对应的 IP 地址；域名通常在 Internet 上使用。

众所周知，百度的域名为 www.baidu.com，而这个域名其实对应了百度公司的 IP 地址，那么百度公司的 IP 地址是多少呢？我们可以利用“ping www.baidu.com”得到百度公司的 IP

地址，如图 15-3-1 所示。那么，系统是如何将 www.baidu.com 这个域名转化为 IP 地址 220.181.111.148 的呢？

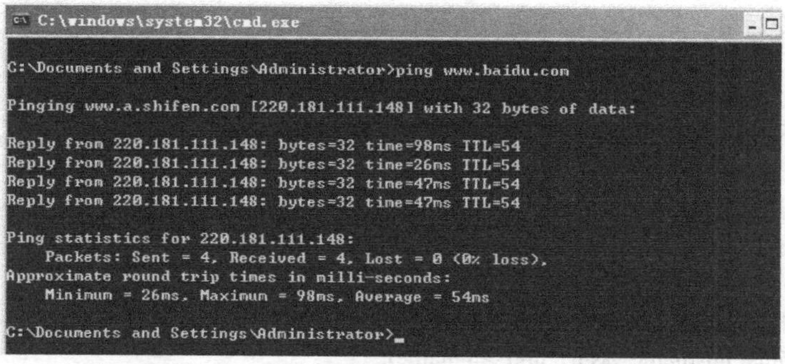

图 15-3-1　利用“ping www.baidu.com”得到百度公司的 IP 地址

在 Linux 中，有一些函数可以实现主机名和地址的转化，最常见的有 gethostbyname( )和 gethostbyaddr( )等，它们都可以实现 IPv4 和 IPv6 的地址和主机名之间的转化，其中 gethostbyname( )是将主机名转化为 IP 地址，gethostbyaddr( )则是逆操作，将 IP 地址转化为主机名。

函数原型为

```
#include <netdb.h>
struct hostent* gethostbyname(const char* hostname);
struct hostent* gethostbyaddr(const char* addr, size_t len, int family);
结构体为
struct hostent
{
    char *h_name;                    /*正式主机名*/
    char **h_aliases;                /*主机别名*/
    int h_addrtype;                  /*主机 IP 地址类型 IPv4 为 AF_INET*/
    int h_length;                    /*主机 IP 地址字节长度，对于 IPv4 是 4 字节，即 32 位*/
    char **h_addr_list;              /*主机的 IP 地址列表*/
}#define   h_addr   h_addr_list[0]    /*保存的是 IP 地址*/
```

gethostbyname 函数：用于将域名或主机名转换为 IP 地址，参数 hostname 指向存放域名或主机名的字符串。

gethostbyaddr 函数：用于将 IP 地址转换为域名或主机名，参数 addr 是一个 IP 地址，此时这个 IP 地址不是普通的字符串，而是要通过函数 inet_aton( )转换的。其中，len 为 IP 地址的长度，AF_INET 为 4，family 可选用“AF_INET：IPv4”或“AF_INET6：IPv6”。

以将百度的 www.baidu.com 转换为 IP 地址为例。

```
#include <netdb.h>
#include <sys/socket.h>
#include <stdio.h>
int main(int argc, char **argv)
{
```

```
    char *ptr, **pptr;
    struct hostent *hptr;
    char str[32] = {'\0'};
    /*取得命令后第一个参数，即要解析的域名或主机名*/
    ptr = argv[1];   //如 www.baidu.com
    /*调用 gethostbyname()，结果存在 hptr 结构中*/
    if((hptr = gethostbyname(ptr)) == NULL)
    {
        printf(" gethostbyname error for host:%s\n", ptr);
        return 0;
    }
    /*将主机的规范名打出来*/
    printf("official hostname:%s\n", hptr->h_name);
    /*主机可能有多个别名，将所有别名分别打出来*/
    for(pptr = hptr->h_aliases; *pptr != NULL; pptr++)
        printf(" alias:%s\n", *pptr);
    /*根据地址类型，将地址打出来*/
    switch(hptr->h_addrtype)
    {
        case AF_INET:
        case AF_INET6:
        pptr = hptr->h_addr_list;
        /*将刚才得到的所有地址都打出来，其中调用了 inet_ntop()函数*/
        for(; *pptr!=NULL; pptr++)
            printf(" address:%s\n", inet_ntop(hptr->h_addrtype,
                                        *pptr, str, sizeof(str)));
            printf(" first address: %s\n", inet_ntop(hptr->h_addrtype,
                                    hptr->h_addr, str, sizeof(str)));
        break;
        default:
            printf("unknown address type\n");
        break;
    }
    return 0;
}
```

编译运行如下：

```
#gcc test.c
#./a.out www.baidu.com
official hostname:www.a.shifen.com
alias:www.baidu.com
address: 220.181.111.148
…
first address: 220.181.111.148
```

注：此处需要连网才能访问 www.baidu.com。可以尝试用自己的虚拟机的主机名，通过命令“hostname”可以查看自己的主机名，用命令“hostname -i”可以查看主机名对应的 IP 地址。那么如何修改主机名呢？直

接用命令“hostname wangxiao”只是暂时修改主机名，重启之后就没有了，想要永久有效，需要修改/etc/sysconfig/network，将 HOSTNAME 修改，重启虚拟机。如果 IP 地址不对，可以修改/etc/hosts，添加自己的主机名对应的 IP 地址。

15.4 网络编程

使用 TCP 的流程如图 15-4-1 所示。

使用 UDP 的流程如图 15-4-2 所示。

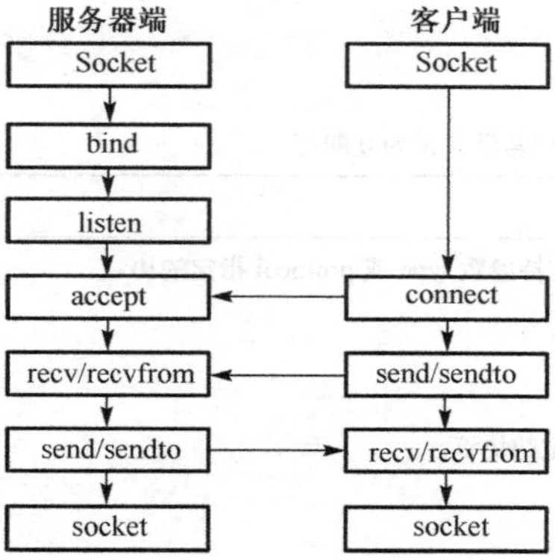

图 15-4-1 使用 TCP 的流程

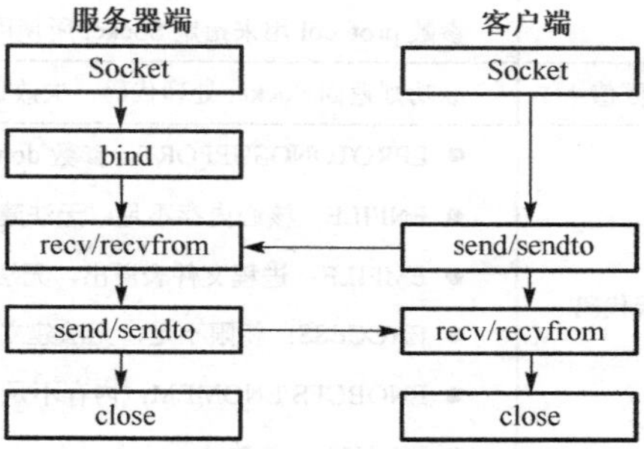

图 15-4-2 使用 UDP 的流程

15.4.1 建立 Socket 通信

socket 函数用于建立一个 Socket 通信，见表 15-4-1。

表 15-4-1 socket 函数

相关函数	accept，bind，connect，listen
表头文件	#include<sys/types.h> #include<sys/socket.h>
定义函数	int socket(int domain,int type,int protocol);
函数说明	socket( )用来建立一个新的 Socket，也就是向系统注册，通知系统建立一个通信端口。参数 domain 指定使用何种地址类型，完整的定义在/usr/include/bits/socket.h 内，常见的协议如下。 ● PF_UNIX/PF_LOCAL/AF_UNIX/AF_LOCAL：UNIX 进程通信协议。 ● PF_INET?AF_INET：IPv4 网络协议。 ● PF_INET6/AF_INET6：IPv6 网络协议。 ● PF_IPX/AF_IPX：IPX-Novell 协议。 ● PF_NETLINK/AF_NETLINK：核心用户接口装置。 ● PF_X25/AF_X25：ITU-T X.25/ISO-8208 协议。 ● PF_AX25/AF_AX25：业余无线 AX.25 协议。 ● PF_ATMPVC/AF_ATMPVC：存取原始 ATM PVC。

续表

函数说明	● PF_APPLETALK/AF_APPLETALK：appletalk（DDP）协议。 ● PF_PACKET/AF_PACKET：初级封包接口。 参数 type 有下列几种数值。 ● SOCK_STREAM：提供双向连续且可信赖的数据流，即 TCP，支持 OOB 机制，在所有数据传送前必须使用 connect( )来建立连线状态。 ● SOCK_DGRAM：提供不连续不可信赖的数据包连接。 ● SOCK_SEQPACKET：提供连续可信赖的数据包连接。 ● SOCK_RAW：提供原始网络协议存取。 ● SOCK_RDM：提供可信赖的数据包连接。 ● SOCK_PACKET：提供和网络驱动程序的直接通信。 参数 protocol 用来指定 Socket 所使用的传输协议编号，通常默认设为 0 即可
返回值	成功则返回 Socket 处理代码，失败返回-1
错误代码	● EPROTONOSUPPORT：参数 domain 指定的类型不支持参数 type 或 protocol 指定的协议。 ● ENFILE：核心内存不足，无法建立新的 Socket 结构。 ● EMFILE：进程文件表溢出，无法再建立新的 Socket。 ● EACCESS：权限不足，无法建立 type 或 protocol 指定的协议。 ● ENOBUFS/ENOMEM：内存不足。 ● EINVAL：参数 domain/type/protocol 不合法

常用实例：

```
int sfd = socket(AF_INET, SOCK_STREAM, 0);
if(sfd == -1)
{
    perror("socket");
    exit(-1);
}
```

15.4.2 绑定地址

bind 函数用于对 Socket 进行定位，见表 15-4-2。

表 15-4-2　bind 函数

相关函数	socket，accept，connect，listen
表头文件	#include<sys/types.h> #include<sys/socket.h>
定义函数	int bind(int sockfd,struct sockaddr * my_addr,int addrlen);

函数说明	bind( )用来给参数 sockfd 的 Socket 设置一个名称。此名称由参数 my_addr 指向一 sockaddr 结构，对不同的 socket domain 定义了一个通用的数据结构：
	`struct sockaddr`
	`{`

续表

<table>
<tr><td></td><td>

```
        unsigned short int sa_family;
        char sa_data[14];
};
```

● sa_family：调用 socket( )时的 domain 参数，即 AF_xxxx 值。
● sa_data：最多使用 14 个字符长度。
此 sockaddr 结构会因使用不同的 socket domain 而有不同的结构定义，例如，使用 AF_INET domain，其 socketaddr 结构定义为

```
struct   socketaddr_in
{
        unsigned short int sin_family;
        uint16_t sin_port;
        struct in_addr sin_addr;
        unsigned char sin_zero[8];
};
struct in_addr
{
      uint32_t s_addr;
};
```

</td></tr>
<tr><td>函数说明</td><td>

● sin_family：sa_family。
● sin_port：使用的 port 编号。
● sin_addr.s_addr：IP 地址。
● sin_zero：未使用。
参数 addrlen 为 sockaddr 的结构长度

</td></tr>
<tr><td>返回值</td><td>成功则返回 0，失败返回-1，错误原因存于 errno 中</td></tr>
<tr><td>错误代码</td><td>● EBADF：参数 sockfd 非合法的 Socket 处理代码。
● EACCESS：权限不足。
● ENOTSOCK：参数 sockfd 为一文件描述词，非 Socket</td></tr>
</table>

常用实例：

```
struct sockaddr_in my_addr;                          //定义结构体变量
memset(&my_addr, 0, sizeof(struct sockaddr));        //将结构体清空
//或 bzero(&my_addr, sizeof(struct sockaddr));
my_addr.sin_family = AF_INET;                        //表示采用 IPv4 网络协议
my_addr.sin_port = htons(8888);                      //表示端口号为 8888，通常是大于 1 024 的一个值
//htons()用来将参数指定的 16 位 hostshort 转换成网络字节序
//inet_addr()用来将 IP 地址字符串转换成二进制数字，如果为 INADDR_ANY，
//则表示服务器自动填充本机 IP 地址。
my_addr.sin_addr.s_addr = inet_addr("192.168.0.101");
if(bind(sfd, (struct sockaddr*)&my_str, sizeof(struct sockaddr)) == -1)
{
    perror("bind");
```

```
    close(sfd);
    exit(-1);
}
```

注：通过将 my_addr.sin_port 置为 0，函数会自动选择一个未占用的端口来使用。同样，通过将 my_addr.sin_addr.s_addr 置为 INADDR_ANY，系统会自动填入本机的 IP 地址。

15.4.3 监听

listen 函数用于等待连接，见表 15-4-3。

表 15-4-3 listen 函数

相关函数	socket，bind，accept，connect
表头文件	#include<sys/socket.h>
定义函数	int listen(int s,int backlog);
函数说明	listen( )用来等待参数 s 的 Socket 连线。参数 backlog 用来指定同时能处理的最大连接要求，如果连接数目达此上限则 client 端将收到 ECONNREFUSED 的错误。listen( )并未开始接收连线，只是设置 Socket 为 listen 模式，真正接收 client 端连线的是 accept( )。通常 listen( )会在 socket( )和 bind( )之后调用，接着才调用 accept( )
返回值	成功则返回 0，失败返回-1，错误原因存于 errno 中
附加说明	listen( )只适用 SOCK_STREAM 或 SOCK_SEQPACKET 的 Socket 类型。如果 Socket 为 AF_INET，则参数 backlog 的最大值可设至 128
错误代码	● EBADF：参数 sockfd 非合法的 Socket 处理代码。 ● EACCESS：权限不足。 ● EOPNOTSUPP：指定的 Socket 并未支援 listen 模式

常用实例：

```
if(listen(sfd, 10) == -1)
{
    perror("listen");
    close(sfd);
    exit(-1);
}
```

15.4.4 接受请求

accept 函数用于接受 Socket 连线，见表 15-4-4。

表 15-4-4 accept 函数

相关函数	socket，bind，listen，connect
表头文件	#include<sys/types.h> #include<sys/socket.h>
定义函数	int accept(int s,struct sockaddr * addr,int * addrlen);

续表

函数说明	accept( )用来接受参数 s 的 Socket 连线。参数 s 的 Socket 必需先经 bind( )和 listen( )处理过，当有连线进来时，accept( )会返回一个新的 Socket 处理代码，之后的数据传送与读取就由新的 Socket 处理，而原来参数 s 的 Socket 能继续使用 accept( )来接受新的连线要求。当连线成功时，参数 addr 所指的结构会被系统填入远程主机的地址数据，参数 addrlen 为 scokaddr 的结构长度。关于结构 sockaddr 的定义请参考 bind 函数的介绍
返回值	成功则返回新的 Socket 处理代码，失败返回-1，错误原因存于 errno 中
错误代码	● EBADF：参数 s 非合法的 Socket 处理代码。 ● EFAULT：参数 addr 指针指向无法存取的内存空间。 ● ENOTSOCK：参数 s 为一文件描述词，非 Socket。 ● EOPNOTSUPP：指定的 Socket 并非 SOCK_STREAM。 ● EPERM：防火墙拒绝此连线。 ● ENOBUFS：系统的缓冲内存不足。 ● ENOMEM：核心内存不足

accept 函数用于接受远程计算机的连接请求，建立与客户机之间的通信连接。当服务器处于监听状态时，如果某时刻获得客户机的连接请求，此时并不是立即处理这个请求，而是将这个请求放在等待队列中，当系统空闲时再处理客户机的连接请求。当 accept 函数接受一个连接时，会返回一个新的 Socket 标识符，以后的数据传输和读取就要通过这个新的 Socket 来处理，原来参数中的 Socket 也可以继续使用，继续监听其他客户机的连接请求。也就是说，类似于移动营业厅，如果有客户打电话给 10086，此时服务器就会请求连接，处理一些事务之后，就通知一个话务员接听客户的电话，后面的所有操作与服务器没有关系，而是由话务员跟客户的交流。对应过来，客户请求连接服务器，服务器先做一些绑定和监听等操作之后，如果允许连接，则调用 accept 函数产生一个新的套接字，然后用这个新的套接字跟客户进行收发数据，服务器跟一个客户端连接成功，会有两个套接字。

常用实例：

```
struct sockaddr_in clientaddr;
memset(&clientaddr, 0, sizeof(struct sockaddr));
int addrlen = sizeof(struct sockaddr);
int new_fd = accept(sfd, (struct sockaddr*)&clientaddr, &addrlen);
if(new_fd == -1)
{
    perror("accept");
    close(sfd);
    exit(-1);
}
printf("%s %d success connect\n",inet_ntoa(clientaddr.sin_addr),
                                            ntohs(clientaddr.sin_port));
```

15.4.5　连接服务器

connect 函数用于建立 Socket 连线，见表 15-4-5。

表 15-4-5　connect 函数

相关函数	socket，bind，listen
表头文件	#include<sys/types.h> #include<sys/socket.h>
定义函数	int connect (int sockfd,struct sockaddr * serv_addr,int addrlen);
函数说明	connect( )用来将参数 sockfd 的 Socket 连至参数 serv_addr 指定的网络地址。参数 addrlen 为 sockaddr 的结构长度
返回值	成功则返回 0，失败返回-1，错误原因存于 errno 中
错误代码	● EBADF：参数 sockfd 非合法的 Socket 处理代码。 ● EFAULT：参数 serv_addr 指针指向无法存取的内存空间。 ● ENOTSOCK：参数 sockfd 为一文件描述词，非 Socket。 ● EISCONN：参数 sockfd 的 Socket 已是连线状态。 ● ECONNREFUSED：连线要求被 server 端拒绝。 ● ETIMEDOUT：企图连线的操作超过限定时间仍未有响应。 ● ENETUNREACH：无法传送数据包至指定的主机。 ● EAFNOSUPPORT：sockaddr 结构的 sa_family 不正确。 ● EALREADY：Socket 是不可阻断的且先前的连线操作还未完成

常用实例：

```
struct sockaddr_in seraddr;                              //请求连接服务器
memset(&seraddr, 0, sizeof(struct sockaddr));
seraddr.sin_family = AF_INET;
seraddr.sin_port = htons(8888);                          //服务器的端口号
seraddr.sin_addr.s_addr = inet_addr("192.168.0.101");    //服务器的 IP 地址
if(connect(sfd, (struct sockaddr*)&seraddr, sizeof(struct sockaddr)) == -1)
{
    perror("connect");
    close(sfd);
    exit(-1);
}
```

15.4.6　发送数据

send 函数用于通过 Socket 传送数据，见表 15-4-6。

表 15-4-6　send 函数

相关函数	sendto，sendmsg，recv，recvfrom，socket
表头文件	#include<sys/types.h> #include<sys/socket.h>
定义函数	int send(int s,const void * msg,int len,unsigned int falgs);

续表

函数说明	send( )用来将数据由指定的 Socket 传给对方主机。参数 s 为已建立好连接的 Socket，参数 msg 指向欲连线的数据内容，参数 len 为数据长度，参数 flags 一般设为 0，其他数值定义如下。 ● MSG_OOB：传送的数据以 out-of-band 送出。 ● MSG_DONTROUTE：取消路由表查询。 ● MSG_DONTWAIT：设置为不可阻断操作。 ● MSG_NOSIGNAL：此动作不愿被 SIGPIPE 信号中断
返回值	成功则返回实际传送出去的字符数，失败返回-1。错误原因存于 errno
错误代码	● EBADF：参数 s 非合法的 Socket 处理代码。 ● EFAULT：参数中有一指针指向无法存取的内存空间。 ● ENOTSOCK：参数 s 为一文件描述词，非 Socket。 ● EINTR：被信号所中断。 ● EAGAIN：此操作会令进程阻断，但参数 s 的 Socket 是不可阻断的。 ● ENOBUFS：系统的缓冲内存不足。 ● ENOMEM：核心内存不足。 ● EINVAL：传给系统调用的参数不正确

sendto 函数用于通过 Socket 传送数据，见表 15-4-7。

表 15-4-7 sendto 函数

相关函数	send , sendmsg,recv , recvfrom , socket
表头文件	#include < sys/types.h > #include < sys/socket.h >
定义函数	int sendto (int s , const void * msg, int len, unsigned int flags, const struct sockaddr * to , int tolen) ;
函数说明	sendto( )用来将数据由指定的 Socket 传给对方主机。参数 s 为已建好连线的 Socket，如果利用 UDP 则不需经过连线操作；参数 msg 指向欲连线的数据内容；参数 flags 一般设为 0；参数 to 用来指定欲传送的网络地址；参数 tolen 为 sockaddr 的结果长度
返回值	成功则返回实际传送出去的字符数，失败返回-1，错误原因存于 errno 中
错误代码	● EBADF：参数 s 非法的 Socket 处理代码。 ● EFAULT：参数中有一指针指向无法存取的内存空间。 ● WNOTSOCK：参数 s 为一文件描述词，非 Socket。 ● EINTR：被信号所中断。 ● EAGAIN：此动作会令进程阻断，但参数 s 的 Socket 是不可阻断的。 ● ENOBUFS：系统的缓冲内存不足。 ● EINVAL：传给系统调用的参数不正确

常用实例：

```
if(send(new_fd, "hello", 6, 0) == -1)
{
    perror("send");
```

```
        close(new_fd);
        close(sfd);
        exit(-1);
    }
```

15.4.7 接收数据

recv 函数用于通过 Socket 接收数据，见表 15-4-8。

表 15-4-8 recv 函数

相关函数	recvfrom，recvmsg，send，sendto，socket
表头文件	#include<sys/types.h> #include<sys/socket.h>
定义函数	int recv(int s,void *buf,int len,unsigned int flags);
函数说明	recv( )用来接收远端主机经指定的 Socket 传来的数据，并把数据存到由参数 buf 指向的内存空间，参数 len 为可接收数据的最大长度，参数 flags 一般设为 0。其他数值定义如下。 ● MSG_OOB：接收以 out-of-band 送出的数据。 ● MSG_PEEK：返回来的数据并不会在系统内删除，如果再调用 recv( )会返回相同的数据内容。 ● MSG_WAITALL：强迫接收到 len 大小的数据后才能返回，除非有错误或信号产生。 ● MSG_NOSIGNAL：此操作不愿被 SIGPIPE 信号中断
返回值	成功则返回接收到的字符数，失败返回-1，错误原因存于 errno 中
错误代码	● EBADF：参数 s 非合法的 Socket 处理代码。 ● EFAULT：参数中有一指针指向无法存取的内存空间。 ● ENOTSOCK：参数 s 为一文件描述词，非 Socket。 ● EINTR：被信号所中断。 ● EAGAIN：此动作会令进程阻断，但参数 s 的 Socket 是不可阻断的。 ● ENOBUFS：系统的缓冲内存不足。 ● ENOMEM：核心内存不足。 ● EINVAL：传给系统调用的参数不正确

recvfrom 函数用于通过 Socket 接收数据，见表 15-4-9。

表 15-4-9 recvfrom 函数

相关函数	recv，recvmsg，send，sendto，socket
表头文件	#include<sys/types.h> #include<sys/socket.h>
定义函数	int recvfrom(int s,void *buf,int len,unsigned int flags ,struct sockaddr * from ,int *fromlen);
函数说明	recv( )用来接收远程主机经指定的 Socket 传来的数据，并把数据存到由参数 buf 指向的内存空间。参数 len 为可接收数据的最大长度，参数 flags 一般设为 0，其他数值定义请参考 recv 函数，参数 from 用来指定欲传送的网络地址，结构 sockaddr 请参考 bind 函数；参数 fromlen 为 sockaddr 的结构长度
返回值	成功则返回接收到的字符数，失败则返回-1，错误原因存于 errno 中

续表

错误代码	● EBADF：参数 s 非合法的 Socket 处理代码。 ● EFAULT：参数中有一指针指向无法存取的内存空间。 ● ENOTSOCK：参数 s 为一文件描述词，非 Socket。 ● EINTR：被信号所中断。 ● EAGAIN：此动作会令进程阻断，但参数 s 的 Socket 是不可阻断的。 ● ENOBUFS：系统的缓冲内存不足。 ● ENOMEM：核心内存不足。 ● EINVAL：传给系统调用的参数不正确

常用实例：

```
char buf[512] = {0};
if(recv(new_fd, buf, sizeof(buf), 0) == -1)
{
    perror("recv");
    close(new_fd);
    close(sfd);
    exit(-1);
}
puts(buf);
```

15.5 采用 TCP 的 C/S 架构实现

15.5.1 模块封装

将一些通用的代码全部封装起来，在需要时直接调用函数即可。

通用网络封装代码头文件为 tcp_net_socket.h。

```
#ifndef __TCP__NET__SOCKET__H
#define __TCP__NET__SOCKET__H
#include <stdio.h>
#include <stdlib.h>
#include <string.h>
#include <sys/types.h>
#include <sys/socket.h>
#include <netinet/in.h>
#include <arpa/inet.h>
#include <unistd.h>
#include <signal.h>

extern int tcp_init(const char* ip,int port);
extern int tcp_accept(int sfd);
extern int tcp_connect(const char* ip,int port);
```

```
extern void signalhandler(void);
#endif
```

具体的通用函数封装（tcp_net_socket.c）如下。

```
#include "tcp_net_socket.h"
int tcp_init(const char* ip, int port)                //用于初始化操作
{
    int sfd = socket(AF_INET, SOCK_STREAM, 0);        //创建一个 Socket，向系统申请
    if(sfd == -1)
    {
        perror("socket");
        exit(-1);
    }
    struct sockaddr_in serveraddr;
    memset(&serveraddr, 0, sizeof(struct sockaddr));
    serveraddr.sin_family = AF_INET;
    serveraddr.sin_port = htons(port);
    serveraddr.sin_addr.s_addr = inet_addr(ip);       //或 INADDR_ANY
                                                      //将新的 Socket 与指定的 ip 和 port 绑定
    if(bind(sfd, (struct sockaddr*)&serveraddr,sizeof(struct sockaddr)) == -1)
    {
        perror("bind");
        close(sfd);
        exit(-1);
    }
    if(listen(sfd, 10) == -1)                         //监听它，并设置其允许最大的连接数为 10 个
    {
        perror("listen");
        close(sfd);
        exit(-1);
    }
    return sfd;
}
int tcp_accept(int sfd)                               //用于服务端的接收
{
    struct sockaddr_in clientaddr;
    memset(&clientaddr, 0, sizeof(struct sockaddr));
    int addrlen = sizeof(struct sockaddr);
    int new_fd = accept(sfd, (struct sockaddr*)&clientaddr, &addrlen);
                                                      //sfd 接受客户端连接，并创建新的 Socket 为
                                                      //new_fd，将请求连接的客户端的 ip 和 port 保存
                                                      //在结构体 clientaddr 中
    if(new_fd == -1)
    {
        perror("accept");
        close(sfd);
```

```
        exit(-1);
    }
    printf("%s %d success connect...\n",inet_ntoa(clientaddr.sin_addr),
                                          ntohs(clientaddr.sin_port));

    return new_fd;
}

int tcp_connect(const char* ip, int port)                    //用于客户端的连接
{
    int sfd = socket(AF_INET, SOCK_STREAM, 0);     //向系统注册申请新的 Socket
    if(sfd == -1)
    {
        perror("socket");
        exit(-1);
    }
    struct sockaddr_in serveraddr;
    memset(&serveraddr, 0, sizeof(struct sockaddr));
    serveraddr.sin_family = AF_INET;
    serveraddr.sin_port = htons(port);
    serveraddr.sin_addr.s_addr = inet_addr(ip);
                                            //将 sfd 连接至制定的服务器网络地址 serveraddr
  if(connect(sfd,(struct sockaddr*)&serveraddr,sizeof(struct sockaddr))==-1)
    {
        perror("connect");
        close(sfd);
        exit(-1);
    }
    return sfd;
}

void signalhandler(void)                   //用于信号处理，让服务端在按下 Ctrl+c 或 Ctrl+\时不会退出
{
    sigset_t sigSet;
    sigemptyset(&sigSet);
    sigaddset(&sigSet,SIGINT);
    sigaddset(&sigSet,SIGQUIT);
    sigprocmask(SIG_BLOCK,&sigSet,NULL);
}
```

15.5.2　服务器端的实现

服务器端：tcp_net_server.c。

```
#include "tcp_net_socket.h"
int main(int argc, char* argv[])
{
    if(argc < 3)
    {
```

```
        printf("usage:./servertcp   ip   port\n");
        exit(-1);
    }
    signalhandler();
    int sfd = tcp_init(argv[1], atoi(argv[2]));          //或 int sfd = tcp_init("192.168.0.164", 8888);
    while(1)                                             //用 while 循环表示可以与多个客户端接收和发
                                                         //送，但仍是阻塞模式的
    {
        int cfd = tcp_accept(sfd);
        char buf[512] = {0};
        if(recv(cfd, buf, sizeof(buf), 0) == -1)         //从 cfd 客户端接收数据存于 buf 中
        {
            perror("recv");
            close(cfd);
            close(sfd);
            exit(-1);
        }
        puts(buf);
        if(send(cfd, "hello world", 12, 0) == -1)        //从 buf 中取出并向 cfd 客户端发送数据
        {
            perror("send");
            close(cfd);
            close(sfd);
            exit(-1);
        }
        close(cfd);
    }
    close(sfd);
    return 0;
}
```

15.5.3 客户端的实现

客户端：tcp_net_client.c。

```
#include "tcp_net_socket.h"
int main(int argc, char* argv[])
{
    if(argc < 3)
    {
        printf("usage:./clienttcp   ip   port\n");
        exit(-1);
    }
    int sfd = tcp_connect(argv[1],atoi(argv[2]));
    char buf[512] = {0};
    send(sfd, "hello", 6, 0);                  //向 sfd 服务端发送数据
    recv(sfd, buf, sizeof(buf), 0);            //从 sfd 服务端接收数据
    puts(buf);
```

```
    close(sfd);
}
```

编译执行：

```
#gcc –o tcp_net_server tcp_net_server.c tcp_net_socket.c
#gcc –o tcp_net_client tcp_net_client.c tcp_net_socket.c
#./tcp_net_server 192.168.0.164 8888
#./tcp_net_client 192.168.0.164 8888
```

可以通过下列操作将 tcp_net_socket.h 集成到库中。

```
gcc –fpic –c tcp_net_socket.c –o tcp_net_socket.o
gcc –shared tcp_net_socket.o –o libtcp_net_socket.so
cp lib*.so /lib                                    //这样以后就可以直接使用该库了
cp tcp_net_socket.h /usr/include/
```

这样头文件中就包含 tcp_net_socket.h 了，以后再用到的时候可以直接调用。

```
gcc –o main main.c –ltcp_net_socket
//其中 main.c 要包含头文件 ：  include <tcp_net_socket.h>
//main
```

注：通过上面的操作虽然可以实现多个客户端访问，但是仍然是阻塞模式的（即在一个客户访问时会阻塞其他客户的访问）。如何解决此问题？通常采用并发服务器模型。

15.6　并发服务器模型

并发服务器模型的实现主要有下列 3 种方法。

- 多进程；
- 多线程；
- 调用 fcntl 将 sockfd 设置为非阻塞模式。

15.6.1　多进程解决方案

多进程，因为开销比较大，所以不常用。

```
int main(int argc, char* argv[])
{
    if(argc < 3)
    {
        printf("usage:./servertcp   ip   port\n");
        exit(-1);
    }
    int sfd = tcp_init(argv[1], atoi(argv[2]));
    char buf[512] = {0};
    while(1)
    {
```

```
            int cfd = tcp_accept(sfd);
            if(fork() == 0)
            {
                recv(cfd,buf,sizeof(buf),0);
                puts(buf);
                send(cfd,"hello",6,0);
                close(cfd);
            }
            else
            {
                close(cfd);
            }
        }
        close(sfd);
    }
```

15.6.2 多线程解决方案

将服务器上文件的内容全部发给客户端。

```
/*TCP 文件服务器 演示代码*/
#include <stdio.h>
#include <stdlib.h>
#include <errno.h>
#include <string.h>
#include <sys/types.h>
#include <sys/fcntl.h>
#include <netinet/in.h>
#include <sys/socket.h>
#include <sys/wait.h>
#include <pthread.h>

#define DEFAULT_SVR_PORT 2828
#define FILE_MAX_LEN 64
char filename[FILE_MAX_LEN+1];

static void * handle_client(void * arg)
{
    int sock = (int)arg;
    char buff[1024];
    int len ;
    printf("begin send\n");
    FILE* file = fopen(filename,"r");
    if(file == NULL)
    {
        close(sock);
        exit;
    }
```

```
        //发文件名
        if(send(sock,filename,FILE_MAX_LEN,0) == -1)
        {
            perror("send file name\n");
            goto EXIT_THREAD;
        }
        printf("begin send file %s....\n",filename);
        //发文件内容
        while(!feof(file))
        {
            len = fread(buff,1,sizeof(buff),file);
            printf("server read %s,len %d\n",filename,len);
            if(send(sock,buff,len,0) < 0)
            {
                perror("send file:");
                goto EXIT_THREAD;
            }
        }
        EXIT_THREAD:
        if(file)
        fclose(file);
        close(sock);
}

int main(int argc,char * argv[])
{
        int sockfd,new_fd;
        //定义两个 IPv4 地址
        struct sockaddr_in my_addr;
        struct sockaddr_in their_addr;
        int sin_size,numbytes;
        pthread_t cli_thread;
        unsigned short port;
        if(argc < 2)
        {
            printf("need a filename without path\n");
            exit;
        }
        strncpy(filename,argv[1],FILE_MAX_LEN);
        port = DEFAULT_SVR_PORT;
        if(argc >= 3)
        {
            port = (unsigned short)atoi(argv[2]);
        }
        //第一步：建立 TCP 套接字 Socket
        //AF_INET --> ip 通信
        //SOCK_STREAM -->TCP
```

```
if((sockfd = socket(AF_INET,SOCK_STREAM,0)) == -1)
{
    perror("socket");
    exit(-1);
}
//第二步：设置侦听端口
//初始化结构体，并绑定 2828 端口
memset(&my_addr,0,sizeof(struct sockaddr));
//memset(&my_addr,0,sizeof(my_addr));
my_addr.sin_family = AF_INET;              /*IPv4*/
my_addr.sin_port = htons(port);            /*设置侦听端口是 2828，用 htons 转成网络字节序*/
my_addr.sin_addr.s_addr=INADDR_ANY;        /*INADDR_ANY 用来表示任意 IP 地址可能通信*/
//bzero(&(my_addr.sin_zero),8);
//第三步：绑定套接字，把 Socket 队列与端口关联起来
if(bind(sockfd,(struct sockaddr*)&my_addr,sizeof(struct sockaddr)) == -1)
{
    perror("bind");
    goto EXIT_MAIN;
}
//第四步：开始在 2828 端口侦听，是否有客户端发来连接请求
if(listen(sockfd,10) == -1)
{
    perror("listen");
    goto EXIT_MAIN;
}
printf("#@ listen port %d\n",port);
//第五步：循环与客户端通信
while(1)
{
    sin_size = sizeof(struct sockaddr_in);
    printf("server waiting...\n");
    //如果有客户端建立连接，将产生一个全新的套接字 new_fd，专门用于跟这个客户端通信
    if((new_fd = accept(sockfd,(struct sockaddr *)&their_addr,
                                                        &sin_size)) == -1)
    {
        perror("accept:");
        goto EXIT_MAIN;
    }
    printf("---client (ip=%s:port=%d) request \n",
            inet_ntoa(their_addr.sin_addr),ntohs(their_addr.sin_port));
    //生成一个子线程来完成和客户端的会话，父进程继续监听
    pthread_create(&cli_thread,NULL,handle_client,(void *)new_fd);
}
//第六步：关闭 Socket
EXIT_MAIN:
close(sockfd);
return 0;
```

```
}
/*TCP 文件接收客户端*/
#include <stdio.h>
#include <stdlib.h>
#include <errno.h>
#include <string.h>
#include <sys/types.h>
#include <netinet/in.h>
#include <sys/socket.h>
#include <sys/wait.h>

#define FILE_MAX_LEN 64
#define DEFAULT_SVR_PORT 2828

int main(int argc,char * argv[])
{
    int sockfd,numbytes;
    char buf[1024],filename[FILE_MAX_LEN+1];
    char ip_addr[64];
    struct hostent *he;
    struct sockaddr_in their_addr;
    int i = 0,len,total;
    unsigned short port;
    FILE * file = NULL;
    if(argc <2)
    {
        printf("need a server ip \n");
        exit;
    }
    strncpy(ip_addr,argv[1],sizeof(ip_addr));
    port = DEFAULT_SVR_PORT;
    if(argc >=3)
    {
        port = (unsigned short)atoi(argv[2]);
    }
    //进行域名解析（DNS）
    //he = gethostbyname(argv[1]);
    //第一步：建立一个 TCP 套接字
    if((sockfd = socket(AF_INET,SOCK_STREAM,0))==-1) {
        perror("socket");
        exit(1);
    }
    //第二步：设置服务器地址和端口 2828
    memset(&their_addr,0,sizeof(their_addr));
    their_addr.sin_family = AF_INET;
    their_addr.sin_port = htons(port);
    their_addr.sin_addr.s_addr = inet_addr(ip_addr);
```

```
//their_addr.sin_addr = *((struct in_addr *)he->h_addr);
//bzero(&(their_addr.sin_zero),8);
printf("connect server %s:%d\n",ip_addr,port);
/*第三步：用 connect 和服务器建立连接，这里没有使用本地端口，由协议栈自动分配端口*/
if(connect(sockfd,(struct sockaddr *)&their_addr,
                                    sizeof(struct sockaddr))==-1){
    perror("connect");
    exit(1);
}
if(send(sockfd,"hello",6,0)< 0)
{
    perror("send ");
    exit(1);
}
/*接收文件名，为编程简单，假设前 64 字节固定是文件名，不足用 0 来增充*/
total = 0;
while(total< FILE_MAX_LEN){
    /*注意这里的接收 buffer 长度，始终是未接收文件名剩下的长度*/
    len = recv(sockfd,filename+total,(FILE_MAX_LEN - total),0);
    if(len <= 0)
        break;
    total += len ;
}
/*接收文件名出错*/
if(total != FILE_MAX_LEN){
    perror("failure file name");
    exit(-3);
}
printf("recv file %s.....\n",filename);
file = fopen(filename,"wb");
//file = fopen("/home/hxy/abc.txt","wb");
if(file == NULL)
{
    printf("create file %s failure",filename);
    perror("create:");
    exit(-3);
}
//接收文件数据
printf("recv begin\n");
total = 0;
while(1)
{
    len = recv(sockfd,buf,sizeof(buf),0);
    if(len == -1)
        break;
    total += len;
    //写入本地文件
```

```
            fwrite(buf,1,len,file);
        }
        fclose(file);
        printf("recv file %s success total lenght %d\n",filename,total);
        //第四步：关闭 Socket
        close(sockfd);
    }
    /*备注：在读写大容量的文件时，采用下面的方法效率很高
    ssize_t readn(int fd, char *buf, int size)                    //读大量内容
    {
        char *pbuf = buf;
        int total ,nread;
        for(total = 0; total < size; )
        {
            nread=read(fd,pbuf,size-total);
            if(nread==0)
            return total;
            if(nread == -1)
            {
                if(errno == EINTR)
                    continue;
                else
                    return -1;
            }
            total += nread;
            pbuf += nread;
        }
        return total;
    }
    ssize_t writen(int fd, char *buf, int size)                   //写大量内容
    {
        char *pbuf=buf;
        int total ,nwrite;
        for(total = 0; total < size; )
        {
            nwrite=write(fd,pbuf,size-total);
            if( nwrite <= 0 )
            {
                if( nwrite == -1 && errno == EINTR )
                    continue;
                else
                    return -1;
            }
            total += nwrite;
            pbuf += nwrite;
        }
        return total;
```

```
}
*/
```

15.6.3 调用 fcntl 将 sockfd 设置为非阻塞模式

```
#include <unistd.h>
#include <fcntl.h>
…
sockfd = socket(AF_INET,SOCK_STREAM,0);
iflags = fcntl(sockfd, F_GETFL, 0);
fcntl(sockfd,F_SETFL,O_NONBLOCK | iflags);
```

15.7 多路转接模型

select 函数用于 I/O 多路机制，见表 15-7-1。

表 15-7-1 select 函数

表头文件	#include<sys/time.h> #include<sys/types.h> #include<unistd.h>
定义函数	int select(int n,fd_set * readfds,fd_set * writefds,fd_set * exceptfds,struct timeval * timeout);

函数说明	select( )用来等待文件描述词状态的改变。参数 n 代表最大的文件描述词加 1，参数 readfds、writefds 和 exceptfds 称为描述词组，用来回传该描述词的读、写或例外的状况。下面的宏提供了处理这 3 种描述词组的方式。
	● FD_CLR（inr fd,fd_set* set）：用来清除描述词组 set 中相关 fd 的位。
	● FD_ISSET（int fd,fd_set *set）：用来测试描述词组 set 中相关 fd 的位是否为真。
	● FD_SET（int fd,fd_set*set）：用来设置描述词组 set 中相关 fd 的位。
	● FD_ZERO（fd_set *set）：用来清除描述词组 set 的全部位。
	参数 timeout 为 timeval 结构，用来设置 select( )的等待时间，其结构定义为
	struct timeval
	{
	    time_t tv_sec;
	    time_t tv_usec;
	};

返回值	如果参数 timeout 为 NULL，则表示 select( )没有 timeout
错误代码	执行成功则返回文件描述词状态已改变的个数，如果返回 0 代表在描述词状态改变前已超过 timeout，当有错误发生时则返回-1，错误原因存于 errno，此时参数 readfds、writefds、exceptfds 和 timeout 的值变成不可预测的。 ● EBADF：文件描述词为无效的或该文件已关闭。 ● EINTR：此调用被信号所中断。 ● EINVAL：参数 n 为负值。 ● ENOMEM：核心内存不足

下面是常见的程序片段。

```
fs_set readset;
FD_ZERO(&readset);
FD_SET(fd,&readset);
select(fd+1,&readset,NULL,NULL,NULL);
if(FD_ISSET(fd,readset){…}
```

15.7.1　服务器端的实现

```
#include <stdlib.h>
#include <stdio.h>
#include <errno.h>
#include <string.h>
#include <netdb.h>
#include <sys/types.h>
#include <netinet/in.h>
#include <sys/socket.h>
#include<unistd.h>
#include<arpa/inet.h>
#include<ctype.h>

/*宏定义端口号*/
#define portnumber 8000
#define MAX_LINE 80

/*处理函数，将大写字符转换为小写字符，参数为需要转换的字符串*/
void    my_fun(char *p)
{
    /*空串*/
    if(p == NULL)
    {
        return;
    }

    /*判断字符，并进行转换*/
    for(;*p != '\0' ;p++)
    {
        if(*p >= 'A' && *p<= 'Z')
        {
            *p = *p - 'A' + 'a' ;
        }
    }
}

int main(void)
{
    int lfd;
```

```
    int cfd;
    int sfd;
    int rdy;

    struct sockaddr_in sin;
    struct sockaddr_in cin;

    int client[FD_SETSIZE];                    /*客户端连接的套接字描述符数组*/

    int maxi;
    int maxfd;                                 /*最大连接数*/

    fd_set rset;
    fd_set allset;

    socklen_t addr_len;                        /*地址结构长度*/

    char buffer[MAX_LINE];

    int i;
    int n;
    int len;
    int opt = 1;                               /*套接字选项*/

    char addr_p[20];

    /*对 server_addr_in 结构进行赋值*/
    bzero(&sin,sizeof(struct sockaddr_in));    /*清零*/
    sin.sin_family=AF_INET;
    sin.sin_addr.s_addr=htonl(INADDR_ANY);
    //表示接受任何 IP 地址，将 IP 地址转换成网络字节序
    sin.sin_port=htons(portnumber);            //将端口号转换成网络字节序

    /*调用 socket 函数创建一个 TCP 套接字*/
    if((lfd=socket(AF_INET,SOCK_STREAM,0))==-1)
    //AF_INET:IPV4;SOCK_STREAM:TCP
    {
        fprintf(stderr,"Socket error:%s\n\a",strerror(errno));
        exit(1);
    }

    /*设置套接字选项，使用默认选项*/
    setsockopt(lfd, SOL_SOCKET, SO_REUSEADDR, &opt, sizeof(opt));

    /*调用 bind 函数，将 serer_addr 结构绑定到 sockfd 上*/
    if(bind(lfd,(struct sockaddr *)(&sin),sizeof(struct sockaddr))==-1)
    {
```

```
        fprintf(stderr,"Bind error:%s\n\a",strerror(errno));
        exit(1);
    }

    /*开始监听端口，等待客户的请求*/
    if(listen(lfd,20)==-1)
    {
        fprintf(stderr,"Listen error:%s\n\a",strerror(errno));
        exit(1);
    }

    printf("Accepting connections .......\n");

    maxfd = lfd;                                    /*对最大文件描述符进行初始化*/
    maxi = -1;

    /*初始化客户端连接描述符集合*/
    for(i = 0;i < FD_SETSIZE;i++)
    {
        client[i] = -1;
    }

    FD_ZERO(&allset);                               /*清空文件描述符集合*/
    FD_SET(lfd,&allset);                            /*将监听字设置在集合内*/


    /*开始服务程序的死循环*/
    while(1)
    {
        rset = allset;

        /*得到当前可读的文件描述符数*/
        rdy = select(maxfd + 1, &rset, NULL, NULL, NULL);

        if(FD_ISSET(lfd, &rset))
        {
            addr_len = sizeof(sin);
            /*接受客户端的请求*/
            if((cfd=accept(lfd,(struct sockaddr *)(&cin),&addr_len))==-1)
            {
                fprintf(stderr,"Accept error:%s\n\a",strerror(errno));
                exit(1);
            }
            /*查找一个空闲位置*/
            for(i = 0; i<FD_SETSIZE; i++)
            {
                if(client[i] <= 0)
```

```
                {
                    client[i] = cfd;            /*将处理该客户端的连接套接字设置到该位置*/
                    break;
                }
            }
            /*客户端连接太多，服务器拒绝请求，跳出循环*/
            if(i == FD_SETSIZE)
            {
                printf("too many clients");
                exit(1);
            }
            FD_SET(cfd, &allset);               /*设置连接集合*/
            if(cfd > maxfd)                     /*新的连接描述符*/
            {
                maxfd = cfd;
            }

            if(i > maxi)
            {
                maxi = i;
            }
            if(--rdy <= 0)                      /*减少一个连接描述符*/
            {
                continue;
            }
        }
        /*对每一个连接描述符做处理*/
        for(i = 0;i< FD_SETSIZE;i++)
        {
            if((sfd = client[i]) < 0)
            {
                continue;
            }
            if(FD_ISSET(sfd, &rset))
            {
                n = read(sfd,buffer,MAX_LINE);
                printf("%s\n",buffer);
                if(n == 0)
                {
                    printf("the other side has been closed. \n");
                    fflush(stdout);             /*刷新输出终端*/
                    close(sfd);

                    FD_CLR(sfd, &allset);       /*清空连接描述符数组*/
                    client[i] = -1;
                }
                else
```

```
                {
                    /*将客户端地址转换成字符串*/
                    inet_ntop(AF_INET,&cin.sin_addr,addr_p,sizeof(addr_p));
                    addr_p[strlen(addr_p)] = '\0';
                    /*打印客户端地址和端口号*/
                    printf("Client Ip is %s, port is %d\n",addr_p,
                                                    ntohs(cin.sin_port));
                    my_fun(buffer);                /*调用大小写转换函数*/
                    n = write(sfd, buffer, n+1);

                    /*写函数出错*/
                    if(n == 1)
                    {
                        exit(1);
                    }
                }
                /*如果没有可以读的套接字，退出循环*/
                if(--rdy <= 0)
                {
                    break;
                }
            }
        }
    }
    close(lfd);                                    /*关闭连接套接字*/
    return 0;
}
```

15.7.2　客户端的实现

```
#include <stdlib.h>
#include <stdio.h>
#include <errno.h>
#include <string.h>
#include <netdb.h>
#include <sys/types.h>
#include <netinet/in.h>
#include <sys/socket.h>

#define portnumber 8000

int main(int argc, char *argv[])
{
    int nbytes;
    int sockfd;
    char buffer[80];
    char buffer_2[80];
```

```
    struct sockaddr_in server_addr;
    struct hostent *host;

    if(argc!=2)
    {
        fprintf(stderr,"Usage:%s hostname \a\n",argv[0]);
        exit(1);
    }

    if((host=gethostbyname(argv[1]))==NULL)
    {
            fprintf(stderr,"Gethostname error\n");
            exit(1);
    }

     /*调用 socket 函数创建一个 TCP 套接字*/
    if((sockfd=socket(AF_INET,SOCK_STREAM,0))==-1)
    //AF_INET:Internet;SOCK_STREAM:TCP
    {
             fprintf(stderr,"Socket Error:%s\a\n",strerror(errno));
             exit(1);
    }
    bzero(&server_addr,sizeof(server_addr));
    server_addr.sin_family=AF_INET;
    server_addr.sin_port=htons(portnumber);
    server_addr.sin_addr = *((struct in_addr *)host->h_addr);
    if(connect(sockfd,(struct sockaddr *)(&server_addr),
                                                  sizeof(struct sockaddr))==-1)
    {
        fprintf(stderr,"Connect Error:%s\a\n",strerror(errno));
        exit(1);
    }
    while(1)
    {
        printf("Please input char:\n");
        fgets(buffer,1024,stdin);
        write(sockfd,buffer,strlen(buffer));
        if((nbytes=read(sockfd,buffer_2,81))==-1)
        {
            fprintf(stderr,"Read Error:%s\n",strerror(errno));
            exit(1);
        }
        buffer_2[nbytes]='\0';
        printf("Client received from Server %s\n",buffer_2);
    }
    close(sockfd);
    exit(0);
}
```

15.8 采用 UDP 的 C/S 架构的实现

UDP 的通信流程如下。

服务端：socket→bind→recvfrom→sendto→close。

客户端：socket→sendto→recvfrom→close。

15.8.1 服务器端的实现

```
#include <sys/types.h>
#include <sys/socket.h>
#include <netinet/in.h>
#include <arpa/inet.h>
#include <unistd.h>
#include <string.h>
#include <stdio.h>
#include <stdlib.h>
int main()
{
    int sfd = socket(AF_INET, SOCK_DGRAM, 0);
    if(sfd == -1)
    {
        perror("socket");
        exit(-1);
    }
    struct sockaddr_in saddr;
    bzero(&saddr, sizeof(saddr));
    saddr.sin_family = AF_INET;
    saddr.sin_port = htons(8888);
    saddr.sin_addr.s_addr = INADDR_ANY;
    if(bind(sfd, (struct sockaddr*)&saddr, sizeof(struct sockaddr)) == -1)
    {
        perror("bind");
        close(sfd);
        exit(-1);
    }

    char buf[512] = {0};
    while(1)
    {
        struct sockaddr_in fromaddr;
        bzero(&fromaddr, sizeof(fromaddr));
        int fromaddrlen = sizeof(struct sockaddr);
        if(recvfrom(sfd, buf, sizeof(buf), 0, (struct sockaddr*)&fromaddr,
                                                &fromaddrlen) == -1)
```

```
        {
            perror("recvfrom");
            close(sfd);
            exit(-1);
        }
        printf("receive from %s %d,the message is:%s\n",
                inet_ntoa(fromaddr.sin_addr),ntohs(fromaddr.sin_port), buf);
        sendto(sfd, "world", 6, 0, (struct sockaddr*)&fromaddr,
                                                    sizeof(struct sockaddr));
    }

    close(sfd);
}
```

15.8.2 客户端的实现

```
#include <sys/types.h>
#include <sys/socket.h>
#include <netinet/in.h>
#include <arpa/inet.h>
#include <unistd.h>
#include <string.h>
#include <stdio.h>
#include <stdlib.h>
int main(int argc, char* argv[])
{
    int sfd = socket(AF_INET, SOCK_DGRAM, 0);
    if(sfd == -1)
    {
        perror("socket");
        exit(-1);
    }

    struct sockaddr_in toaddr;
    bzero(&toaddr, sizeof(toaddr));
    toaddr.sin_family = AF_INET;
    toaddr.sin_port = htons(atoi(argv[2]));         //此处的端口号要和服务器一样
    toaddr.sin_addr.s_addr = inet_addr(argv[1]);   //此处为服务器的 IP 地址
    sendto(sfd, "hello", 6, 0, (struct sockaddr*)&toaddr,
                                                    sizeof(struct sockaddr));
    char buf[512] = {0};
    struct sockaddr_in fromaddr;
    bzero(&fromaddr, sizeof(fromaddr));
    int fromaddrlen = sizeof(struct sockaddr);
    if(recvfrom(sfd, buf, sizeof(buf), 0, (struct sockaddr*)&fromaddr,
                                                    &fromaddrlen) == -1)
    {
```

```
        perror("recvfrom");
        close(sfd);
        exit(-1);
    }
    printf("receive from %s %d,the message is:%s\n",
            inet_ntoa(fromaddr.sin_addr), ntohs(fromaddr.sin_port), buf);
    close(sfd);
}
```

15.8.3　UDP 传输文件的实现

在 UDP 发送文件时，先发文件的大小，再发文件的内容。

1．服务器端的实现

```
#include <sys/types.h>
#include <sys/socket.h>
#include <netinet/in.h>
#include <arpa/inet.h>
#include <unistd.h>
#include <fcntl.h>
#include <sys/stat.h>
#include <string.h>
#include <stdio.h>
#include <stdlib.h>
int main()
{
    int sfd = socket(AF_INET, SOCK_DGRAM, 0);
    if(sfd == -1)
    {
        perror("socket");
        exit(-1);
    }

    struct sockaddr_in saddr;
    bzero(&saddr, sizeof(saddr));
    saddr.sin_family = AF_INET;
    saddr.sin_port = htons(8888);
    saddr.sin_addr.s_addr = INADDR_ANY;
    if(bind(sfd, (struct sockaddr*)&saddr, sizeof(struct sockaddr)) == -1)
    {
        perror("bind");
        close(sfd);
        exit(-1);
    }

    char buf[512] = {0};
    struct sockaddr_in fromaddr;
```

```
    bzero(&fromaddr, sizeof(fromaddr));
    int fromaddrlen = sizeof(struct sockaddr);
    if(recvfrom(sfd, buf, sizeof(buf), 0, (struct sockaddr*)&fromaddr,
                                                    &fromaddrlen) == -1)
    {
        perror("recvfrom");
        close(sfd);
        exit(-1);
    }
    printf("receive from %s %d,the message is:%s\n",
            inet_ntoa(fromaddr.sin_addr), ntohs(fromaddr.sin_port), buf);
    FILE* fp = fopen("1.txt","rb");
    struct stat st;                          //用于获取文件的大小
    stat("1.txt", &st);
    int filelen = st.st_size;
    sendto(sfd, (void*)&filelen, sizeof(int), 0, (struct sockaddr*)&fromaddr,
                                                sizeof(struct sockaddr));
    while(!feof(fp))                         //表示没有到文件尾
    {
        int len = fread(buf,1,sizeof(buf),fp);
        sendto(sfd, buf, len, 0, (struct sockaddr*)&fromaddr,
                                                    sizeof(struct sockaddr));
    }
    close(sfd);
}
```

2. 客户端的实现

```
#include <sys/types.h>
#include <sys/socket.h>
#include <netinet/in.h>
#include <arpa/inet.h>
#include <unistd.h>
#include <string.h>
#include <stdio.h>
#include <stdlib.h>
#define BUFSIZE 512
int main(int argc, char* argv[])
{
    int sfd = socket(AF_INET, SOCK_DGRAM, 0);
    if(sfd == -1)
    {
        perror("socket");
        exit(-1);
    }
    struct sockaddr_in toaddr;
    bzero(&toaddr, sizeof(toaddr));
```

```
    toaddr.sin_family = AF_INET;
    toaddr.sin_port = htons(atoi(argv[2]));
    toaddr.sin_addr.s_addr = inet_addr(argv[1]);
    sendto(sfd, "hello", 6, 0, (struct sockaddr*)&toaddr,
                                                    sizeof(struct sockaddr));
    char buf[BUFSIZE] = {0};
    struct sockaddr_in fromaddr;
    bzero(&fromaddr, sizeof(fromaddr));
    int fromaddrlen = sizeof(struct sockaddr);
    int filelen = 0;     //用于保存文件长度
    FILE* fp = fopen("2.txt","w+b");
    //接收文件的长度
    recvfrom(sfd, (void*)&filelen, sizeof(int), 0,
                                    (struct sockaddr*)&fromaddr, &fromaddrlen);
    printf("the length of file is %d\n",filelen);
    printf("Create a new file!\n");
    printf("begin to reveive file content!\n");
    //接收文件的内容
    while(1)
    {
        int len = recvfrom(sfd, buf, sizeof(buf), 0, (struct sockaddr*)&fromaddr,
                                                    &fromaddrlen);
        if(len < BUFSIZE)
        //如果接收的长度小于 BUFSIZE，则表示最后一次接收，此时要用 break 退出循环
        {
            fwrite(buf,sizeof(char),len,fp);
            break;
        }
        fwrite(buf,sizeof(char),len,fp);
    }
    printf("receive file finished!\n");
    close(sfd);
}
```

第 16 章 SQLite3 数据库编程

16.1 SQLite 数据库简介

SQLite 是一款轻量级的开源嵌入式数据库，由 D.Richard Hipp 于 2000 年发布。SQLite 使用方便，性能出众，广泛应用于消费电子、医疗、工业控制和军事等领域。SQLite 主要具有以下特点。

- 性能：SQLite 对数据库的访问性能很高，其运行速度比 Mysql、PostgreSQL 等开源数据库要快很多。
- 体积：SQLite 的体积非常小巧，最低只需要几百 KB 的内存就可以运行。
- 可移植性：SQLite 能支持各种 32 位和 64 位体系的硬件平台，也能在 Windows、Linux、BSD、Mac OS 和 Solaries 等软件平台上运行。
- 稳定性：SQLite 支持 ACID 特性，即原子性、一致性、隔离性和持久性。
- SQL 支持：SQLite 支持 ANSI SQL92 中的大多数标准，提供了对子查询、视图和触发器等机制的支持。
- 接口：SQLite 为 C、Java、PHP、Python、Tcl 等多种语言提供了 API 接口。

SQLite 采用了总体模块化设计，其结构如图 16-1-1 所示。

- 接口。接口由 SQLite C API 函数组成。所有的应用程序都必须通过接口访问 SQLite 数据库。
- 编译器。编译器由词法分析、语法分析和中间代码生成 3 个模块组成。其中，词法分析模块和语法分析模块负责检查 SQL 语句的语法，然后把生成的语法树传递给中间代码生成模块。中间代码生成模块负责生成 SQLite 引擎可以识别的中间代码。
- 数据库引擎。数据库引擎是 SQLite 的核心，负责运行中间代码，指挥数据库的具体操作。
- 后台。后台由 B 树、页缓冲和系统调用 3 个模块组成。其中，B 树负责维护索引，页缓冲负责页面数据的传送，系统调用负责和操作系统交互，最终实现数据库的访问。

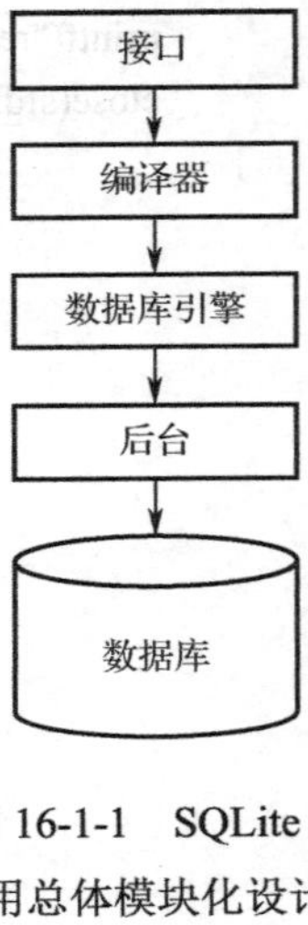

图 16-1-1 SQLite 采用总体模块化设计

16.2　SQLite3 的命令

SQLite3 是目前最新的 SQLite 版本。可以从 http://www.sqlite.org/download.html 网站上下载 SQLite3 的源代码（本书使用的版本是 SQLite-3.6.12.tar.gz）。解压缩后进入 SQLite-3.6.12 的根目录，首先运行命令“./configure”生成 Makefile 文件，接着运行命令“make”对源代码进行编译，最后运行命令“make install”安装 SQLite3。安装完毕后，可以运行命令“sqlite3”查看 SQLite3 是否能正常运行。

```
[root@localhost ~]# sqlite3
SQLite version 3.6.12 Enter ".help" for instructions
Enter SQL statements terminated with a ";"
sqlite>
```

可以看到，SQLite3 启动后会停留在提示符“sqlite>”处，等待用户输入 SQL 语句。在使用 SQLite3 前需要先了解下 SQLite3 支持的数据类型。SQLite3 支持的基本数据类型主要有：NULL、NUMERIC、INTEGER、REAL 和 TEXT。

SQLite3 会自动把其他数据类型转换成以上 5 类基本数据类型，转换规则如下。

- char、clob、test 和 varchar 类型转换为 TEXT 类型。
- integer 类型转换为 INTEGER 类型。
- real、double 和 float 类型转换为 REAL 类型。
- blob 类型转换为 NULL 类型。
- 其余数据类型都转换为 NUMERIC 类型。

下面通过一个实例来介绍 SQLite3 的使用方法。

1．新建一个数据库

新建数据库 test.db（使用.db 后缀是为了标识数据库文件）。在 test.db 中新建一个表“test_table”，该表具有 name、sex 和 age 3 列。

SQLite3 的具体操作如下所示。

```
[root@localhost home]# sqlite3 test.db
SQLite version 3.6.12 Enter ".help" for instructions
Enter SQL statements terminated with a ";"
sqlite> create table test_table(name, sex, age);
```

如果数据库 test.db 已经存在，则命令“sqlite3 test.db”会在当前目录下打开 test.db。如果数据库 test.db 不存在，则命令“sqlite3 test.db”会在当前目录下新建数据库 test.db。为了提高效率，SQLite3 并不会马上创建 test.db，而是等到第一个表创建完成后才会在物理上创建数据库。

由于 SQLite3 能根据插入数据的实际类型动态改变列的类型，所以在 create 语句中并不要求给出列的类型。

2. 创建索引

为了加快表的查询速度，往往在主键上添加索引。在 name 列中添加索引的过程如下。

```
sqlite> create index test_index on test_table(name);
```

3. 操作数据

按如下步骤在 test_table 中进行数据的插入、更新和删除操作。

```
sqlite> insert into test_table values ('xiaoming', 'male', 20);
sqlite> insert into test_table values ('xiaohong', 'female', 18);
sqlite> select * from test_table; xiaoming|male|20 xiaohong|female|18
sqlite> update test_table set age=19 where name = 'xiaohong';

sqlite> select * from test_table;
xiaoming|male|20 xiaohong|female|19

sqlite> delete from test_table where name = 'xiaoming';
sqlite> select * from test_table;
xiaohong|female|19
```

4. 批量操作数据库

按如下步骤在 test_table 中连续插入两条记录。

```
sqlite> begin; sqlite> insert into test_table values ('xiaoxue', 'female', 18);
sqlite> insert into test_table values ('xiaoliu', 'male', 20);
sqlite> commit;
sqlite> select * from test_table;
xiaohong|female|19
xiaoxue|male|18
xiaoliu|male|20
```

运行命令 commit 后，才会把插入的数据写入数据库中。

5. 数据库的导入导出

把 test.db 导出到 sql 文件中的操作过程如下。

```
[root@localhost home]# sqlite3 test.db ".dump" > test.sql;
```

test.sql 文件的内容如下。

```
BEGIN TRANSACTION;
CREATE TABLE test_table(name, sex, age);
INSERT INTO "test_table" VALUES('xiaohong','female',19);
CREATE INDEX test_index on test_table(name);
COMMIT;
```

按如下操作导入 test.sql 文件（导入前删除原有的 test.db）。

```
[root@localhost home]# sqlite3 test.db < test.sql;
```

通过对 test.sql 文件的导入和导出，可以实现数据库文件的备份。

16.3 SQLite 编程接口

在实际使用中，一般都是应用程序需要对数据库进行访问。为此，SQLite3 提供了各种编程语言的使用接口（本书介绍 C 语言接口）。SQLite3 具有几十个 C 语言接口，下面介绍一些常用的 C 语言接口。

16.3.1 数据库的打开与关闭

1. sqlite_open 函数

sqlite_open 函数的作用是打开 SQLite3 数据库，其原型为

```
int sqlite3_open(const char *dbname, sqlite3 **db)
```

其中，dbname 表示数据库的名称，db 表示数据库的句柄。

该函数的返回值及其标识符和含义见表 16-3-1。

表 16-3-1 sqlite_open 函数的返回值及其标识符和含义

返 回 值	标 识 符	含 义
0	SQLITE_OK	操作成功
1	SQLITE_ERROR	操作失败
2	SQLITE_INTERNAL	内部逻辑错误
3	SQLITE_PERM	访问权限错误
4	SQLITE_ABORT	操作异常
5	SQLITE_BUSY	数据库被锁定
6	SQLITE_LOCKED	表被锁定
7	SQLITE_NOMEM	内存申请失败
8	SQLITE_READONLY	只读错误
9	SQLITE_INTERRUPT	内部中断
10	SQLITE_IOERR	I/O 错误
11	SQLITE_CORRUPT	数据库映像格式错误
12	SQLITE_NOTFOUND	找不到文件或数据
13	SQLITE_FULL	数据库已满
14	SQLITE_CANTOPEN	无法打开数据库文件
15	SQLITE_PROTOCOL	锁协议出错
16	SQLITE_EMPTY	表为空

续表

返　回　值	标　识　符	含　　义
17	SQLITE_SCHEMA	数据库体系发生改变
18	SQLITE_TOOBIG	记录数据溢出
19	SQLITE_CONSTRAINT	违反约束产生异常
20	SQLITE_MISMATCH	数据类型不匹配
21	SQLITE_MISUSE	系统使用不正确
22	SQLITE_NOLFS	系统不支持
23	SQLITE_AUTH	未获得授权
100	SQLITE_ROW	sqlite_step()运行
101	SQLITE_DONE	sqlite_step()结束运行

2. sqlite_colse 函数

sqlite_colse 函数的作用为关闭 SQLite3 数据库，其原型为

```
int sqlite_close(sqlite3 *db)
```

实例如下：

```
#include <stdio.h>
#include <sqlite3.h>
static sqlite3 *db=NULL;
int main()
{
int rc;
     rc= sqlite3_open("test.db", &db);
     if(rc)
     {
          printf("can't open database!\n");
     }
     else
     {
          printf("open database success!\n");
     }
     sqlite3_close(db);
     return 0;
}
```

运行命令“gcc －o test test.c －lsqlite3”进行编译，运行 test 的结果如下。

```
[root@localhost home]# open database success!
```

16.3.2　数据库的语句执行

sqlite_exec 函数的作用是执行 SQL 语句，其原型为

```
int sqlite3_exec(sqlite3 *db, const char *sql, int (*callback)(void*,int,char**,char**), void *, char **errmsg)
```

其中，db 表示数据库，sql 表示 SQL 语句，callback 表示回滚，errmsg 表示错误信息。实例如下：

```
#include <stdio.h>
#include <sqlite3.h>
static sqlite3 *db=NULL;
static char *errmsg=NULL;
int main()
{
    int rc;
    rc = sqlite3_open("test.db", &db);
    rc = sqlite3_exec(db,"insert into test_table values('daobao', 'male', 24)", 0, 0, &errmsg);
    if(rc)
    {
        printf("exec fail!\n");
    }
    else
    {
        printf("exec success!\n");
    }
    sqlite3_close(db);
    return 0;
}
```

编译完成后，运行 test 的结果如下。

```
[root@localhost home]# ./test exec success!
[root@localhost home]# sqlite3 test.db
SQLite version 3.6.11 Enter ".help" for instructions
Enter SQL statements terminated with a ";"
sqlite> select * from test_table;
daobao|male|24
```

16.3.3 数据库查询语句操作

1．sqlite3_get_table 函数

sqlite3_get_table 函数的作用为执行 SQL 查询，其原型为

```
int sqlite3_get_table(sqlite3 *db, const char *zSql, char ***pazResult, int *pnRow, int *pnColumn, char **pzErrmsg)
```

其中，db 表示数据库，zSql 表示 SQL 语句，pazResult 表示查询结果集，pnRow 表示结果集的行数，pnColumn 表示结果集的列数，errmsg 表示错误信息。

2．sqlite3_free_table 函数

sqlite3_free_table 函数的作用为注销结果集，其原型为

```
void sqlite3_free_table(char **result)
```

其中，result 表示结果集。

实例（test.c）如下：

```
#include <stdio.h>
#include <sqlite3.h>
static sqlite3 *db=NULL;
static char **Result=NULL;
static char *errmsg=NULL;
int main()
{
    int rc, i, j;
    int nrow;
    int ncolumn;
    rc= sqlite3_open("test.db", &db);
    rc= sqlite3_get_table(db, "select * from test_table", &Result, &nrow, &ncolumn, &errmsg);
    if(rc)
    {
        printf("query fail!\n");
    }
    else
    {
        printf("query success!\n");
        for(i = 1; i <= nrow; i++)
        {
            for(j = 0; j < ncolumn; j++)
            {
                printf("%s | ", Result[i * ncolumn + j]);
            }
            printf("\n");
        }
    }
    sqlite3_free_table(Result);
    sqlite3_close(db);
    return 0;
}
```

编译完成后，运行 test 的结果如下。

```
[root@localhost home]# ./test
query success!
xiaohong | female | 19 |
xiaoxue | female | 18 |
xiaoliu | male | 20 |
daobao | male | 24 |
```

3．sqlite3_prepare 函数

sqlite3_prepare 函数的作用为把 SQL 语句编译成字节码，由后面的执行函数去执行。其原型为

```
int sqlite3_prepare(sqlite3 *db, const char *zSql, int nByte, sqlite3_stmt **stmt, const char **pTail)
```

其中，db 表示数据库，zSql 表示 SQL 语句，nByte 表示 SQL 语句的最大字节数，stmt 表示 Statement 句柄，pTail 表示 SQL 语句无用部分的指针。

4．sqlite3_step 函数

sqlite3_step 函数的作用为步步执行 SQL 语句字节码，其原型为

```
int sqlite3_step (sqlite3_stmt *)
```

实例（test.c）如下：

```
#include <stdio.h>
#include <sqlite3.h>
static sqlite3 *db=NULL;
static sqlite3_stmt *stmt=NULL;
int main()
{
    int rc, i, j;
    int ncolumn;
    rc= sqlite3_open("test.db", &db);
     rc=sqlite3_prepare(db,"select * from test_table",-1,&stmt,0);
    if(rc)
    {
        printf("query fail!\n");
    }
    else
    {
        printf("query success!\n");
        rc=sqlite3_step(stmt);
        ncolumn=sqlite3_column_count(stmt);
        while(rc==SQLITE_ROW)
        {
            for(i=0; i<2; i++)
            {
                printf("%s | ", sqlite3_column_text(stmt,i));
            }
            printf("\n");
            rc=sqlite3_step(stmt);
        }
    }
    sqlite3_finalize(stmt);
```

```
    sqlite3_close(db);
    return 0;
}
```

编译完成后，运行 test 的结果如下。

```
[root@localhost home]# ./test
query success!
xiaohong | female | 19 |
xiaoxue | female | 18 |
xiaoliu | male | 20 |
daobao | male | 24 |
```

在程序中访问 SQLite3 数据库时，要注意 C API 的接口定义和数据类型是否正确，否则会得到错误的访问结果。

第 17 章

高性能服务器设计

性能对服务器而言非常重要，因为这直接决定了客户端的使用体验。要确保服务器程序在高并发和多连接的情况下还能稳定运行，这才是开发服务器程序的重点和难点。所以本章将从提高服务器性能出发，详细给大家剖析 Linux 下 3 个重要的系统调用：select、poll 和 epoll，并给出具体案例，理论结合实践，让大家对高性能服务器有一个更直观的理解。

17.1 select 系统调用

一句话描述 select 的作用：监听文件描述符。监听文件描述符分为 3 种情况：是否可读，是否可写和是否有异常情况发生。例如我们前面写的 TCP 网络程序，当有多个客户端连接服务器的时候，可以把所有客户端对应的文件描述符放在被监听的集合中，只要有任何客户端向服务器发送消息，则这个客户端对应的文件描述符就为可读状态。通过 select 系统调用，我们就可以实现基于 TCP 的循环服务器模型。本章节主要介绍 select API 的参数和用法，并给出 TCP 循环服务器模型实例。

17.1.1 select API

select 系统调用的函数原型如下。

```
#include <sys/select.h>
#include <sys/time.h>
#include <sys/types.h>
#include <unistd.h>
int select(int nfds, fd_set *readfds, fd_set *writefds,
           fd_set *exceptfds, struct timeval *timeout);
```

函数需要定义的参数如下。

（1）nfds：参数指定被监听的文件描述符的总数。通常把它设置为最大的文件描述符的值加 1，因为文件描述符是从 0 开始的，所以最终的个数需要进行加 1 处理。

（2）readfds、writefds 和 exceptfds 这 3 个指针分别指向可读、可写和异常情况发生文件描述符集，可以根据项目的具体需求来指定对应的参数。如果我们只需要监听集合中的文件描述符是否可读，那么只需要把集合的指针作为 readfds（第二个参数）传入即可。

（3）timeout：用来设置 select 函数的超时时间。它是一个 timeval 结构类型的指针，采用指针参数是因为内核会在调用 select 期间修改时间以告诉程序已经等待了多长时间。需要注意的是，如果 select 调用失败，那么 timeout 的值是不确定的。struct timeval 结构体如下。

```
struct timeval
{
    long tv_sec;            //秒数
    long tv_usec;           //微秒数
};
```

从结构体可知，select 提供的超时时长是微秒级别的，这个参数分为 3 种情况：

（1）timeout 为 0，则将 select 设置为非阻塞，当程序执行到 select 函数时，会检测集合信息，如果没有可用信息，程序继续向下执行；

（2）timeout 为 NULL，则将 select 设置为阻塞，当程序执行到 select 函数时，会检测集合信息，如果没有可用信息，程序将一直阻塞在 select 系统调用上。

（3）timeout 大于 0，如果超时时间内没有可用信息，则 select 一直阻塞，一旦超出时长，程序继续向下执行。

17.1.2 fd_set

fd_set 是一个数组的宏定义，实际上是一个 long 类型的数组，每一个数组元素都能与一打开的文件句柄（Socket、文件、管道、设备等）建立联系，建立联系的工作由程序员完成，当调用 select()时，由内核根据 I/O 状态修改 fd_set 的内容，由此来通知执行了 select()的进程哪个句柄可读。fd_set 结构体的定义如下。

```
typedef __fd_mask fd_mask;
/* fd_set for select and pselect.  */
typedef struct
{
    /* XPG4.2 requires this member name.  Otherwise avoid the name from the global namespace.  */
#ifdef __USE_XOPEN
    __fd_mask fds_bits[__FD_SETSIZE / __NFDBITS];
# define __FDS_BITS(set) ((set)->fds_bits)
#else
    __fd_mask __fds_bits[__FD_SETSIZE / __NFDBITS];
# define __FDS_BITS(set) ((set)->__fds_bits)
#endif
} fd_set;
```

不难看出，fd_set 结构体仅包含一个整形数组，每个元素的每一位标记一个文件描述符。fd_set 能容纳的文件描述符数量由 fd_setsize 指定。

为了方便操作这个结构体，select 还给我们提供了一些宏函数：

```
/*清除 fdset 的所有位*/
FD_ZERO(fd_set *fdset);
/*设置 fdset 的位 fd，即把 fd 添加到集合中*/
FD_SET(int fd, fd_set *fdset);
/*清除 fdset 的位 fd，即把 fd 从集合中删除，不再监听*/
```

```
FD_CLR(int fd, fd_set *fdset);
/*测试 fdset 的位 fd 是否被重置*/
FD_ISSET(int fd, fd_set *fdset);
```

17.1.3　文件描述符就绪条件

讲了这么多，其实不难发现，文件描述符的可读、可写和异常情况的发生，才是 select 系统调用的关键。在网络编程中，满足下列情况的 Socket 可读。

（1）Socket 内核接收缓冲区中的字节数大于或者等于其低水位标记 SO_RCVLOWAT。此时我们可以无阻塞地读该 Socket，并且读操作返回的字节数大于 0。

（2）Socket 通信的对方关闭连接。此时对 Socket 的读操作将返回 0。

（3）监听 Socket 上有新的连接请求。

（4）Socket 上有未处理的错误。此时，我们可以使用 getsockopt 来读取和清除该错误。

满足下列情况的 Socket 可写。

（1）Socket 内核发送缓冲区中的可用字节数大于或者等于其低水位标记 SO_SNDLOWAT。此时我们可以非阻塞地写该 Socket，并且写操作返回的字节数大于 0。

（2）Socket 的写操作被关闭。对写操作被关闭的 Socket 进行写操作将会触发一个 SIGPIPE 信号。

（3）Socket 使用非阻塞的 connect 连接成功或者失败（超时）之后。

（4）Socket 上有未处理的错误。此时我们可以使用 getsockopt 来读取和清除该错误。

17.1.4　select 实现 TCP 循环服务器案例分析

```
#include <stdio.h>
#include <sys/types.h>
#include <sys/socket.h>
#include <stdlib.h>
#include <sys/socket.h>
#include <netinet/in.h>
#include <arpa/inet.h>
#include <sys/time.h>
#include <sys/types.h>
#include <unistd.h>
#include <string.h>

#define PORT        8888

int main()
{
    int sockfd, ret;
    struct sockaddr_in server_addr;
    struct sockaddr_in client_addr;

    sockfd = socket(PF_INET, SOCK_STREAM, 0);
    if (-1 == sockfd)
```

```
    {
        perror("socket");
        exit(1);
    }

    memset(&server_addr, 0, sizeof(server_addr));
    server_addr.sin_family = PF_INET;
    server_addr.sin_port = htons(PORT);
    server_addr.sin_addr.s_addr = inet_addr("192.168.1.10");

    ret = bind(sockfd, (struct sockaddr *)&server_addr, sizeof(server_addr));
    if (-1 == ret)
    {
        perror("bind");
        exit(1);
    }

    ret = listen(sockfd, 5);
    if (-1 == ret)
    {
        perror("listen");
        exit(1);
    }

    int fd[1000] = {0};
    int MaxFd, i = 0, j;
    fd_set ReadFd, tmpfd;
    char buf[32] = {0};
    int length = sizeof(client_addr);

    FD_ZERO(&ReadFd);                         //初始化集合
    FD_SET(sockfd, &ReadFd);                  //将 sockfd 加入集合用于监听
    MaxFd = sockfd;                           //目前最大的文件描述符是 sockfd

    while (1)
    {
        tmpfd = ReadFd;                       //需要临时集合，select 监听完成后会修改集合
        ret = select(MaxFd + 1, &tmpfd, NULL, NULL, NULL);
        if (-1 == ret)
        {
            perror("select");
        }

        if (FD_ISSET(sockfd, &tmpfd))         //sockfd 文件描述符有数据可读，即有客户端发起连接
        {
            for (j = 0; j < i; j++)
            {
```

```
                if (fd[j] == 0)              //挑一个可用的元素用于记录文件描述符
                {
                    break;
                }
            }
            //以下为接受客户端连接的代码
            fd[j] = accept(sockfd, (struct sockaddr *)&client_addr, &length);
            if (-1 == fd[j])
            {
                perror("accept");
            }
            printf("accept client %d port %d\n", fd[j], client_addr.sin_port);
            if (MaxFd < fd[j])
            {
                MaxFd = fd[j];               //更新最大的文件描述符
            }
            FD_SET(fd[j], &ReadFd);          //将新的文件描述符添加到集合
            if (j == i)
            {
                i++;
            }
        }
        else                                 //其他文件描述符有消息可读，即有客户端发送数据
        {
            for (j = 0; j < i; j++)          //循环检测，确定发消息的客户端对应的文件描述符
            {
                if (FD_ISSET(fd[j], &tmpfd))
                {
                    //以下为处理客户端数据的代码
                    ret = recv(fd[j], buf, sizeof(buf), 0);
                    if (-1 == ret)
                    {
                        perror("recv");
                    }
                    printf("%s\n", buf);
                    memset(buf, 0, sizeof(buf));

                    break;
                }
            }
        }

    }

    return 0;
}
```

17.2　poll 系统调用

poll 的机制与 select 类似，与 select 在本质上没有多大差别，管理多个描述符也就是进行轮询，需要根据描述符的状态进行处理，但是 poll 没有最大文件描述符数量的限制。poll 和 select 同样存在的一个缺点就是，包含大量文件描述符的数组被整体复制于用户态和内核的地址空间之间，而不论这些文件描述符是否就绪，它的开销随着文件描述符数量的增加而线性增大。

17.2.1　poll API

poll 系统调用的函数原型为

```
#include <poll.h>
int poll(struct pollfd *fds, nfds_t nfds, int timeout);
其中第一个参数 struct pollfd 的结构如下。
struct pollfd{
    int fd;              //文件描述符
    short event;         //等待发生的事件
    short revent;        //实际发生的事件
}
```

函数需要定义的参数如下。

（1）fds：是一个 struct pollfd 结构类型的数组，用于存放需要检测其状态的 Socket 描述符；每当调用这个函数之后，系统不会清空这个数组，操作起来比较方便，特别是对于 Socket 连接较多的情况，在一定程度上可以提高处理的效率。这一点与 select()函数不同，调用 select()函数之后，select()函数会清空它所检测的 Socket 描述符集合，导致在每次调用 select()之前都必须把 Socket 描述符重新加入到待检测的集合中。因此，select()函数适用于只检测一个 Socket 描述符的情况，而 poll()函数适用于检测大量 Socket 描述符的情况。其中 events 和 revents 是通过对代表各种事件的标志进行逻辑或运算构建而成的。events 包括要监视的事件，poll 用已经发生的事件填充 revents。poll 函数通过在 revents 中设置标志 POLLHUP、POLLERR 和 POLLNVAL 来反映相关条件的存在。不需要在 events 中对于这些标识符相关的比特位进行设置。如果 fd 小于 0，则 events 字段被忽略，而 revents 被置为 0，标准中没有说明如何处理文件结束。文件结束可以通过 revents 的标识符 POLLHUN 或返回 0 字节的常规读操作来传达。即使 POLLIN 或 POLLRDNORM 指出还有数据要读，POLLHUP 也可能会被设置。因此，应该在错误检验之前处理正常的读操作。

（2）nfds：标记数组中结构体元素的总个数。

（3）timeout：参数指定等待的毫秒数，无论 I/O 是否准备好，poll 都会返回。timeout 指定为负数值表示无限超时；timeout 为 0 表示 poll 调用立即返回并列出准备好 I/O 的文件描述符，但并不等待其他的事件。在这种情况下，poll()就像它的名字那样，一旦选举出来，立即返回。

17.2.2　poll 函数的事件标识符

poll 函数的事件标识符见表 17-2-1。

表 17-2-1　poll 函数的事件标识符

事件标识符（常量）	说　明
POLLIN	普通或优先级带数据可读
POLLRDNORM	普通数据可读
POLLRDBAND	优先级带数据可读
POLLPRI	高优先级数据可读
POLLOUT	普通数据可写
POLLWRNORM	普通数据可写
POLLWRBAND	优先级带数据可写
POLLERR	发生错误
POLLHUP	发生挂起
POLLNVAL	描述字不是一个打开的文件

注：后 3 项能作为描述字的返回结果存储在 revents 中，而不能作为测试条件用于 events 中。

这些事件在 events 域中无意义，因为它们在合适的时候总是会从 revents 中返回。使用 poll()和 select()不一样，不需要显式地请求异常情况报告。

POLLIN | POLLPRI 等价于 select()的读事件，POLLOUT |POLLWRBAND 等价于 select()的写事件。POLLIN 等价于 POLLRDNORM |POLLRDBAND，而 POLLOUT 则等价于 POLLWRNORM。

例如，要同时监视一个文件描述符是否可读和可写，我们可以设置 events 为 POLLIN | POLLOUT。在 poll 返回时，我们可以检查 revents 中的标志，对应于文件描述符请求的 events 结构体。如果 POLLIN 事件被设置，则文件描述符可以被读取而不阻塞。如果 POLLOUT 被设置，则文件描述符可以写入而不导致阻塞。这些标志并不是互斥的，它们可能被同时设置，表示这个文件描述符的读取和写入操作都会正常返回而不阻塞。

17.2.3　返回值和错误代码

成功时，poll()返回结构体中 revents 域不为 0 的文件描述符个数；如果在超时前没有任何事件发生，poll()返回 0；失败时，poll()返回-1，并设置 errno 为下列值之一。

- EBADF：一个或多个结构体中指定的文件描述符无效。
- EFAULT：fds 指针指向的地址超出进程的地址空间。
- EINTR：在请求的事件之前产生一个信号，调用可以重新发起。
- EINVAL：nfds 参数超出 PLIMIT_NOFILE 值。
- ENOMEM：可用内存不足，无法完成请求。

17.2.4　poll 实现 TCP 循环服务器案例分析

```
#include <stdio.h>
#include <sys/types.h>
#include <sys/socket.h>
#include <stdlib.h>
```

```
#include <sys/socket.h>
#include <netinet/in.h>
#include <arpa/inet.h>
#include <sys/time.h>
#include <sys/types.h>
#include <unistd.h>
#include <string.h>
#include <poll.h>

#define PORT        8888
#define MAXSIZE   1024

int main()
{
    int sockfd, ret;
    struct sockaddr_in server_addr;
    struct sockaddr_in client_addr;

    sockfd = socket(PF_INET, SOCK_STREAM, 0);
    if (-1 == sockfd)
    {
        perror("socket");
        exit(1);
    }

    memset(&server_addr, 0, sizeof(server_addr));
    server_addr.sin_family = PF_INET;
    server_addr.sin_port = htons(PORT);
    server_addr.sin_addr.s_addr = inet_addr("192.168.1.10");
    ret = bind(sockfd, (struct sockaddr *)&server_addr, sizeof(server_addr));
    if (-1 == ret)
    {
        perror("bind");
        exit(1);
    }

    ret = listen(sockfd, 5);
    if (-1 == ret)
    {
        perror("listen");
        exit(1);
    }

    struct pollfd peerfd[MAXSIZE];
    peerfd[0].fd = sockfd;
    peerfd[0].events = POLLIN;
```

```
int nfds = 1, i, j, timeout = -1;
for(i = 1; i < MAXSIZE; i++)
{
    peerfd[i].fd = -1;
}
while(1)
{
    switch(ret = poll(peerfd, nfds, timeout))
    {
        case 0:
            printf("timeout...\n");
            break;
        case -1:
            perror("poll");
            break;
        default:
        {
            if(peerfd[0].revents & POLLIN)
            {
                socklen_t len = sizeof(client_addr);
                int new_sock = accept(sockfd, (struct sockaddr*)&client_addr, &len);
                if (new_sock < 0)
                {
                    perror("accpt");
                    continue;
                }
                printf("accept client %d\n",new_sock);
                for(j = 1; j < MAXSIZE; j++)
                {
                    if(peerfd[j].fd < 0)
                    {
                        peerfd[j].fd = new_sock;
                        break;
                    }
                }
                if(j == MAXSIZE)
                {
                    printf("too many clients...\n");
                    close(new_sock);
                }
                peerfd[j].events = POLLIN;
                if(j + 1 > nfds)
                {
                    nfds = j + 1;
                }
            }
            for(i = 1;i < nfds;++i)
```

```
                {
                    if(peerfd[i].revents & POLLIN)
                    {
                        printf("read ready\n");
                        char buf[1024];
                        ssize_t s = read(peerfd[i].fd, buf, sizeof(buf) - 1);
                        if(s > 0)
                        {
                            buf[s] = 0;
                            printf("recv from client %d %s\n",peerfd[i].fd, buf);
                            fflush(stdout);
                            peerfd[i].events = POLLOUT;
                        }
                        else if(s <= 0)
                        {
                            close(peerfd[i].fd);
                            peerfd[i].fd = -1;
                        }
                    }//i != 0
                    else if(peerfd[i].revents & POLLOUT)
                    {
                        char *msg = "helloworld";
                        write(peerfd[i].fd, msg, strlen(msg));
                        close(peerfd[i].fd);
                        peerfd[i].fd = -1;
                    }
                }
            }
            break;
        }
    }
    return 0;
}
```

17.3 epoll 系列系统调用

17.3.1 select 的缺陷

高并发的核心解决方案是 1 个线程处理所有连接的“等待消息准备好”，在这一点上 epoll 和 select 是无争议的。但 select 预估错误了一件事，当数十万并发连接存在时，可能每一毫秒只有数百个活跃的连接，同时其余数十万个连接在这一毫秒是非活跃的。select 的使用方法是这样的：返回的活跃连接 ═ select（全部待监控的连接）。

什么时候会调用 select 呢？在需要找出有报文到达的活跃连接时，就应该调用。所以，在高并发时会频繁调用 select。因此，很有必要看看调用的方法是否有效率，因为，轻微的效率损失都会被“频繁”二字所放大。显而易见，全部待监控的连接是数以十万计的，而返回的只是数百个活跃连接，这本身就是无效率的表现。当处理上万个并发连接时，select 就完全力不从心了。

此外，在 Linux 内核中，select 所用到的 FD_SET 是有限的，即内核中的参数“__FD_SETSIZE”定义了每个 FD_SET 的句柄个数。

```
/linux/posix_types.h:
#define __FD_SETSIZE        1024
View Code
```

其次，内核中实现 select 用的是轮询方法，即每次检测都会遍历所有 FD_SET 中的句柄，显然，select 函数的执行时间与 FD_SET 中的句柄个数呈正比，即 select 要检测的句柄数越多就会越费时。看到这里，读者可能要问了，为什么不提 poll？其实 select 与 poll 在内部机制方面并没有太大的差异。相比于 select，poll 只是取消了最大监控文件描述符数的限制，并没有从根本上解决 select 存在的问题。

17.3.2 内核事件表

epoll 是 Linux 特有的 I/O 复用函数。它在实现和使用上与 select 和 poll 有很大差异。首先，epoll 使用一组函数来完成任务，而不是单个函数。其次，epoll 把用户关心的文件描述符上的事件放在内核里的一个事件表中，从而无须像 select 和 poll 那样每次调用都要重复传入文件描述符集。但 epoll 需要使用一个额外的文件描述符，来唯一标识内核中的这个事件表。这个文件描述符使用如下 epoll_create 函数创建，epoll_create 函数的原型为

```
#include <sys/epoll.h>
int epoll_create(int size);
```

参数 size 现在并不起作用，只是给内核一个提示，告诉它事件表需要多大。该函数返回的文件描述符将被用作其他所有 epoll 系统调用的第一个参数，以指定要访问的内核事件表。

下面的函数用来操作 epoll 的内核事件表：

```
#include <sys/epoll.h>
int epoll_ctl(int epfd, int op, int fd, struct epoll_event* event);
```

其中，fd 是要操作的文件描述符，op 则指定操作类型。操作类型有如下 3 种。

（1）EPOLL_CTL_ADD，向事件表中注册 fd 上的事件。

（2）EPOLL_CTL_MOD，修改 fd 上的注册事件。

（3）EPOLL_CTL_DEL，删除 fd 上的注册事件。

17.3.3 epoll_wait 函数

epoll 系列系统调用的主要接口是 epoll_wait 函数。它在一段超时时间内等待一组文件描述符上的事件，其原型为

```
#include <sys/epoll.h>
int epoll_wait(int epfd, struct epoll_event* events, int maxevents, int timeout);
```

该函数成功时返回就绪的文件描述符的个数，失败时返回-1 并设置 errno。其中，maxevents 用来指定最多监听多少个事件，它必须大于 0。

17.3.4 LT 模式和 ET 模式

epoll 对文件描述符的操作有两种模式：LT（Level Trigger）模式和 ET（Edge Triger）模式。LT 模式是默认的工作模式，在这种模式下，epoll 相当于一个效率较高的 poll。当向 epoll 内核事件表中注册一个文件描述符上的 EPOLLET 事件时，epoll 将以 ET 模式来操作该文件描述符。ET 模式是 epoll 的高效工作模式。

对于采用 LT 工作模式的文件描述符，当 epoll_wait 函数检测到其上有事件发生并将此事件通知应用程序后，应用程序可以不立即处理该事件。这样，当应用程序下一次调用 epoll_wait 函数时，epoll_wait 函数还会再次向应用程序通告此事件，直到该事件被处理。而对于采用 ET 工作模式的文件描述符，当 epoll_wait 函数检测到其上有事件发生并将此事件通知应用程序后，应用程序必须立即处理该事件，因为后续的 epoll_wait 函数调用将不再向应用程序通知这一事件。可见，ET 模式在很大程序上降低了同一个 epoll 事件被重复触发的次数，因此效率要比 LT 模式高。

poll 和 epoll_wait 函数分别用 nfds 和 maxevents 来指定最多监听多少个文件描述符和事件。这两个数值都能达到系统允许打开的最大文件描述符数量（cat /proc/sys/fs/file-max）。而 select 允许监听的最大文件描述符数量通常有限制。虽然用户可以修改这个限制，但这可能导致不可预期的后果。

select 和 poll 都只能工作在相对低效的 LT 模式，而 epoll 则可以工作在 ET 高效模式。并且 epoll 还支持 EPOLLONESHOT 事件。该事件能进一步减少可读、可写和异常等事件被触发的次数。

从实现原理上来说，select 和 poll 采用的都是轮询的方式，即每次调用都要扫描整个注册文件描述符集合，并将其中就绪的文件描述符返回给用户程序，因此它们检测就绪事件的算法的时间复杂度是 $O(n)$。epoll_wait 函数则不同，它采用的是回调的方式。当内核检测到就绪的文件描述符时，将触发回调函数，回调函数就将该文件描述符上对应的事件插入内核就绪事件队列。内核最后在适当的时机将该就绪事件队列中的内容拷贝到用户空间。因此，epoll_wait 函数无须轮询整个文件描述符集合来检测哪些事件已经就绪，其算法时间复杂度是 $O(1)$。但是，当活动连接较多时，epoll_wait 函数的效率未必比 select 和 poll 高，因为此时回调函数被触发得过于频繁。所以 epoll_wait 函数适用于连接数量多，但活动连接较少的情况。

17.4 xinetd 配置

17.4.1 Linux 守护进程

Linux 服务器在启动时需要启动很多系统服务，它们向本地和网络用户提供了 Linux 的系统功能接口，直接面向应用程序和用户。提供这些服务的程序是由运行在后台的守护进程来执行的。守护进程是生存期较长的一种进程。它们独立于控制终端并且周期性地执行某种任务或等待处理某些发生的事件。他们常常在系统引导装入时启动，在系统关闭时终止。Linux 系统有很多守护进程，大多数服务器都是用守护进程实现的。同时，守护进程可用于完成许多系统任务，例如，作业规划进程 crond、打印进程 lqd 等。有些书籍和资料也把守护进程称作“服务”。

17.4.2 超级服务 xinetd

从守护进程的概念可以看出，对于系统所要通过的每一种服务，都必须运行一个监听某个端口连接所发生的守护进程，这通常意味着资源浪费。为了解决这个问题，Linux 引进了“网络守护进程服务程序”的概念。Red Hat Linux 9.0 使用的网络守护进程是 xinted（eXtended InterNET daemon）。xinetd 能够同时监听多个指定的端口，在接受用户请求时，它能够根据用户请求的端口的不同，启动不同的网络服务进程来处理这些用户请求。可以把 xinetd 看作一个管理启动服务的管理服务器，它决定把一个客户请求交给哪个程序处理，然后启动相应的守护进程。xinetd 无时不在运行并监听它所管理的所有端口上的服务。当某个要连接它管理的某项服务的请求到达时，xinetd 就会为该服务启动合适的服务器。

17.4.3 xinetd 配置文件

xinetd 采用/etc/xinetd.conf 主配置文件和/etc/xinetd.d 目录下的子配置文件来管理所有的服务。主配置文件包含的是通用项，这些选项将被所有子配置文件继承。不过子配置文件可以覆盖这些选项。每一个子配置文件用于设置一个子服务的参数。其格式为

```
service service-name
{
    disabled = yes/no;        //是否禁用
    socket_type = xxx;        //设置 TCP/IP 的 Socket 类型，例如 stream,dgram,raw,....
    protocol = xxx;           //服务使用的协议
    server = xxx;             //服务 daemon 的完整路径
    server_args = xxx;        //服务的参数
    port = xxx;               //指定服务的端口号
    wait = xxx;               //是否阻塞服务，即单线程或多线程
    user = xxx;               //服务进程的 uid
    group = xxx;              //gid
    REUSE = xxx;              //可重用标志
    ......
}
```

以配置 ftp 服务，在/etc/xinetd.d 目录下编辑 wu-ftpd 为例。

```
# default: on
# description: The wu-ftpd FTP server serves FTP connections. It uses/
# normal, unencrypted usernames and passwords for authentication.
service ftp
{
    disable = no
    socket_type = stream
```

```
        wait = no
        user = root
        server = /usr/sbin/in.ftpd
        server_args = -l –a
        log_on_success += DURATION
        nice = 10
}
```

参 考 文 献

[1] Stephen Prata. C Primer Plus[M]. 北京：人民邮电出版社，2005.

[2] 嵌入式 C 编程语言入门与深入[OL]. http://download.csdn.net/source/314054.

[3] 林锐. 高质量 C++/C 编程指南[OL]. http://download.csdn.net/source/711283.

[4] 唐朔飞. 计算机组成原理[M]. 北京：高等教育出版社，2005.

[5] 陈莉君，康华. Linux 操作系统原理与应用[M]. 北京：清华大学出版社，2006.

[6] 王宏. 操作系统原理及应用 Linux. 北京：中国水利水电出版社，2005.

[7] 徐诚. Linux 环境 C 程序设计（第 2 版）[M]. 北京：清华大学出版社，2014.

[8] 吴岳. Linux C 程序设计王者归来[M]. 北京：清华大学出版社，2014.

[9] [德]Michael Kerrisk 著. 孙剑，许从年，董健译. Linux UNIX 系统编程手册[M]. 北京：人民邮电出版社，2014.

[10] 刘冰，赵廷涛，邵文豪，等. Linux C 程序基础与实例讲解[M]. 北京：清华大学出版社，2014.

[11] [美]Robert Love 著. 祝洪凯，李妹芳，付途译. Linux 系统编程[M]. 北京：人民邮电出版社，2014.

[12] 陈硕. Linux 多线程服务端编程：使用 muduo C++网络库[M]. 北京：电子工业出版社，2013.

[13] 吴岳. Linux C 程序设计大全[M]. 北京：清华大学出版社，2009.

[14] 朱兆祺，李强，袁晋蓉. 嵌入式 Linux 开发实用教程[M]. 北京：人民邮电出版社，2014.

[15] [美]Richard Blum，Christine Bresnahan 著. 武海峰译. Linux 命令行与 shell 脚本编程大全[M]. 北京：人民邮电出版社，2012.

[16] 游双. Linux 高性能服务器编程[M]. 北京：机械工业出版社，2013.

反侵权盗版声明

举报电话：（010）88254396；（010）88258888
传　　真：（010）88254397
E-mail：　dbqq@phei.com.cn
通信地址：北京市海淀区万寿路 173 信箱
　　　　　电子工业出版社总编办公室
邮　　编：100036